大数据与智能系统

虞文武　刘洪喆　陈都鑫　王和　编著

东南大学出版社
SOUTHEAST UNIVERSITY PRESS
·南京·

内容简介

本书主要针对基于群体智能的大数据分析处理技术和优化博弈技术展开介绍，旨在让读者了解大数据协同分析处理技术和协同优化博弈技术的核心思想及经典算法。其中，前八章主要介绍人工智能及大数据分析处理相关内容，包括人工智能、深度学习、生成模型、预测、因果推断、系统辨识、大规模预训练模型和强化学习；后四章主要介绍协同优化博弈相关理论方法，具体包括协同优化、大规模整数规划、多目标优化和多智能体博弈。

全书结构严谨，内容丰富，既可作为高等院校理工科类本科生或研究生相关课程的教材，也可供计算机科学、人工智能、系统科学等领域的科研人员、工程技术人员阅读参考。

图书在版编目(CIP)数据

大数据与智能系统 / 虞文武等编著. --南京 ：东南大学出版社，2025. 9. --ISBN 978-7-5766-2270-6

Ⅰ. TP274；TP18

中国国家版本馆 CIP 数据核字第 2025QT7550 号

责任编辑：吉雄飞　**责任校对**：张万莹　**封面设计**：王　玥　**责任印制**：周荣虎

大数据与智能系统 **Dashuju Yu Zhineng Xitong**

编　　著　虞文武　刘洪喆　陈都鑫　王和
出版发行　东南大学出版社
出 版 人　白云飞
社　　址　南京市四牌楼 2 号(邮编：210096　电话：025 - 83793330)
经　　销　全国各地新华书店
印　　刷　广东虎彩云印刷有限公司
开　　本　700 mm×1000 mm　1/16
印　　张　25.25
字　　数　495 千字
版　　次　2025 年 9 月第 1 版
印　　次　2025 年 9 月第 1 次印刷
书　　号　ISBN　978-7-5766-2270-6
定　　价　65.80 元

绪　论

系统是由相互作用、相互依赖的若干部分结合而成，作为一个有机整体实现特定功能。系统科学是旨在探索各类系统普适性规律的一门学科，系统学中最基本的原理就是系统的结构、状态与所处环境共同决定了系统的功能。因此，为了提高系统功能，既可增强组分的个体功能或优化组分的相互关联，也可优化系统状态或增强系统与外界环境的交互。系统论一般分为“五论”，即系统方法论、系统演化论、系统认知论、系统调控论、系统实践论。其中，系统方法论、系统演化论和系统认知论主要关注系统本身组件及组件间规律的挖掘；系统调控论主要研究系统结构状态和功能关系的普适性规律以及系统的结构调整、机制设计、运筹优化、适应协同、反馈调控、合作与博弈等，其又包括优化理论、控制理论与博弈理论等；系统实践论主要关注系统在具体学科中的应用。

智能系统是指能产生人类智能行为的计算机系统。系统的智能主要体现在其应具备自动获取和应用知识的能力、思维与推理的能力、问题求解的能力和自动学习的能力，从而能进行自主调控。智能系统与传统系统的重要区别在于，它能够与环境交互，并最终适应环境，即具备自动组织性和自动适应性。这种交互包括感知、学习、推理、判断并采取相应的动作。训练数据是智能系统从人类和环境输入中学习的唯一来源，因此，智能系统的一种主要和有效的交互方式是收集环境中的数据，进行深度学习，并利用因果推断、辨识、预测等技术进行推理，最终基于优化博弈等技术进行优化决策。

智能系统的自主调控需基于数据获取知识，因此智能系统通常采用人工智能的方法进行问题求解。人工智能的发展对于智能系统尤为关键，国家也把人工智能的发展提升到了一个新的战略高度。与传统系统的求解模式相比，人工智能方法具有两个显著特征：一是高度依赖数据处理以获取知识；二是问题求解通常呈现指数级计算复杂度。随着任务场景复杂性的增加，数据处理的规模及难度将急剧增加，下游决策任务的求解难度及复杂度也将急剧增加。

首先是大规模复杂多源数据的训练学习难题。针对复杂的网络化系统，数据训练学习面临更大挑战，如海量数据规模带来的高昂训练成本、多源数据的多样化分布带来的不稳定训练性能、复杂数据的非线性时空耦合特征带来的较差学习精度及高维数据的表征学习带来的较长训练时间等等。而传统的机器学习方法的集中式训练模式及对数据分布的强假设难以满足大规模复杂多源数据学习的高效性和泛化能力要求，因而难以支撑智能系统的智能化任务处理。

其次是大规模复杂优化博弈问题的高效精确求解难题。针对复杂的任务场景，优化博弈问题的模型也必将十分复杂，如目标函数非凸、涉及多个目标函数、决策变量为混合整数变量、涉及大规模的约束等等。而传统的优化博弈算法的集中式求解方式无法满足求解的实时性和精确性要求，因而无法支撑智能系统的智能化需求。

群体智能技术的发展为上述数据学习分析与下游决策求解提供了新思路。基于群体智能技术，可以对大规模复杂数据学习分析任务及复杂决策任务进行等价拆分，从而实现多个简单子任务的并行化运行，通过系统节点间的信息交互完成全局性学习和求解，最终实现复杂学习决策任务的高效精确求解。

本书主要针对基于群体智能的大数据分析处理技术和优化博弈技术展开介绍，旨在让读者了解大数据协同分析处理技术和协同优化博弈技术的核心思想及经典算法。全书主要内容如下：

(1) 前八章主要介绍人工智能及大数据分析处理相关内容，包括人工智能、深度学习、生成模型、预测、因果推断、系统辨识、大规模预训练模型和强化学习；

(2) 后四章主要介绍协同优化博弈相关理论方法，具体包括协同优化、大规模整数规划、多目标优化和多智能体博弈。

感谢参与本书编写的莫远秋老师，侯华舟、贾文文二位博士后研究员，以及蔡豫晋、田方正、秦健、韦梦立、何继超、卢添、康明与、邵其、贺岩岩、常永健、刘潇奕、钱洁盈、戴鹏程、夏子聪、成明沁、周祎璠等学子。我们期望通过本书的出版，能为广大老师、同学和科技工作者提供一些基础学习知识，推动系统科学与人工智能交叉领域的发展。

编著者

2025 年 5 月

目　录

第 1 章　系统科学与人工智能

系统科学与人工智能是当代科研与应用领域中极为重要且相互融合的两大方向，其发展不仅涉及多学科交叉，更对社会进步和经济建设具有深远影响。系统科学强调对事物整体性的研究，通过对复杂系统内各要素及其相互作用的刻画，揭示系统在时空维度上的演化规律和动态特征。系统科学不拘泥于单一学科的局限，而是将数学、物理、生物学、计算机科学等多领域的研究方法融会贯通，使研究者能够从全局视角出发，对现实世界中各类复杂问题做出综合分析与科学预测。特别是在社会经济、生态环境、工程管理等领域，系统科学能够帮助我们更好地理解系统的演化机制，预测潜在的风险或机会，最终为宏观决策与管理提供坚实的理论和方法支持。

人工智能则是在计算机科学与认知科学的交汇处蓬勃发展而来的新兴学科，它通过机器学习、深度学习、强化学习以及自然语言处理等多种技术手段，试图模拟或扩展人类智能，以解决传统算法难以应对的高复杂度问题。人工智能的崛起不仅大幅提升了数据分析的效率与准确度，也为产业升级和技术创新带来极大的推动力。在医疗诊断、城市规划、智能制造、金融风控等领域，人工智能算法都展现出惊人的表现力和潜力，不仅能够帮助人类节省时间、精力与资源，同时还降低了决策失误的可能性。

将人工智能与系统科学相结合，能够更有效地抓住复杂系统中的数据特征，从而进行更精细、更具鲁棒性的模型构建与预测分析。二者的协同不仅进一步推动了学科交叉研究的发展，也为解决社会与经济领域的重大挑战性问题提供了新的思路与技术手段。随着研究的不断深入，我们有理由相信，系统科学与人工智能的融合将为未来的科技创新和社会进步奠定更加坚实的基础，并在理论研究与实际应用中持续迸发新的活力与价值。

本章将系统而全面地探讨系统科学与人工智能的内涵与发展脉络。首先，从系统科学的定义与背景出发，介绍其主要研究领域及方法论，并衍生出对大数据与智能系统的进一步阐述；随后，梳理人工智能的历史演进，对机器学习的基本原理与关键技术进行介绍，为深入理解其核心思想奠定基础；最后，从数学、计算机科学与控制论等多学科视角，简要探讨各自对人工智能发展的重要推动作用。

1.1 系统科学概述

一只工蚁发现地砖上有块掉落的糖果后，决定品尝一下。在确认这块糖果适合带回巢穴后，它会在返回蚁巢的路上释放一种叫作信息素的化学物质，用以标记路径并吸引同伴。其他蚂蚁嗅到这条信息素路径后，会沿着这条路径前往食物源。随着蚂蚁数量的增加，路径上的信息素浓度也会增加，从而吸引更多的蚂蚁前来。很快，一条连接食物源和蚁巢的明显路径便会形成。

蚂蚁们在这条路径上往返搬运食物碎片。根据食物的大小和重量，它们会选择适当的搬运策略。如果食物过大，蚂蚁们可能会将其分割成更小的部分以便于搬运；有时，也会有多只蚂蚁协同合作来搬运较大的食物碎片。如果发现另一条更短或更便捷的路径，新的信息素路径会被加强，而旧的路径则会逐渐消失，因为信息素会随着时间挥发。这样，蚁群总是倾向于选择最优的路径以提高效率。当食物完全运回蚁巢后，信息素路径也会随之消失。蚁群将继续寻找新的食物源，并且重复这一过程。

在过去的几个世纪中，科学家和工程师们发现，像蚂蚁觅食这样的许多自然系统以及人工系统的行为，无法仅仅通过研究其单个组成部分来理解。为了深入理解这些复杂现象，系统科学应运而生。系统科学的核心关注点是理解和分析复杂系统的行为。系统的整体行为和功能往往取决于各个部分之间的相互作用，而不仅仅是这些部分的单独特性。通过研究这些系统的结构、状态、环境以及功能，科学家们能够揭示系统内部的动态关系和规律，从而更全面地理解系统的运作机制。蚂蚁的觅食行为正是系统科学的一个典型例子，展示了整体系统行为是局部互动的结果。

1.1.1 系统科学的定义与背景

系统科学是一门研究系统及其组成部分如何相互作用和运作的学科，其融合了数学、物理学、生物学、计算机科学、工程学、社会科学等多个领域，探讨系统的整体性、动态性和复杂性。系统被定义为由多个相互作用、相互依赖的组件组成的有机整体，其功能和行为由系统的结构、状态、环境共同决定。典型的系统包括生态系统、经济系统、社会系统、工程系统等，均具有多个互相关联的部分。

作为一种较新的综合型科学，系统科学不同于传统的数学、物理学等学科。科学通常是系统化的知识体系，通过观察、实验、测量、分析等方法研究自然界和社会现象的规律，旨在对世界进行理解和解释。系统科学即是通过对系统的整体性、动态性和复杂性的研究，揭示系统行为和演化的普遍规律，并为优化系统性能和功能提供理论基础和方法。

系统科学的背景可以追溯到 20 世纪初期，随着科学研究的深入，传统学科逐渐展现出跨学科的特点，这促使学者们寻找能够综合不同领域知识的方法。特别是随着工业革命和科技进步，复杂系统的出现对科学研究提出了新的挑战。传统的学科方法往往难以应对这些挑战，因此需要一种新的、更加综合的视角来理解和管理这些复杂系统。

在第二次世界大战后，系统科学逐渐成为独立的学科，并受到计算机技术和信息理论发展的推动。信息论的提出为系统分析提供了新的工具，使得系统科学能够更有效地处理复杂的数据和信息。与此同时，系统科学的理论和方法也被广泛应用于工程技术、管理学、社会科学等领域，推动了这些领域的发展。随着全球化和信息化的推进，复杂系统的研究变得越来越重要，系统科学的方法能够帮助研究者从整体上把握系统的运作规律，对解决大规模系统问题和优化系统性能起到了重要作用。

系统科学作为一门跨学科的综合性学科，致力于研究系统的整体性、动态性和复杂性。它不仅在学术界引起了广泛关注，也在实际应用中发挥了关键作用。为了更好地理解和应用系统科学，学术界建立了多个广泛认可的体系，其中包括：

(1) 贝塔朗菲体系[1]。1971 年，贝塔朗菲(Ludwig von Bertalanffy)等人在《一般系统论的历史和现状》一文中提出一般系统论，抓住了系统科学的核心，即抛开物质，专注纯粹的系统。这种区分事物性和系统性的观念推动了系统科学的发展，该体系认为系统研究分为系统技术、系统科学和系统哲学三大层次。

(2) 市川惇信体系[2]。1977 年，日本学者市川惇信(Ichikawa Atsunobu)也提出了一种系统科学体系，认为系统科学由系统概念、一般系统理论、系统理论各论、系统方法论和系统方法的应用共五个层级构成。

(3) 克勒尔体系[3]。2001 年，美国学者克勒尔(George J. Klir)出版了《系统科学面面观》一书，介绍了系统科学概念与方法及系统科学的起源、现状和展望。

(4) 钱学森体系[4]。20 世纪 80 年代，钱学森提出了名为“三个层次一座桥梁”的系统科学体系，认为所有的完善的科学都应由基础科学、技术科学和工程技术组成，分别代表基础理论、应用理论和实际应用，再通过系统科学哲学桥梁与马克思主义哲学联系起来，构成了系统科学的一般框架。

随着这些体系的建立和发展，系统科学逐渐成为理解和管理复杂系统的重要工具。它的理论和方法在多领域取得了显著成果，并为解决现实世界中的复杂问题提供了宝贵的支持。2024 年，虞文武等人论述了大数据与智能系统在新时代系统科学中的重要性，大力推动系统科学向智能化和自动化发展[5]。至今为止，系统科学发展历程如图 1.1.1－1 所示。

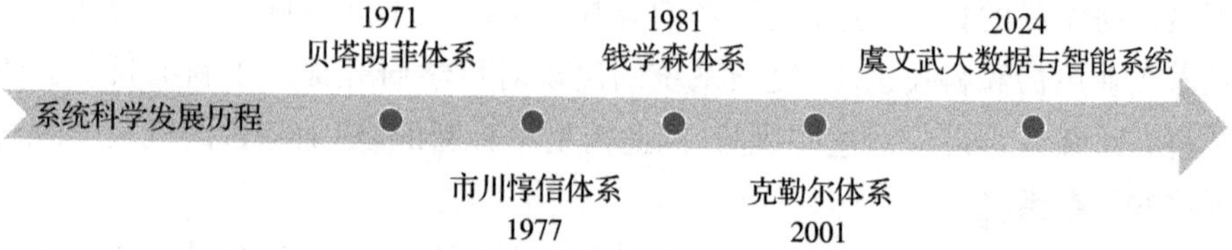

图 1.1.1－1　系统科学发展历程

1.1.2　系统科学的主要研究领域

系统科学是探索和理解复杂系统及其动态行为的学科，其研究领域涉及多个方面，每一个领域都为系统科学的理论和实践提供了重要支持[6,7]。

方法论构成了系统科学的理论基础，集中于研究适用于系统建模、分析和优化的具体方法和技术。首先，系统建模是方法论的核心，它通过构建数学或计算模型来模拟系统的行为，这些模型可以帮助我们理解系统的运作机制和内部关系；接着，系统分析则涉及对这些模型的详细考察，以评估系统性能和预测其未来行为，通过稳定性分析、敏感性分析等技术，我们可以揭示系统的潜在问题和优化空间；最后，系统优化旨在通过参数调整提高整体系统性能，包括应用最优化算法和决策理论来确定最佳配置。因此，方法论不仅提供了系统研究的工具和技术，也为系统改进和优化提供了理论依据。

演化论着眼于研究系统随时间和空间的演变规律。研究系统的时间演化揭示了系统在时间维度上的变化，包括长期趋势和周期性波动，这种研究可以帮助我们理解系统如何随时间发展，预测其未来状态；空间演化则关注系统在不同地理或环境条件下的表现，它揭示了系统在不同空间尺度上的变化规律。演化论还涉及系统的适应性，探讨系统如何通过自身调整以适应环境的变化，包括自然选择和适应性机制等。总之，演化论提供了一个动态视角，用以理解系统如何随环境和时间而不断演进。

认知论专注于研究系统对自身及其环境的认知，探讨系统如何通过学习和适应来应对复杂环境。系统的学习机制是认知论的核心，涉及系统如何从过去的经验中学习以改善未来的行为，包括机器学习和自适应算法的应用。认知论还关注知识的获取和处理，研究系统如何收集、存储和利用信息以支持决策。系统智能是认知论的重要方面，它分析系统如何在复杂环境中表现出智能行为，如自主决策和模式识别。总之，认知论为系统提供了在复杂环境中高效运行的理论基础，强调了智能和适应的重要性。

调控论研究系统的结构、状态和功能之间的关系，探索如何通过调控手段实现系统的目标。控制理论是调控论的核心，致力于设计控制策略来实现系统的预期行为，包括反馈控制、前馈控制等方法，用以确保系统在动态环境中稳定运行；调节机制则涉及对系统内部参数和结构的调整，以优化系统的运行状态。调控论还关注外部干预和管理手段，通过这些手段可以影响系统的行为并优化其性能。总之，调控论提供了有效的工具和策略，以实现对系统行为的控制和优化。

实践论则将系统科学的理论应用于实际问题的解决中，研究如何在现实世界中应用系统理论来优化系统功能和效能。应用研究涉及将系统科学的方法和理论应用于具体的领域，如工程、经济和社会系统，以解决实际问题；系统设计与优化则集中于根据实际需求设计和调整系统，以提高其性能和可靠性。通过案例研究，实践论不仅能够验证系统理论在实际应用中的效果，还能进一步改进理论和方法。总之，实践论是将理论与实际结合，以确保系统科学能够在解决现实问题时发挥实际效用。

图 1.1.2－1　系统科学主要研究领域

系统科学主要研究领域如图 1.1.2－1 所示，它们共同为系统科学提供了系统性的理论框架和应用方法，能够帮助我们更好地理解和改进各种复杂系统。

1.1.3　系统科学的研究方法

系统科学的方法论为研究和优化复杂系统提供了一整套系统化的工具和技术。这些方法论涵盖了系统建模、系统分析、系统优化、系统控制、系统评估的各个方面，能够帮助研究人员深入理解系统的内部机制及其与环境的交互作用[8,9]。

系统建模是系统科学方法论的基础，涉及创建系统的数学或计算模型，以便对系统进行定量分析和预测。通过构建模型，研究人员能够将复杂系统的实际运作简化为可操作的数学表达式或计算机程序。这些模型可以是线性的或非线性的、静态的或动态的，主要取决于系统的性质和研究目的。系统建模不仅能帮助我们理解系统的基本结构和行为，还能用于模拟系统在不同条件下的反应，从而预测系统在未来可能的状态。这一过程也是系统研究的第一步,为我们提供了进一步分析和优化的基础。

系统分析使用各种方法(如数据分析、统计方法和计算模拟)来研究系统的行为和性能。这一过程包括收集和处理系统数据,通过数据分析和统计方法揭示系统的模式和趋势,计算模拟则是通过仿真实验来探索系统在不同情境下的表现。系统分析能够识别系统中的关键因素和潜在问题,帮助研究人员理解系统的运行机制和性能瓶颈。通过系统分析,研究人员可以对系统的行为做出深入的解释,为后续的优化和控制提供依据。

系统优化旨在应用各种优化算法和技术,寻找改进系统性能的最佳方案。优化过程通常是先设定优化目标(如提高效率、降低成本或增强稳定性),然后使用数学和计算工具来寻找最佳解决方案,其中可能涉及线性规划、非线性优化、启发式算法等方法。系统优化不仅关注单一目标的实现,还考虑多个目标之间的权衡,以达到整体最优。通过系统优化,研究人员可以调整系统的参数和配置,提升系统的整体性能和效果。

系统控制是实现系统动态调整和自我优化的关键手段,通过设计和实施控制策略,以调节和优化系统的动态行为和功能。控制理论提供了设计反馈控制、前馈控制等策略的框架,以确保系统在动态环境中保持稳定和高效。控制策略可以基于模型预测控制、鲁棒控制等方法,针对系统的特定需求进行调整。通过实施有效的控制策略,系统能够自动适应外部变化和内部扰动,实现预定的目标并优化其运行性能。

系统评估是对系统进行综合性能评估,以检查系统的有效性、可靠性和稳定性。评估过程通常包括制定评价标准、收集系统运行数据,并通过各种评估方法来分析系统的表现(如性能测试、稳定性分析、可靠性分析等)。系统评估不仅能验证系统是否达到预期目标,还能发现其潜在的改进点。通过系统评估,研究人员可以识别系统的强项和不足,为系统的改进和优化提供有力支持。

以上方法共同为系统科学的研究提供了系统化的分析工具和技术,帮助研究人员全面理解复杂系统的运作机制及与环境的互动。它们不仅支持理论研究,在实际应用中也发挥着重要作用,推动着系统科学的发展。

1.1.4 大数据与智能系统

大数据与智能系统是现代系统科学中的两个关键领域,它们在推进系统科学的理论和应用研究方面发挥了重要作用。智能系统通过应用先进的计算技术和算法实现自动化和智能决策,大数据则提供了丰富且复杂的数据资源,这些资源对于系统的分析、建模和优化至关重要。这种结合不仅推动了系统科学的发展,也为未来的跨学科研究提供了丰富的可能性,促进了系统科学朝着更加智能和数据驱动的方向迈进。正如东南大学虞文武团队在《新时代下的系统科学:智能系统与大数据》一文中所指出的,大数据与智能系统在新时代下的系统科学中扮演着至关重要的角色[5]。

大数据与智能系统同系统科学的研究方法紧密相关,它们为系统建模、分析、优化、控制和评估提供了强大的技术支持。智能系统通过机器学习和深度学习技术从大规模数据中提取复杂模式,增强了系统建模的精度;大数据则为系统分析和评估提供了丰富的信息来源,帮助揭示系统的关键趋势和瓶颈。同时,智能系统的自适应优化和智能控制能力使其能够在动态环境中实时调整和优化系统运行。它们的这种结合提升了系统科学对复杂系统的理解和优化能力,使得系统更加智能化和高效。

智能系统是能够自主决策、学习和适应的系统,通常依赖于人工智能(Artificial Intelligence, AI)技术,如机器学习、深度学习和自然语言处理。智能系统通过学习历史数据和实时信息,可以动态调整其行为和策略,实现复杂系统精准建模和优化,系统科学的核心则在于理解系统的结构、功能和动态演化。智能系统在这一过程中扮演着重要角色,通过自动化和智能决策在动态环境中优化系统性能。例如,智能系统基于深度学习模型识别系统行为中的复杂模式,进行精确预测,并在实时操作中不断调整系统参数,以实现更高效的运行。智能系统的自适应能力和优化算法极大地提高了系统科学研究中对复杂系统动态行为的捕捉能力。

大数据是指规模巨大、结构复杂的数据集,其分析和处理能力超出了传统数据工具的范围。系统科学研究中的关键挑战之一是如何有效处理和解析这些数据,以获得系统行为的深刻洞察。大数据技术为系统科学提供了丰富的信息来源,使得研究人员能够深入了解系统内部的复杂关系。通过数据挖掘和模式识别,研究者可以揭示系统中的潜在趋势和模式,这对系统建模和优化至关重要。例如,大数据分析能够帮助识别网络系统中的潜在瓶颈,优化资源配置,提高系统的可靠性和效率。大数据的应用不仅扩展了系统科学在系统评估和性能分析方面的能力,也推动了系统优化和故障预测技术的发展。

大数据与智能系统的融合为系统科学的研究和应用开辟了新的方向。智能系统能够实时处理和分析大数据,从中提取有价值的信息,并用于优化系统的运行和决策。这种结合增强了系统对复杂环境的适应能力，并提升了系统的智能化水平。例如，在智能交通系统中，结合大数据和智能系统可以实时调整交通信号，优化交通流量，从而提高交通管理的效率；在金融领域，通过大数据分析和智能系统的应用，可以更准确地预测市场趋势和风险，提高决策的科学性和准确性。

由于传统系统科学方法在应对复杂性日益增加的现代系统时表现出了局限性，尤其在数据规模、系统动态性和不确定性处理方面，人工智能的引入变得至关重要。传统系统科学中，解析复杂系统通常依赖于规则和数学方程，但在面对高度复杂和动态变化的系统时难以精确建模。而人工智能，特别是深度学习和强化学习技术能够通过从大规模数据中自动提取模式和规律，为系统科学提供更强大的工具。这不仅提升了系统建模的精确性，还扩展了系统优化和预测的应用场景。因此，系统科学的发展迫切需要借助人工智能技术，尤其是在面对具有不确定性和高度复杂性的系统时。

随着人工智能技术的不断进步，智能系统不仅在数据分析和决策中发挥了重要作用，还推动了系统科学理论的发展。人工智能技术的应用使得智能系统能够处理更为复杂的数据集，进行更高效的系统建模和优化。人工智能为系统科学提供了强大的工具，使得复杂系统的分析更加深入，预测更加准确，优化策略也更加科学。因此，人工智能的进步不仅加速了大数据与智能系统的结合，还为系统科学开辟了新的研究领域，推动了系统科学向更加智能化和数据驱动的方向发展。

当然，这种结合也面临着挑战，特别是在数据隐私、安全性和处理复杂性方面。有效的数据管理、隐私保护和系统的鲁棒性设计是克服这些挑战的关键。系统科学需要进一步探索如何在保证数据安全和系统稳定的同时，充分利用大数据和人工智能的潜力提升智能系统的决策能力和适应能力。

1.2 人工智能概述

本节我们首先回顾一下人工智能的历史，然后介绍推动当前人工智能发展的机器学习。

1.2.1 人工智能历史

如图 1.2.1－1 所示，人工智能发展历史总体上可以分为孕育期、推理期、知识期和学习期[10,11,12]。

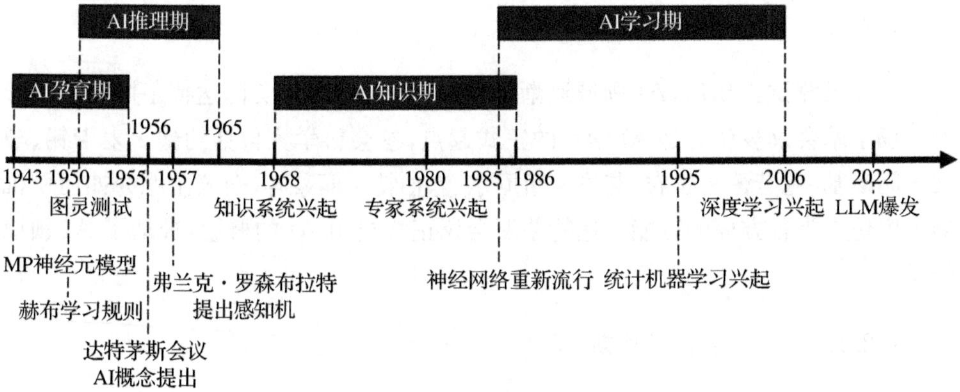

图 1.2.1-1　人工智能发展历史

1.2.1.1　人工智能孕育期

AI 发展的孕育期是 20 世纪 40—50 年代，本小节将介绍该时期 AI 发展三个重要的方面，即 MP 神经元模型、赫布学习规则和图灵测试。

1943 年，心理学家沃伦·麦卡洛克和数学与逻辑学家沃尔特·皮茨参考生物神经元结构提出 MP 神经元模型，成为神经网络研究的起点。在生物神经元模型中，当细胞膜电位超过动作电位的阈值时产生神经冲动，当低于阈值时不产生神经冲动。在 MP 模型中，神经元被简化为一个数学函数，通过接收输入信号并依据一定的规则进行处理，最后产生输出。MP 模型奠定了人工神经网络理论的基础，也是后来发展出更复杂的神经网络和深度学习技术的关键起点。

1949 年，心理学家唐纳德·赫布基于生物学中的条件反射原理，提出了一种修改神经元之间连接强度的赫布学习规则。赫布学习规则假设：当一个神经元在另一个神经元激活时也同时被激活，这两个神经元之间的连接强度就会增加。赫布学习规则为神经网络提供一种学习模式奠定了理论基础，成为许多现代学习规则的核心思想，对 AI 发展产生深远影响。

AI 的目标是让机器具备人类的智能。智能并没有明确的定义，神经科学和认知心理学等领域并不清楚人脑的运作机理，单纯复制人脑来实现 AI 是不可行的。面对智能难以明确定义的问题，阿兰·图灵于 1950 年提出图灵测试："一个人在不接触对方的情况下与对方进行问答，如果在相当长时间内他无法根据这些问题判断对方是人还是计算机，那么就可以认为这个计算机是智能的。"图灵测试推动 AI 从哲学层面讨论到科学研究层面，启发了后续 AI 在许多研究领域的探索。

1.2.1.2　人工智能概念的提出

在图灵测试提出后，AI 领域逐渐活跃起来。1956 年，美国达特茅斯学院召开的一场学术会议被认为是 AI 学科的正式起点，参会科学家包括约翰·麦卡锡、马文·闵斯基、克劳德·香农、艾伦·纽厄尔、赫伯特·西蒙等，会议主题为如何用机器来模仿人类各方面的智能。达特茅斯会议正式提出 AI 的概念，推动了 AI 领域的发展。

1.2.1.3　人工智能推理期

1956 年达特茅斯会议之后，人工智能领域迎来了前所未有的繁荣期，研究者们对这一新兴领域充满了热情，掀起了研究的热潮。20 世纪 50—60 年代，AI 研究主要处于推理期。当时的学者普遍认为：只要能够赋予机器逻辑推理的能力，机器就能表现出类似人类的智能。研究者们尝试通过模仿人类的思维过程，基于逻辑推理和经验归纳，开发出一系列可以完成特定任务的计算机程序。这一阶段出现了许多代表性的工作，包括艾伦·纽厄尔和赫伯特·西蒙开发的逻辑理论家程序和通用问题求解程序，展示了 AI 的巨大潜力。这些初步的研究成果让很多学者对未来充满了信心，认为在不久的将来，机器将能够具备和人类相当的智能。然而，随着研究的深入，学者们发现早期的推理规则虽然在某些简单的任务中表现出色，但面对更加复杂的问题时展现出巨大的局限性。研究者们逐渐意识到，基于逻辑和经验的规则并不足以支撑真正的 AI 系统，这种认识的转变使得原本乐观的预期受到严重打击，AI 研究的进展也随之放缓。随着研究资金的减少和项目的搁置，AI 领域进入了一个相对低迷的时期，这一阶段也被称为“人工智能的寒冬”。

1.2.1.4　人工智能知识期

到了 20 世纪 70 年代，学者们逐渐认识到知识在 AI 系统中的关键作用，特别是在处理一些复杂任务时，依赖专家构建的知识库变得至关重要。AI 发展进入知识期。在这一背景下，各种专家系统应运而生，并在特定的专业领域中取得了显著的成果。专家系统可以被理解为知识库和推理引擎的结合体，这类系统具备丰富的专门知识和经验，能够通过计算机智能程序来模拟人类专家的决策过程。专家系统的核心思想是利用知识表示和知识推理技术解决通常只有领域专家才能应对的复杂问题，本质上是一种特殊的知识系统（知识系统是一个广泛的概念，涵盖了处理和利用知识的各种系统，而专家系统则是一个专门化的知识系统，旨在通过模

拟人类专家的推理过程来解决特定领域内的复杂问题)。一个专家系统需要具备三个关键要素:

(1) 领域专家级知识:专家系统必须包含大量与特定领域相关的知识,形成系统的知识库。这是系统能够做出专业判断和建议的基础。

(2) 模拟专家的思维过程:专家系统不仅需要拥有知识,还必须能够模拟人类专家的思维过程。这意味着系统需要通过逻辑推理、经验总结和综合分析等手段,对输入的数据进行处理。

(3) 达到专家级的水平:专家系统的表现必须达到或接近人类专家的水平,能够在实际应用中提供可靠的建议或决策。这确保了专家系统在现实中具有实际的应用价值,而不仅仅是理论上的可行性。

在 AI 的知识期,Prolog 语言成为开发专家系统的主要工具。Prolog 语言特别适用于知识库构建和推理操作,研究者通过它能有效地开发各种智能知识库,并处理复杂的自然语言理解任务。

随着这些技术的发展,专家系统在医疗诊断、化学分析、工程设计等多个领域得到了广泛应用。例如,在医疗领域,专家系统能够帮助医生进行复杂病情的诊断,通过分析病人的症状和病史提供诊断建议和治疗方案;在化学领域,专家系统被用于分析化学反应的过程,并预测实验结果。

尽管专家系统在多个领域取得了成功,学者们也逐渐意识到专家系统存在两方面的缺陷:第一,系统的构建过程非常复杂且耗时,特别是构建和维护知识库的工作,通常需要大量的人工干预和专家参与,这使得专家系统的扩展和更新变得十分困难;第二,对于人类的许多智能行为,比如语言理解、图像识别等,往往难以清楚地揭示这些行为背后的原理,对于这些复杂的认知过程,人们无法简单地通过总结和归纳知识来复制它们的运作机制,因此,单纯依靠知识库和逻辑推理的方式难以开发出能够胜任这些任务的 AI 系统。

1.2.1.5　人工智能学习期

面对专家系统的两大缺陷,学者们逐渐将注意力转向一种更加自动化的方法——让计算机从大量数据中自动学习,即机器学习(Machine Learning,ML)。ML 的核心理念是:学习本身也是一种智能行为,如果机器能够像人类一样从数据和经验中总结出规律,它们就能够在面对新问题时进行推断和决策。ML 的主要目标是设计和分析各种学习算法,使计算机能够从数据中自动提取有价值的信息,并利用这些信息对未知数据进行预测。这种能力不仅能帮助人类完成特定的任务，还能大大提高系统开发和问题解决的效率。

ML 的研究范围极为广泛，涵盖多个学科领域，包括线性代数、概率论、统计学、数学优化和计算复杂性等，每个领域都为机器学习的发展提供了必要的理论支持和方法工具。例如，概率论和统计学为处理不确定性和数据的随机性奠定了基础，线性代数在理解数据结构和算法运行中发挥了重要作用，数学优化则帮助研究者设计高效的学习算法。

在 AI 学习期，基于神经网络的学习是 ML 方法中具有代表性的技术。神经网络的早期模型可以追溯到 1957 年由弗兰克·罗森布拉特提出的感知机。感知机是一种单层前馈神经网络，主要目标是通过学习过程实现对输入数据的自动分类。具体来说，在这个过程中，感知机通过调整输入信号的权重逐渐学习如何有效地分类数据。

在当时，学者们认为感知机可能是实现 AI 的重要途径之一。然而，随着研究的深入，感知机的局限性逐渐显现出来。1969 年，马文·明斯基和西蒙·派珀特证明了感知机无法解决简单的非线性分类——异或问题。感知机在这一问题上的失败暴露了它在处理非线性问题时的弱点。这一结果引发了人们对感知机的广泛批评，并导致研究者对其效用产生了质疑，进而使得感知机研究进入了一个低谷期。直到 20 世纪 80 年代中期，学者们意识到反向传播算法可以使深层神经网络模型成功训练，神经网络模型又开始引起学者们的关注。尽管神经网络在理论上可以通过增加层数和神经元数量来构建更复杂的网络结构，以提高其处理能力，但这种复杂性的提升也伴随着计算成本的急剧增加。在 20 世纪 90 年代，计算机硬件的性能和可用数据的规模尚不足以支持大规模神经网络的有效训练，这限制了神经网络的实际应用和研究进展。与此同时，神经网络的局限性也逐渐暴露出来。首先，神经网络的理论基础相对不够明确，缺乏系统化的理论支持，这使得研究者在设计和优化网络结构时面临诸多挑战；其次，神经网络的优化过程复杂且不稳定，训练深层网络时容易出现梯度消失或梯度爆炸等问题，这进一步增加了优化的难度。此外，神经网络的黑箱性质导致其可解释性较差，难以让研究者和应用者直观理解网络的决策过程，而这在某些高风险应用领域中是一个重大的缺点。在这种背景下，20 世纪 90 年代中期，统计学习理论开始兴起，并成为 AI 领域的一大热点。统计学习理论为 ML 提供了更加扎实的数学基础，它通过明确的概率框架来处理不确定性和数据噪声，为模型的泛化能力提供了理论保障。尤其是以支持向量机(Support Vector Machine，SVM)为代表的 ML 模型，由于其坚实的理论基础、明确的优化目标和良好的可解释性，迅速在学术界和工业界得到了广泛应用和推广。在这个时期，神经网络研究再一次陷入低潮，学者们逐渐将注意力转向那些理论基础更为清晰、优化过程更为可控的模型，神经网络则因其复杂性和难以解释性被暂时搁置。这种情况一直持续到 2006 年，杰弗里·辛顿及其同事通过“预训练＋微调”的方法有效地克服了深层神经网络在训练过程中容易出现的梯度消失问题，使得训练更深层次的网络成为可能，深度学习技术开始兴起。随着计算机硬件的飞速发展，特别是大规模并行计算和图形处理单元的广泛应用，计算能力得到了大幅提升。这种硬件进步使得训练大规模深度神经网络变得更加可行，研究者们不再需要依赖预训练的方式来初始化网络权重，而能够直接从头开始训练一个深度网络，这种端到端的训练方式在许多应用中表现出了卓越的效果。同时，数据的可用性也发生了显著变化。互联网和数字化设备的普及产生了海量的数据，提供了丰富的训练资源，使得深度学习模型能够在各种复杂任务中进行高效学习。随着数据规模的不断增长，深度学习模型在自然语言处理、图像识别、自动驾驶等领域都展现出了超越传统方法的表现。

近年来，AI 大模型作为人工智能领域的重要组成部分，逐渐成为学术界和工业界关注的焦点。大模型指的是具有庞大规模和复杂结构的神经网络，它们能够通过大规模的预训练和微调，从海量数据中学习和推理。这些模型的出现不仅刷新了人们对 AI 能力的认知，也带来了新的技术挑战和应用前景。过去，AI 模型的能力和性能受限于计算资源的匮乏和数据量的不足，随着云计算技术的成熟和大数据的迅猛发展，如今我们已有能力处理和分析前所未有规模和复杂度的数据。这一技术进步为大模型的训练和部署提供了坚实基础，推动了 AI 领域的新一轮变革。AI 大模型的崛起主要得益于深度学习算法的进步和大规模数据集的积累，通过海量数据预训练，这些模型能够学习到丰富的语义和知识表示，形成强大的基础能力。只需在特定任务上进行微调，模型即可以根据具体需求进行优化，从而在这些特定复杂任务中展现出卓越的性能。在自然语言处理领域，大模型取得了一系列令人瞩目的突破。例如，在机器翻译、问答系统和文本摘要等任务中，大模型表现出前所未有的准确性和流畅性，显著提升了语言理解和生成的能力。在计算机视觉领域，大模型在图像分类、目标检测和图像生成等任务中同样展现了强大的能力，使得计算机在视觉感知方面更加接近人类。

AI 大模型的发展也面临一系列的挑战。首先，训练和部署大模型需要耗费大量的计算资源和时间，这对普通用户和中小型研究机构来说是一道难以逾越的门槛，从而限制了大模型的普及与应用；其次，大模型通常被视为“黑箱”，其内部的决策和推理过程难以解释，对于一些需要高透明度和可解释性的关键应用场景来说影响尤其突出。此外,大模型中的潜在偏见和歧视问题也引发了广泛关注,这些问题不仅影响模型的公正性,还可能带来社会伦理风险。

总之,随着技术的不断进步和政策的支持,AI 大模型将在更多领域发挥重要作用。通过持续的技术创新和国际合作,AI 大模型有望为各行各业带来深远影响,推动社会向更加智能化、自动化的方向迈进。

1.2.2 机器学习

从 AI 的发展历史来看,ML 是 AI 的一个重要分支,已成为推动 AI 领域进步的关键技术,并广泛应用于各个行业。鉴于 ML 对 AI 发展的重要性,本节对 ML 简要进行介绍。

ML 的核心思想是通过数据训练出一个预测模型,从而对未来的数据进行推断和决策。传统的 ML 方法通常关注如何从给定的特征中学习出一个预测模型,这些特征可以是连续数值、离散符号或其他数据表示,通过特征分析和处理,ML 模型能够输出相应的预测结果。这类方法通常被称为浅层学习,因为它们主要依赖于预定义的特征,而不涉及自动特征学习的过程。浅层学习的一个显著特点即是不涉及特征学习,其特征的提取主要依赖于人工经验或预先设定的特征转换方法。在实际应用中,如何选择和设计合适的特征往往成为 ML 模型成功的关键。

ML 一般包括有监督学习、无监督学习和强化学习[13]。下面简要介绍有监督学习、无监督学习和强化学习的部分经典算法,关于强化学习的更多介绍,详见本书第 8 章。

1.2.2.1 有监督学习

有监督学习的核心思想是从标注数据中学习出一个能够进行预测的模型。这种学习方法依赖于大量的标注数据,即一组已知的输入和对应的输出,通过对这些数据进行分析,模型可以学会如何根据新的输入预测相应的输出。有监督学习的本质在于从数据中学习出输入与输出之间的映射关系,这种映射关系通常表现为一种统计规律。经典的有监督学习算法包括 K 近邻法、决策树和支持向量机。

K 近邻(K-Nearest Neighbor, KNN)算法最初由托马斯·科弗和乔伊·哈特于 1968 年提出。KNN 作为一种简单而有效的分类算法,在理论上具有相对成熟的基础,同时由于其直观的原理,被广泛应用于各种分类任务中。KNN 算法的核心思想可以概括为“物以类聚,人以群分”。具体来说,KNN 算法假设如果一个样本在特征空间中与其他样本非常相似(在特征空间中距离较近),那么这些相似的样本很可能属于同一类别。KNN 算法则是通过寻找输入样本在特征空间中最接近的 k 个邻居，并通过这些邻居的类别来推断该输入样本的类别。KNN 算法的主要优势在于其简单易懂的原理和较强的灵活性，由于它不依赖于数据的分布假设，因此在实际应用中适用范围广泛。此外，KNN 算法无需显式的训练过程，能适用于对实时性要求较高的应用场景。KNN 算法的局限性在于预测阶段的计算复杂度较高，尤其是在大规模数据集上，计算待分类样本与所有训练样本的距离可能非常耗时。

决策树模型的核心思想是通过对数据进行逐层分割，最终形成一个树状结构，用于决策和分类。由于其简单易懂的结构和强大的解释能力，决策树广泛应用于分类、回归和特征选择等任务中。决策树的结构类似于一棵倒置的树，从根节点开始逐层向下延伸，直到叶节点。每个根节点代表一个特征或属性，每条分支代表该特征的某种取值，而最终的叶节点代表决策结果或类别标签。决策树的构建过程可以理解为一个递归过程，即从根节点开始选择最优的特征进行数据划分，然后对划分后的子数据集重复这一过程，直到满足停止条件。在决策树的构建过程中，特征选择是关键的一步，为了找到最佳分裂点，通常使用一些标准来衡量不同特征对数据分类的贡献，这些标准包括信息增益、基尼指数和信息增益率等。决策树的主要优势在于其直观性和易解释性，由于决策树以树状结构展示决策路径，用户可以清楚地看到每一步决策的依据和逻辑。因此，决策树在需要解释模型决策过程的应用中非常受欢迎，如医疗诊断、金融风控等领域。决策树的缺点在于容易过拟合，尤其是在训练数据中存在噪声或异常值时。由于决策树倾向于对训练数据进行高度精细的划分，可能导致模型对训练数据表现良好，但在新数据上泛化能力较差。对于过拟合问题，通常是利用剪枝技术来简化决策树结构。剪枝分为预剪枝和后剪枝，预剪枝是在构建决策树时提前停止节点分裂，后剪枝则是在决策树完全生成后，通过删除一些不必要的节点来简化树的结构。

支持向量机(SVM)是一种强大的 ML 算法，最初主要应用于二分类问题，现在已扩展应用到多分类和回归等更复杂的问题中。SVM 的基本任务是找到一个最佳的超平面，将数据集中的不同类别尽可能清晰地分开。这个超平面被称为决策边界，它通过最大化数据点到超平面的最小距离，确保分类的稳健性和准确性。对于线性可分的二分类问题，SVM 能够在高维空间中找到一个唯一的超平面使得两类数据点分隔开来，并且该超平面具有最优的分类性能。在多分类问题中，SVM 通常使用“一个对一个”或“一个对其余”策略，将多分类问题拆分为多个二分类问题，再通过组合这些二分类器的结果实现多分类。在回归问题中，SVM 通过构建一个回归超平面，使得大部分数据点与该超平面的距离最小化，从而实现对连续数值的预测。然而，现实世界中的许多数据集往往并非线性可分，为解决这一问题，SVM 引入了核函数这一重要概念。核函数通过将低维数据映射到高维空间，使得在高维空间中数据变得线性可分，从而仍然可以找到一个最大间隔的超平面。常用的核函数包括线性核、多项式核和高斯核等。SVM 的主要优势在于其强大的分类能力和处理高维数据的能力，由于 SVM 通过最大化间隔来确定决策边界，使得它在噪声数据中依然能够保持较高的分类准确性。此外，SVM 对数据的过拟合风险较低，尤其是在小样本学习场景中表现优异。SVM 的局限性主要在于当数据集规模较大时，SVM 的训练时间和内存需求可能会迅速增加，导致计算效率下降。此外，SVM 的性能对核函数的选择非常敏感，如何选择合适的核函数仍然是一个具有挑战性的问题。

1.2.2.2 无监督学习

无监督学习是 ML 的一个重要分支，旨在从无标注数据中学习出预测模型。与有监督学习不同，无监督学习并不依赖于预先标注的数据，而是通过分析自然得到的数据集，发现数据中的统计规律或潜在结构。这使得无监督学习在许多领域具有广泛的应用，特别是在处理大量未标注数据时展现出其独特的优势。无监督学习经典算法包括聚类和主成分分析。

聚类是一种重要的无监督学习方法，其主要目标是将数据集中的样本分组，使得同一组中的样本在特征上具有较高的相似性，不同组之间的样本则尽可能不同。通常聚类算法不需要预先标注的数据，因此它们能够从数据中自动发现潜在的组结构，这使得聚类成为数据分析的重要工具。聚类分析在数据挖掘、模式识别、图像处理以及市场细分等领域有着广泛的应用，是揭示数据内在结构和模式的关键技术之一。常见的聚类算法包括 K 均值聚类、层次聚类和 DBSCAN 密度聚类，不同的聚类算法使用不同的相似性度量和分组策略，从而适应不同类型的数据和应用场景。K 均值聚类的基本步骤包括：第一步，选择 K 个初始聚类中心（即质心）；第二步，将每个数据点分配到最近的质心，形成 K 个聚类；第三步，重新计算每个聚类的质心；第四步，重复上述步骤，直到质心不再发生变化或达到预设的迭代次数。K 均值聚类的优点是简单易懂，计算效率高，适合处理大规模数据集。但 K 均值聚类对初始质心的选择较为敏感，不同的初始质心可能导致不同的聚类结果。此外，K 均值聚类假设每个聚类为球状且大小相似，因此对于形状复杂或大小差异较大的聚类效果不佳。层次聚类通过构建层次结构来表示数据的聚类关系，分凝聚型和分裂型两种类型。凝聚型层次聚类是从每个数据点作为一个单独的聚类开始,逐步合并最相似的聚类,直到所有数据点合并为一个聚类;分裂型层次聚类是从所有数据点作为一个整体开始,逐步将其分裂为更小的聚类,直到每个数据点成为一个单独的聚类。层次聚类的优点是无需指定聚类数目,能够生成聚类树(树状结构),并且提供不同层次的聚类结果。然而,由于层次聚类计算复杂度较高,因此处理大规模数据集时效率较低。DBSCAN 是一种基于密度的聚类算法,能够识别任意形状的聚类,并且能够处理噪声数据。DBSCAN 通过密度的概念定义聚类,即在指定半径内包含足够多邻居的数据点被视为核心点,从而形成一个聚类。与其他聚类算法相比,DBSCAN 具有三点优势:第一,不需要指定聚类数目;第二,能够发现任意形状的聚类;第三,对噪声数据具有鲁棒性。DBSCAN 的缺点在于对参数设置较为敏感,特别是半径和最小点数的选择直接影响聚类结果。

主成分分析(Principal Component Analysis, PCA)是一种常用的统计技术,广泛应用于数据降维、特征提取、数据可视化等领域。它的主要目标是通过减少数据维度提取出数据中最重要的信息,从而简化数据的表示形式,同时尽可能地保留原始数据的变异性。PCA 的核心思想是将高维数据投影到一个较低维度的空间中,这个新的空间由一组彼此正交的主成分构成,每个主成分都是原始数据的线性组合,主成分的排序是依据它们在数据中的方差贡献度,即每个主成分解释了数据中多少变异性。PCA 通常涉及以下五个步骤:第一步,数据中心化。从原始数据集中减去每个特征的均值,使得数据中心化。中心化后的数据每个特征的均值为零,这有助于消除由于不同特征量纲差异引起的偏差。第二步,计算协方差矩阵。协方差矩阵描述了数据集中各个特征之间的线性相关性,其元素表示不同特征之间的协方差。第三步,特征分解。对协方差矩阵进行特征分解,得到特征值和特征向量,特征向量定义了主成分的方向,对应的特征值则表示每个主成分的重要性,即其解释的方差大小。第四步,选择主成分。根据特征值的大小对特征向量进行排序,选择前几个具有最大特征值的特征向量作为数据的新坐标轴。这些特征向量就是主成分,它们形成了一个新的子空间,原始数据被投影到这个子空间中。第五步,数据转换。最后是将原始数据投影到所选的主成分上,得到降维后的数据表示。这些低维数据保留了原始数据中最重要的信息,同时减少了数据的复杂性。PCA 因其强大的降维能力和数据压缩效果,在许多领域得到广泛应用。但 PCA 仍存在三方面的局限性:第一,PCA 假设数据的主成分是线性可分的,对于高度非线性的复杂数据,PCA 可能无法充分捕捉数据的内在结构;第二,PCA 对数据的尺度较为敏感,数据的标准化或归一化处理往往是必要的,否则特征的量纲差异可能导致主成分选择上的偏差;第三,PCA 仅考虑数据的方差而忽略了类别信息,因此在某些需要保留分类信息的应用中可能不够理想。

1.2.2.3 强化学习

强化学习(Reinforcement Learning,RL)是一种独特的 ML 方法,其核心思想是通过智能体(Agent)与环境的连续互动来学习最优的行为策略。与有监督学习和无监督学习不同,RL 并不依赖于大量的标注数据,而是通过试错和反馈机制逐步优化决策过程,以实现最大化的长期回报。下面主要对基于动态规划的 RL 算法和基于时序差分的 RL 算法进行简要介绍。

基于动态规划的 RL 算法主要包括策略迭代和价值迭代。动态规划的核心思想是将一个复杂问题分解为更小的子问题,然后逐步解决这些子问题,最终汇总出原问题的解。在 RL 中,动态规划的思想被广泛应用于求解马尔可夫决策过程中的最优策略,动态规划的方法则提供了理论上严谨且高效的解法。策略迭代是一种迭代优化策略的算法,主要由两个步骤组成,即策略评估和策略提升。在策略评估阶段,先给定一个初始策略,算法通过贝尔曼期望方程计算出该策略下每个状态的价值函数。这一过程可以视为动态规划的一个应用,因为它逐步计算并保存每个状态的价值,避免了重复计算。在策略提升阶段,算法会通过比较不同动作的预期回报更新策略,使得在每个状态下选择的动作能够最大化未来的期望回报。在策略提升后,新的策略会再次经过评估,如此循环,直到策略不再变化,即达到最优策略。策略迭代通过反复的策略评估和策略提升,能够稳定地收敛到最优策略,其优势在于策略的更新是基于全局信息的,因此每次迭代后策略的改进幅度较大。价值迭代是另一种基于动态规划的强化学习算法,与策略迭代不同,价值迭代直接更新价值函数,而不是首先更新策略。在价值迭代中,算法使用贝尔曼最优方程对每个状态的价值函数进行更新,更新后的价值函数表示在该状态下采取最优策略所能获得的最大期望回报。一旦价值函数更新完成,算法可以通过选择在当前状态下能够最大化价值函数的动作来提取最优策略。价值迭代的优势在于其简洁性和收敛速度。在每次迭代中,价值函数都会向最优值逼近,最终在全局范围内找到最优策略;又由于价值迭代直接使用贝尔曼最优方程进行更新,因此不需要单独的策略评估步骤。

基于时序差分的 RL 算法主要包括 Q 学习和 SARSA。时序差分方法是一种估计策略价值函数的技术,既借鉴了蒙特卡洛方法的思想,也运用了动态规划的原理。与蒙特卡洛方法相似,时序差分方法不需要事先知道环境的模型(即状态转移概率和奖励函数)，而是直接从样本数据中学习。又与动态规划类似，时序差分方法利用贝尔曼最优方程，通过后续状态的价值估计来更新当前状态的价值估计。时序差分方法的核心在于增量更新，即在观察到一个状态转移后立即对价值函数进行调整。通过反复的交互和更新，智能体逐渐学会估计每个状态或状态-动作对的价值，从而形成一个有效的策略。Q 学习旨在通过学习状态-动作对的 Q 值来找到最优策略。Q 学习的目标是估计一个动作值函数(Q 函数)，该函数表示在特定状态下采取某个动作后，智能体在未来能够获得的期望回报。Q 学习的特点是使用了“最大化未来回报”的方式来更新 Q 值，即在更新时不依赖于智能体实际选择的动作，而是根据在新状态下可能得到的最大回报来更新当前 Q 值。这使得 Q 学习是一种“离线”策略方法，意味着它可以在学习过程中探索不同的策略，而最终收敛于最优策略。Q 学习的这种特性使得它在理论上能够更快地收敛到最优解，特别是在处理复杂和动态的环境时表现出色，因此被广泛应用于各种强化学习任务中，包括机器人控制、自动驾驶、游戏 AI 等。SARSA 算法的一个显著特点是它是一种在线策略学习方法。SARSA 在更新 Q 值时基于智能体实际选择的动作，而不是假设智能体总是选择最优动作。这种在线更新方式使得 SARSA 在策略改进时更加稳健，尤其在不确定性较高或环境动态变化的场景中表现良好。例如，在风险较大的任务中，SARSA 倾向于采取保守的策略，因为它在每个状态的更新中都考虑了智能体实际采取的动作和策略的反馈。尽管 SARSA 在收敛速度上可能不及某些离线策略方法，但在需要稳定性和保守性的应用场景中，SARSA 仍然展现出独特优势。

1.2.3　人工智能技术基础

本节从数学、计算机和控制论的视角出发，分别简要介绍各学科对 AI 发展的推动作用[10]。

数学在 AI 的发展过程中扮演了至关重要的角色，通过奠定逻辑推理、计算理论和概率论的基础，使得许多关键问题得以解决。逻辑推理推动了基于规则和符号的 AI 系统的设计，使得机器能够模仿人类的推理过程，从而解决实际问题。计算理论的形成是 AI 发展的另一重要基石，为 AI 中的计算过程提供了框架，明确了计算机可以实现的极限，帮助 AI 研究者理解计算能力的边界，推动了更加有效算法的设计。概率论是数学对 AI 的第三大贡献，在 AI 中，概率论为不确定性推理提供了理论基础。例如，通过贝叶斯定理，AI 系统能够根据新证据更新对事件发生概率的估计。当前贝叶斯推理方法已广泛应用于 AI 中的各种不确定性问题，如自然语言处理、图像识别和自动驾驶。

计算机的发明和持续进步使其在AI发展历史中扮演了关键角色。现代计算机不仅为AI提供了必要的硬件基础,还通过计算机软件的发展,促进了AI技术的成熟和广泛应用。在计算机硬件方面,随着时间的推移,计算机硬件的性能呈现出爆炸性提升,计算速度和存储容量不断增长,而成本则显著下降。这一趋势极大地推动了AI的发展,使得复杂的AI算法和模型能够在实际中运行。除了硬件,计算机软件的发展也对AI起到了至关重要的作用。操作系统、编程语言和软件开发工具的进步,使得AI研究者能够更加高效地开发和测试复杂的智能系统。

控制论通过探讨如何构建能够自主调节和控制自身行为的系统,为AI的发展奠定了基础,尤其在AI理解和实现有目的的行为方面发挥了重要作用。作为现代控制论的一个重要分支,随机优化控制与AI有着密切的联系。随机优化控制的目标是设计能够随时最大化目标函数的系统,这与AI追求最佳表现的系统设计目标高度一致。必须指出的是,尽管控制论和AI有着相似的目标,但它们在研究方法和应用领域上有所不同。控制论主要依赖于微积分和矩阵代数等数学工具,专注于描述和优化由连续变量集控制的系统,更多地应用于自动化控制、信号处理和系统优化等领域。AI则借助各个学科的工具,探索诸如语言处理、视觉识别和规划等更为复杂的问题,而这些问题往往超出了控制理论的研究范围,促使AI成为一个独立且多样化的研究领域。

1.3 总结与展望

本章分别对系统科学和人工智能进行了概述,下面从系统科学的角度简单总结当前人工智能主要存在的两方面问题和未来发展方向。

存在的两方面问题分别是大规模复杂多源数据的训练学习难题和大规模复杂优化博弈问题的高效精确求解难题。其中,大规模复杂多源数据的训练学习难题是指集中式训练与数据分布强假设无法满足大规模复杂多源数据学习的轻量级和高泛化要求;大规模复杂优化博弈问题的高效精确求解难题是指传统优化博弈算法的集中式求解方式无法满足AI求解的实时性和精确性要求。

未来发展方向可能是基于网络群体智能的AI技术。网络群体智能技术可以对大规模复杂数据学习分析任务及复杂决策任务进行等价拆分,从而实现多个简单子任务的并行化运行,通过系统节点间的信息交互完成全局性学习和求解,最终实现复杂学习决策任务的高效精确求解。

参考文献

[1] Von Bertalanffy L. General System Theory[M]. New York: George Braziller, 1968.

[2] 市川惇信. 系统科学概念[J]. 日本运筹学会杂志, 1981, 22(4): 197.

[3] Klir G J. Facets of Systems Science[M]. New York: Springer Science & Business Media, 2013.

[4] 钱学森, 许国志, 王寿云. 组织管理的技术——系统工程[N]. 文汇报, 1978-09-27(1).

[5] Yu W, Chen D, Liu H, et al. Systems science in the new era: Intelligent systems and big data[J]. Science China Information Sciences, 2024, 67(3): 308-310.

[6] 胡家香, 王树进. 系统科学概论[M]. 北京: 高等教育出版社, 2022.

[7] 段晓君, 林益, 赵城利. 系统科学教程[M]. 北京: 科学出版社, 2019.

[8] 苗东升. 系统科学概览[M]. 北京: 中国书籍出版社, 2020.

[9] 苗东升. 系统科学精要[M]. 2 版. 北京: 中国人民大学出版社, 2006.

[10] Russell S J, Norvig P. 人工智能: 一种现代的方法[M]. 殷建平, 祝恩, 刘越, 等译. 3 版. 北京: 清华大学出版社, 2013.

[11] 邱锡鹏, 飞桨教材编写组. 神经网络与深度学习: 案例与实践[M]. 北京: 机械工业出版社, 2022.

[12] 周志华. 机器学习[M]. 北京: 清华大学出版社, 2016.

[13] 李航. 统计学习方法[M]. 2 版. 北京: 清华大学出版社, 2019.

第 2 章　深度学习

在 21 世纪的科技浪潮中，人工智能已成为推动社会进步、经济转型和技术创新的核心驱动力。人工智能是一个涵盖广泛的领域，包括了机器学习等技术，而近年来热门的深度学习(Deep Learning, DL)是机器学习的一个重要分支，专注于使用多层神经网络来解决复杂的问题。机器学习是实现人工智能的一种方法，其核心在于通过分析海量数据识别其中的规律，使计算机能够模拟人类的学习过程，实现自主决策和预测。深度学习则是通过构建深度神经网络模拟人脑神经元的连接与信息处理机制，实现对复杂数据的自动特征提取和模式识别。当前，深度学习已在图像识别、语音识别、自然语言处理等多个领域取得突破性进展，成为推动人工智能发展的重要驱动力。

深度学习研究的核心在于如何构建和优化神经网络架构以自动提取和表示数据的高阶特征，从而有效应对高度复杂和非线性的数据模式。神经网络由大量的神经元组成，这些神经元之间通过复杂的连接相互作用，而通过反向传播算法，神经网络可以动态调整这些神经元之间的连接权重，从而捕捉输入数据的内在模式与特征。这种特性使神经网络在处理复杂多变的数据时展现出强大的自适应能力、鲁棒性和高度的并行处理能力，为深度学习技术的突破与发展奠定了基础，并推动了深度学习在计算机视觉、自然语言处理、自动驾驶等多个人工智能应用领域的普及和应用。

本章将系统地阐述深度学习的基本原理及神经网络结构，以加深对其核心机制的理解。首先，我们将从深度学习的基本概念出发，探讨其历史演变和发展过程；接下来，将介绍神经网络的基础知识，详细阐述其从感知机模型到前馈神经网络的演变过程，并深入讲解反向传播算法的原理及其在神经网络训练中的应用；随后，将重点介绍几种经典的神经网络模型，包括循环神经网络、卷积神经网络、图神经网络等，分析它们的基本结构、工作原理及其应用；最后，我们将聚焦于深度学习中的关键性挑战，如梯度消失、梯度爆炸和网络退化等问题，详细讨论这些问题的成因、影响及其若干解决方法。

本章使用的数学符号如表 2 - 1 所示。

表 2-1　数学符号

符号	含义
$f(x)$	关于 x 的函数
$\mathrm{sign}(x)$	符号函数
$\sigma(x)$	Sigmoid 函数，即 $\sigma(x)=\frac{1}{1+e^{-x}}$
$\mathbb{R}^n$	n 维欧几里得空间，$\mathbb{R}$ 代表实数集
A	矩阵随机变量
$A\odot B$	A 和 B 的逐元素乘积(Hadamard 乘积)
$\mathrm{d}y/\mathrm{d}x$	y 关于 x 的导数
$\partial y/\partial x$	y 关于 x 的偏导数
W	神经网络中参数权重
b	神经网络中偏置参数
h_t	t 时刻的隐状态向量
$\tilde{h}_t$	t 时刻的候选隐状态向量
$\mathcal{F}(\mathcal{F}^{-1})$	傅里叶变换(逆变换)
f_t	输入门
z_t	更新门
r_t	重置门
c^t	t 时刻的候选记忆细胞
$\mathcal{N}(v)$	节点 v 的邻居节点集合
$\nabla_x y$	y 关于 x 的梯度
x^t	当前 t 时刻的输入
$\mathcal{G}$	图
$h^{(v)}$	节点 v 的状态
$m_t^{(v)}$	节点 v 在 t 时刻收到的信息
$x^{(v)}$	节点 v 的输入特征
$e^{(u,v)}$	连接节点 u 和节点 v 的边的特征
L	拉普拉斯矩阵
D	度矩阵
U	拉普拉斯的特征矩阵
H^l	网络中第 l 层隐藏层的特征表示
I_N	单位矩阵
T_k	切比雪夫多项式

2.1 深度学习概述

深度学习作为机器学习的一个重要分支，在图像识别、语音处理、自然语言处理等多个应用领域取得了显著进展。本节将深入探讨深度学习的基础概念及发展历程。首先，通过介绍深度学习的定义及其在智能系统的核心作用，阐明其在处理复杂数据分析任务方面的独特优势；接着，回顾深度学习从早期的理论基础到近年来的大模型突破的发展进程，展示其技术发展的关键节点和重要进展，揭示深度学习如何逐步成为推动人工智能技术进步的重要力量。

2.1.1 深度学习简介

深度学习是一种基于神经网络实现机器学习的方法，通过神经网络进行端到端特征提取，在处理复杂和大规模数据上展现出显著优势。与传统依赖人工特征设计的方法不同，深度学习通过构建深度神经网络，能够从海量高维数据中逐层抽取复杂的特征。这种层次化特征学习的机制使得模型可以挖掘数据中隐含的模式与规律，提供高效、准确的学习能力。

在智能系统领域，深度学习的优势尤为突出。深度学习通过模拟人脑神经网络的层次化信息处理方式，不仅能够自动完成复杂数据的特征提取，还能有效应对模式识别、语义理解、知识推理等关键任务。特别是在智能系统的认知决策中，深度学习模型通过提取高层次抽象特征，为系统提供关键支撑。例如，在图像识别领域，深度学习模型能够快速提取图像中的语义信息；在自然语言处理领域，深度学习能够从文本中提炼知识点并实现逻辑推理。此外，深度学习还具备强大的泛化能力和迁移学习潜力，使智能系统能够适应多样化的应用场景，从而推动智能技术的广泛落地与应用。

深度学习的应用通常以数据处理为起点。首先是对原始数据集进行预处理（如归一化、数据增强等），并划分为训练集、验证集和测试集。随后根据问题类型（如分类、回归、分割等）设计神经网络模型，模型通过前向传播计算输出，并利用反向传播算法更新权重，逐步最小化误差，从而完成训练阶段。深度学习模型的设计和训练对计算资源的需求极高，为此涌现出许多支持自动梯度计算、多设备并行运算（如 CPU 和 GPU 切换）、分布式训练等功能的开源框架，如 Theano，Caffe，TensorFlow，PyTorch，PaddlePaddle（飞桨）等。

随着训练数据量的显著增长和芯片处理能力的不断提升，神经网络模型的规模达到前所未有的高度。尤其是大模型(如 GPT 系列、BERT 等)的出现,不仅提升了模型在处理复杂任务时的性能,还推动了深度学习技术在自然语言处理、计算机视觉等多个领域的突破性进展。这些大模型通常包含数十亿甚至数千亿个参数,实现了对海量数据的深入学习和理解,为提升智能系统的智能化水平提供了坚实的基础。

总体而言,深度学习作为人工智能领域的一项核心技术,通过堆叠多层神经网络,实现了对复杂数据的有效建模和处理,为智能系统的设计和实现提供了核心方法和工具。随着大模型的不断涌现和技术的持续进步,深度学习在智能系统领域的应用前景将变得更加广阔,有望推动人工智能技术的进一步发展和创新。

2.1.2　深度学习发展历史

深度学习的发展大致可以分为三个阶段,即起源阶段、发展阶段和崛起阶段。每个阶段都标志着深度学习技术的重大突破与进步,并为人工智能技术的发展奠定了基础。图 2.1.2-1 展示了深度学习的整体发展脉络。

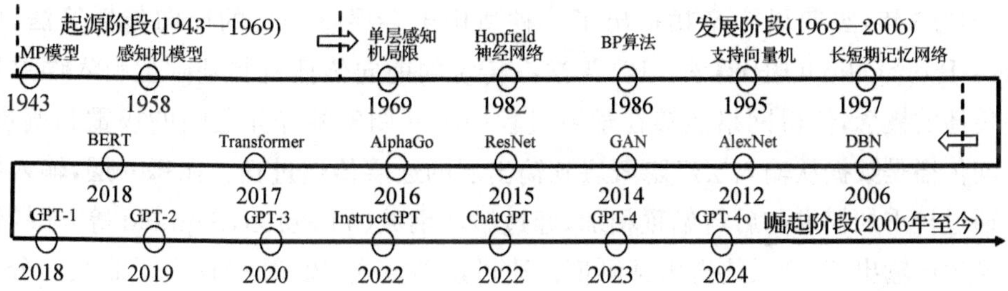

图 2.1.2-1　深度学习发展脉络

(1) 深度学习的起源阶段(1943—1969)

人工神经元网络是对生物神经网络的一种模拟和近似,是由大量神经元通过相互连接而构成的自适应非线性动态网络系统。1943 年,心理学家麦卡洛克和数学与逻辑学家皮茨在论文《神经活动中所蕴含思想的逻辑活动》中提出了第一个基于神经网络的数学模型——麦卡洛克-皮茨模型(McCulloch-Pitts Model, MP)。该模型通过逻辑函数模仿神经元的激活和抑制过程,为神经网络的理论研究开辟了道路。MP 模型是对生物神经元信息处理模式的数字简化,后续的神经网络研究工作都是以它为基础的。

20 世纪 50 年代,美国科学家罗森布拉特受到海布学习规则的启发,在 MP 模型的基础上增加了学习功能,提出感知机学习,用于模拟人类学习过程。1958 年,罗森布拉特正式提出了感知机模型,首次将神经网络的学习功能用于模式识别。

感知机是二分类的线性判别模型，旨在通过最小化误分类损失函数来优化分类超平面，从而对新的实例实现准确预测。感知机的提出激发了大量科学家对人工神经网络研究的兴趣，对神经网络的发展产生深远的影响。

(2) 深度学习的发展阶段(1969—2006)

随着对感知机研究的逐渐深入，1969 年，马文·明斯基和 LOGO 编程语言的创始人西蒙·派珀特在所著的《感知机：计算几何学导论》一书中，从数学角度证明了单层感知机的局限性，尤其是它无法解决异或等线性不可分问题。这一发现揭示了单层神经网络在处理复杂问题时的不足，并导致了此后相当长一段时间内神经网络研究的停滞。

直到 1982 年，美国著名物理学家约翰·霍普菲尔德根据物理学原理，提出了 Hopfield 神经网络模型。该模型包括连续和离散两种形式，其巧妙地运用电阻和电容等元件构成的电路来模拟神经网络中的神经元行为，实现了将最优化问题的目标函数映射为神经网络的能量函数。这一转化使得通过最小化网络能量函数求解对应问题的最优解成为可能，进一步推动神经网络的发展。

1986 年，杰弗里·辛顿提出了一种适用于多层感知机的反向传播算法，即 Back Propagation(BP)算法。BP 算法在传统的前向传播机制基础上引入误差反向传播的概念，使得网络能够在学习过程中不断调整神经元之间的权重和偏置。前向传播是数据从输入层经隐藏层到输出层的逐层传递过程。在每一层，输入数据通过权重加权求和后与偏置相加，经过激活函数(如 ReLU，Sigmoid 等)非线性变换生成输出，直到最终得出预测值。通过这种方式，BP 算法解决了非线性分类问题，并引起人们对人工神经网络的关注。

在 20 世纪 90 年代中期，支持向量机、长短期记忆网络等浅层机器学习模型相继被提出。1995 年，Vapnik 等人提出支持向量机，它通过构造超平面实现数据的线性或非线性分类。1997 年，Hochreiter 等人提出长短期记忆网络，解决了传统循环神经网络在长期依赖问题中的梯度消失问题。这些模型的出现为后来深度学习模型的发展提供了理论基础和技术支持。

(3) 深度学习的崛起阶段(2006 年至今)

自 2006 年起，研究者们在训练深度神经网络方面取得了突破性进展，这标志着神经网络研究的复兴。2006 年，辛顿等人提出一种概率生成模型——深度信念网络(Deep Belief Networks, DBN)。DBN 由一系列堆叠的受限玻尔兹曼机组成，通过层次无监督预训练和有监督微调，使得网络适应特定的监督学习任务。

2012 年，Alex Krizhevsky 等人提出的 AlexNet 网络在 ImageNet 图像分类竞

赛中以压倒性优势夺冠，这一成就不仅展示了深度卷积神经网络在图像识别领域的强大能力，也标志着深度学习技术在计算机视觉领域的崛起。2014 年，由伊恩·古德费洛等人提出的生成对抗网络（Generative Adversarial Networks, GAN）通过生成器和判别器之间的对抗性博弈实现数据生成，广泛应用于图像生成、图像修复、风格转换等领域[1]。

2015 年，何恺明等人提出的残差网络通过采用残差学习的思想引入跳跃连接，解决了深度神经网络训练中的梯度消失和退化问题。2016 年，由 DeepMind 开发的 AlphaGo[2]结合了强化学习与蒙特卡洛树搜索（Monte Carlo Tree Search, MCTS）算法，在与世界围棋冠军李世石的比赛中以 4∶1 的总比分获胜，展示了深度强化学习在复杂决策问题上的巨大潜力。随后，AlphaZero[3]的推出进一步扩展了深度学习与强化学习结合的应用前景。

2017 年，Google 团队提出的 Transformer 模型利用自注意力机制来捕捉输入数据的内在关系，有效解决了传统网络在处理长序列数据的长期依赖问题和计算效率低下等挑战[4]。2018 年，Google 团队进一步推出了 BERT 模型，该模型基于 Transformer 架构，采用掩码语言机制进行预训练，实现双向表示学习[5]。

近年来，随着数据量的增长和计算能力的显著提升，研究者们开始转向训练更加复杂的深度学习模型。2019 年，Radford 等人提出的基于 Transformer 解码器架构的 GPT 模型[6]标志着大语言模型时代的到来。随后，GPT 系列模型不断迭代，如 GPT-2[7]，GPT-3[8]，以及 ChatGPT 和 GPT-4[9]，通过更大的模型参数和数据规模，实现了更强的文本生成、理解和对话能力。

随着大模型的不断发展，深度学习技术逐渐成为推动人工智能技术进步的核心驱动力，在自然语言处理等应用领域中展现出强大的潜力和广泛的应用前景。

2.2 神经网络概述

神经网络构成了深度学习中主流的算法框架，广泛应用于计算机视觉、自然语言处理等多个领域。本节首先回顾神经网络的基础知识及其在各种任务中的应用，然后探讨感知机模型及其在处理非线性问题时的局限性。这些挑战促使了前馈神经网络的发展，本节将详细说明前馈神经网络如何通过引入隐藏层来提升模型的表达能力及有效应对复杂的非线性问题。

此外，在神经网络的学习过程中，计算模型参数梯度对于模型训练至关重要。因此，本节还将介绍反向传播算法，包括它是如何利用链式法则来计算网络参数梯度。该算法显著优化了神经网络的训练效率及其处理复杂数据模式的能力。

2.2.1 神经网络简介

神经网络(Neural Network, NN)是一种模拟人脑神经系统运作的计算模型，由大量相互连接的简单处理单元(称为神经元)组成，并通过这些神经元之间的连接和信息传递来完成各种任务，如模式识别、分类、预测等。神经网络的两个关键要素是权重和激活函数。权重表示神经元之间连接的强度，它决定了输入信号对神经元的影响程度。在模型训练过程中，神经网络通过反向传播算法来调整权重，以使网络能够更好地拟合训练数据。激活函数引入非线性变换，增加了网络的表达能力，使得神经网络能够处理复杂的非线性关系。

深度神经网络(Deep Neural Network, DNN)是一种特殊类型的神经网络，其特征在于包含多个隐藏层。这种多层结构使得 DNN 能够进行深层次的特征提取和表示学习，从而提升模型的表达和泛化能力。DNN 的训练通常依赖于反向传播算法，该算法通过计算网络预测输出与实际标签之间的误差，并从输出层向输入层反向传播这些误差，以此更新网络中的权重，进而优化网络性能。

神经网络在计算机视觉、自然语言处理、语音识别等领域取得显著成果。例如，卷积神经网络在图像识别和计算机视觉任务中表现出色，循环神经网络在序列数据处理中具有优势，长短时记忆网络则能够处理长期依赖关系。这些网络结构的发展和优化，不断推动着人工智能领域的进步。

2.2.2 感知机及其演变：从线性到前馈神经网络

感知机 (Perceptron)是神经网络的早期模型，由美国心理学家弗兰克·罗森布拉特在 1958 年提出。它是一种由多个输入节点和一个输出节点组成的二分类模型，将输入特征分类为 0,1 两类(如图 2.2.2-1 所示)。

二维平面上的点只有两个输入特征，因此二维平面上的两类点可以通过一条直线进行分类。如果输入数据有更多维度的特征，那么就需要建立同样多维度的模型，高维度上的分类模型也被称为超平面。感知机的输入通过带有权重的连接传递给输出节点，输出节点对输入进行加权求和后通过激活函数(通常是阶跃函数)产生输出结果。感知机模型如下：

$$f(x)=\mathrm{sign}(w\cdot x+b), \qquad (2.2.2-1)$$

其中，x 代表输入的特征空间向量，输出空间是$\{-1,0,+1\}$；w 为权值向量；b 为偏置；sign(·)是符号函数，定义如下：

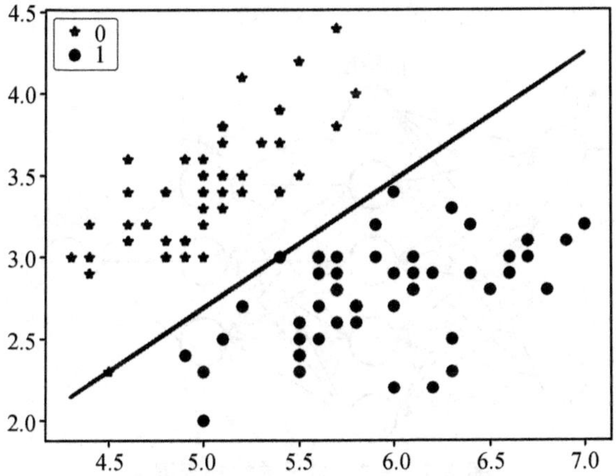

图 2.2.2-1　二分类问题示意图

$$\operatorname{sign}(x)=\begin{cases}1, & x>0,\\ 0, & x=0,\\ -1, & x<0.\end{cases} \tag{2.2.2-2}$$

感知机结构如图 2.2.2-2 所示。感知机的训练算法基于梯度下降法，通过不断调整权重来使感知机能够对输入进行正确的分类。然而，感知机模型存在局限性，即它只能解决线性可分的问题，在复杂的非线性问题中，感知机无法进行有效的学习和分类。为了解决这个问题，前馈神经网络被引入。

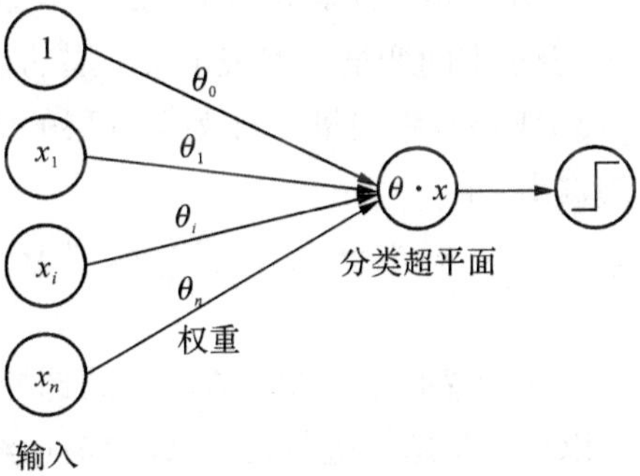

图 2.2.2-2　感知机结构

前馈神经网络(Feedforward Neural Network，FNN)是一种由多个神经元按层次结构排列的神经网络模型，也称为多层感知机。前馈指传播方向是前向，即输入 x 提供初始信息，然后前向传播到每一层的隐藏单元，最终产生输出 y。它与单层感知机的主要区别在于引入了隐藏层(或称为中间层)，隐藏层中的神经元通过权重连接接收输入，并通过激活函数产生输出。

在前馈神经网络中，各神经元分别属于不同的层，每一层的神经元可以接收前一层神经元的信号，并产生信号输出到下一层。其中，第 0 层称为输入层，最后一层称为输出层，其他中间层称为隐藏层。整个网络中无反馈，信号从输入层向输出层单向传播，可用一个有向无环图表示。如图 2.2.2-3 所示为四层前馈神经网络的示例。

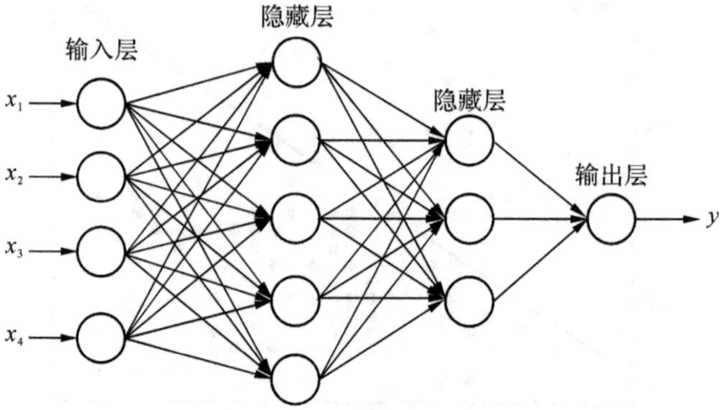

图 2.2.2-3 多层前馈神经网络

令 $a^{(0)}=x$，前馈神经网络通过不断迭代下面公式进行信息传播：

$$\begin{cases} z^{(l)}=W^{(l)}a^{(l-1)}+b^{(l)}, \quad l=1,2,\cdots,L, \\ a^{(l)}=f_l(z^{(l)}). \end{cases} \tag{2.2.2-3}$$

其中，$W^{(l)}$，$b^{(l)}$ 分别表示第 l 层的权重和偏置参数，$f_l(\cdot)$ 表示第 l 层的激活函数，$z^{(l)}$ 表示中间变量，$a^{(l)}$ 表示第 l 层的输出。那么，整个网络可以看作一个复合函数 $\varphi(x;W,b)$，将向量 x 作为第 0 层的输入 $a^{(0)}$，将第 L 层的输出 $a^{(L)}$ 作为整个函数的输出，即

$$x=a^{(0)}\rightarrow z^{(1)}\rightarrow a^{(1)}\rightarrow z^{(2)}\rightarrow\cdots\rightarrow a^{(L-1)}\rightarrow z^{(L)}\rightarrow a^{(L)}=\varphi(x;W,b). \tag{2.2.2-4}$$

如果忽略非线性函数的不同选择，多层前馈神经网络中的每一个中间节点都可以认为是感知机单元，因此前馈神经网络可以视为线性基函数的扩展，同时也可以理解为感知机模型按照既定网络结构进行的堆叠。这种层次结构的引入使得前馈神经网络具备更强大的表达能力，能够处理更复杂的非线性关系。

2.2.3 反向传播算法

在介绍反向传播算法前，先给出链式法则（Chain Rule）的概念。链式法则是微积分中一个基本法则，用于计算复合函数的导数。设 x 是实数，f 和 g 是从实数映射到实数的函数，若 $y=g(x)$ 且 $z=f(y)=f(g(x))$，则根据链式法则可得

$$\frac{\mathrm{d}z}{\mathrm{d}x}=\frac{\mathrm{d}z}{\mathrm{d}y}\frac{\mathrm{d}y}{\mathrm{d}x}. \tag{2.2.3-1}$$

上述标量情况可以扩展到更一般的情形。假设 $x\in\mathbb{R}^m$，$y\in\mathbb{R}^n$，g 是从 $\mathbb{R}^m$ 到 $\mathbb{R}^n$ 的映射，f 是从 $\mathbb{R}^n$ 到 $\mathbb{R}$ 的映射，若 $y=g(x)$ 且 $z=f(y)$，那么链式法则可以

表示为

$$\frac{\partial z}{\partial x_i}=\sum_j \frac{\partial z}{\partial y_j}\frac{\partial y_j}{\partial x_i}. \tag{2.2.3-2}$$

进一步地，我们引入计算图的概念。计算图(Computational Graph)是一种用于表示计算过程的图结构，具体地讲，就是将计算过程抽象成节点和边的形式，以便更好地理解和优化计算过程。在计算图中，节点表示计算的操作，如加法、乘法、激活函数等，而边表示数据的流动，即数据在节点之间的传递。每个节点接收输入数据后进行计算，并将输出传递给其他节点。

反向传播算法是一种用于训练前馈神经网络的算法，它通过应用链式法则来高效地计算神经网络中间变量和参数的梯度。如图 2.2.3-1 所示，在反向传播过程中，从计算图的输出节点开始，通过链式法则将梯度逆向传播至输入层。在这个过程中，每个节点根据上游节点传递的梯度和自身的操作规则计算梯度，并将梯度传递给下游节点，直至达到输入节点。反向传播算法利用链式法则计算各节点梯度(如图 2.2.3-2 所示)，从而实现对网络参数的优化更新。

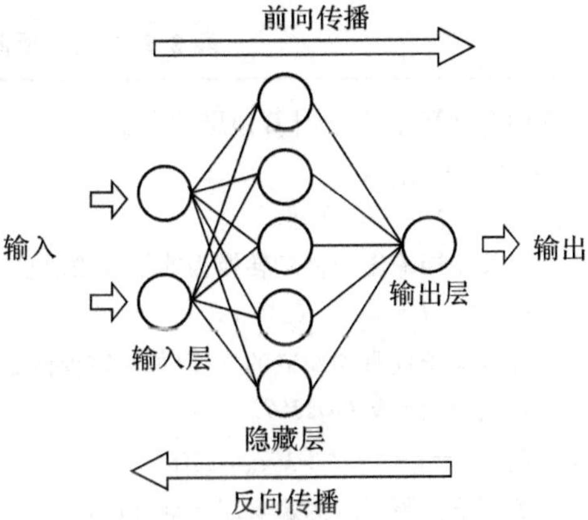

图 2.2.3-1　反向传播算法计算图示例

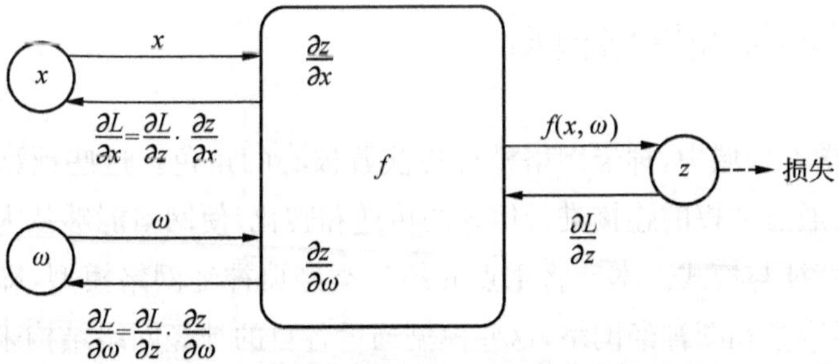

图 2.2.3-2　基于链式法则的反向传播算法

反向传播允许来自价值函数的信息通过网络反向流动，从而实现权重的优化。在模型训练中，通常采用均方误差作为价值函数，其定义为

$$L=\frac{1}{n}\sum_{i=1}^{n}(y_i-\hat{y}_i)^2. \tag{2.2.3-3}$$

其中，y_i 是第 i 个样本的实际标签，$\hat{y}_i$ 是网络的预测输出，n 是样本数量。反向传播算法的核心是基于梯度下降法，通过计算网络预测输出与实际标签之间的误差，将误差从输出层反向传递到隐藏层和输入层，以便根据梯度下降法调整权重。

在反向传播算法中，第 l 层的误差项可以通过第 $l+1$ 层的误差项来计算。具体而言，第 l 层的一个神经元的误差项(或敏感性)定义为所有与该神经元相连的第 $l+1$ 层神经元的误差项的加权和，再乘以该神经元激活函数的梯度。具体的计算过程如表 2.2.3-1 所示，通过该过程，反向传播算法使得神经网络进行端到端的训练和优化。

表 2.2.3-1　反向传播算法计算过程

在前向计算完成后，计算顶层的梯度：
$g \leftarrow \nabla_{\hat{y}} J = \nabla_{\hat{y}} L(\hat{y}, y)$
for $k = l, l-1, \cdots, 1$ do
将关于层输出的梯度转换为非线性激活输入前的梯度(若 f 是逐元素的，则逐元素相乘)：
$g \leftarrow \nabla_{a^{(k)}} J = g \odot f'(a^{(k)})$
计算关于权重和偏置的梯度(如果需要的话，还要包括正则项)：
$\nabla_{b^{(k)}} J = g + \lambda \nabla_{b^{(k)}} \Omega(\theta)$
$\nabla_{W^{(k)}} J = g h^{(k-1)\mathrm{T}} + \lambda \nabla_{W^{(k)}} \Omega(\theta)$
关于下一更低层的隐藏层传播梯度：
$g \leftarrow \nabla_{h^{(k-1)}} J = W^{(k)\mathrm{T}} g$
end for

2.3　经典神经网络模型

在深度学习领域中，神经网络模型扮演着核心的角色。这些模型由多层神经元组成，每层通过加权的连接进行信息的传递和转化，使网络能够从大规模数据集中自动提取特征与模式。本节将重点介绍三类经典神经网络模型，即循环神经网络、卷积神经网络和图神经网络，这些模型通过各自的神经网络结构来提取不同类型的数据特征。其中，循环神经网络通过其循环结构有效捕捉序列数据中的时序特征，广泛应用于机器翻译、音乐生成、文本生成、情感分类等领域；卷积神经网络通过利用其卷积层的空间感知能力实现模型的参数共享，主要应用于图像分类、目标检测等视觉任务；图神经网络通过利用图结构数据中节点和边的关系有效捕获图结构信息，广泛应用于社交网络分析、化学分子结构预测等任务。

2.3.1　循环神经网络

循环神经网络(Recurrent Neural Networks, RNN)通过引入循环连接捕捉序列数据中的长距离依赖关系,能够有效地从这些数据中提取关键特征,为下游任务提供强大的支持。然而传统的循环神经网络在处理长序列时常常遇到梯度消失问题,影响模型的稳定性。为了克服以上挑战,循环神经网络的变体被引入,包括长短期记忆网络、门控循环单元网络以及双向循环神经网络。这些变体通过不同机制优化信息流,增强了模型对长期依赖关系的捕捉能力。

2.3.1.1　循环神经网络简介

循环神经网络是一种专门处理序列数据或具有时间依赖性数据的神经网络。与传统的前馈神经网络相比,RNN 的关键特性在于其具有循环连接,使得信息可以在网络中进行传递和反馈,即通过记忆过去的信息并利用这些信息影响后续的输出。在 RNN 中,每个时间步的输出不仅取决于当前输入,还取决于之前时间步的输出,即网络的状态。这种结构使得 RNN 能够同时考虑序列的短期模式和长期依赖关系。

从网络结构上看,RNN 会记忆之前的信息,并利用之前的信息影响后面节点的输出。循环神经网络的隐藏层之间的节点是有连接的,允许信息在时间步之间传递。具体来说,隐藏层的输入不仅包括输入层的输出,还包括来自上一时间步隐藏层的输出。RNN 根据信息流动的方向分为单向 RNN 和双向 RNN。其中,单向 RNN 仅考虑过去到未来的信息流动,而双向 RNN 同时考虑过去和未来的信息。单向 RNN 的结构如图 2.3.1－1 所示。

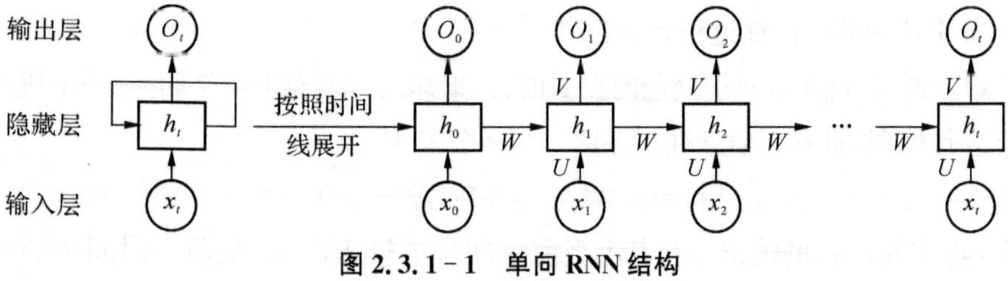

图 2.3.1－1　单向 RNN 结构

2.3.1.2　长短期记忆网络

循环神经网络能够实现良好的时间依赖性建模,但它们在处理长序列数据时常常受到短时记忆的限制。当时间步增加时，梯度在反向传播过程中会经历多次连乘，这容易导致梯度消失。而一旦梯度消失，网络在参数更新时就无法有效地利用早期时间步的关键信息，这使得 RNN 难以处理长期依赖问题。

为了解决这一挑战，1997 年，Hochreiter 和 Schmidhuber 提出长短期记忆(Long Short-Term Memory，LSTM)网络[10]；2014 年，Chung 等人提出门控循环单元(Gated Recurrent Unit，GRU)[11]。这两种网络结构都是 RNN 的变体，它们通过引入门控机制来避免在反向传播过程中出现的梯度消失和梯度爆炸问题，从而有效地捕获序列数据中的长期依赖关系，不仅为解决网络时空预测问题提供了新的方案，同时也带动了时序信息流预测技术的发展。

如图 2.3.1－2 所示，一个 LSTM 单元(Cell)的基本结构包括一个单元状态(Cell State)，该状态通过门控机制控制信息的流动。具体来说，门机制主要通过各神经网络层的权值影响长时记忆单元状态 c_t 的更新。图中的 σ 表示 Sigmoid 激活函数层，其作用是将输出范围限定在 0～1，从而决定信息的保留程度；tanh 表示双曲正切函数层，其作用是将值压缩到－1～1，使其更加适合在 LSTM 的状态中进行存储或更新；⊙表示 Hadamard 积，用于控制信息的流动。

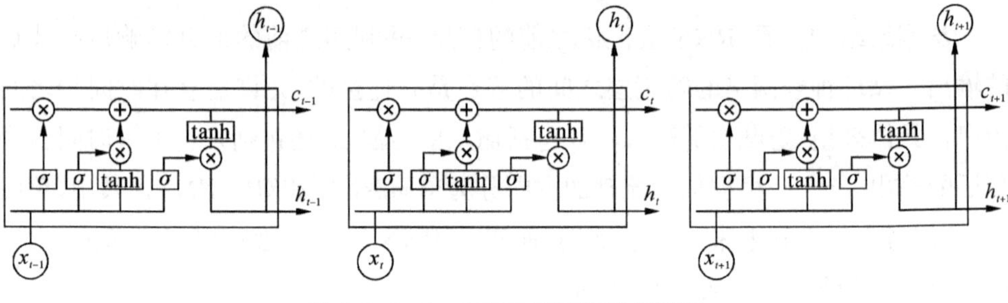

图 2.3.1－2　LSTM 模型框架示意图

LSTM 的前向传播过程如下：

(1) 更新遗忘门：对于当前时刻 t 而言，遗忘门主要对上一个时刻 $t-1$ 流入的信息进行处理，将有用信息进行保留。具体公式为

$$f_t=\sigma(W_{hf}h_{t-1}+W_{xf}x_t+b_f), \tag{2.3.1-1}$$

其中，f_t 是遗忘门的输出，x_t 表示当前时间步的输入，h_{t-1} 是前一时间步的隐状态，W_{hf} 和 W_{xf} 是权重参数，b_f 是偏置参数。

(2) 更新输入门和记忆候选细胞：输出决定信息 i_t 的更新情况，生成记忆候选细胞信息 $\hat{c}_t$ 以补充遗忘门中丢弃的信息。具体公式为

$$i_t=\sigma(W_{hi}h_{t-1}+W_{xi}x_t+b_i),\tag{2.3.1-2}$$

$$\hat{c}_t=\tanh(W_{hc}h_{t-1}+W_{xc}x_t+b_c),\tag{2.3.1-3}$$

其中，W_{hi}，W_{xi}，W_{hc}，W_{xc} 是权重参数，b_i，b_c 是偏置参数。

（3）更新细胞状态：通过遗忘门的输出 f_t 与上一个时刻 $t-1$ 的记忆细胞状态 c_{t-1} 逐元素相乘来决定 $t-1$ 时刻的记忆细胞状态有多少信息被保留，再将 i_t 与候选细胞信息（短时记忆）逐元素相乘，汇总得到新的单位状态。具体公式为

$$c_t=f_t\odot c_{t-1}+i_t\odot\hat{c}_t.\tag{2.3.1-4}$$

（4）更新输出门输出。具体公式为

$$o_t=\sigma(W_{ho}h_{t-1}+W_{xo}x_t+b_o),\tag{2.3.1-5}$$

$$h_t=o_t\odot\tanh(c_t),\tag{2.3.1-6}$$

其中，o_t 是输出门，W_{ho} 和 W_{xo} 是权重参数，b_o 是偏置参数。

（5）更新当前序列索引预测输出。具体公式为

$$\hat{y}_t=\sigma(Wh_t+c),\tag{2.3.1-7}$$

其中，W 是权重参数，c 是偏置参数。

2.3.1.3　门控循环单元网络

门控循环单元[11]在 2014 年被提出。作为循环神经网络的一种改进形式，门控循环单元旨在解决传统循环神经网络在处理长序列数据时遇到的梯度消失问题和梯度爆炸问题。GRU 通过引入门控机制来控制信息的流动，能够更好地捕捉时间序列中的长期依赖关系。与长短期记忆网络相比，GRU 的结构更加简单，参数更少。GRU 包含两个门，即重置门（Reset Gate）和更新门（Update Gate）。如图 2.3.1-3 所示是一个 GRU 单元（Cell）的基本结构。

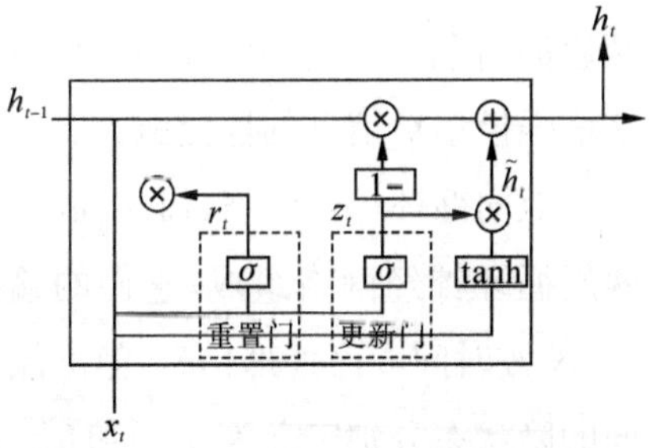

图 2.3.1-3　GRU 模型框架示意图

GRU 内部计算过程如下：

$$z_t=\sigma(W_z\cdot[h_{t-1},x_t]),\tag{2.3.1-8}$$

$$r_t=\sigma(W_r\cdot[h_{t-1},x_t]),\tag{2.3.1-9}$$

$$\tilde{h}_t=\tanh(W\cdot[r_t\odot h_{t-1},x_t]),\tag{2.3.1-10}$$

$$h_t=(1-z_t)\odot h_{t-1}+z_t\odot\tilde{h}_t,\tag{2.3.1-11}$$

其中，x_t 为当前输入，$\tilde{h}_t$ 和 h_t 分别表示当前时间步的候选隐藏状态和隐状态，σ 表示 Sigmoid 激活函数，$z_t \in [0,1]$为更新门，$r_t \in [0,1]$为重置门，W_z，W_r，W 分别表示权重参数，$\odot$表示 Hadamard 积。

在 LSTM 网络中，输入门和遗忘门是互补关系，具有一定的冗余性。而 GRU 网络使用自适应门控机制来控制输入和遗忘之间的平衡。当更新门 $z_t=0$ 时，当前状态 h_t 和前一时刻的状态 h_{t-1} 为线性函数关系；当 $z_t=1$ 时，h_t 和 $\tilde{h}_t$ 为线性函数关系。当 $z_t=0$，$r_t=1$ 时，GRU 网络退化为简单循环网络；当 $z_t=0$，$r_t=0$ 时，当前状态 h_t 只和当前输入 x_t 相关，和历史状态 h_{t-1} 无关。当 $z_t=1$ 时，当前状态 h_t 等于前一时刻状态 h_{t-1}，和当前输入 x_t 无关。

GRU 作为最常使用的循环神经网络之一，已经在手写识别、语音识别、机器翻译、图像标题生成等任务上取得显著成功。但是，门控循环单元在长序列数据的处理上依然有局限，对于复杂度高的序列，其约简过的门控单元也难以有效提取层次化信息。目前，研究者们正在探索注意力机制和外显记忆等新技术，以进一步提升循环神经网络处理复杂序列数据的能力。

2.3.1.4 双向循环神经网络

在有些任务中，一个时刻的输出不仅依赖于先前时刻的信息，也与未来时刻的信息有关。比如给定一个句子，其中一个词的词性由它的上下文决定，即包含左右两边的信息。在这些任务中，可以引入一个按照时间的逆序来传递信息的网络层来增强模型对信息的捕捉能力。

双向循环神经网络(Bidirectional Recurrent Neural Networks，Bi-RNN)[12]由两层循环神经网络组成，它们的输入相同，但信息传递的方向不同。假设第 1 层 RNN 按时间顺序处理信息，第 2 层 RNN 按时间逆序处理信息。在时刻 t，两个方向的隐状态分别定义为 $h_t^{(1)}$ 和 $h_t^{(2)}$，则有

$$h_t^{(1)}=f(U^{(1)}h_{t-1}^{(1)}+W^{(1)}x_t+b^{(1)}), \tag{2.3.1-12}$$

$$h_t^{(2)}=f(U^{(2)}h_{t+1}^{(2)}+W^{(2)}x_t+b^{(2)}), \tag{2.3.1-13}$$

$$h_t=h_t^{(1)}\oplus h_t^{(2)}, \tag{2.3.1-14}$$

其中，$\oplus$为向量拼接操作，f 表示激活函数，$U^{(1)}$，$U^{(2)}$，$W^{(1)}$，$W^{(2)}$ 分别表示权重参数，$b^{(1)}$ 和 $b^{(2)}$ 为偏置项。如图 2.3.1-4 所示为按时间展开的双向循环神经网络。

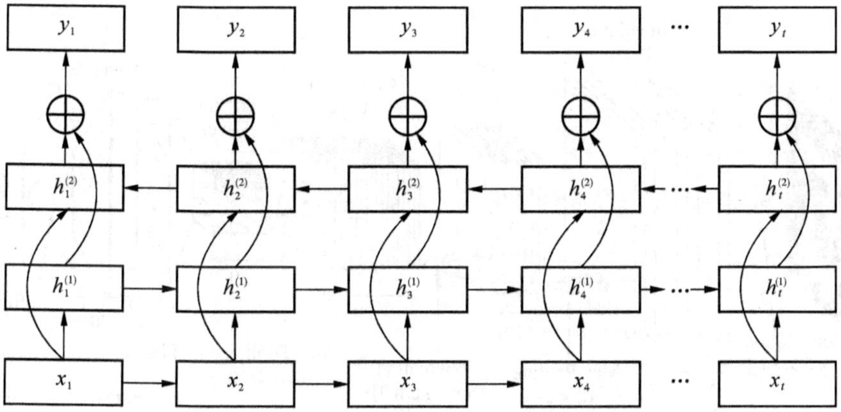

图 2.3.1－4　按时间展开的双向循环神经网络

2.3.2　卷积神经网络

卷积神经网络(Convolutional Neural Networks,CNN)是一种广泛应用于计算机视觉任务的深度学习模型。CNN 通过一系列的卷积层和池化层来自动学习图像等结构化数据的特征表示,被广泛应用于图像分类、目标检测等领域。在 CNN 的发展历程中,视觉几何群(Visual Geometry Group, VGG)网络和 Inception 模型等的出现标志着技术的重要进步。VGG 网格通过重叠使用不同尺寸的卷积核并增加卷积层的数量,有效提高了特征提取的深度和精度;Inception 模型引入多尺度卷积核的并行处理结构,增强了网络在多尺度下对图像特征的捕捉能力。

2.3.2.1　卷积神经网络简介

卷积神经网络[13]是一种已经成功应用于计算机视觉、信号处理等领域的神经网络。如图 2.3.2－1 所示,CNN 的结构通常包括输入层、输出层以及若干隐藏层,这些隐藏层可以是卷积层、池化层或全连接层。卷积层通过与输入特征进行卷积运算的卷积核(或过滤器)来提取特征,这些卷积核是训练过程中学习得到的权重集合。卷积层之后通常接池化层,该层对输入特征进行子采样,例如对矩阵中的相邻值应用最大操作,以获得由最突出的特征组成的较小矩阵。与传统前馈神经网络中两相邻层之间通过全连接方式连接不同,CNN 中的卷积层通过滑动卷积核与局部元素连接。通过这种局部连接,输出神经元仅连接到它们对应位置附近的部分输入神经元捕获局部空间特征。

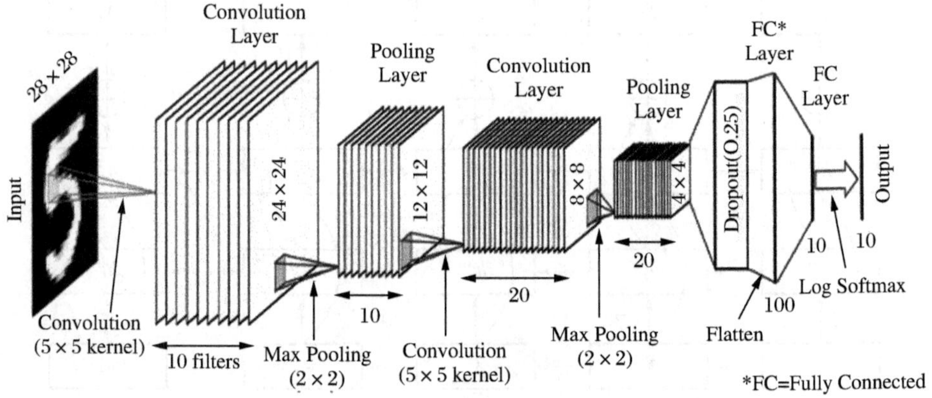

图 2.3.2-1 CNN 结构示意图[14]

(1) 卷积层

卷积层的主要功能是提取局部区域的特征,不同的卷积核相当于不同的特征提取器。前面描述的卷积层的神经元和全连接网络一样都是一维结构,由于卷积网络主要应用在图像处理上,而图像为二维结构,因此为了更充分地利用图像的局部信息,通常将神经元组织为三维结构的神经层,其大小为高度 $M\times$ 宽度 $N\times$ 深度 D,由 D 个 $M\times N$ 大小的特征映射构成。

特征映射(Feature Map)为一幅图像(或其他特征映射)经过卷积提取到的特征,每个特征映射可以作为一类抽取的图像特征。为了提高卷积网络的表示能力,可以在每一层使用多个不同的特征映射以更好地表示图像的特征。在输入层,特征映射就是图像本身。如果是灰度图像,就是有一个特征映射,输入层的深度 $D=1$;如果是彩色图像,则分别有 R,G,B 三个颜色通道的特征映射,输入层的深度 $D=3$。

不失一般性,假设一个卷积层的结构如图 2.3.2-2 所示。它主要由以下三部分组成:

① 输入特征映射组:$x\in\mathbb{R}^{M\times N\times D}$ 为三维张量(Tensor),其中每个切片(Slice)矩阵 $X^d\in\mathbb{R}^{M\times N}$ 为一个输入特征映射,$1\leqslant d\leqslant D$;

② 输出特征映射组:$y\in\mathbb{R}^{M'\times N'\times P}$ 为三维张量,其中每个切片矩阵 $Y^p\in\mathbb{R}^{M'\times N'}$ 为一个输出特征映射,$1\leqslant p\leqslant P$;

③ 卷积核:$w\in\mathbb{R}^{U\times V\times P\times D}$ 为四维张量,其中每个切片矩阵 $W^{p,d}\in\mathbb{R}^{U\times V}$ 为一

个二维卷积核，$1\leqslant p\leqslant P$，$1\leqslant d\leqslant D$。

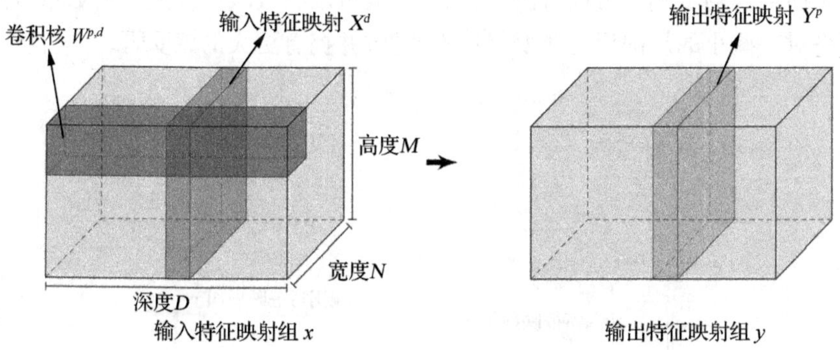

图 2.3.2－2　卷积层三维结构表示①

（2）池化层

卷积层可以显著减少网络中连接的数量，但特征映射组中的神经元个数并没有显著较少，这意味着如果后续接一个分类器，它的输入维数依然很高，容易导致过拟合现象。为进一步降低特征维数和过拟合风险，池化层（Pooling Layer）扮演了重要角色。池化层也称为子采样层（Subsampling Layer）。池化层通过对卷积层输出的特征图进行下采样，不仅减少了特征数量，还有助于使特征表示更加紧凑和不变。这种结构设计有效地降低了参数数量和模型的复杂性，提高了模型的泛化能力。

假设池化层的输入特征映射组为 $x\in\mathbb{R}^{M\times N\times D}$，对于其中每一个特征映射 $X^d\in\mathbb{R}^{M\times N}$，$1\leqslant d\leqslant D$，将其划分为很多区域 $R_{m,n}^d$，$1\leqslant m\leqslant M'$，$1\leqslant n\leqslant N'$，这些区域可以重叠，也可以不重叠。池化是指对每个区域进行下采样（Down Sampling）得到一个值，作为该区域的表示。常用的池化函数有两种：

① 最大池化（Maximum Pooling 或 Max Pooling）：对于一个区域 $R_{m,n}^d$，选择这个区域内所有神经元的最大活性值作为区域的表示，即

$$y_{m,n}^d=\max_{i\in R_{m,n}^d} X_i, \tag{2.3.2-1}$$

其中 X_i 为区域 R_k^d 内每个神经元的活性值。

② 平均池化（Mean Pooling）：一般是取区域内所有神经元活性值的平均值，即

$$y_{m,n}^d=\frac{1}{|R_{m,n}^d|}\sum_{i\in R_{m,n}^d} X_i. \tag{2.3.2-2}$$

对每一个输入特征映射 X^d 的 $M'\times N'$ 个区域进行子采样，得到池化层的输出

① 图 2.3.2－2 来源于网络 https://www.cnblogs.com/chay/articles/10684409.html.

特征映射 $Y^d = y^d_{m,n}$，$1 \leqslant m \leqslant M'$，$1 \leqslant n \leqslant N'$。图 2.3.2-3 给出了采样最大池化进行子采样操作的示例。可以看出，池化层不但可以有效减少神经元的数量，还可以使网络对一些小的局部形态改变保持不变性，并拥有更大的感受野。

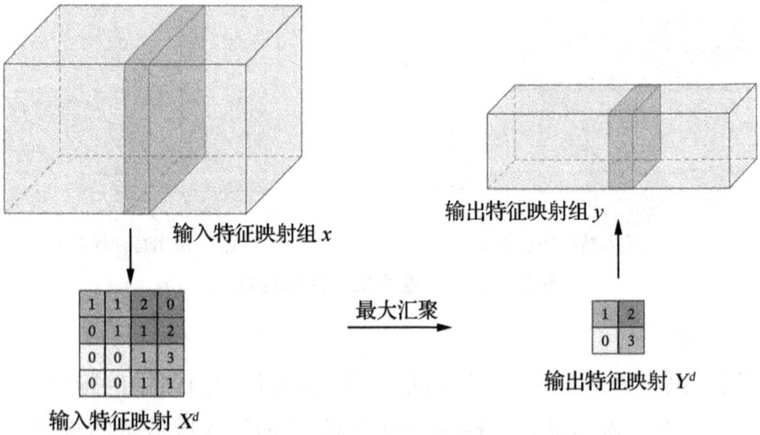

图 2.3.2-3　池化层中最大池化(汇聚)过程示例①

在卷积神经网络中，汇聚层扮演着重要的角色。它主要负责对输入特征图进行下采样，减少数据的空间尺寸，从而降低参数量和计算复杂性，同时使特征具有更好的空间不变性。在现代的卷积神经网络中，汇聚层主要执行这种下采样操作。然而，在早期的一些卷积网络(例如 LeNet-5)中我们可以发现，汇聚层的设计不仅仅局限于下采样，有时也会在汇聚层使用非线性激活函数，比如

$$(Y')^d = f(w^d Y^d + b^d), \tag{2.3.2-3}$$

其中，$(Y')^d$ 为池化层的输出，$f(\cdot)$为非线性激活函数，w^d 和 b^d 分别为可学习的标量权重和偏置。

典型的池化层是将每个特征映射划分为 2×2 大小的不重叠区域，然后使用最大池化的方式进行下采样。池化层也可以看作一个特殊的卷积层，卷积核为 max 函数或 mean 函数，大小为 $K\times K$，步长为 $S\times S$。过大的采样区域不仅会急剧减少神经元的数量，也会造成过多的信息损失。

由于 CNN 强大的特征提取能力，CNN 被广泛应用于时空序列预测的空间域的相关性建模。通过将不规则的网络拓扑转换为规则格网，CNN 还被应用于提取空间要素，不过这种网格转换会造成不规则的网络固有拓扑信息的丢失。

在这之后，基于 CNN 和 RNN 结合的时空特征提取方法开始兴起，进而提出

① 图 2.3.2-3 来源于网络 https://www.cnblogs.com/chay/articles/10684409.html.

了一种扩散卷积循环神经网络模型，即 ConvLSTM 模型[15]，该模型分别使用扩散卷积和循环神经网络在有向图上建模空间和时间特征。ConvLSTM 作为 LSTM 的一种变体，其用卷积算子替换了全连接层算子，使得它在输入到隐藏状态以及与各个门控结构之间的转换都具有卷积操作，从而 ConvLSTM 不仅能够提取时间特征，还可以通过卷积操作对空间信息有效进行特征提取。需要指出的是，CNN 提供了一个能有效处理欧几里得结构数据的框架，但它不能解决非欧几里得时空数据的复杂空间关系挖掘问题。因此，卷积神经网络和时间序列模型结合的框架对时空网络的复杂空间关系挖掘依旧不充分。

2.3.2.2　VGG 网络

VGG 网络[16]是由牛津大学计算机视觉组于 2014 年提出的深度卷积神经网络模型。该网络在 ImageNet 图像识别挑战赛上取得显著成绩，并在计算机视觉领域得到广泛应用。VGG 网络的特点包括具有深度的网络结构和小尺寸的卷积核，以及一致性的网络设计。VGG 网络的名称中的数字代表了网络的深度，即网络中权重层的数量。例如 VGG16 网络（如图 2.3.2－4 所示），包括 13 个卷积层和 3 个全连接层，共 16 层权重层。

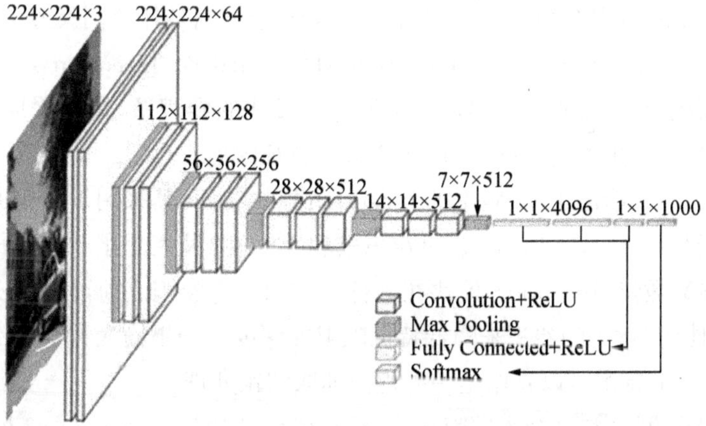

图 2.3.2－4　VGG16 结构图①

VGG 网络处理的输入图像尺寸为 224×224 像素的 RGB 图像，在预处理时，先计算出三个通道的平均值，然后在每个像素上减去平均值，以加快模型的收敛速度。网络通过一系列卷积层，其中主要使用 3×3 的小型卷积核，某些层使用 1×1

① 图 2.3.2－4 来源于网络 https://www.cnblogs.com/fusheng－rextimmy/p/15452248.html.

的卷积核。这些卷积层的步长（stride）设置为1，3×3卷积层的填充（padding）设置为1个像素。填充通过在输入边缘补零，确保输出的宽度和高度与输入一致，以避免特征图尺寸在深层网络中急剧减小。池化层包括5个最大池化层，使用2×2的窗口和步长为2的设置。

在卷积层之后，VGG网络包括3个全连接层（Fully Connected Layer）。前两个全连接层均有4096个神经元，最后一个全连接层有1000个神经元。网络的全连接层之后是Softmax，用来执行多类别分类。

所有隐藏层（每个卷积层中间）都使用ReLU激活函数。VGG网络不采用局部响应归一化（Local Response Normalization，LRN），因为这种标准化并不能在ILSVRC数据集上提升性能，反而导致更多的内存消耗和计算时间。

2.3.2.3 Inception网络

VGG网络通过叠加较深的网络结构来提升特征提取能力，但同时会导致参数数量过多出现过拟合以及梯度消失问题。此外，确定卷积层中卷积核的最佳尺寸也是设计卷积神经网络时的关键问题。为了解决这些问题，Google在2014年提出了Inception网络[17]。该网络经历了多个版本的迭代，包括Inception v1，v2，v3和v4。Inception网络的核心思想是在一个卷积层同时使用不同尺寸的卷积核，这样的结构称为Inception模块。Inception网络是由多个Inception模块和一些汇聚层堆叠而成，利用1×1，3×3，5×5等不同尺寸的卷积核，并在深度上拼接（堆叠）这些卷积核产生的特征映射，以形成输出特征映射。

图2.3.2-5给出了v1版本的Inception模块结构，其采用了4组并行的特征抽取方式，包括1×1，3×3，5×5的卷积核和3×3的最大池化。为了提高计算效率和减少参数数量，Inception模块在进行3×3，5×5卷积之前，以及在3×3最大池化之后，使用1×1的卷积来降低特征映射的深度。如果输入特征映射之间存在冗余信息，1×1卷积可以看作是一种特征抽取的预处理。

Inception网络有多个改进版本，比较有代表性的是Inception v3网络[18]。该网络通过使用多层小卷积核来替换大卷积核，以减少计算量和参数数量，并保持感受野不变。具体措施包括：

(1) 使用两层3×3的卷积来替换v1中的5×5的卷积；

(2) 使用连续的$K\times1$和$1\times K$来替换$K\times K$的卷积。

此外，Inception v3网络还引入了标签平滑以及批量归一化等优化方法改进训练过程，以提升网络效率和性能。

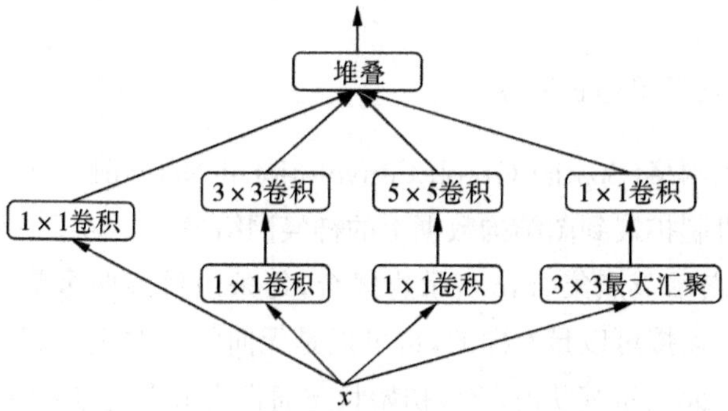

图 2.3.2-5　Inception v1 模块结构

2.3.3　图神经网络

图神经网络(Graph Neural Networks, GNN)是一类专门用于处理图结构数据的深度学习模型,能够有效捕捉数据中节点间的关系。GNN 的主要优势在于能够结合节点特征信息,通过监督学习训练生成高质量的节点表征。这些节点表征可以广泛应用于各类图相关任务,包括节点分类、图分类、链路预测等。GNN 主要包括空间图卷积网络、谱域图卷积网络、图注意力网络,这些网络类型通过不同的机制处理图数据以适应不同的应用场景与需求。

2.3.3.1　图神经网络简介

现实世界中的时空数据往往以图网络的形式存在,其中节点间具有复杂的耦合关系,这使得它们难以被直接建模为标准的 2D 或 3D 网格数据。此外,现实世界中非规则分布的传感器采集到的数据,如果经过栅格化处理后再通过 CNN 进行特征提取,可能会丢失系统固有的复杂网络拓扑信息。图嵌入技术能够较为完整的保留图的结构信息,但节点编码的权重无法共享,导致权重参数量随节点的增加而线性增长,这不利于对具有大规模节点的网络进行建模。为了解决这一问题,图神经网络应运而生,将深度学习拓展到了非欧几里得空间。

图结构数据的特征提取按照其实现的方法主要可以分为两大类,即空间图卷积网络和谱域图卷积网络[19]。空间图卷积网络利用节点及其邻居的信息来更新节点的状态,通过选择性地对邻居节点的信息进行聚合和补零操作,再将节点的邻居个数统一后,应用卷积操作来提取图数据的信息。谱域图卷积网络则是基于图的拉普拉斯矩阵的特征分解,将图信号的卷积操作转化为频域上的乘法操作。通过在频域上对图信号进行卷积运算,谱域图卷积网络能够捕捉节点之间的结构信息和特征关系。

2.3.3.2 空间图卷积网络

空间图卷积网络(Spatial Graph Convolutional Networks, Spatial GCN)是一种将消息传递机制扩展到图结构数据上的神经网络模型。对于一个给定的图结构$\mathcal{G}(\mathcal{V},\mathcal{E})$,其中$\mathcal{V}$表示节点集合,$\mathcal{E}$表示边集合,每条边代表两个节点之间的依赖关系。节点之间的连接可以是有向的,也可以是无向的。在 Spatial GCN 中,每个节点 v 由一组神经元表示其状态$h^{(v)}$,初始状态通常为节点的输入特征 $x^{(v)}$。节点能够接收来自其相邻节点的消息,并据此更新自身状态。消息传递可以通过下面两个公式表示:

$$m_t^{(v)} = \sum_{u\in\mathcal{N}(v)} \varphi(h_{t-1}^{(v)}, h_{t-1}^{(v)}, e^{(u,v)}), \tag{2.3.3-1}$$

$$h_t^{(v)} = g(h_{t-1}^{(v)}, m_t^{(v)}), \tag{2.3.3-2}$$

其中,$\mathcal{N}(v)$表示节点 v 的邻居节点集合,$m_t^{(v)}$ 表示在第 t 时刻节点 v 收到的信息,$e^{(u,v)}$为边(u,v)上的特征。公式(2.3.3-1)和公式(2.3.3-2)是一种同步更新方式,即所有节点同时接收信息并更新自身状态。对于有向图来说,采用异步的更新方式会更有效率,比如利用循环神经网络或循环神经网络。在整个图经过 T 次更新后,可以通过函数 $g(\cdot)$ 得到整个网络的表示:

$$o_t = g(h_T^{(v)} \mid v\in\mathcal{V}). \tag{2.3.3-3}$$

Spatial GCN 进行特征提取的详细步骤如下:

(1) 图的表示:将图数据表示为邻接矩阵(或称为邻接图),其中每个元素表示节点间的连接关系。同时,每个节点具有自己的特征向量,可以将它们组合成一个特征矩阵。

(2) 初始化权重矩阵:为了进行特征更新,需要为每个节点的特征和邻居节点间的连接权重分配初始值(这些权重矩阵可通过随机初始化或预训练得到)。

(3) 特征传播:通过迭代方式不断更新节点的特征表示。每个节点的特征更新包括以下两步:

① 聚合邻居特征:将每个节点的特征与其邻居节点的特征进行加权求和,得到节点在当前层的聚合特征;

② 更新节点特征:将聚合特征与节点自身特征结合,通过激活函数(如 ReLU)和权重矩阵的乘法来更新节点的特征表示。

(4) 多层特征传播:为了获得更丰富的特征表示,可以通过堆叠多个 GNN 层来进行多层特征传播。每一层的输出特征将作为下一层的输入特征，不断迭代更新，以获得更高层次的抽象特征。

(5) 最终特征表示：经过多层特征传播后，每个节点都获得了一个更丰富的特征表示。这些特征可以用于节点分类、图分类或其他图分析任务。

Spatial GCN 的核心思想是利用图结构中的邻居节点信息来更新每个节点的特征表示，具体而言，就是将节点的特征与其邻居节点的特征进行加权求和来更新节点的特征表示。这就使得每个节点都能够利用其周围节点的信息来丰富自己的特征表示，从而捕捉图中的局部结构模式。

2.3.3.3　谱域图卷积网络

谱域图卷积网络(Spectral Graph Convolutional Networks，Spectral GCN)是一种基于图信号处理理论的深度学习模型，专门用于图数据的特征提取和分析。与传统的图神经网络不同，Spectral GCN 利用图的拉普拉斯矩阵的特征向量来进行特征变换和卷积操作。

根据卷积定理，两个信号在空域(或者时域)的卷积在傅里叶变换后等于它们在频域的傅里叶变换的乘积，即

$$\mathcal{F}[f_1(t) * f_2(t)] = F_1(w) \cdot F_2(w), \tag{2.3.3-4}$$

其中，$f_1(t)$和 $f_2(t)$表示空域上的信号，$F_1(w)$和 $F_2(w)$表示频域上的信号，$\mathcal{F}$为傅里叶变换，$*$ 代表卷积，$\cdot$ 代表乘积。

谱域图卷积的实现思路是将空域信号转换到频域进行乘积运算，然后将相乘的结果转换回空域，即

$$f_1(t) * f_2(t) = \mathcal{F}^{-1}[F_1(w) \cdot F_2(w)]. \tag{2.3.3-5}$$

2014 年，Bruna 等人[20]提出了基于图拉普拉斯矩阵的第一代图卷积网络，为空间特征提取提供了新方法。其结构为

$$H^{l+1} = \sigma(U g_\theta U^{\mathrm{T}} H^l), \tag{2.3.3-6}$$

其中，U 是拉普拉斯矩阵的特征向量，H^l 是网络中第 l 层隐藏层的特征表示，g_θ 是需要训练的参数。

随后，Defferrard 等人通过引入切比雪夫多项式对图卷积网络的训练参数进行了优化，提出第二代图卷积网络，其结构为

$$g_\theta * x = \sum_{k=0}^{K} \theta_k T_k(\widetilde{L}) x, \tag{2.3.3-7}$$

$$\widetilde{L}=\frac{2}{\lambda_{\max}}L-I_N, \tag{2.3.3-8}$$

其中，T_k 为切比雪夫多项式，$\widetilde{L}$ 为改进的拉普拉斯矩阵，$\lambda_{\max}$ 是图拉普拉斯矩阵 L 的最大特征值，I_N 是单位矩阵。在第二代图卷积网络中，通过选取适当的切比雪夫多项式阶数 K 即某个节点的 K 阶邻居来控制卷积操作中涉及的邻居节点。

2016 年，Kipf 等人[21]对基于切比雪夫多项式的图卷积网络进行了简化，提出第三代图卷积网络，显著减少了计算复杂度。其形式为

$$H^{l+1}=f(H^l,A)=\sigma(\hat{D}^{-\frac{1}{2}}\hat{A}\hat{D}^{-\frac{1}{2}}H^lW^l), \tag{2.3.3-9}$$

其中，$\hat{A}$是改进的邻接矩阵，$\hat{D}$是改进的度矩阵，σ 是激活函数，W^l 是第 l 层的权重矩阵，H^l 是第 l 层的节点特征表示。

如图 2.3.3-1 所示，谱域图卷积网络中某一层的特征图可以表示为一个 $n\times c$ 的矩阵，其中 n 代表图中的节点数量，c 表示特征的通道数。图中的信号可以分解为各个节点上的信号。这里，X 是一个 $n\times c$ 的矩阵，代表整个图上的信号，其每一行对应一个节点的特征向量；X_i 是一个 $1\times c$ 的向量，代表某个特定节点的信号；Z_i 表示隐藏层或输出层中某一节点 i 的特征；F 是输出通道的数量；Y_i 表示节点 i 在输出层的分类结果或预测值。在网络的不同层中，特征图的结构保持不变，但图上的信号会随着层与层之间的特征传播而变化，这种结构使得谱域图卷积网络能够有效地处理图数据，捕捉节点间的复杂关系。

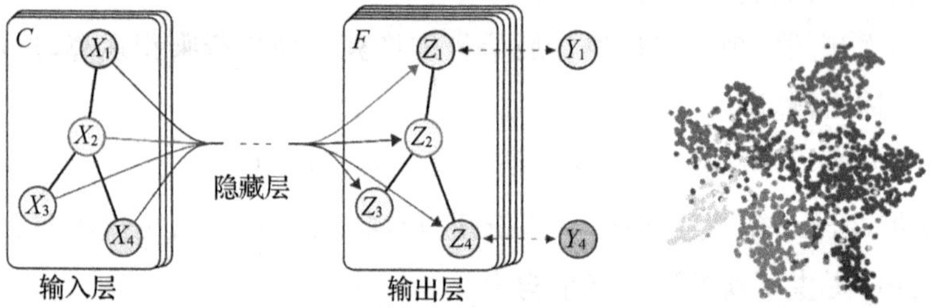

(a) 图卷积网格　　(b) 隐藏层激活

图 2.3.3-1　谱域图卷积[21]

2.3.3.4　图注意力网络

传统的图卷积网络在执行卷积操作时对同一个节点的所有邻居使用相同的权重，这限制了模型捕捉空间信息相关性的能力。为了克服这一限制，Petar Veličković等人[22]在 2017 年提出图注意力网络（Graph Attention Networks，GATs）。GATs

的核心思想是在特征传播过程中引入注意力机制，使每个节点能够根据其邻居节点的特征为其分配不同的权重，即在更新节点特征时根据邻居节点的重要性进行加权，从而更有效地捕获节点间的复杂关系。

GATs 通过堆叠图注意力层(Graph Attention Layer)来计算节点对(i,j)的注意力系数α_{ij}。节点j到节点i的注意力系数的计算公式如下：

$$\alpha_{ij}=\frac{\exp(\text{LeakyReLU}(a^{\mathrm{T}}[Wh_i \parallel Wh_j]))}{\sum_{k\in\mathcal{N}_i}\exp(\text{LeakyReLU}(a^{\mathrm{T}}[Wh_i \parallel Wh_k]))},\qquad(2.3.3-10)$$

其中，$\mathcal{N}_i$表示节点i的邻居节点集合；h_i是节点i的输入特征向量；W和a是模型的权重参数；$\parallel$表示拼接运算；LeakyReLU 是一种激活函数，对于所有负值赋予一个非零斜率，定义为

$$y=\begin{cases}x, & x\geqslant 0,\\ 0.2, & x<0.\end{cases}\qquad(2.3.3-11)$$

GATs 根据节点之间的注意力分数更新节点的信息，预测输出的节点特征h_i'的计算公式如下：

$$h_i'=\sigma\Big(\sum_{j\in\mathcal{N}_i}\alpha_{ij}Wh_j\Big),\qquad(2.3.3-12)$$

其中，σ是 Sigmoid 激活函数，W是权重矩阵。

如图 2.3.3－2 所示，GATs 通过引入注意力机制，实现了对不同邻居权重的自适应分配，提高了模型对图结构数据的表示能力。这种机制使得 GATs 在处理节点分类任务时表现尤为出色，特别是在图结构数据具有高度异质性的情况下，GATs 能够有效地识别和利用图中的关键信息以实现更精确的节点分类。

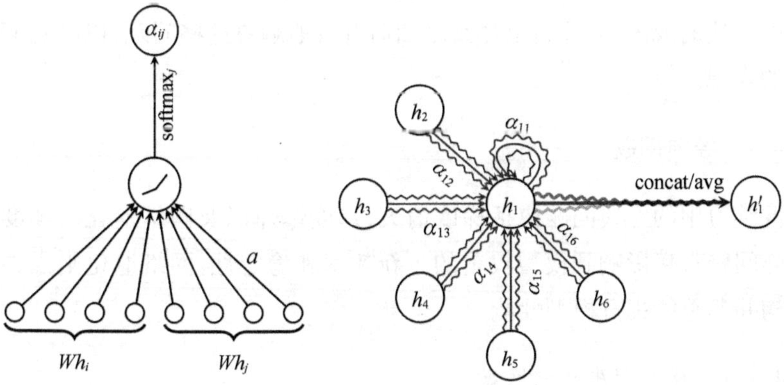

图 2.3.3－2　GATs 模型示意图[22]

此外，图注意力层通过引入多头注意力机制来稳定学习过程。具体地，GATs利用 K 个并行的注意力机制来计算节点的隐状态，然后将这些隐状态的特征向量进行拼接，以获得更丰富的节点表示。这一过程可以产生如下两种不同的输出表示形式：

$$h_i' = \|_{k=1}^{K} \sigma\Big(\sum_{j\in\mathcal{N}_i} \alpha_{ij}^k W^k h_j\Big), \qquad (2.3.3-13)$$

$$h_i' = \sigma\Big(\frac{1}{K}\sum_{k=1}^{K}\sum_{j\in\mathcal{N}_i} \alpha_{ij}^k W^k h_j\Big), \qquad (2.3.3-14)$$

其中，α_{ij}^k 是第 k 个注意力头对应的归一化注意力系数，$\|$ 表示拼接运算，W^k 是第 k 个注意力头的权重矩阵，σ 是激活函数。

2.4 深度学习的经典问题和解决方法

深度学习在模型训练过程中面临着一系列挑战，并且这些问题随着神经网络层数的增加变得更加突出。经典问题主要包括梯度消失、梯度爆炸以及网络退化，这些问题是影响网络训练稳定性和模型性能的关键因素。梯度消失现象使得深层网络的权重难以得到有效更新，梯度爆炸则可能导致模型参数更新过大，引发数值计算稳定性降低。此外，网络退化问题指出单纯增加网络深度并不总能提升模型性能，有时甚至会导致性能下降。

为了应对这些挑战，研究者们提出了多种解决方法，包括暂退法(Dropout)、批归一化、残差网络和稠密连接网络，旨在不牺牲模型性能的前提下，通过不同的机制稳定梯度、优化权重更新过程或者改进网络结构来避免退化现象。本节将深入分析这些挑战的成因，并探讨上述策略如何有效地解决这些问题，以及它们在实际应用中的表现。

2.4.1 经典问题

深度学习中的经典问题包括梯度消失、梯度爆炸以及网络退化。梯度消失和梯度爆炸问题直接影响到模型权重的更新效率和稳定性，网络退化则强调了更深网络结构并非总能提升模型性能。

2.4.1.1 梯度消失和梯度爆炸

梯度消失和梯度爆炸是优化深度神经网络时常见的两大挑战。梯度消失是指梯度在深层网络的反向传播中变得非常小,以至于网络的权重更新几乎为零,导致网络无法学习。相反,梯度爆炸指的是梯度在反向传播过程中变得非常大,导致网络无法收敛。这些问题主要通过反向传播算法显现出来,该算法依赖于链式法则来逐层计算并更新网络权重。在反向传播过程中,梯度的值可能会因深层连乘效应而迅速衰减(梯度消失)或增长(梯度爆炸),从而影响网络权重的有效更新。

梯度消失的原因主要包括两方面,即权重初始化不适宜和激活函数选择不当。首先,在某些激活函数和网络结构下,过大或过小的权重初始化可能导致梯度过大或过小,从而引发梯度消失或梯度爆炸,尤其在深层网络中,梯度消失往往更容易发生。其次,激活函数的选择对梯度消失现象也有显著影响。例如,Sigmoid 函数在输入值较大或较小时导数接近于 0,导致反向传播过程中梯度迅速衰减。当梯度消失发生时,网络中接近输出层的隐藏层由于梯度相对正常,其权值更新过程相对正常。但随着网络层级的深入,梯度的衰减效应逐渐累积,导致靠近输入层的隐藏层权值更新速度显著减慢,甚至停滞不前。这种梯度衰减的累积效应导致网络在训练过程中,实际上仅能有地训练到后几层。

梯度爆炸现象通常在深度神经网络和循环神经网络中出现,尤其是在权重初始化值设置过大情况下,误差的梯度在反向传播过程中累积相乘,如果网络层之间的梯度值大于 1,重复相乘将导致梯度呈指数级增长,使梯度值异常增大。这种急剧增长的梯度会进一步导致网络权重的大幅度调整,进而可能引发网络的不稳定性。梯度爆炸的早期迹象可能包括模型训练过程中的不稳定表现,例如损失函数的显著波动。在极端情况下,权重值可能会变得异常大,甚至超出数值计算的表示范围,导致数值溢出,严重影响模型的损失计算和训练过程。

一个简单的深层网络结构如图 2.4.1－1 所示,由于深层网络由多层非线性函数堆叠而成,因此整个网络可以被视作一个复合的非线性多元函数。这些非线性多元函数实际上是网络中每一层的激活函数。在对损失函数进行反向传播时,会对不同层的权重求偏导数,这一过程实质上应用了链式法则。链式法则涉及连乘操作,故随着网络层数的增加,梯度会以指数形式传播。当接近输出层的激活函数的导数大于 1 时,随着层数的增加,最终计算得到的梯度很容易出现指数级增长,这种现象被称为梯度爆炸。反之,如果激活函数的导数小于 1,经过链式法则的连乘操作后,梯度也可能迅速衰减至接近于 0,导致梯度消失。从深层网络的角度来看,不同层的学习速度存在显著差异,通常表现为网络中靠近输出层的学习效果较好,而靠近输入层的学习效果较差。在某些情况下,即使经过长时间的训练,网络前几层的权重也可能与初始随机值相差无几。因此，梯度消失和梯度爆炸的根本原因在于反向传播算法的固有特性，这些现象在深层网络训练中普遍存在。

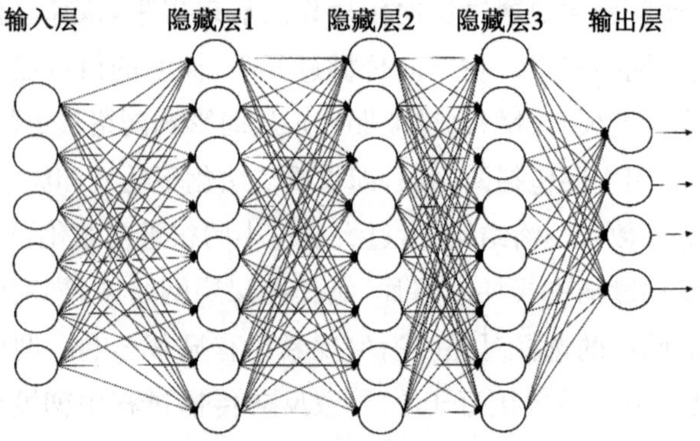

图 2.4.1-1 简单的深层网络结构

以图 2.4.1-2 所示反向传播为例，假设每一层仅包含一个神经元，并且对于每一层输出 y_i 定义为

$$y_i=\sigma(z_i)=\sigma(w_i x_i+b_i), \tag{2.4.1-1}$$

其中，σ 为 Sigmoid 函数，w_i 和 b_i 分别是第 i 层的权重和偏置，x_i 是第 i 层的输入。在反向传播过程中，损失函数 C 对于第一层的偏置 b_1 的偏导数可以通过链式法则表示为

$$\begin{aligned}\frac{\partial C}{\partial b_1}&=\frac{\partial C}{\partial y_4}\frac{\partial y_4}{\partial z_4}\frac{\partial z_4}{\partial x_4}\frac{\partial x_4}{\partial z_3}\frac{\partial z_3}{\partial x_3}\frac{\partial x_3}{\partial z_2}\frac{\partial z_2}{\partial x_2}\frac{\partial x_2}{\partial z_1}\frac{\partial z_1}{\partial b_1}\\&=\frac{\partial C}{\partial y_4}\sigma'(z_4)w_4\sigma'(z_3)w_3\sigma'(z_2)w_2\sigma'(z_1).\end{aligned} \tag{2.4.1-2}$$

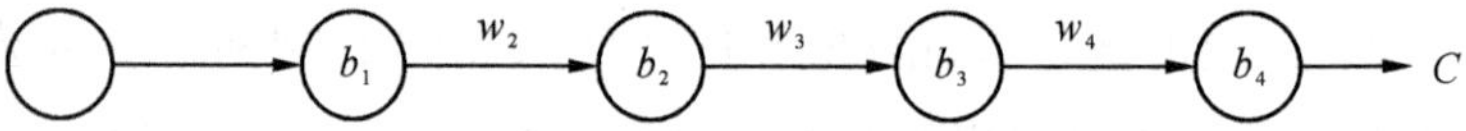

图 2.4.1-2 反向传播示意图

Sigmoid 函数的导数图像如图 2.4.1-3 所示。如果使用 Sigmoid 函数作为损失函数，其梯度最大值不会超过 0.25。考虑到初始化的网络权值 $|w|$ 通常小于 1，再结合 Sigmoid 函数的导数，可得 $|\sigma'(z)w|\leqslant 0.25$。在反向传播过程中，随着网络层数的增加，每一层的权重和激活函数导数的乘积将累积影响最终的梯度值，由于 $|\sigma'(z)w|$ 的值通常较小，这种连乘效应导致 $\frac{\partial C}{\partial b_1}$ 随着层数的增加而迅速减小。因此，随着网络深度的增加，靠近输入层的参数的梯度更新量将变得非常小，即产生梯度消失现象。

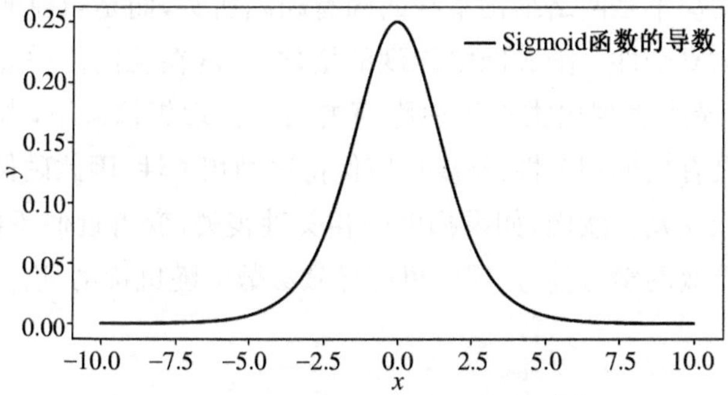

图 2.4.1-3　Sigmoid 函数的导数图像

2.4.1.2　神经网络退化

在深度神经网络中，梯度消失是由于激活函数连续乘积导数的值通常小于 1，造成反向传播过程中梯度随着网络深度的增加呈指数级减小。与梯度消失现象不同，退化问题是指随着网络深度的增加，网络的表现先是逐渐增加至饱和，然后迅速下降，即网络深度的增加并不总是伴随性能的提升。

如图 2.4.1-4 所示，在 CIFAR-10 数据集上使用 20 层和 56 层"普通"网络进行训练时，更深的网络具有更高的训练误差，而且测试误差也更高。可以看出，更深的模型导致模型性能下降。这种性能下降既不是梯度消失引起的，也不是过拟合造成的，其原因主要是由于网络结构过于复杂，在没有适当约束的情况下，传统的训练方法难以降低错误率。

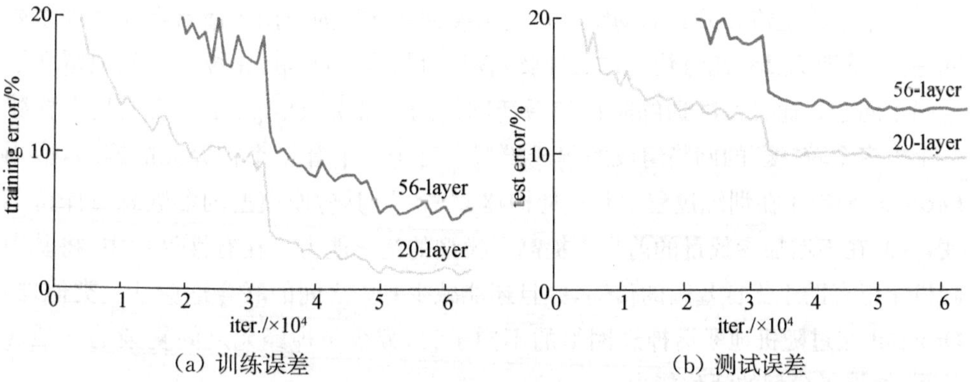

图 2.4.1-4　在 CIFAR-10 上使用 20 层和 56 层"普通"网络的误差[①]

① 图 2.4.1-4 来源于网络 https://www.geeksforgeeks.org/residual-networks-resnet-deep-learning/.

退化问题往往不是网络结构本身的固有缺陷所致，而是当前的训练策略未能充分适应网络的复杂性。随着网络深度的增加，梯度在反向传播过程中的相关性可能逐渐减弱，最终表现出类似于白噪声的特征。理想情况下，考虑到输入数据（如图像）通常具有局部相关性，梯度也应保持这种相关性，因此确保权重更新可以有效地减少模型误差。然而，如果梯度的相关性丧失，变得近似于白噪声，权重更新将难以提供有效的学习信号，反而可能导致参数的随机扰动，进一步加剧模型性能的退化。

2.4.2 解决方法

为应对深度学习中的梯度消失、梯度爆炸以及网络退化等问题，研究者们提出多种解决方法，包括暂退法、批归一化、残差网络和稠密连接网络。暂退法通过随机丢弃网络中的部分节点来缓解过拟合现象，增强模型泛化能力；批归一化通过规范化层的输入来稳定学习过程，缓解梯度消失和梯度爆炸问题；残差网络通过引入跳跃连接来解决网络退化问题；稠密连接网络通过稠密连接每一层，提高网络的信息流和参数效率。

2.4.2.1 暂退法

暂退法（Dropout）[23]是一种在深度学习网络训练过程中采用的正则化技术，通常会按照一定的概率从网络中移除某些神经元单元。这一过程对于随机梯度下降算法尤为重要，因为每次迭代中神经元的随机丢弃意味着每个 Mini-Batch 都在训练一个结构上略有差异的网络。在大规模神经网络的应用中通常存在两个主要问题：一是训练过程耗时较长；二是网络容易过拟合。Dropout 技术有效地缓解了这两个问题。通过每次训练时仅仅激活网络的一部分，Dropout 实质上是在构建一个由多个较“瘦”的网络组成的集成模型。对于一个有 n 个神经元的网络，应用 Dropout 相当于在训练过程中隐式地构建 2^n 个子网络，而模型的参数总量保持不变，从而在不增加参数量的前提下提高了模型的泛化能力。在有性繁殖中，将基因随机重组有助于优良基因的传递，并且还能减少基因之间的联合适应性。类似地，Dropout 通过随机地激活神经网络的不同子集，减少了神经元之间复杂的共适应关系，增强了模型的泛化能力。

在训练过程中，Dropout 通过以一定的概率 p 临时丢弃（即将输出置为 0）网络中的部分神经元，从而减少这些神经元之间的共适应性。具体而言，在每个训练批次中，大约一半的隐藏层节点会被随机置零，这样的操作显著降低了过拟合的风险。特征检测器(即隐藏层节点)间的相互作用可能导致某些检测器过度依赖其他检测器的输出,从而在网络中形成过于复杂的特征组合。通过实施 Dropout,可以减少这种依赖性,因为网络被迫学习在没有特定神经元参与的情况下也能正常工作。简而言之,Dropout 通过在前向传播过程中以概率 p 使某些神经元的激活值失效,促使模型不过分依赖任何局部特征,从而增强模型的泛化性能。

如图 2.4.2-1 所示,我们可以直观地比较应用 Dropout 前后的网络结构。在 Dropout 操作之后,网络的某些部分被临时移除,这迫使网络中的其他部分学习更加健壮的特征表示,以适应这种不确定性。

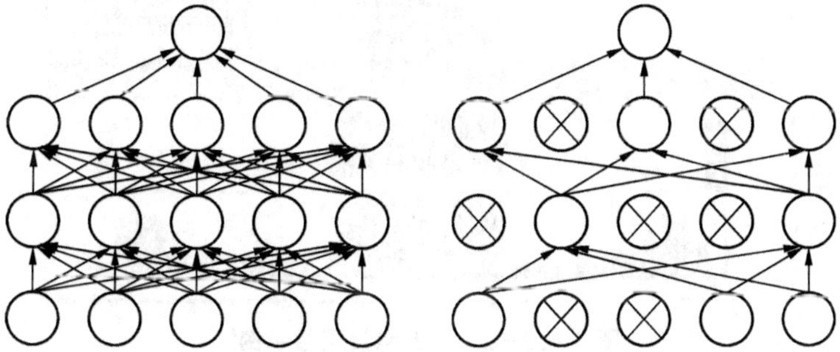

(a) 标准神经网络　　(b) 应用退化后

图 2.4.2-1　Dropout 示意图

2.4.2.2　批归一化

批归一化(Batch Normalization,BN)[24]是一种在深度神经网络训练中广泛采用的技术,旨在通过规范每层的输出来稳定网络的学习过程。具体而言,BN 将每层的输出规范为给定均值和方差的分布,减轻了由于权重参数更新所引起的内部协变量偏移(Internal Covariate Shift)问题。内部协变量偏移问题是指在训练过程中由于参数更新,网络中间层的激活值分布发生改变,从而影响后续层的学习效率。在深度神经网络中,随着网络深度的增加或训练的进行,非线性变换前的激活输入值的分布可能会发生偏移,并趋向于激活函数取值范围的极限。例如 Sigmoid 函数,激活输入值可能变成大的负值或正值,导致反向传播时低层神经网络的梯度消失,而这也是深层网络训练收敛速度减慢的一个关键因素。BN 通过规范化手段,将每层神经网络中任意神经元该输入值分布调整回均值为 0、方差为 1 的标准正态分布,这种规范化操作有效地将分布偏移的激活值重新拉回到非线性函数较为敏感的输入区域,使得输入的微小变化能够引起损失函数的显著变化,不仅有助于缓解梯度消失问题,还能增加梯度的大小,加速学习过程的收敛。如图 2.4.2-2

所示，以 tanh 激活函数为例，未进行规范化的数据在经 tanh 激活后，大部分激活值会聚集在饱和区域，即接近－1 或 1。而经 BN 处理后的数据，激活值在每个区间内都有分布，这样的分布对于后续层的计算更为有利，能够更有效地利用 tanh 函数进行非线性变换。总之，BN 通过调整每层的激活值分布，不仅解决了梯度消失和爆炸问题，还提高了神经网络的训练效率和模型的泛化能力。

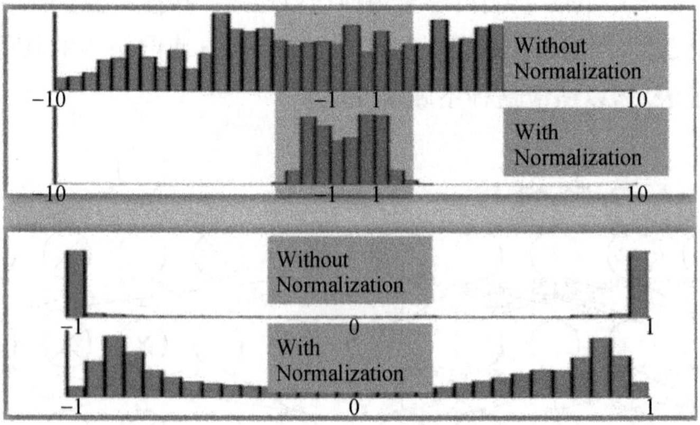

图 2.4.2－2　tanh 激活函数示例①

在 CNN 中，BN 通常应用于非线性激活函数之前，以稳定网络的学习过程，提高训练的稳定性和效率。当神经网络训练遇到收敛速度缓慢或梯度爆炸等无法训练的状况时，引入 BN 可以作为一种有效的解决方案。此外，在常规训练过程中，应用 BN 也能够加速模型的训练并提升模型的精度。BN 通过规范化层的输入，即将每个 Mini-Batch 的输入调整为具有预定均值和方差的分布，能减少内部协变量偏移的影响。BN 特别适用于那些每个 Mini-Batch 规模较大且数据分布相对一致的场景。

需要指出的是，BN 的应用具有一定的局限性。BN 的工作原理是在训练过程中计算并利用每个 Mini-Batch 的一阶（均值）和二阶（方差）统计量来调整层的输入，由于它依赖于 Mini-Batch 的统计特性，因此可能不适用于动态网络结构和循环神经网络等类型的网络。

2.4.2.3　残差网络

2016 年，He 等人采用残差网络（Residual Neural Network，ResNet）[25] 来解决梯度消失问题。ResNet 网络的设计灵感来源于 VGG19 网络，并在 VGG19 的基础上进行了修改，其结构如图 2.4.2－3 所示。ResNet 的主要特点是引入快捷

① 图 2.4.2－2 来源于网络 https://blog.csdn.net/anshuai_aw1/article/details/84975689.

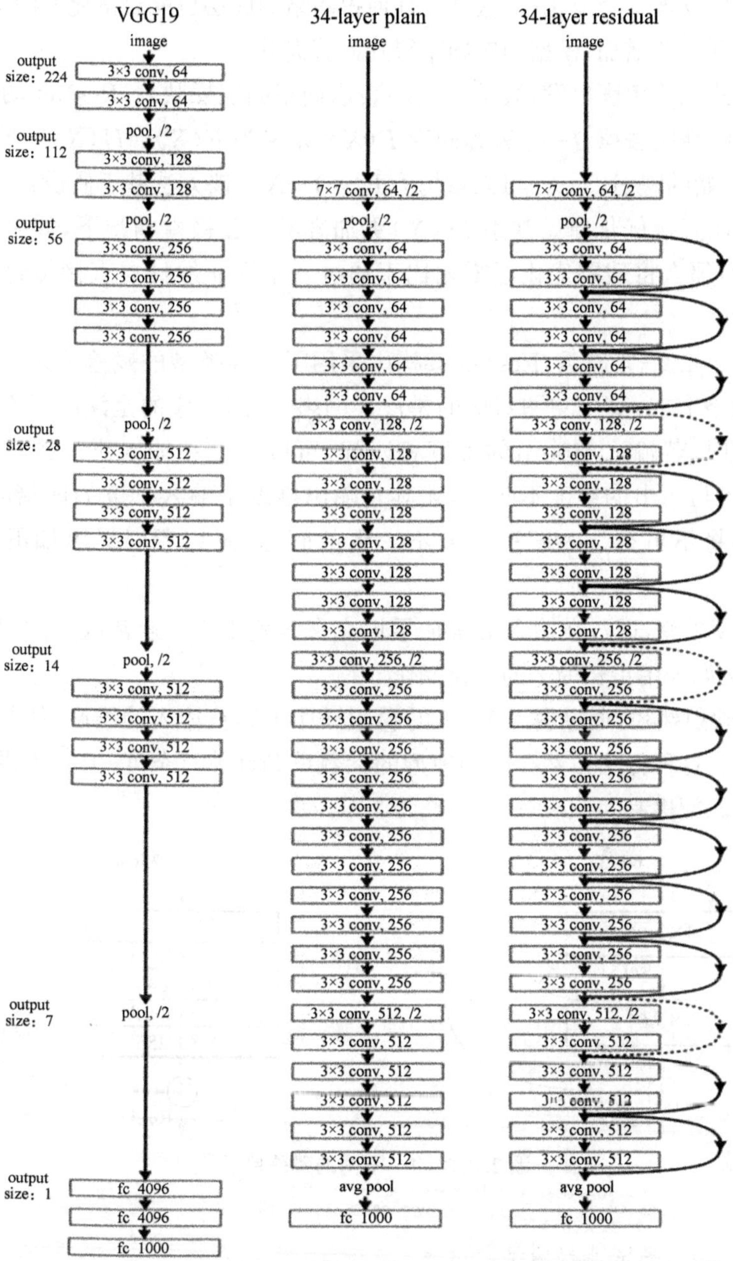

图 2.4.2-3　ResNet 网络结构图[25]

连接(Shortcut Connections)，这种连接允许网络中的输入直接跨过某些层并与后续层的输出相加，从而缓解了梯度消失的问题。在 ResNet 中，通常只在最后一个卷积层之后设置一个池化层，这种设计使得网络的底层也能获得充分的训练，进而随着网络深度的增加，模型的准确率得到显著提升。

从形式化的角度出发，假设 $H(X)$ 表示期望的底层映射，ResNet 的目标是让堆叠的非线性层去拟合一个残差映射 $F(X)$，定义为 $F(X)=H(X)-X$。通过这种方式，原始的映射 $H(X)$ 可以重构为 $F(X)+X$。该方法基于假设：优化残差映射 $F(X)$ 比直接优化原始映射 $H(X)$ 更加容易。在极端情况下，如果恒等映射是最优的，那么将残差优化至零相比于通过一系列非线性层直接拟合恒等映射更为简单。

如图 2.4.2-4 所示，ResNet 架构中采用了两种类型的残差单元以适应不同深度的网络需求，其中左图对应的是浅层网络，右图对应的是深层网络。在实现短路连接时，若输入与输出的维度相匹配，可以直接将输入添加到输出上。然而，当输入与输出的维度不匹配，尤其是输出维度是输入维度的两倍时，直接相加的操作将不可行。为解决维度不一致的问题，研究者们提出如下两种主要策略：

(1) 零填充：通过在输入端增加零填充来匹配维度。通常这一过程中会伴随下采样，例如采用步长为 2 的池化操作。

(2) 映射捷径：通过引入 1×1 的卷积操作来调整输入的维度，使其与输出维度相匹配。这种方法虽然会增加模型的参数量和计算复杂度，但它提供了一种灵活的维度匹配机制。

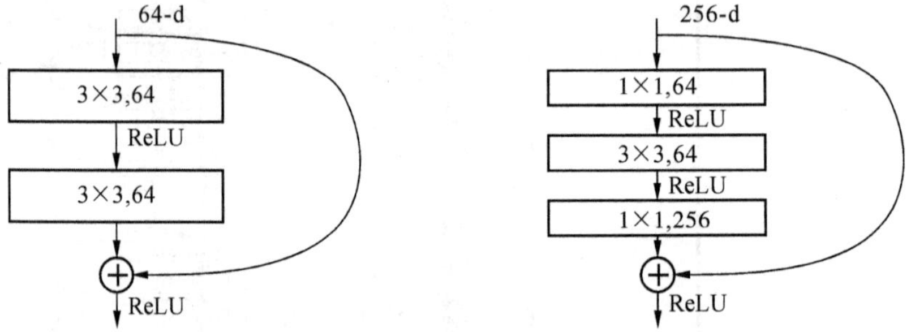

图 2.4.2-4 不同的残差单元[25]

2.4.2.4 稠密连接网络

稠密连接网络(Dense Convolutional Network, DenseNet)[26]是由 Huang 等人于 2017 年提出的一种高效卷积神经网络架构。与 ResNet 相比，DenseNet 在效率上有显著提升。DenseNet 的核心设计理念与 ResNet 相似，但它进一步发展了网络的连接方式,通过在网络的每一层引入与前面所有层的密集连接(即特征直接相加),从而形成了其名称的由来。此外,DenseNet 通过在通道维度上连接特征,实现了特征的重用,这不仅减少了模型的参数量和计算成本,还提升了网络的性能。

如图 2.4.2－5 所示,DenseNet 网络结构的基本组成单元是 Dense Block 模块。在 Dense Block 中,每个卷积层的输出都会与其后所有层的输入相连接,这种设计使得每一层都包含了前面所有层的特征信息。

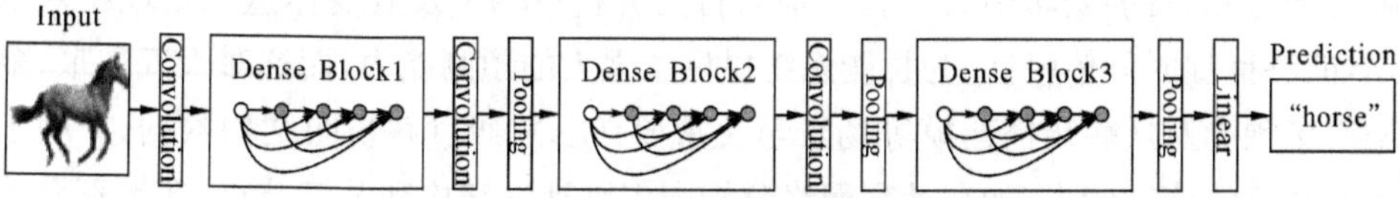

图 2.4.2－5　DenseNet 网络结构[26]

在 DenseNet 中,为了维持特征图的尺寸一致性,以便进行高效的特征连接(Concatenation)操作,每个 Dense Block 内部的特征图尺寸保持不变。为了在网络的不同阶段调整特征图的尺寸以提取不同尺度的特征,DenseNet 由多个 Dense Block 组成,每个 Dense Block 之间通过 Transition 层进行连接。Transition 层通常包括 BN、ReLU 激活函数、1×1 卷积和 2×2 平均池化操作,其中 1×1 卷积用于降维,2×2 平均池化用于降低特征图的空间尺寸。

DenseNet 算法的优点包括:

(1) 省参数。在 ImageNet 分类任务中,DenseNet 在达到与 ResNet 相同准确率的情况下,所需的参数量不到 ResNet 的一半,这对于需要模型压缩和优化的应用场景尤为重要。

(2) 省计算。DenseNet 在保持与 ResNet 相当精度的同时,计算量也大约只有 ResNet 的一半。

(3) 抗过拟合。DenseNet 展现出优异的抗过拟合性能,特别适合于数据量有限的任务。对于 DenseNet 抗过拟合的原因有一个比较直观的解释:神经网络每一层提取的特征相当于对输入数据进行非线性变换,而随着网络深度的增加,变换的复杂度也逐渐增加。相比于一般神经网络的分类器直接依赖于网络最后一层的特征,DenseNet 能够综合利用网络中不同层次的特征,从而构建出具有更好泛化能力的决策函数。

(4) 泛化性能更强。在没有数据增强的情况下,DenseNet 在 CIFAR-100 数据集上的表现下降幅度小于 ResNet,这表明 DenseNet 具有更强的泛化能力。

2.5 总结与展望

深度学习中的神经网络模型(包括循环神经网络、卷积神经网络和图神经网络)在智能系统中扮演着至关重要的角色。这些模型通过自动学习数据中的高维特征表示,增强了智能系统对复杂环境的感知、理解与响应能力。例如,CNN 在图像和视频处理方面表现卓越,使智能系统能够实现视觉感知任务,如自动驾驶中的障碍物检测、智能安防中的人脸识别与行为分析;RNN 及其变体擅长处理序列数据,能够捕捉时间依赖性,为智能系统提供了强大的预测能力,而这对天气预报、金融市场预测及疾病传播建模等场景至关重要;GNN 通过解析图结构数据,扩展了智能系统的感知能力,如在社交网络分析中识别社群结构和关键节点、在推荐系统中分析用户行为图等,实现更精准的个性化推荐。此外,结合图卷积网络和循环神经网络的时空卷积网络能够同时捕捉时间特征与空间特征,为智能决策系统(如城市交通流量管理和灾害预警)提供更为精确的时空动态建模能力。

深度学习中的神经网络模型被广泛应用于多个领域,如自动驾驶、智能医疗、智慧城市及金融风控。

(1) 自动驾驶:自动驾驶系统通过结合 CNN 进行图像识别,并通过融合 RNN 及 GNN 处理时空数据,实现对路况、行人、车辆动态的实时感知,并作出精准的路径规划与避障决策。

(2) 智能医疗:深度学习中的神经网络模型能在医疗图像分析中辅助疾病诊断,例如通过 RNN 预测患者健康状况变化趋势,为个性化治疗方案提供依据;在药物研发中,利用 GNN 分析分子结构图,加速新药开发。

(3) 智慧城市:结合城市各类传感器数据(如交通流量),利用 GNN 优化交通信号灯控制和资源分配,提升城市管理效率。

(4) 金融风控:利用深度学习模型实时分析交易数据,可有效识别异常交易模式,预防欺诈行为,同时结合宏观经济数据和市场动态,还能为风险评估和投资决策提供支持。

综上所述,深度学习中的神经网络模型凭借其强大的数据处理与模式识别能力极大地推动了智能系统的发展,并在多个领域展现出广泛的应用前景。未来的研究将是进一步优化这些模型,提高其在智能系统中的性能,推动智能系统的持续进步和发展。为深入理解深度学习及其相关技术,推荐大家阅读文献[27-29]。

附录 拉普拉斯矩阵和图傅里叶变换

(1) 拉普拉斯矩阵(Laplacian Matrix)

给定一个具有 n 个顶点的简单图 $\mathcal{G}=(V,E)$,其中 V 为顶点集合,E 为边集合,其拉普拉斯矩阵定义为

$$L=D-A,$$

其中 $A\in\mathbb{R}^{n\times n}$ 为邻接矩阵(Adjacency Matrix),$D\in\mathbb{R}^{n\times n}$ 为度矩阵(Degree Matrix)。令 $f=(f_1,f_2,\cdots,f_n)^{\mathrm{T}}$ 代表 n 个节点上的信号,拉普拉斯算子作用在节点 i 上信号 f_i 定义为

$$\Delta f_i=\sum_{(i,j)\in\varepsilon}W_{ij}(f_i-f_j)=\sum_{j=1}^{n}W_{ij}(f_i-f_j)=D_{ii}f_i-\sum_{j=1}^{n}W_{ij}f_j,$$

其中 W_{ij} 是节点 i 和节点 j 之间的连接权重,D_{ii} 是度矩阵 D 的对角元素。将上述表达式重新整理,我们可以得到拉普拉斯矩阵 L 对信号 f 的作用为

$$\Delta f=g_\theta=\begin{bmatrix}\Delta f_1\\ \vdots\\ \Delta f_n\end{bmatrix}=\begin{bmatrix}D_{11}f_1-\sum\limits_{j=1}^{n}W_{1j}f_j\\ \vdots\\ D_{nn}f_n-\sum\limits_{j=1}^{n}W_{nj}f_j\end{bmatrix}$$

$$=\begin{bmatrix}D_{11}&&\\&\ddots&\\&&D_{nn}\end{bmatrix}f-Wf=Df-Wf=Lf.$$

因此,拉普拉斯矩阵 L 可以视为图上的拉普拉斯算子的离散化表示。

(2) 图傅里叶变换(Graph Fourier Transform,GFT)

傅里叶变换是一种数学变换,其核心思想是将时间域或空间域中的信号转换为频率表示,揭示信号的频率成分。这一过程基于将信号表达为若干个正交基函数的线性组合。时序中的信号 $f(t)$和其频率表示 $F(\omega)$之间转换如下:

$$f(t)=\mathcal{F}^{-1}[F(\omega)]=\int_{\mathbb{R}}F(t)\mathrm{e}^{2\pi\mathrm{i}\omega t}\mathrm{d}t,$$

$$f(t)=\frac{1}{n}\sum_{\omega=1}^{n}F(\omega)\mathrm{e}^{\mathrm{i}\frac{2\pi}{n}\omega t},$$

其中 ω 表示角频率，$\mathcal{F}^{-1}$ 表示逆傅里叶变换。对于图上的信号处理，拉普拉斯矩阵的特征向量提供了一组正交基，使得图上的信号 x 可以表示为拉普拉斯矩阵特征向量的线性组合：

$$x=\hat{x}(\lambda_1)u_1+\hat{x}(\lambda_2)u_2+\cdots+\hat{x}(\lambda_n)u_n,$$

其中 u_i 表示信号的第 i 个特征向量，λ_i 表示与其对应的特征值，而 $\hat{x}(\lambda_i)$ 表示信号在第 i 个特征向量上的傅里叶系数。

参考文献

[1] Goodfellow I, Pouget-Abadie J, Mirza M, et al. Generative adversarial nets[C]. Advances in Neural Information Processing Systems, 2014.

[2] Granter S R, Beck A H, Papke D J. AlphaGo, deep learning, and the future of the human microscopist[J]. Archives of Pathology & Laboratory Medicine, 2017, 141(5): 619 - 621.

[3] Dong H, Ding Z, Zhang S. Deep Reinforcement Learning: Fundamentals, Research and Applications[M]. Berlin: Springer, 2020.

[4] Vaswani A, Shazeer N, Parmar N, et al. Attention is all you need[C]. Advances in Neural Information Processing Systems, 2017.

[5] Devlin J, Chang M, Lee K, et al. BERT: Pre-training of deep bidirectional transformers for language understanding[C]. NAACL-HLT, 2019.

[6] Radford A, Narasimhan K, Salimans T, et al. Improving language understanding by generative pre-training[R]. OpenAI, 2018.

[7] Radford A, Wu J, Child R, et al. Language models are unsupervised multitask learners[C/OL]. OpenAIblog, 2019.

[8] Brown T B, Mann B, Ryder N, et al. Language models are few-shot learners[C]. Advances in neural information processing systems, 2020.

[9] Achiam J, Adler S, Agarwal S, et al. GPT - 4 technical report[C/OL]. arXiv: 2303. 08774, 2023.

[10] Hochreiter S, Schmidhuber J. Long short-term memory[J]. Neural Computation, 1997, 9(8): 1735 - 1780.

[11] Chung J, Gulcehre C, Cho K H, et al. Empirical evaluation of gated recurrent neural networks on sequence modeling[C/OL]. arXiv: 1412. 3555, 2014.

[12] Schuster M, Paliwal K K. Bidirectional recurrent neural networks[J]. IEEE Transactions on Signal Processing, 1997, 45(11): 2673 - 2681.

[13] Yang L, Bottou L, Bengio Y, et al. Gradient-based learning applied to document recognition[J]. Proceedings of the IEEE, 1998, 86(11): 2278 - 2324.

[14] Pathar R, Adivarekar A, Mishra A, et al. Human emotion recognition using convolutional neural network in real time[C]. 1st International Conference on Innovations in Information and Communication Technology (ICIICT), 2019.

[15] Shi X, Chen Z, Wang H, et al. Convolutional LSTM network: A machine learning approach for precipitation nowcasting[C]. Advances in Neural Information Processing Systems, 2015.

[16] Simonyan K, Zisserman A. Very deep convolutional networks for large scale image recognition[C/OL]. arXiv: 1409. 1556, 2014.

[17] Szegedy C, Liu W, Jia Y, et al. Going deeper with convolutions[C]. IEEE Conference on Computer Vision and Pattern Recognition, 2015.

[18] Szegedy C, Vanhoucke V, Ioffe S, et al. Rethinking the inception architecture for computer vision[C]. IEEE Conference on Computer Vision and Pattern Recognition, 2016.

[19] Niepert M, Ahmed M, Kutzkov K. Learning convolutional neural networks for graphs[C]. International Conference on Machine Learning, 2016.

[20] Bruna J, Zaremba W, Szlam A, et al. Spectral networks and locally connected networks on graphs[C/OL]. arXiv: 1312. 6203, 2013.

[21] Kipf T N, Welling M. Semi-supervised classification with graph convolutional networks[C/OL]. arXiv: 1609. 02907, 2016.

[22] Veličković P, Cucurull G, Casanova A, et al. Graph attention networks [C/OL]. arXiv: 1710. 10903, 2017.

[23] Srivastava N, Hinton G, Krizhevsky A, et al. Dropout: A simple way to prevent neural networks from overfitting[J]. Journal of Machine Learning Research, 2014, 15(56): 1929 - 1958.

[24] Ioffe S, Szegedy C. Batch normalization: Accelerating deep network training by reducing internal covariate shift[C]. International Conference on Machine Learning, 2015.

[25] He K, Zhang X, Ren S, et al. Deep residual learning for image recogni-

tion[C]. IEEE Conference on Computer Vision and Pattern Recognition,2016.

[26] Huang G,Liu Z,Van der Maaten L,et al. Densely connected convolutional networks[C]. IEEE Conference on Computer Vision and Pattern Recognition,2017.

[27] Goodfellow I,Bengio Y,Courville A. Deep Learning[M]. Cambridge:MIT Press,2016.

[28] Zhang A,Li M,Lipton Z C,et al. 动手学深度学习[M]. 北京:人民邮电出版社,2019.

[29] 李航. 统计学习方法[M]. 2 版. 北京:清华大学出版社,2019.

第 3 章　生成模型

生成模型是一类能够从数据中学习其底层分布，并根据所学的分布生成新的与真实数据相似的样本的模型。不同于判别模型（如分类器）仅用于区分数据类别，生成模型不仅能够对数据进行表示和分类，还可以生成新的数据实例。常见的生成模型包括变分自编码器生成模型、生成对抗网络模型、生成流模型、生成扩散模型等，它们广泛应用于图像生成、文本生成、音频生成、数据增强等任务，推动了诸多人工智能领域的发展。

生成模型研究的核心是理解和模拟数据的分布，并生成符合该分布的新数据。这一能力使得生成模型能够应用于多种实际场景，解决数据稀缺、创建逼真的模拟场景甚至创造艺术等问题。研究生成模型有以下几个主要目标，一是数据增强：通过生成新样本，扩充有限的数据集，尤其在医学影像、少样本学习、金融等领域，这种数据增强方式可以帮助提高模型的泛化能力；二是模拟现实场景：生成模型可以用于创建复杂的虚拟环境，例如自动驾驶模拟、机器人训练等，帮助在低成本、安全的环境下进行测试和优化；三是图像、文本、音频等多模态生成：生成模型的另一个重要应用是通过生成逼真的图像、连贯的文本或高质量的音乐和语音，提升人机交互和内容创作的能力；四是数据外推：在药物发现、材料科学等领域，生成模型可以生成新型分子结构或材料，显著加速创新和科学发现的过程。

生成模型与大数据密切相关。在大数据环境下，生成模型可以用来从庞大的数据集中学习数据分布，并生成新样本扩展现有数据集。大数据提供了大量的训练样本，使得生成模型能够更好地学习复杂的分布和模式，提升生成结果的质量；同时，生成模型也可以为大数据场景下的数据增强提供解决方案，尤其是在一些数据偏少或不完整的场景中，生成模型能够填补数据不足，提升模型的表现。在智能系统中，生成模型也扮演着数据生成和模拟的核心角色。例如，在自动驾驶系统中，生成模型可以模拟复杂的驾驶场景，用于系统测试和优化；在医疗诊断系统中，生成模型可以生成医学影像，帮助进行疾病预测和诊断。生成模型还可以应用于智能交互系统，通过生成语言、图像、语音等多模态数据，提升人机交互的自然性和智能化程度。

本章使用的数学符号如表 3-1 所示。

表 3-1 数学符号

符号	含义
X	输入特征
y	输出特征
Z	隐空间特征
$P(\cdot)$	概率分布
$P_{\text{data}}(\cdot)$	观测数据分布
D_{KL}	Kullback-Leibler(KL)散度
$\odot$	Hadamard 乘积

3.1 深度生成模型

场景数据生成问题可以被归约为一个双样本问题，也即检测两组样本数据是否服从相同的数据分布。如图 3.1-1 所示，场景数据生成就是研究如何构造一个数据生成器 g，通过输入特征变量 X，输出场景样本 $\hat{y}$，即 $\hat{y}=g(x)$，其中 x 是 X 的观测值。同时，要求样本 $\hat{y}$ 与目标样本 y_{target} 服从相同的分布，也即 $P(\hat{y})=P(y_{\text{target}})$，其中目标样本分布 $P(y_{\text{target}})$ 可以由观测数据得出，也可以通过假设或专家知识得出。

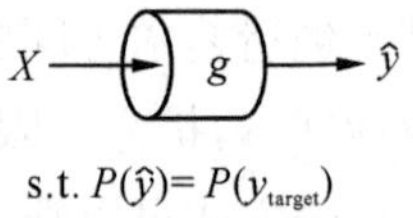

图 3.1-1 场景数据生成示意图

3.1.1 变分自编码器生成模型

为了实现场景数据生成，国内外研究人员展开了广泛而深入的探索。Kingma 等人[1]提出了变分自编码器(Variational Autoencoder, VAE)模型用于数据生成。如图 3.1.1-1 所示，VAE 模型构造了“编码器-解码器”结构，并利用神经网络初始化编码器 f 和解码器 g。通过最大化似然概率的证据下界$\mathcal{L}$得到模型参数，也即

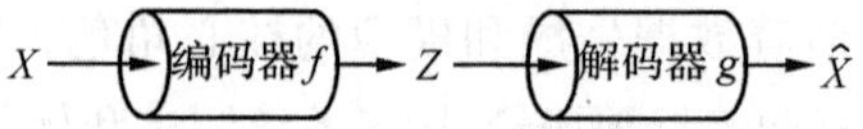

图 3.1.1-1 VAE 模型示意图

$$\log P_\theta(x) \geqslant \mathcal{L}(x;\theta,\varphi) = -D_{\text{KL}}(q_\varphi(z|x) \parallel p_\theta(z)) + \mathbb{E}_{q_\varphi(z|x)}[\log p_\theta(x|z)], \tag{3.1.1-1}$$

其中 $D_{\text{KL}}(\cdot)$表示 Kullback-Leibler(KL)散度，用于描述两个数据分布 $q_\varphi(z|x)$

和 $p_\theta(z)$之间的距离。KL 散度定义如下：

$$D_{KL}(P(x) \parallel Q(x)) = \int P(x)\log\frac{P(x)}{Q(x)}\mathrm{d}x, \tag{3.1.1-2}$$

这里 P 和 Q 表示任意的两个分布。KL 散度满足

$$\begin{aligned} D_{KL}(P(x) \parallel Q(x)) &= \int P(x)\log\frac{P(x)}{Q(x)}\mathrm{d}x \\ &\geqslant -\log\int P(x)\cdot\frac{Q(x)}{P(x)}\mathrm{d}x = -\log 1 = 0, \end{aligned} \tag{3.1.1-3}$$

而 $D_{KL}(P(x) \parallel Q(x))=0$ 当且仅当分布 $P(x)$和 $Q(x)$相同。此外，$\mathcal{L}(x;\theta,\varphi)$表示证据下界(ELBO)，$z \sim P(f(x)) = q_\varphi(z|x)$，$\hat{x} \sim P(g(z)) = p_\theta(x|z)$。当模型参数收敛，则通过不断采样隐变量 Z(通常假设服从高斯分布)，并输入解码器 g，从而得到生成的场景样本数据 $\hat{x}$。

基于 VAE 模型，Kingma 等人[2]提出 Conditional VAE(CVAE) 模型，也即

$$\begin{aligned} \log P_\theta(x,y) &\geqslant \mathcal{L}(x,y;\theta,\varphi) \\ &= -D_{KL}(q_\varphi(z|x,y) \parallel p_\theta(z)) \\ &\quad + \mathbb{E}_{q_\varphi(z|x,y)}[\log p_\theta(x|z,y) + \log p_\theta(y)]. \end{aligned} \tag{3.1.1-4}$$

相比于 VAE 模型，该模型在 VAE 的基础上引入了标签 y 作为条件生成参数，使得 CVAE 可以根据需要生成多模式的场景数据。

2016 年，Kipf 等人[3]提出变分图自编码器(Variational Graph Autoencoder, VGAE)模型，也即

$$\begin{aligned} \log P_\theta(x,A) &\geqslant \mathcal{L}(x,A;\theta,\varphi) \\ &= -D_{KL}(q_\varphi(z|x,A) \parallel p_\theta(z)) + \mathbb{E}_{q_\varphi(z|x,A)}[\log p_\theta(A|z)], \end{aligned} \tag{3.1.1-5}$$

其中 A 表示一个先验的图结构数据信息。该模型结合了 GCN 模型[4]和 VAE 模型，从而使得解码器 g 可以被用来生成图结构数据，而 GCN 模型则被用于提取图结构数据 A 的特征 $q_\varphi(z|x,A)$，也即 $z=\mathrm{GCN}(x,A)$。此外，重构图 $p_\theta(A|z)$，其中 $\hat{A}=\sigma(zz^{\mathrm{T}})$，$\sigma(\cdot)$是 Sigmoid 函数.

3.1.2　生成对抗网络模型

由于 KL 散度等显式的概率距离度量并不总是能准确地度量两个概率的分布，因此生成对抗网络(Generative Adversarial Network, GAN)模型[5]被提出。该模型通过对抗训练神经网络参数，能够使神经网络自动学习一个隐式的概率度量，从而实现生成数据概率对目标样本概率的逼近。如图 3.1.2-1 所示，GAN 模型

构造了“生成器-判别器”结构。

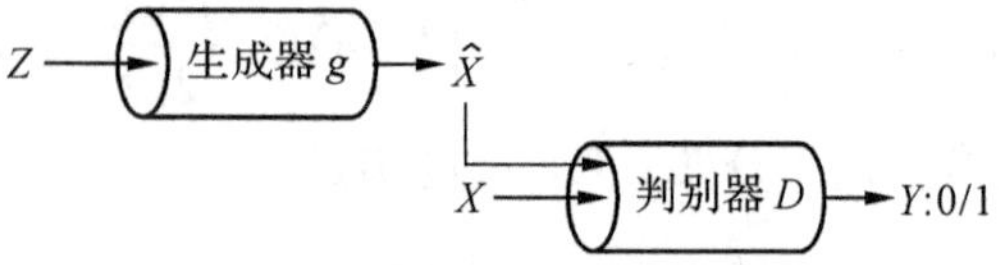

图 3.1.2-1　GAN 模型示意图

为了便于理解，下面我们仍然从 KL 散度推导出 GAN 的对抗训练目标函数。如图 3.1.2-1 所示，引入标签 Y，其具体值 $y=1$ 时表示判别器判别结果为观测数据，也即真实样本，而当 $y=0$ 时判别为生成样本。因此得到联合数据分布

$$Q(x,y)=\begin{cases}P_{\text{data}}(x)P_1, & y=1,\\ Q(x)P_0, & y=0,\end{cases} \tag{3.1.2-1}$$

其中 P_1 和 P_0 分别表示生成样本和观测样本的比例。不妨设 $P_1=P_0=0.5$，也即生成样本和真实样本各占一半。此外，假设 $\sum_y P(x,y)=P_{\text{data}}(x)$，因为 $P(x,y)$ 中只有真实样本，也即所有 $y=1$。$P(x,y)$ 是我们需要的数据分布，由于该分布不可直接获知，通过最小化 $D_{\text{KL}}(Q(x,y)\parallel P(x,y))$，从而当 Q 逼近 P 时得到 $Q=P$。如果 $Q=P$，则

$$Q(x)=\sum_y Q(x,y)=\sum_y P(x,y)=P_{\text{data}}(x), \tag{3.1.2-2}$$

也即生成器的生成数据分布和观测数据相同。

为了便于推导，我们对 $D_{\text{KL}}(Q(x,y)\parallel P(x,y))$ 做如下简化：

$$\begin{aligned}&D_{\text{KL}}(Q(x,y)\parallel P(x,y))\\&=\int Q(x,y)\log\frac{Q(x,y)}{P(x,y)}\mathrm{d}x\\&=\int P_{\text{data}}(x)P_1\log\frac{P_{\text{data}}(x)P_1}{P(y=1\mid x)P_{\text{data}}(x)}\mathrm{d}\hat{x}+\int Q(x)P_0\log\frac{Q(x)P_0}{P(y=0\mid x)P_{\text{data}}(x)}\mathrm{d}x\\&\propto\int P_{\text{data}}(x)\log\frac{1}{P(y=1\mid x)}\mathrm{d}x+\int Q(x)\log\frac{Q(x)}{P(y=0\mid x)P_{\text{data}}(x)}\mathrm{d}x.\end{aligned} \tag{3.1.2-3}$$

再用两个神经网络 D_φ, g_θ 分别参数化 $P(y|x)$ 和 $Q(x)$，其中 $x=g_\theta(z)$，则 $Q(x)=Q(g_\theta(z))$，$z\sim N(0,1)$，即服从标准高斯分布。又 $P(y=1|x)+P(y=0|x)=1$，令 $D_\varphi(x)=P(y=1|x)\in[0,1]$，表示判别为真实样本的概率。

下面采用交替优化方法反复交替优化 D_φ, g_θ 的参数。不妨先固定 $g_\theta=g_0$，优

化 D_φ 以最小化 $D_{\mathrm{KL}}(Q(x,y)\parallel P(x,y))$，则

$$\begin{aligned}&\min_\varphi\left(\int P_{\mathrm{data}}(x)\log\frac{1}{P(y=1\mid x)}\mathrm{d}x+\int Q(x)\log\frac{Q(x)}{P(y=0\mid x)P_{\mathrm{data}}(x)}\mathrm{d}x\right)\\&=\min_\varphi\left(\int P_{\mathrm{data}}(x)\log\frac{1}{D_\varphi(x)}\mathrm{d}x+\int Q(g_0(z))\log\frac{1}{(1-D_\varphi(g_0(z)))}\mathrm{d}z\right)\\&=\max_\varphi(\mathbb{E}_{x\sim P_{\mathrm{data}}}[\log(D_\varphi(x))]+\mathbb{E}_{z\sim P(z)}[\log(1-D_\varphi(g_0(z)))]),\end{aligned}\tag{3.1.2-4}$$

解得 $D_{\varphi^*}=\dfrac{P_{\mathrm{data}}}{P_{\mathrm{data}}+Q_{g_0}}$，$Q_{g_0}=Q(g_0(z))$（这是因为 $a\log y+b\log(1-y)$ 的极值点为 $y^*=\dfrac{a}{a+b}$）。再固定 $D_\varphi=D_{\varphi^*}$，优化 g_θ 以最小化 $D_{\mathrm{KL}}(Q(x,y)\parallel P(x,y))$，则

$$\begin{aligned}&\min_\theta\left(\int P_{\mathrm{data}}(x)\log\frac{1}{P(y=1\mid x)}\mathrm{d}x+\int Q(x)\log\frac{Q(x)}{P(y=0\mid x)P_{\mathrm{data}}(x)}\mathrm{d}x\right)\\&=\min_\theta\left(\int P_{\mathrm{data}}(x)\log\frac{1}{D_{\varphi^*}(x)}\mathrm{d}x+\int Q(x)\log\frac{Q(x)}{(1-D_{\varphi^*}(x))P_{\mathrm{data}}(x)}\mathrm{d}x\right)\\&=\min_\theta(-\mathbb{E}_{z\sim P(z)}[D_0(g_\theta(z))]+D_{\mathrm{KL}}(Q(g_\theta(z))\parallel Q_{g_0})),\end{aligned}\tag{3.1.2-5}$$

其中 $D_{\mathrm{KL}}(Q(g_\theta(z))\parallel Q_{g_0})$ 描述了前后两次生成器的分布距离。实际训练过程中只需要保持学习率尽可能小，故此项可以忽略。于是得到 GAN 的对抗训练目标函数，也即目前 GAN 模型最常用的 min-max 训练方法。

实际上，这里采用了“$D(g(z))$”技巧改进生成器的目标函数，而不是文献[5]中的 $\min\limits_\theta\mathbb{E}_{z\sim P(z)}[1-D_0(g_\theta(z))]$。如果是后者，则得到原文中的目标函数：

$$\min_\theta\max_\varphi(\mathbb{E}_{x\sim P_{\mathrm{data}}}[\log D_\varphi(x)]+\mathbb{E}_{z\sim P(z)}[\log(1-D_\varphi(g_\theta(z)))]).\tag{3.1.2-6}$$

但 $\min\limits_\theta\mathbb{E}_{z\sim P(z)}[1-D_0(g_\theta(z))]$ 会导出文献[5]中的 Jensen-Shannon(JS) 散度，也即固定 $D_\varphi=D_{\varphi^*}=\dfrac{P_{\mathrm{data}}}{P_{\mathrm{data}}+Q_{g_\theta}}$，带入式(3.1.2-6)优化 g_θ，得

$$\begin{aligned}&\min_\theta\left(\mathbb{E}_{x\sim P_{\mathrm{data}}}\left[\log\frac{P_{\mathrm{data}}}{P_{\mathrm{data}}+Q_{g_\theta}}\right]+\mathbb{E}_{x\sim Q_{g_0}}\left[\log\left(\frac{Q_{g_\theta}}{P_{\mathrm{data}}+Q_{g_\theta}}\right)\right]\right)\\&=\min_\theta\left(\frac{1}{2}\mathbb{E}_{x\sim P_{\mathrm{data}}}\left[\log\frac{P_{\mathrm{data}}}{(P_{\mathrm{data}}+Q_{g_\theta})/2}\right]+\frac{1}{2}\mathbb{E}_{x\sim Q_{g_0}}\left[\log\left(\frac{Q_{g_\theta}}{(P_{\mathrm{data}}+Q_{g_\theta})/2}\right)\right]\right)-\log2\\&=\min_\theta D_{\mathrm{JS}}(P_{\mathrm{data}}\parallel Q_{g_\theta})-\log2.\end{aligned}\tag{3.1.2-7}$$

这里 JS 散度

$$D_{\mathrm{JS}}(P \parallel Q)=\frac{1}{2}\mathbb{E}_P\left[\log\frac{P}{(P+Q)/2}\right]+\frac{1}{2}\mathbb{E}_Q\left[\log\frac{Q}{(P+Q)/2}\right]$$
$$=\frac{1}{2}D_{\mathrm{KL}}\left(P\left\|\frac{P+Q}{2}\right.\right)+\frac{1}{2}D_{\mathrm{KL}}\left(Q\left\|\frac{P+Q}{2}\right.\right) \tag{3.1.2-8}$$

由两个 KL 散度之和组成，它是对称的，故符合距离度量的定义。

然而，由于 JS 散度存在一些根本性问题$\left(\right.$如图 3.1.2-2 所示，当两个分布几乎不交叠时，$P\log\frac{P}{P+Q}$和$Q\log\frac{Q}{P+Q}$始终为零$\left.\right)$，因而无论两个概率分布"相距多远"，D_{JS} 变为固定值，即

$$D_{\mathrm{JS}}(P \parallel Q)=\frac{1}{2}D_{\mathrm{KL}}\left(P\left\|\frac{P+Q}{2}\right.\right)+\frac{1}{2}D_{\mathrm{KL}}\left(Q\left\|\frac{P+Q}{2}\right.\right)$$
$$=\int\left(\frac{1}{2}P\log\frac{P}{P+Q}+\frac{1}{2}Q\log\frac{Q}{P+Q}\right)\mathrm{d}x+\log 2=\log 2. \tag{3.1.2-9}$$

而在高维情况下数据很容易稀疏，即观测数据相对过少，很难"填满"整个空间，容易使得分布不交叠，进而导致 JS 散度无法准确度量两个分布的距离，也就只能产生固定的梯度，导致训练震荡或模式坍缩等问题。

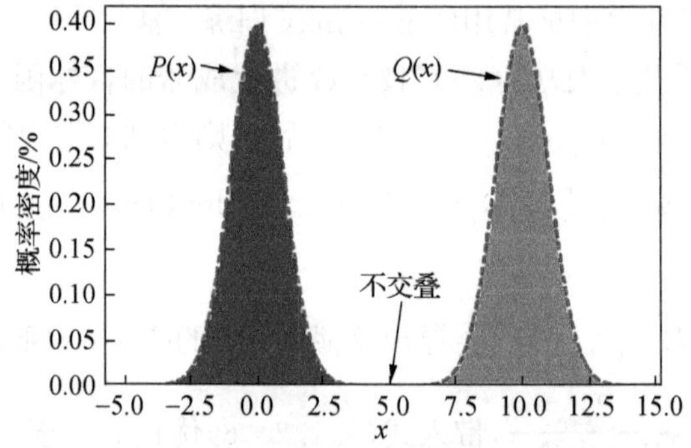

图 3.1.2-2　两分布不交叠示意图(JS 散度为常数值)

为了解决上述问题，基于 GAN 模型，Arjovsky 等人[6]提出 Wasserstein GAN (WGAN)模型，该模型引入 Wasserstein 距离，也即

$$D_{\mathrm{WD}}(P \parallel Q)=\inf_{\gamma\in\Pi(P,Q)}\mathbb{E}_{(x,y)\sim\gamma}[\|x-y\|] \tag{3.1.2-10}$$

替换 JS 散度。其通过 K-R 对偶[6]对 D_{WD} 做变换得到新的目标函数

$$\min_{g_\theta}\max_{D_\varphi:\|D_\varphi\|_L\leqslant 1}(\mathbb{E}_{x\sim P_{\text{data}}}[D_\varphi(x)]-\mathbb{E}_{z\sim P(z)}[D_\varphi(g_\theta(z))]),\quad(3.1.2-11)$$

其中 D_φ 满足 1-Lipschitz 约束，也即对任意 a,b，$\|D_\varphi\|_L=\left|\frac{D_\varphi(a)-D_\varphi(b)}{a-b}\right|\leqslant 1$。文献[6]中，Weight Clipping 技术采用 $\varphi^*=\min(c,\max(-c,\varphi))$ 实现该约束，其中 c 是超参数。Weight Clipping 技术强制判别函数 D_φ 满足 1-Lipschitz 约束，也即在每步训练结束后强制参数分布在一定范围内，使得神经网络参数总是分布在边界 c 上(如图 3.1.2－3 所示)。

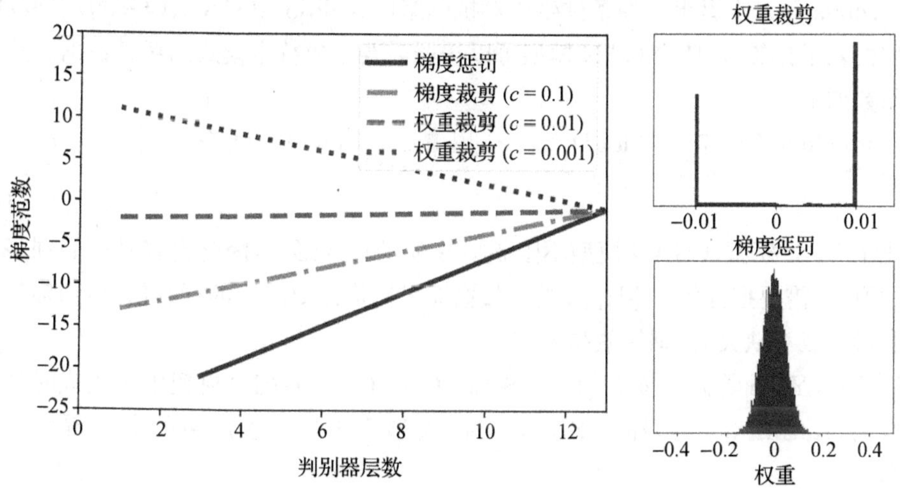

图 3.1.2－3　Weight Clipping 技术和 Gradient Penalty 技术

为了解决上面的问题，Gulrajani 等人[7]提出一种改进的 WGAN 模型，也即 WGAN-GP 模型。该模型通过引入梯度惩罚(Gradient Penalty，GP)，以替换 WGAN 模型中对神经网络参数使用的 Weight Clipping 技术，从而得到新的 D_φ 优化目标函数，即

$$\min_{D_\varphi}(\mathbb{E}_{x\sim P_{\text{data}}}-[D_\varphi(x)]+\mathbb{E}_{z\sim P(z)}[D_\varphi(g_{\theta^*}(z))]+\lambda\mathbb{E}_{\hat{x}\sim P(\hat{x})}[(\|\nabla_{\hat{x}}D_\varphi(\hat{x})\|_2-1)^2]),$$

(3.1.2－12)

其中新增的项即为 GP 项。GP 项比 Weight Clipping 更容易稳定训练，参数不易震荡，且不需要超参数(即阈值 c)，但缺点是需要额外计算梯度惩罚用于反向传播，增加了计算开销，但影响不大。

Bińkowski 等人[8]利用 Maximum Mean Discrepancy (MMD) 距离，即

$$D^2_{\text{MMD}}(P\|Q)=\mathbb{E}_{(x,x')}[k(x,x')]+\mathbb{E}_{(y,y')}[k(y,y')]-2\,\mathbb{E}_{(x,y)}[k(x,y)]$$

(3.1.2－13)

替换 KL 散度，提出 MMD-GAN 模型：

$$\min_{g_\theta}\max_{D_\varphi:\|D_\varphi\|_{\mathcal{H}}\leqslant 1}(\mathbb{E}_{x\sim P_{\text{data}}}[D_\varphi(x)]-\mathbb{E}_{z\sim P(z)}[D_\varphi(g_\theta(z))]).\tag{3.1.2-14}$$

这里要求 D_φ 服从 $\|D_\varphi\|_{\mathcal{H}}\leqslant 1$，即函数 D_φ 的参数矢量在参数空间(Hilbert 空间)中模长小于 1，也即落在单位球内。MMD-GAN 模型缓解了 GAN 中的无偏梯度问题，训练过程更稳定，一定程度上缓解了模式坍缩问题，但核函数是超参数，其选择影响模型训练结果。

Mirza 等人[9]提出一种条件生成对抗网络(Conditional GAN，CGAN)模型，该模型引入了标签 y，使得 GAN 模型可以按照需要生成特定模式的场景数据。其目标函数如下：

$$\min_{g_\theta}\max_{D_\varphi}(\mathbb{E}_{x\sim P_{\text{data}}(x)}[\log D_\varphi(x\mid y)]+\mathbb{E}_{z\sim P(z)}[\log(1-D_\varphi(g_\theta(z\mid y)))]).\tag{3.1.2-15}$$

相比于 VAE 模型，CGAN 模型不限制标签 y 的输入形式，因此更容易扩展到多模态学习(只需要把标签 y 视作多模态数据即可)，但需要准确的标签信息，当标签信息有噪声或有缺失时，训练效果不佳。

此外，Yoon 等人[10]提出 Time-Series GAN(TimeGAN)模型用于生成时间序列数据；Karras 等人[11]提出 StyleGAN3 模型用于生成多风格的高分辨率图像数据。

3.1.3 生成流模型

无监督的数据生成问题主要是研究如何由服从任意分布(通常假设为标准高斯分布)的隐空间变量 Z 经过映射 g，得到生成样本 $\hat{X}$，并令 $P(\hat{x})=P(x)$，也即

$$P(x)=\int P(z)P(x\mid z)\mathrm{d}z=\int P(z)P(g(z))\mathrm{d}z.\tag{3.1.3-1}$$

在这个问题上，VAE 模型并没有直接优化似然概率，而是转而优化一个更强的证据下界(见式(3.1.1-1))。GAN 模型则避开了显式度量 $P(\hat{x})=P(x)$ 的问题，通过引入判别标签 $Y=y$(如图 3.1.2-1 所示)，从而由 $D_{\text{KL}}(Q(x,y)\parallel P(x,y))$ 求解出式(3.1.2-1)，最终通过交替优化生成器和判别器，使得生成样本分布逼近目标观测样本分布。

针对式(3.1.3-1)，Dinh 等人[12]在 2014 年提出 NICE (Non-Linear Independent Components Estimation) 模型。如图 3.1.3-1 所示，NICE 模型假设映射 g 可逆，也即 $z=g^{-1}(x)$，且 $x=g(z)$，从而可以直接求解公式(3.1.3-1)，得

到 log 似然概率为

$$\log P(x)=\log P(g^{-1}(x))+\log\left|\det\left(\frac{\mathrm{d}(g^{-1}(x))}{\mathrm{d}x}\right)\right|. \quad (3.1.3-2)$$

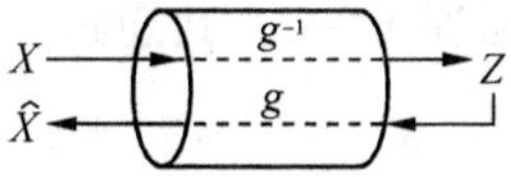

图 3.1.3-1　NICE 模型示意图

为了使映射 g 满足可逆性，NICE 模型构造了一个可逆神经网络模型，使得 g^{-1} 满足

$$z_1=x_1,\quad z_2=x_2+m(x_1), \quad (3.1.3-3)$$

其中 m 是由神经网络参数化的映射，x_1 和 x_2 是对数据 X 的一个划分。因此，g 可以表示为

$$x_1=z_1,\quad x_2=z_2-m(z_1). \quad (3.1.3-4)$$

由于映射 g 可以不断复合，也即 $g=g_1\circ g_1\circ\cdots\circ g_n$，且 $g_1,\cdots,g_n$（耦合层）均满足可逆性，则映射 g 在复合后仍然满足可逆性。同时，由于映射 m 是非线性的，因此可逆映射 g 在多次复合之后，其非线性表示能力更强，所以 NICE 这类模型又被称为流模型。当模型参数收敛时，就可以通过不断采样 Z，由生成器 g 得到生成样本 $\hat{X}$。

为了改进 NICE 的可逆机制，Dinh 等人[13]提出 RealNVP（Real-Valued Non-Volume Preserving）模型用于优化可逆神经网络的梯度流。RealNVP 模型中，可逆映射 g^{-1} 重新定义为

$$z_1=x_1,\quad z_2=x_2\exp\odot(s(x_1))+t(x_1), \quad (3.1.3-5)$$

其中 s 和 t 均为由神经网络参数化的非线性映射，⊙表示 Hadamard 积。映射 g^{-1} 同样是可逆的，其逆映射 g 为

$$x_1=z_1,\quad x_2=(z_2-t(x_1))\odot\exp(-s(x_1)). \quad (3.1.3-6)$$

相对于 NICE 模型，RealNVP 易于处理更高维度和更复杂的数据分布，但同时模型也更复杂，计算成本更高。

基于 RealNVP 模型，Kingma 等人[14]提出 Generative Flow（Glow）模型，该模型引入 1×1 卷积（见本书第 2.3.2 节），从而构造了仿射耦合层，用于进一步优化 RealNVP 模型的梯度流。此外，Glow 模型还引入了多尺度特征提取机制用于提取多尺度的图片特征（如图 3.1.3-2 所示）。该机制将图像数据分成多尺度的块，每个块都有自己的可逆操作块序列负责处理该块内的特征。多尺度架构使得模型能够同时捕获图像的全局和局部特征。

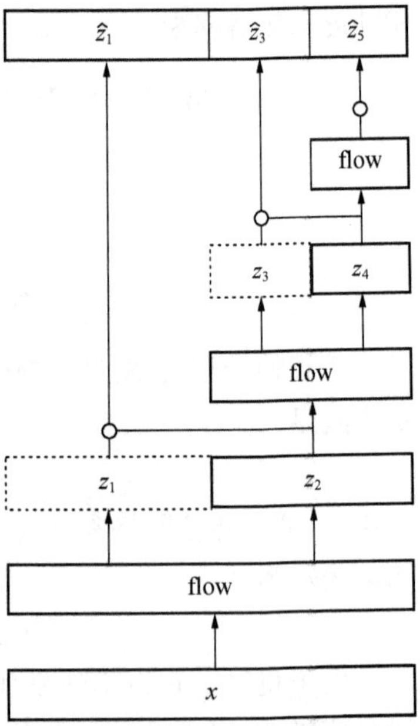

图 3.1.3-2 多尺度特征提取

Pumarola 等人[15] 提出 Conditional Generative Flow(C-Flow)模型，通过引入标签 y，实现多模式的条件生成。C-Flow 模型由两个 RealNVP 模型组成，分别处理特征 $X=x$ 和标签 $Y=y$。其逆过程特征提取如下：

$$z_X=g_\theta^{-1}(x),\quad z_Y=f_\varphi^{-1}(y|x), \tag{3.1.3-7}$$

其中 z_X，z_Y 分别是 x 和 y 的隐变量状态值。正过程数据生成如下：

$$x=g_\theta(z_X),\quad y=f_\varphi(z_Y|z_X),$$
$$z_X\sim P(z_X),\quad z_Y\sim P(z_Y). \tag{3.1.3-8}$$

由于流模型生成数据分布 $P(g(z))$ 有显式解，因此相比于 CVAE 模型和 CGAN 模型，C-Flow 模型融合多模态数据时更具有可解释性优势。但是，由于流模型要求随机变量 z 的维度和输入数据的维度相等，不会对特征降维，从而造成极大的维度浪费，并且 C-Flow 采用两个 RealNVP 实现，因此这种维度浪费是双倍的

3.1.4 生成扩散模型

流模型能求解出推断映射 g^{-1} 的梯度流，但为了构造可逆神经网络，不得不约束隐藏层的维度而与输入数据维度保持一致，以实现多个耦合层的映射复合，并且流模型本身没有设计额外的低维嵌入层，因而存在着明显的维度浪费。例如，对于图像数据而言，很多输入图片的背景像素点几乎是不变的，所以对这部分特征数据的学习毫无必要。因此，对于稍大尺寸的数据(如高分辨率图片)，流模型因参数量过于庞大而变得十分臃肿，极其限制其应用范围。

不同于流模型、GAN 模型及其变种模型，Sohl-Dickstein 等人[16] 提出了一种基于非平衡热力学原理的深度无监督学习方法，也叫扩散模型。如图 3.1.4-1 所示，该模型通过在 $Z=\hat{X}_T\sim N(0,I)$ 和 $\hat{X}=\hat{X}_0$ 之间设置一个划分，使得 $\hat{X}_T$ 至 $\hat{X}_0$ 之间包含多个加噪声的步骤，也即 $\hat{X}_{T-1},\cdots,\hat{X}_1$，并最终生成样本 $\hat{X}_0$。该过程称为逆向过程。类似地，从 X_0 逐步回溯到 Z 的过程称为正向过程。最后得到

$$p(x_{0:T})=p(x_T)\prod_{t=1}^{T}p(x_{t-1}\mid x_t), \tag{3.1.4-1}$$

$$q(x_{1:T} \mid x_0)=\prod_{t=1}^{T} q(x_t \mid x_{t-1}). \tag{3.1.4-2}$$

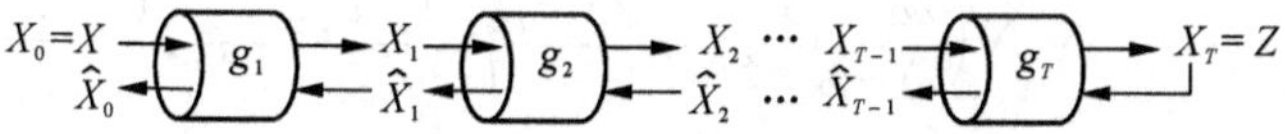

图 3.1.4-1　扩散模型示意图

扩散模型延续了 VAE 的原理，基于式(3.1.4-1)和(3.1.4-2)，通过优化一个更强的证据下界得到模型参数，即

$$\begin{aligned}\mathbb{E}[-\log p(x_0)] &\leqslant \mathbb{E}_{q(x_{1:T}\mid x_0)}\left[-\log \frac{p(x_{0:T})}{q(x_{1:T}\mid x_0)}\right]\\ &=\mathbb{E}_{q(x_{1:T}\mid x_0)}[D_{\mathrm{KL}}(q(x_T\mid x_0)\| p(x_T))]\\ &\quad+\sum_{t>1} D_{\mathrm{KL}}(q(x_{t-1}\mid x_t,x_0)\| p(x_{t-1}\mid x_t))\\ &\quad-\log p(x_0\mid x_1).\end{aligned} \tag{3.1.4-3}$$

当模型参数得到优化后，即可通过逐步添加噪声生成场景样本。

在扩散模型的基础上，Ho 等人[17]提出一种去噪扩散概率模型(Denoising Diffusion Probabilistic Models，DDPM)用于生成高质量图片数据。DDPM 重新设计了 $q(x_t|x_{t-1})$的扩散系数 β_t，即令

$$q(x_t|x_{t-1})=N(\sqrt{1-\beta_t}\,x_{t-1},\beta_t I), \tag{3.1.4-4}$$

其中 $\beta_t\in[0,1]$是扩散系数，使得 $q(x_t|x_0)$可以求解。也即，令 $\alpha_t=1-\beta_t$，则

$$\begin{aligned}x_t &=\sqrt{\alpha_t}\,x_{t-1}+\sqrt{1-\alpha_t}\,z_{t-1}\\ &=\sqrt{\alpha_t\alpha_{t-1}}\,x_{t-2}+\sqrt{\alpha_t-\alpha_t\alpha_{t-1}}\,z_{t-2}+\sqrt{1-\alpha_t}\,z_{t-1}\\ &=\sqrt{\alpha_t\alpha_{t-1}}\,x_{t-2}+\sqrt{1-\alpha_t\alpha_{t-1}}\,z_{t-2}\\ &=\sqrt{\bar{\alpha}_t}\,x_0+\sqrt{1-\bar{\alpha}_t}\,z,\end{aligned} \tag{3.1.4-5}$$

其中 $\bar{\alpha}_t=\prod_{s=1}^{t}(1-\beta_s)$。依次分解得到

$$q(x_t|x_0)=N(\sqrt{\bar{\alpha}_t}\,x_0,(1-\bar{\alpha}_t)I), \tag{3.1.4-6}$$

从而使得逆向过程 $q(x_{t-1}|x_t,x_0)$可解，即

$$\begin{aligned}q(x_{t-1}|x_t,x_0)&=\frac{q(x_t|x_{t-1},x_0)q(x_{t-1}|x_0)}{q(x_t|x_0)}\\ &\propto \mathrm{e}^{-\frac{1}{2}\left(\frac{(x_t-\sqrt{\alpha_t}x_{t-1})^2}{\beta_t}+\frac{(x_{t-1}-\sqrt{\bar{\alpha}_{t-1}}x_0)^2}{1-\bar{\alpha}_{t-1}}-\frac{(x_t-\sqrt{\bar{\alpha}_t}x_0)^2}{1-\bar{\alpha}_t}\right)}\end{aligned}$$

$$= C(x_t, x_0)\mathrm{e}^{-\frac{1}{2}\left(x_{t-1}-\frac{\sqrt{\bar{\alpha}_{t-1}}\beta_t}{1-\bar{\alpha}_t}x_0+\frac{\sqrt{1-\beta_s}(1-\bar{\alpha}_{t-1})}{1-\bar{\alpha}_t}x_t\right)^2 \Big/ \frac{1-\bar{\alpha}_{t-1}}{1-\bar{\alpha}_t}\beta_t}$$

$$\propto N\left(\frac{\sqrt{\bar{\alpha}_{t-1}}\beta_t}{1-\bar{\alpha}_t}x_0+\frac{\sqrt{1-\beta_s}(1-\bar{\alpha}_{t-1})}{1-\bar{\alpha}_t}x_t, \frac{1-\bar{\alpha}_{t-1}}{1-\bar{\alpha}_t}\beta_t I\right). \tag{3.1.4-7}$$

将式(3.1.4-6)带入式(3.1.4-3),并令

$$p_\theta(x_{t-1} \mid x_t) = N\left(\mu_\theta(x_t), \sum\nolimits_\theta(x_t)\right), \tag{3.1.4-8}$$

则可以通过最小化 $D_{\mathrm{KL}}(q(x_{t-1}|x_t, x_0) \| p_\theta(x_{t-1}|x_t))$,也即前向过程和逆向过程中 x_{t-1} 的残差

$$\begin{aligned}\mathcal{L} &= \sum_{t>1} D_{\mathrm{KL}}(q(x_{t-1} \mid x_t, x_0) \| p_\theta(x_{t-1} \mid x_t)) \\ &= \sum_{t>1} L_{t-1} \qquad\qquad (3.1.4-9)\\ &= \sum_{t>1} \mathbb{E}_q\left[\frac{1}{2\sigma_t^2}\|\tilde{\mu}_t(x_t, x_0) - \mu_\theta(x_t, t)\|^2\right] + C\end{aligned}$$

求解参数 θ。其中,$\tilde{\mu}_t = \frac{\sqrt{\bar{\alpha}_{t-1}}\beta_t}{1-\bar{\alpha}_t}x_0 + \frac{\sqrt{1-\beta_s}(1-\bar{\alpha}_{t-1})}{1-\bar{\alpha}_t}x_t$,$\sigma_t^2 = \frac{1-\bar{\alpha}_{t-1}}{1-\bar{\alpha}_t}\beta_t I$,而 C 为常数。DDPM 模型具有结构灵活的优势,前向过程和逆向过程中每一步的概率分布均可求解。但是,由于需要逐步加噪声生成,因此数据生成过程速度缓慢,且最大化似然较差,泛化能力弱。

Song 等人[18]改进了 DDPM 模型,进而提出 DDIM 模型(Denoising Diffusion Implicit Models)。DDIM 模型重写公式(3.1.4-2)为

$$q(x_{1:T} \mid x_0) = q(x_T \mid x_0)\prod_{t=2}^{T} q(x_{t-1} \mid x_t, x_0), \tag{3.1.4-10}$$

再假设 $q(x_t|x_0) = N(\sqrt{\bar{\alpha}_t}x_0, (1-\bar{\alpha}_t)I)$,这里 $\bar{\alpha}_t$ 是独立的标记,并不是 $(1-\beta_t)$ 的连乘,即得

$$q(x_{t-1}|x_t, x_0) = N\left(\sqrt{\bar{\alpha}_{t-1}}x_0 + \sqrt{1-\bar{\alpha}_{t-1}-\sigma_t^2}\ \frac{x_t - \sqrt{\bar{\alpha}_t}x_0}{\sqrt{1-\bar{\alpha}_t}}, \sigma_t^2 I\right). \tag{3.1.4-11}$$

这里 σ_t^2 赋予了 DDIM 模型比 DDPM 模型更高的自由度,通过选择不同的 σ_t^2 可使得场景数据生成效果更加丰富。同时,如果令 $\sigma_t^2 = \frac{1-\bar{\alpha}_{t-1}}{1-\bar{\alpha}_t}\left(1-\frac{\bar{\alpha}_t}{\bar{\alpha}_{t-1}}\right)$,则 DDIM 模型"退化"为 DDPM 模型。于是目标函数变为

$$
\begin{aligned}
&-\log p_\theta(x)\\
&=\log q(x_{1:T}\mid x_0)-\log p_\theta(x_{0:T})\\
&=q(x_T\mid x_0)-\sum_{t=2}^{T}\log q(x_{t-1}\mid x_t,x_0)-\sum_{t=1}^{T}\log p_\theta(x_{t-1}\mid x_t)-\log p_\theta(x_T),
\end{aligned}
\tag{3.1.4-12}
$$

其中，$q(x_{t-1}|x_t,x_0)$由式(3.1.4－11)代入即可。

3.2　多模态数据生成

人类通过多种感觉器官接触世界，例如眼睛、耳朵、鼻子等。多模态数据生成研究包含不同模态数据的数据生成问题，常见的模态包括视觉、文字、声音。它们通常来自不同的传感器，数据的形成方式和内部结构有很大的区别。例如，图像是自然界存在的连续空间，而文本是依赖人类知识、语法规则组织的离散空间。多模态数据的异质性对如何学习多模态间关联性和互补性提出挑战。本节针对多模态数据生成问题中的数据融合技术和数据生成技术展开论述。

3.2.1　多模态数据融合

相比深度学习之前的时代，深度学习爆发以来，机器对于大规模数据的处理以及深入挖掘能力大大提高。深度学习将传统机器学习处理大数据的难点以黑箱式的模型设计与直接反向传播的简单训练方式克服。

至今为止，基于深度学习的单模态领域研究中，表示学习几乎是最为核心的问题。通常是先设计复杂的深度学习模型结构和多种多样的任务，再借助于深度学习的强大拟合能力，在具体任务的监督信号下使用梯度下降算法优化模型参数，以此希望模型能够学习得到模态数据的语义表示。虽然好的表示的标准一定程度上依赖于具体的任务，但从人工智能的角度来看，希望模型学到的表示能够像人的认知一样包含着数据的完整语义信息。

在有监督任务中，比如视觉领域的图像分类、自然语言处理领域的情感分类等，通过设计深度模型，希望模型能够学到包含一定语义信息的表示以支持数据的分类，由于任务相对简单，所学到的表示未必表达了很丰富的数据语义信息，而更多的是能够支持分类任务的判别信息。因此，我们常常发现，对于数据的分类，有时候模型抽取的特征关注点与人类进行分类的关注点有相当大的差异。这是因为一个对目标有充分认识的人类，往往是通过总体的语义概念进行判别，而深度学习模型是通过寻找和计算局部的判别信息进行分类。所学习到的表示不能包含充分的语义信息的原因是，对于分类任务而言，有时候局部的细节就足以判别，而并不需要完整的语义。

无监督学习能够学习到更强语义信息表示。最简单的例子是自编码器，它包含编码器模块和解码器模块，其中编码器将数据编码至低维空间，解码器则尝试将低维空间的表示尽可能地恢复为原信号。在自编码器中，监督信号为数据本身，为了恢复数据本身，编码器输出的低维中间表示应当包含尽可能多的原数据的信息。换言之，数据信息应在尽可能少的信息损失下压缩到低维表示中。这种方式获得的低维表示虽然拥有足够紧致的信息密度，但未必是一个好的语义表示。例如，人类在大脑中形成了飞机的语义概念，能够轻易地分辨何为飞机，但却不能够轻易地绘画出一架细节丰富的飞机。因此好的语义表示未必需要包含过多的细节信息，而应该充分表达数据的抽象语义。

现有的算法基本上是以一致性准则的思路展开研究，也即多模态数据中共享某些一致的语义信息，同时令学习过程最大化不同模态之间的一致性，其本质上都是协同正则化思想的不同表现形式。传统多模态融合按照融合的不同阶段分为特征级融合、决策级融合和混合融合，但由于深度学习的强大灵活性，这种分类方式已不太适用当前复杂的深度学习方法。因此，这里将多模态数据融合分为模型无关的融合方法和基于模型的融合方法进行展开。

3.2.1.1 模型无关的融合方法

模型无关的融合方法指的是多模态融合的算法框架可以适用于任意特征提取和分类网络，模态融合的过程与具体采用的模型无关。在模型无关的融合方法中，可以按照传统的多模态分类法分为特征级融合、决策级融合和混合融合。特征级融合能够充分考虑各个模态特征之间的交互性和相关性，并且只需要训练一个模型，相比混合融合和决策级融合更简单；决策级融合可以视为考虑不同模态置信度的集成学习，其优点是能够很好地适应模态缺失的问题，缺点是缺乏多模态数据底层的交互；混合融合则是将前二者的优势在一个整体框架中集成。

Han 等人[19]提出一种可信多视图分类框架（如图 3.2.1-1 所示）。在多视图学习中，一般的算法通常认为每个视图的数据是“平等”的，在学习时对所有的视图数据赋予了平等的或固定的权重。但在实际中，不同样本的不同视图的质量分布可能完全不同，模型必须对此有适应性的变化。此外，某些场景不仅要知道预测结果，还要知道预测的置信度以及为什么拥有这样高或低的置信度，这就要求模型能够对最终决策结果甚至每个视图的决策给出一个准确的不确定度。与以往在特征或输出水平上集成的方法不同，Han 等人提出的模型在证据水平集成多视图数据，能够给出一个稳定、合理的不确定度估计，同时促进分类可靠性和鲁棒性。

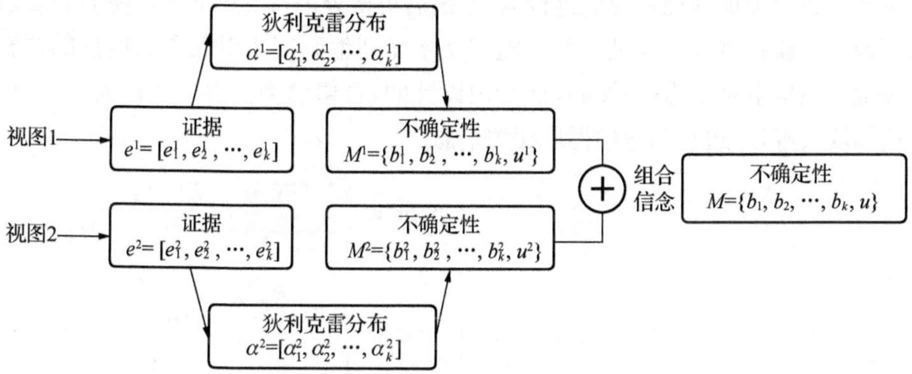

图 3.2.1-1 可信多视图分类框架

在该模型中，类别概率分布使用狄利克雷分布来建模，并且该分布使用来自不同视图的证据进行参数化，继而使用 Dempster-Shafer Theory（DST）进行证据合成。具体而言，每一个视图都有各自的分类器，每个分类器的 Softmax 层去掉即是文中定义的证据，对应分类器的狄利克雷分布用证据的各个分量加 1 来参数化，如此即可获得每个视图的类别概率分布；根据主观逻辑理论，定义每个视图给出的类别信念和不确定度，并且使用 DST 进行合成，形成总体的类别信念和不确定度，而依据总体的类别信念和不确定度即可恢复出总体的狄利克雷分布。必须指出的是，由于整个算法框架中每个分类器以及总体的类别概率分布以狄利克雷分布来建模，所以分类损失项调整为交叉熵对狄利克雷分布的期望。

可信多视图分类框架实现了决策层面的多视图融合，每个视图都能够给出一个类别概率分布的狄利克雷分布和预测不确定度，通过证据合成能够给出最终的狄利克雷分布和总体不确定度（不确定度能够一定程度上反映决策的可靠性）；同时，利用 DST 证据融合方法，能够自适应各个样本的各个视图的质量变化，调整对应视图的权重。值得一提的是，任何分类模型都可以简单修改后接入该决策框架，这也是模型无关的多模态融合的特点。

3.2.1.2 基于模型的融合方法

基于模型的融合方法一般都是针对具体的任务专门设计的模型结构，例如视觉问答系统、多模态对话系统等等。Zhu 等人[20]提出一种带注意力机制的循环问答模型。如图 3.2.1-2 所示，该模型分为编码阶段和解码阶段。在编码阶段，使用 LSTM 来编码文本问句，并在第一个时间步引入全图特征，而后在每一个时间步融入对图像的卷积特征的注意力机制；在解码阶段，通过将最后一个时间步的输出状态和各个选项的视觉特征进行点积，最后将得分进行 Softmax 层融合。显然，该模型的多模态融合过程是一个伴随着文本序列编码同步引入图像信息的过程。这种融合结构本身是为视觉问答而专门设计的，希望模型能够以类似人类的方式一边阅读文本，一边在图像中提取相关信息。

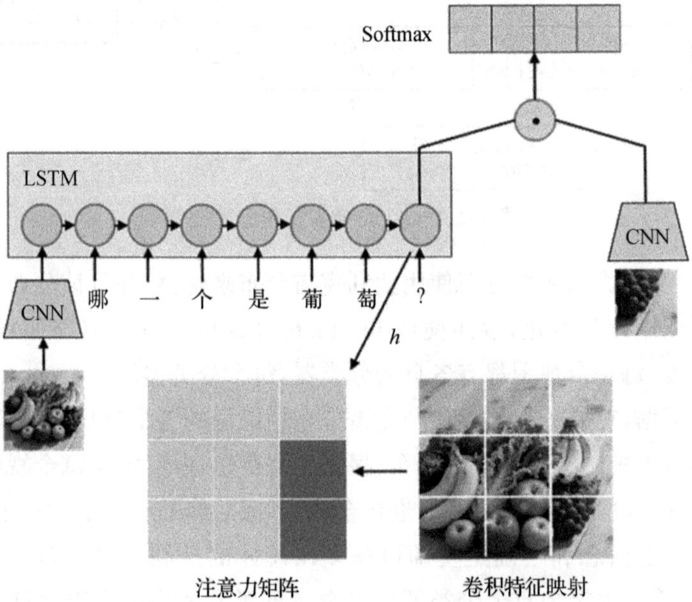

图 3.2.1-2 融合空间注意力的 LSTM 视觉问答模型

Schwartz 等人[21]为视觉问答任务设计了一种高阶注意力模型。如图 3.2.1-3 所示，该算法框架整体分为数据嵌入层、注意力层和决策层，使其能够学习多模态数据的高阶相关性。在该算法中，文本问句、图像和文本答案为三种模态，多模态融合主要在注意力层和决策层发生。在注意力层中有三种注意力模块，分别计算单模态的注意力权重、双模态的注意力权重和三模态的注意力权重。单模态注意力权重通过 1×1 卷积进行特征的维度缩减来获得；双模态注意力权重通过计算两个模态组件（词、像素等）的相似度矩阵来获得，并且通过不同方向的 1×1 卷积获得不同模态的注意力权重；三模态扩展了向量内积的定义，计算了三个模态组件的高阶相似度张量，同样通过不同方向的卷积获得不同模态的注意力权重。最终不同模态分别使用 Softmax 集成三种来源的注意力权重，再对各个模态按照注意力权重加权求和的注意力向量使用 MCB(Multimodal Compact Bilinear)融合。在该模型的多模态融合中，各个模态信息以设计好的方式被不同角度地抽取和融合，而且模型结构与融合方式是针对视觉问答任务特殊设计的。

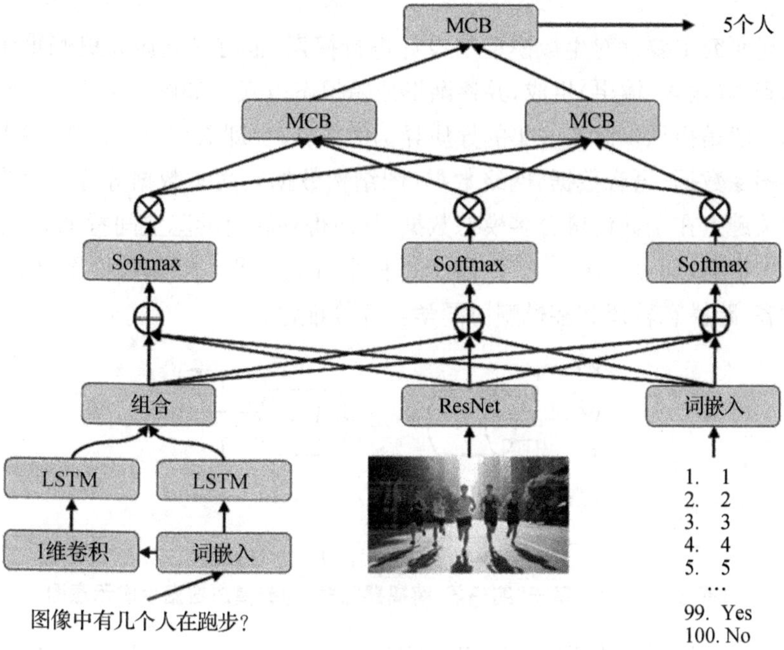

图 3.2.1－3　面向视觉问答的高阶注意力模型

在多模态融合中，根据待融合模态信息的特点可以分为异质多模态融合(如声音与图像)和同质多模态融合(如深度图与灰度图)。同质多模态融合能够共享特征提取的骨架网络，异质多模态融合则不能。Wang 等人[22]针对同质多模态融合设计了基于通道交换的多模态融合方法。对每一个模态数据的某一层特征，如果某个通道的 Batch Normalization 层的缩放因子很小，此时该通道的信息对于网络更新的梯度贡献也很小，那么就将其替换为其他模态的对应层对应通道的均值。各个模态数据都共享相同的网络结构，并且共享除了 Batch Normalization 以外的所有参数。在该模型中，由于同质多模态融合的特点是能够共享相同的特征提取网络，因此可以针对性地设计通道交换的模态融合方式，把一个模态中信息量较少的通道去除而替换为其他模态的信息。

3.2.2　跨模态数据生成

跨模态技术旨在利用多种模态之间的互补性剔除模态之间的冗余，从而获得更为有效的特征表示。跨模态数据生成基于模态之间的语义一致性而实现不同模态数据形式上的相互转换，有助于提高不同模态间的迁移能力。

3.2.2.1 基于“编码器-解码器”结构的跨模态数据生成

上述研究主要针对生成模型的设计进行探索，也有一些研究更侧重于场景数据的端到端（输入-输出）生成，并逐渐形成跨模态范式。如图 3.2.2-1 所示，多模态数据一般是指从多源头收集的异质异构的数据，也即 $X^{(1)},\cdots,X^{(m)}$，这些数据可能包括图像数据、语音数据、网络数据（图结构数据）、文本数据等等。跨模态数据生成的关键点在于如何融合多模态数据，从而得到融合的隐空间特征 Z，进而生成目标样本数据，即 $\hat{y}^{(1)},\cdots,\hat{y}^{(n)}$。这个过程中可能涉及多模态数据融合、特征的表示与对齐、跨模态转译和多模型协同学习等等难题。

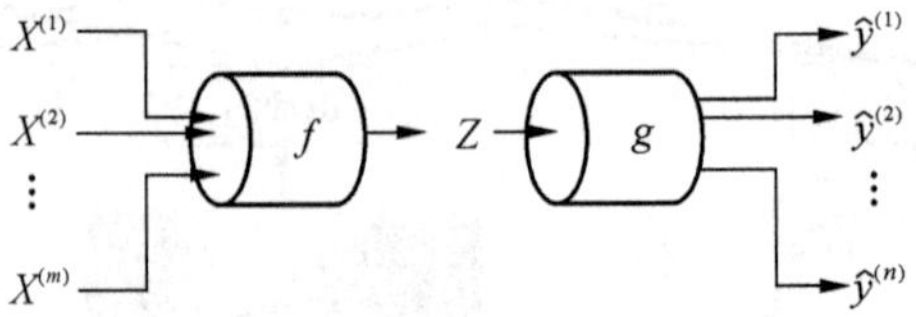

s.t. $P(\hat{y}^{(i)})=P(\hat{y}^{(i)}_{\text{target}}),\ i=1,\cdots,n$

图 3.2.2-1 基于“编码器-解码器”结构的跨模态数据生成示意图

为了实现跨模态数据生成，CLIP（Contrastive Language-Image Pre-training）模型[23]被提出，该模型采用对比学习框架，实现“文本-图像”之间的转译，也即零数据学习（Zero-Shot Learning）。延续着 CLIP 的思路，CoCa（Contrastive Captioner）模型[24]被提出，其采用了“编码器-解码器”结构，用多个编码器学习多模态数据的联合特征，并用多个解码器按需求生成目标数据。其后，BEiT-3（Bidirectional Encoder Representation from Image Transformers 3）模型[25]被提出，该模型仅基于 Multiway Transformer 神经网络作为骨干模型，在 12 项指标上得分超过包括 CoCa 在内的模型。2023 年，PaLM-E（Pathways Language Model with Embodied）模型[26]被提出，该模型被用于处理更加复杂的人机交互任务，特点是涵盖了对机器人指令的识别与生成。同年，GPT-4（Generative Pre-trained Transformer 4）模型[27]也被提出，该模型已经应用于很多真实世界的人机交互场景。

3.2.2.2 基于协同学习的跨模态数据生成

在传统的数据生成方法中，单个学习器通常只能用于提取一种模态数据的特征，因此在多模态场景下，需要针对每一种模态数据设计对应的学习器，从而造成学习器的繁杂多样。同时，在某些情况下，由于数据不完整或噪声的存在，单个学习器往往无法获得准确的结果。跨模态数据生成往往引入协同学习(Co-Learning)技术[28]，以提高模型的数据生成质量。

如图3.2.2-2所示，协同学习是一种集成学习方法，旨在通过多个学习器之间的互动合作提高整体学习性能。在协同学习中，首先是将原始多模态数据集分成两个或多个不相交的子集，然后每个学习器使用其中一个子集进行独立的学习并生成对应的特征数据，再将这些特征数据传递给其他学习器作为额外的信息，辅助它们进行参数学习。这个过程可以迭代多次，每次学习器都可以从其他学习器中获得新的信息和反馈，以不断提高自身的性能。

图3.2.2-2　多模态协同学习示意图

基于协同学习的跨模态数据生成具有如下优点：

(1) 数据丰富性：通过利用不同的数据子集，协同学习可以从多个角度对数据进行学习，从而获得更全面、准确的信息；

(2) 错误纠正能力：由于使用多个学习器，协同学习可以通过学习器之间互相纠正减少错误，即当一个学习器产生错误时，其他学习器可以提供正确的信息；

(3) 鲁棒性：协同学习不依赖于单个学习器的结果，而是通过整合多个学习器的意见作出决策，因此可以提高系统的鲁棒性。

但同时,基于协同学习的跨模态数据生成也具有如下缺陷:

(1) 依赖于独立性假设:协同学习假设每个学习器应该从独立的视角学习,如果学习器之间存在较高的相关性或依赖性,可能会导致结果的偏差或冗余;

(2) 需要更多计算资源:由于协同学习需要训练和管理多个学习器,相比单个学习器,它通常需要更多的计算资源和存储空间;

(3) 需要较高的标记一致性:协同学习假设在不同的数据子集上存在标记一致性,即不同的学习器对于相同的样本都会给出相似的标记,如果数据子集之间的标记一致性较低,协同学习的性能可能会受到影响。

3.2.2.3 基于矢量化技术的跨模态数据生成

矢量化技术是将多模态数据转换为矢量表示形式,以便进行进一步的分析和处理(如图 3.2.2-3 所示)。矢量化技术在多模态数据生成中非常重要,这是因为多模态数据往往多源异构,无法直接对多种模态的数据进行处理并在其各自的特征空间中比较,所以需要将不同的模态数据嵌入到统一的特征空间中进行特征对齐,而矢量化技术使得复杂的模态数据可以被嵌入到特征空间中进行表示和量化,同时,由于下游任务往往包含多种复杂的场景生成需求,因而矢量化技术就使得多种模态数据可以在不同的下游任务中得到重复使用,大大提高了特征使用效率。

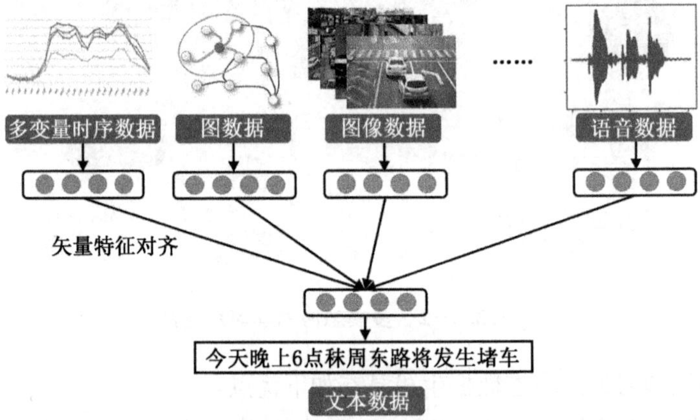

图 3.2.2-3 多模态数据生成中的矢量化技术示意图

以下是几种常见的矢量化技术:

(1) 图像矢量化:将图像转换为矢量表示形式。常见图像矢量化的方法包括色彩直方图(Color Histogram)、图像纹理特征提取(Texture Feature Extraction)和主成分分析(Principal Component Analysis,PCA)等。

(2) 文本矢量化:将文本转换为数值型的向量表示。常用的文本矢量化技术包括词袋模型(Bag-of-Words Model)、词嵌入(Word Embedding)和TF-IDF(Term Frequency-Inverse Document Frequency)等。

(3) 音频矢量化:将音频信号转换为矢量表示形式,用于音频处理和分析。常见的音频矢量化方法包括音频频谱图(Spectrogram)、梅尔频率倒谱系数(Mel-Frequency Cepstral Coefficients,MFCC)和功率谱(Power Spectrum)等。

(4) 时间序列矢量化:将时间序列数据转换为矢量表示。比如,将传感器数据或股票价格序列转化为矢量形式,以便进行时间序列分析和预测。常用的方法包括傅里叶变换(Fourier Transform)和小波变换(Wavelet Transform)等。

(5) 图数据矢量化:将图的节点特征或连边特征转换为矢量表示,其中节点嵌入技术有DeepWalk,Node2Vec等,连边嵌入技术有LINE,Metapath2Vec等。

3.3　总结与展望

从目前研究现状来看,基于多模态学习的场景数据生成模型的性能主要依赖于庞大的模型参数和巨量的预训练数据(表3.3-1中仅列出目前已知的部分多模态大模型),形成多模态化和大模型化的趋势。这类多模态大模型的泛化能力往往与模型参数量和预训练数据量成正比关系,而模型本身并不具备数据外推的能力,也即不能生成已知观测的训练数据之外的数据。因此,设计具备数据外推能力的场景数据生成模型具有十分重要的研究意义。

表3.3-1　多模态大模型

模型	发布时间	参数量(亿)	预训练数据量(GB)
GPT-1[29]	2018	1.17	5
GPT-2[30]	2019	15	40
GPT-3[31]	2020	1750	45000
CLIP[23]	2021	—	0.4
CoCa[24]	2022	21	—
PaLM-E[26]	2023	5620	—
GPT-4[27]	2023	—	—

参考文献

[1] Kingma D P, Welling M. Auto-encoding variational bayes[C/OL]. arXiv: 1312.6114, 2013.

[2] Kingma D P, Rezende D J, Mohamed S, ed al. Semi-supervised learning with deep generative models[C]. Advances in Neural Information Processing Systems, 2014.

[3] Kipf T N, Welling M. Variational graph auto-encoders[C/OL]. arXiv: 1611.07308, 2016.

[4] Kipf T N, Welling M. Semi-supervised classification with graph convolutional networks[C/OL]. arXiv: 1609.02907, 2016.

[5] Goodfellow I J, Pouget-Abadie J, Mirza M, et al. Generative adversarial nets[C]. Advances in Neural Information Processing Systems, 2014.

[6] Arjovsky M, Chintala S, Bottou L. Wasserstein generative adversarial networks[C]. International Conference on Machine Learning, 2017.

[7] Gulrajani I, Ahmed F, Arjovsky M, et al. Improved training of Wasserstein GANs[C]. Advances in Neural Information Processing Systems, 2017.

[8] Bińkowski M, Sutherland D J, Arbel M, et al. Demystifying MMD GANs [C/OL]. arXiv: 1801.01401, 2018.

[9] Mirza M, Osindero S. Conditional generative adversarial nets[C/OL]. arXiv: 1411.1784, 2014.

[10] Yoon J, Jarrett D, Van der Schaar M. Time-series generative adversarial networks[C]. Advances in Neural Information Processing Systems, 2019.

[11] Karras T, Aittala M, Laine S, et al. Alias-free generative adversarial networks[C]. Advances in Neural Information Processing Systems, 2021.

[12] Dinh L, Krueger D, Bengio Y. Nice: Non-linear independent components estimation[C/OL]. arXiv: 1410.8516, 2014.

[13] Dinh L, Sohl-Dickstein J, Bengio S. Density estimation using real NVP [C/OL]. arXiv: 1605.08803, 2016.

[14] Kingma D P, Dhariwal P. Glow: Generative flow with invertible 1×1 convolutions[C]. Advances in Neural Information Processing Systems, 2018.

[15] Pumarola A, Popov S, Moreno-Noguer F, et al. C-flow: Conditional generative flow models for images and 3D point clouds[C/OL]. arXiv: 1912.07009, 2019.

[16] Sohl-Dickstein J, Weiss E A, Maheswaranathan N, et al. Deep unsupervised learning using nonequilibrium thermodynamics[C]. International Conference on Machine Learning, 2015.

[17] Ho J, Jain A, Abbeel P. Denoising diffusion probabilistic models[C]. Advances in Neural Information Processing Systems, 2020.

[18] Song J, Meng C, Ermon S. Denoising diffusion implicit models[C/OL]. arXiv: 2010.02502, 2020.

[19] Han Z, Zhang C, Fu H, et al. Trusted multi-view classification[C/OL]. arXiv: 2102.02051, 2021.

[20] Zhu Y, Groth O, Bernstein M, et al. Visual7W: Grounded question answering in images[C]. IEEE/CVF Conference on Computer Vision and Pattern Recognition, 2016.

[21] Schwartz I, Schwing A, Hazan T. High-order attention models for visual question answering[C]. Advances in Neural Information Processing Systems, 2017.

[22] Wang Y, Huang W, Sun F, et al. Deep multimodal fusion by channel exchanging[C]. Advances in Neural Information Processing Systems, 2020.

[23] Radford A, Kim J W, Hallacy C, et al. Learning transferable visual models from natural language supervision[C]. International Conference on Machine Learning, 2021.

[24] Yu J, Wang Z, Vasudevan V, et al. CoCa: Contrastive captioners are image-text foundation models[C/OL]. arXiv: 2205.01917, 2022.

[25] Wang W, Bao H, Dong L, et al. Image as a foreign language: BEiT pretraining for all vision and vision-language tasks[C/OL]. arXiv: 2208.10442, 2022.

[26] Driess D, Xia F, Sajjadi M S M, et al. PaLM-E: An embodied multimodal language model[C/OL]. arXiv: 2303.03378, 2023.

[27] OpenAI, Achiam J, Adler S, et al. GPT-4 technical report[C/OL]. arXiv: 2303.08774, 2023.

[28] Rahate A, Walambe R, Ramanna S, et al. Multimodal co-learning: Challenges, applications with datasets, recent advances and future directions[J]. Infor-

mation Fusion, 2022, 81: 203 - 239.

[29] Radford A, Narasimhan K, Salimans T, et al. Improving language understanding by generative pre-training[R]. OpenAI, 2018.

[30] Radford A, Wu J, Child R, et al. Language models are unsupervised multitask learners[R]. OpenAI, 2019.

[31] Brown T B, Mann B, Ryder N, et al. Language models are few-shot learners[R]. OpenAI, 2020.

第 4 章　预测

网络建模是实现高效网络优化的重要手段。网络建模具有广泛的研究场景，真实世界的复杂系统，如智能交通系统、气象预测系统、基因调控、金融网络等，都能被建模为节点上具有时间序列演化的复杂网络。预测在复杂网络中起到至关重要的作用。预测是复杂系统演化的重要环节，涉及对系统未来行为的推断和估计。在智能系统、大数据和人工智能的背景下，预测不仅有助于我们理解复杂系统的内在规律，还能为决策提供科学依据。复杂网络作为复杂系统的一个典型代表，其预测方法的发展和应用将进一步推动我们对复杂系统的理解。

复杂系统在空间维度上体现出不同节点的相互耦合关系，在时间维度上体现出系统状态存在着时间前后以及长时和短时的依赖关系。比如区域的车流数据可视为一种时空序列，区域交通网络的每一个路口（观测点）可视为该交通网络在空间中的节点，不同的路口之间必然存在着相互的耦合关联；同时，对于每个固定的路口（观测点）而言，必然存在着历史的时序车流量数据，这些历史数据间也相互耦合。由此可以看出复杂网络建模的研究对象是时空耦合的网络结构的数据。另一方面，随着数据采集技术的进步，带有地理位置信息的时空数据迅速增长，迫切需要探索有效的时空数据建模方法。

时空预测的挑战性在于时间动力学的高度非线性和空间域中节点相关性的复杂特征模式。具体来说，不仅需要考虑节点状态的动态演化过程是连续时间和非线性的，还需要考虑网络节点相互作用的空间相关性以及空间相关性随时间的动态变化。因此，通过合理的时空网络建模，从复杂的时空耦合网络数据中更好地了解时空数据的耦合结构，挖掘所需要的时空特征，提取时空动态演化规律具有重要的实际应用价值和意义。

时空序列预测是基于历史的时空数据对未来一段时间内该区域的时空数据参数进行预测。目前，根据时序流网络数据缺失插补研究方法可以将时空序列预测方法分成四类，即经典统计算法、传统机器学习算法、基于时序深度学习算法、基于时空模块的深度学习算法。按照数据类型进行划分，时空序列预测数据还可以分为时间序列数据、欧式结构时空数据和图结构时空数据三类。数据类型的发展脉络也体现出研究方法上的不断推进，下面我们将根据处理数据类型的脉络展开对时空序列预测方法研究现状的介绍。

本章使用的数学符号如表 4-1 所示。

表 4-1　数学符号

符号	含义
Y_t	t 时刻的时序数据的多维观测值向量
$\hat{Y}_t$	t 时刻的预测值
α	历史平均模型中的平滑系数
ε_t	时序序列中关于时间 t 的误差项
B	ARIMA 模型中的后退因子
d	ARIMA 模型中的差分阶数
Q	注意力机制中的查询向量
K	注意力机制中的键向量
V	注意力机制中的值向量

4.1　时间序列预测模型

按照时序数据的实现方法，时序数据预测方法可以分为传统的基于统计学的方法和基于深度学习的方法。传统的时间序列预测方法基本是将时空序列看作多个时间序列来处理，很难捕捉空间的相关性，如历史平均模型（HA）、自回归积分滑动平均模型（ARIMA）。模型假设当前数据是历史数据和历史误差的线性函数，可以很好地对时间序列中的线性模式进行建模，但难以对非线性模式进行建模。时间序列能用如下形式表示：

$$Y_t=(Y_{1t},Y_{2t},\cdots,Y_{Nt}),\tag{4.1-1}$$

其中，Y_t 是在时间点 t 的多维观测值向量，Y_{it} 是第 i 个变量在时间点 t 的观测值，而 N 是时间序列中变量的总数。

对于时间序列，预测值 $\hat{Y}_t$ 基于历史观测值 $Y_{t-1},Y_{t-2},\cdots,Y_{t-p}$ 计算，可表示为

$$\hat{Y}_t=f(Y_{t-1},Y_{t-2},\cdots,Y_{t-p}).\tag{4.1-2}$$

4.1.1　统计学方法

传统的统计学方法的研究往往侧重于短时时序数据的预测，有关时序数据流量预测的统计学模型主要包括历史平均模型（Historical Average Model，HA）、自

回归模型(AutoRegressive Model,AR)、移动平均模型(Moving Average Model,MA)、自回归移动平均模型(AutoRegressive Moving Average Model,ARMA)、自回归积分滑动平均模型(AutoRegressive Integrated Moving Average Model,ARIMA)、Kalman 滤波模型(Kalman Filter Model,KF)等。

(1) 历史平均模型(HA)

历史平均模型的算法定义为

$$Y_t=\alpha Y_{t-1}+(1-\alpha)\bar{Y}, \tag{4.1.1-1}$$

其中,Y_t代表在时间点 t 的预测值,Y_{t-1}代表在时间点 $t-1$ 的实际值,$\bar{Y}$ 代表过去所有观测值的平均,α 是一个平滑系数,它的取值范围在 0 到 1 之间,用于调节最近观测值的权重。文献[1]将历史平均模型应用于城市交通控制系统(Urban Traffic Control System,UTCS)中,文献[2]将历史平均模型应用到出行者信息系统和动态路径诱导系统中。

历史平均模型将节点在同一位置相同时间间隔内的历史观测值加权平均后作为预测结果,算法简单,参数可用最小二乘法(LS)在线估计,一定程度上可以解决不同时间、不同时段里的时间序列变化问题,但由于缺乏深层次的挖掘,未能反映动态序列基本的不确定性与非线性特性,尤其无法克服随机干扰因素的影响,导致预测结果精度不高。

(2) 自回归模型(AR)

1927 年,AR 模型被提出[3]。该模型假设时间序列数据是平稳的,即数据的统计特性(如均值和方差)在时间上是恒定的。它通过使用时间序列中过去若干时刻的观测值来预测未来某一时刻的值,并假设一个时间点的观测值可以由其历史观测值线性表示。AR 的算法定义为

$$Y_t=c+\varphi_1 Y_{t-1}+\varphi_2 Y_{t-2}+\cdots+\varphi_p Y_{t-p}+\varepsilon_t, \tag{4.1.1-2}$$

其中,$\varphi_1,\varphi_2,\cdots,\varphi_p$是模型参数,表示当前值与过去 p 个值的线性关系;$Y_{t-1},Y_{t-2},\cdots,Y_{t-p}$是时间序列在过去 p 个时间点的值;ε_t 是白噪声误差项,通常假设为均值为 0 的正态分布。

(3) 移动平均模型(MA)

1931 年,MA 模型被提出[4]。该模型假设当前时间点的观测值是过去时间点的随机扰动项(通常假设为白噪声)的加权平均。它不涉及对过去观测值的直接依赖,而是通过对这些扰动项的移动平均来建模。同时,该模型假设时间序列的误差项是白噪声序列,即具有零均值和恒定方差。MA 的算法定义为

$$Y_t = \mu + \varepsilon_t + \theta_1 \varepsilon_{t-1} + \theta_2 \varepsilon_{t-2} + \cdots + \theta_q \varepsilon_{t-q}, \tag{4.1.1-3}$$

其中 $\varepsilon_{t-1}, \varepsilon_{t-2}, \cdots, \varepsilon_{t-q}$ 是时间序列在过去 q 个时间点的误差项。

(4) 自回归移动平均模型(ARMA)

在结合自回归模型和移动平均模型的基础上,自回归移动平均模型(ARMA)被提出[4]。它同时考虑了时间序列数据的自相关性和随机扰动项的移动平均特性,从而在某些情况下能够提供比单独的 AR 或 MA 模型更准确的预测。ARMA 的算法定义为

$$Y_t = c + \sum_{i=1}^{p} \varphi_i Y_{t-i} + \sum_{j=1}^{q} \theta_j \varepsilon_{t-j} + \varepsilon_t, \tag{4.1.1-4}$$

其中,φ_i 是自回归系数,表示当前值与过去第 i 个值的线性关系;θ_j 是移动平均系数,表示当前值与过去第 j 个误差项的线性关系;p 和 q 分别表示自回归项和移动平均项的阶数。

(5) 自回归积分滑动平均模型(ARIMA)

ARIMA 模型可以用于处理非平稳的数据,模型由自回归部分、积分部分和移动平均部分构成,其中的积分部分通过差分方式将非平稳序列转化为平稳序列的逆运算。ARIMA 的算法定义为

$$\left(1 - \sum_{i=1}^{p} \varphi_i B^i\right)(1-B)^d Y_t = \left(1 + \sum_{j=1}^{q} \theta_j B^j\right) \varepsilon_t, \tag{4.1.1-5}$$

其中,Y_t 表示时间序列在时间点 t 的值;B 是后退算子(Backshift Operator),它将时间序列向后移动一个时间单位,即 $BY_t = Y_{t-1}$;d 是差分阶数。

1970 年,Box 和 Jenkins 创立了 ARIMA 模型(又称为 Box-Jenkins 模型),这是一种应用最为广泛的时间序列模型[5]。该模型不像其他时间序列方法一样需要固定的初始化模拟,而是将某一时刻的流量看成更为一般的非平稳随机序列,一般带有 3 个或 6 个模型参数。之后,二人在 ARIMA 模型基础上增加了季节性分量,以更好地捕捉和模拟季节性变化,提出了 SARIMA 模型[6]。文献[7]于 1979 年首次在时空序列预测领域提出 ARIMA 模型。文献[8]将 ARIMA 模型应用于高速公路流量预测中,在大量不间断数据的基础上,此模型拥有较高的预测精度,但需要复杂的参数估计,而且计算出的参数不能移植。

ARIMA 类模型基本上是从纯时间序列分析的角度进行预测,且序列需要通过时间平稳性检验,只能较好地预测具有线性特征的平稳序列,无法挖掘出时空序列中的非线性特征。

(6) 多变量自回归模型(VAR)

针对多变量的时序预测,VAR 模型被提出[9]。它是一种多变量自回归模型,

允许同时对多个时间序列变量进行建模，并且可以分析这些变量之间的相互影响，以及捕捉多个时间序列变量之间的动态关系和相互依赖性。

(7) Kalman 滤波模型(KF)

Kalman 滤波模型是 Kalman 于 1960 年提出的，是一种在现代控制理论中广泛采用的先进方法[10]，在许多方面得到应用，如统计学和经济学中的时间序列模型。KF 模型具有预测因子选择灵活、精度较高、鲁棒性强等优点，但由于模型的基础是线性估计模型，所以当网络流量变化的随机性和非线性再强一些时，模型的性能是否会变差还需进一步研究。此外，由于在每次计算时都要调整权值，需要做大量的矩阵和向量运算，导致算法较为复杂，预测输出值有时要延迟几个时间段，难以用于实时在线预测。

4.1.2　基于深度网络的预测模型

人工神经网络诞生于 20 世纪 40 年代，其在时空序列预测中的应用使得研究人员在一定程度上摆脱了建立精确数学模型的困扰，为研究工作开辟了新的思路。

Back-Propagation Network Model(BP)是研究最为成熟、应用最为广泛的一种神经网络模型，由 Rumelhart 和 McClelland 于 1985 年首次设计实现[11]。其基本思想是整个学习过程由信号的正向传播和误差的反向传播两个过程组成，这两个过程周而复始，权值不断得到修改，一直进行到网络输出的误差逐渐减少到可接受的程度或达到设定的学习次数为止。

神经网络模型提供了迅速实时预测时空序列状况的方法。文献[12]和[13]将神经网络用于短时网络预测。在 BP 神经网络的发展中也出现了神经网络结合统计学模型的方法，如神经自回归模型(Neural Network AutoRegressive Model, NNAR)，其使用时间序列数据的滞后值作为输入，通过神经网络来预测未来的值。它是包含一个隐藏层的前馈网络，适用于处理非线性和复杂的时间序列数据。

BP 神经网络使用数据驱动的方法，减少了预测方法对于数学模型的依赖，为以后的研究开辟了新的思路。但是 BP 网络只专注于对某一特定条件的网络流量进行预测，模型缺乏泛化性，同时 BP 网络不能汇总时序信息和空间信息，模型可解释性差，存在局限性。

4.1.3　基于循环网络的预测模型

循环神经网络(Recurrent Neural Networks, RNN)通过在相邻时间步之间添加循环连接实现信息的传递，能实现良好的时间依赖性建模。在每个时间步，输入数据和前一个时间步的隐藏状态一起决定当前时间步的隐藏状态。因为考虑到对过往信息的记忆能力及通过网络能更好地进行非线性表示，RNN 非常符合时序的特点，但却受到短时记忆的制约。1997 年 LSTM(Long Short-Term Memory)[14] 和 2014 年 GRU(Gated Recurrent Unit)的提出，为解决网络时空预测问题提供了新的方案，同时也带动了时序信息流预测技术的发展。LSTM 和 GRU 是循环神经网络(RNN)的两种变体，两者都通过门控机制避免了 RNN 反向传播过程中的梯度消失和梯度爆炸问题。对于模型的详述请参考本书第 2.3.1 节。

文献[15]将 LSTM 和 GRU 方法引入至网络时空预测领域，使用 LSTM 框架进行网络时空预测，为以后的工作提供了新的框架。LSTM 方法在短期网络时空预测中取得较好的效果，但同时也存在着问题，其中之一就是在中长期预测中，由于 LSTM 层数逐渐加深，模型更加复杂，在优化过程中出现梯度消失问题，导致随着时间步长的增加，预测精度迅速下降。文献[16]在 LSTM 的基础上增加了层级临时记忆(Hierarchical Temporal Memory, HTM)机制，很好地延长了 RNN 模型在神经网络层数加深时带来的优化难题，更好地延长了时序信息流的预测步数。至此，主流的信息流流量预测模型已基本建立在各种 RNN 模型及其变体基础上。

循环神经网络(RNN)模型及其变体可以有效地提取网络的时序信息，但是网络时空预测问题不仅仅要考虑数据的时序关系，还要考虑网络的空间信息；同时，RNN 结构虽然可以提取时序数据短时依赖，但对长时依赖的提取还需要提高。

4.1.4 基于注意力机制的长时预测模型

随着注意力机制研究的深入，2017 年，由 Self-Attention 机制和 Feed Forward Neural Network 组成的 Transformer 结构被提出[17]，其使用了 Attention 机制，改善了 RNN 等模型需要顺序计算的限制，为并行计算提供了可能。

Transformer 模型的核心由多头注意力机制组成，基本思想是输入向量 X 后利用内积计算注意力分布，再根据注意力分布计算输入信息的加权平均。前向传播过程如图 4.1.4-1，具体步骤如下：

(1) 键值向量生成：向量 X 并行经过三个线性层和查询向量 Q(query)、键向量 K(key)、值向量 V(value)做计算，即

$$Q=XW_Q,\quad K=XW_K,\quad V=XW_V. \tag{4.1.4-1}$$

(2) 自注意力聚合：用每个 Q 对每个 K 做内积，用来匹配这两个向量的接近程度。首先是对 Q 和 K 的每个分量对应做缩放点积(Scaled Inner Product)；然后

除以$\sqrt{d_k}$，起归一化的效果；最后和V做内积，经 Softmax 操作计算相关度。即

$$Att(Q,K,V)=\text{Softmax}\left(\frac{QK^{\mathrm{T}}}{\sqrt{d_k}}\right)V. \tag{4.1.4-2}$$

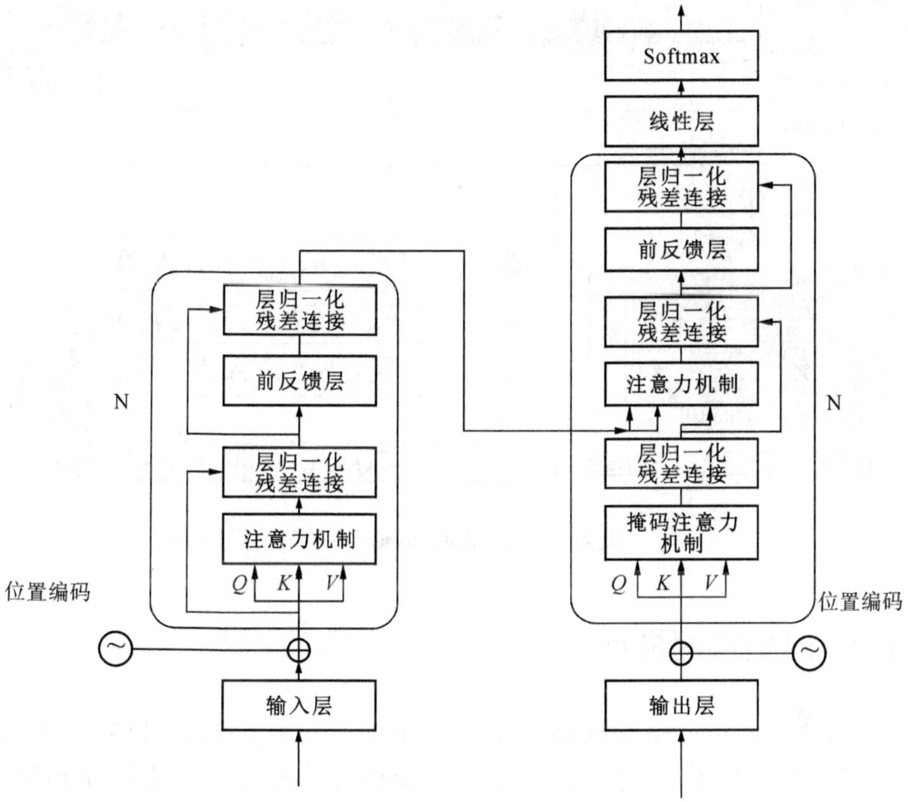

图 4.1.4-1 Transformer 模型框架示意图

近年来，一些研究将 Transformer 模型应用于网络时空预测，在挖掘序列长时依赖上提供了更好的性能。例如，文献[18]基于 Transformer 构建了一种轻量的网络时空预测模型，能够预测下一时段任意区域的网络流量变化情况。文献[19]提出的 Autoformer 则是在 Transformer 的基础上，模型中的 Auto-Correlation 模块使用傅里叶快速变换(FFT)改进 Transformer 的QK^{T}部分计算数据周期自相关性，并通过时滞聚合方法聚合相似周期，强化数据自身周期特性实现数据的长周期预测(结构如图 4.1.4-2 所示)，但如何将其良好地适配到大规模区域的多时段网络时空预测问题中还有待进一步研究。

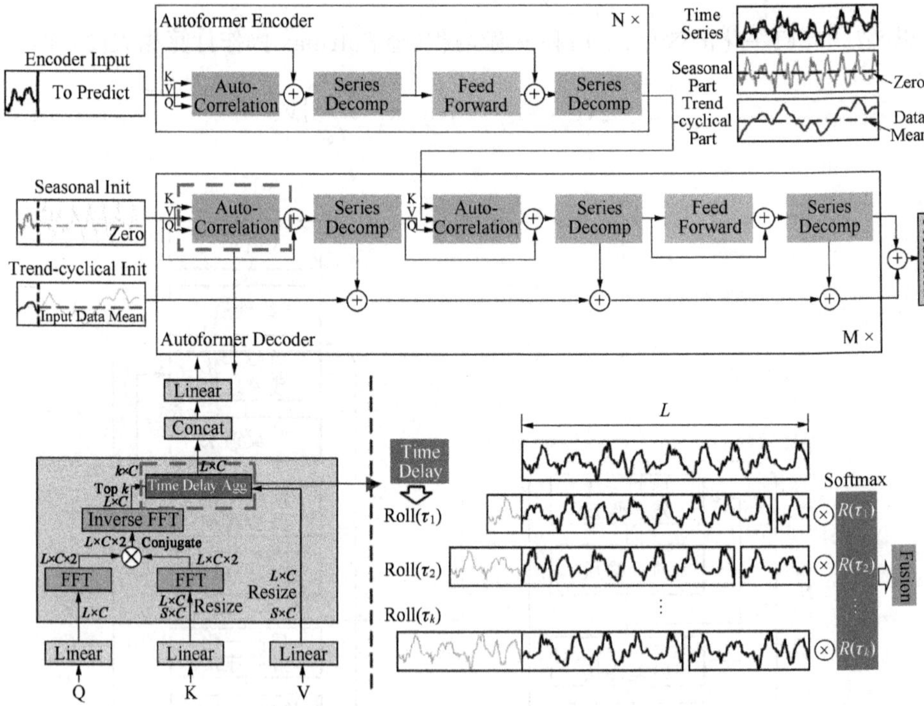

图 4.1.4-2　Autoformer 结构[19]

4.2　时空预测模型

传统的时间序列预测方法基本是将时空序列看作多个时间序列来处理,很难捕捉序列的空间相关性。然而真实世界的复杂网络不只存在节点上的时序动态演变,海量节点之间还存在相互作用的空间依赖性,因而着眼于时空数据序列预测研究更能描述现实中的智能系统(交通、电网、天气)等的模式。

时空数据序列按照数据类型又可以分为欧式结构时空数据和图结构时空数据。其中,欧式时空数据是一种结构化数据,如图片、文本等对齐信息都属于欧式结构数据,又如智能系统中按网格划分的降雨、天气等系统也属于欧式结构数据。欧式结构时空数据预测按照其实现的方法分为基于传统机器学习的方法、基于卷积神经网络的方法和自编码器方法。

4.2.1　欧式结构数据时空预测

(1) 传统机器学习方法

支持向量机是一种经典的有监督机器学习方法,它通过核函数将原本非线性的数据映射到高维空间内使其线性可分，因此可以很好地解决非线性、高维度等问题。而支持向量机回归(Support Vector Regression, SVR)与线性回归不同的是它在线性函数两侧设置了隔离带，对所有隔离带内的样本计算损失，通过最小化间隔带的宽度和总数据误差损失来最优化模型。文献[20]在支持向量机的基础上提出了时空核函数，并设计了时空支持向量回归(Spatio-Temporal Support Vector Regression, STSVR)模型来解决时空序列预测问题。文献[21]应用隐马尔可夫模型，将时空序列模型问题转换为状态预测问题。

传统的机器学习方法虽然可以捕获时空数据中的非线性关系，但对挖掘时空数据中的复杂时空关系却能力有限，需要精准的特征工程支撑，在长期预测任务上效果不佳，也很难适应大规模的时空数据集。

(2) 卷积神经网络(CNN)

CNN[22,23]是一种已经成功应用于计算机视觉、信号处理等各领域的神经网络。除了输入层和输出层之外，CNN 架构还包括隐藏层，例如卷积层、池化层或全连接层。卷积层将输入特征与不同的卷积核(或过滤器)进行卷积(这些卷积核是通过训练过程学习的值的权重集)，以产生输出特征。通常在卷积层之后应用的池化层对该层的输入进行子采样，比如对矩阵中的相邻值应用最大操作，以获得由最突出的特征组成的较小矩阵。与传统前馈神经网络中两相邻层之间通过全连接方式连接不同，CNN 中的卷积层通过滑动卷积核与局部元素连接。通过这种局部连接，输出神经元仅连接到它们对应位置附近的部分输入神经元，因此模型可以捕获输入矩阵的局部空间特征(参见图 4.2.1-1)。

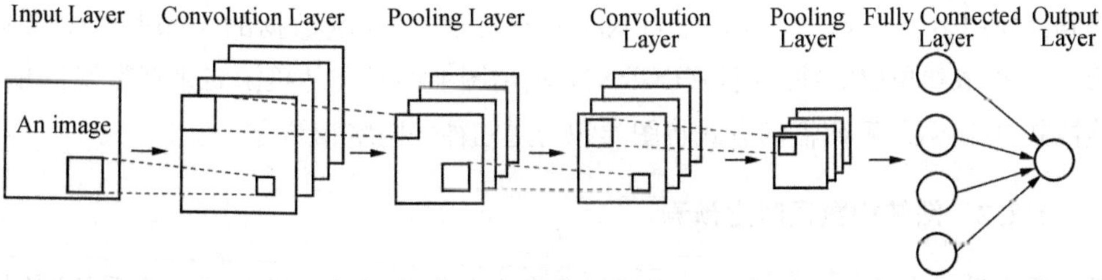

图 4.2.1-1　卷积神经网络(CNN)示意图

由于卷积神经网络(CNN)强大的特征提取能力，被广泛应用于时空序列预测的空间域的相关性建模[24-26]。通过将不规则的网络拓扑转换为规则格网，CNN 还被应用于空间要素的提取[27,28]，然而这种网格转换导致不规则的网络固有拓扑信息的丢失。此后，基于卷积神经网络(CNN)和递归神经网络(RNN)结合的时空特征提取方法开始兴起。文献[29]提出一种扩散卷积循环神经网络模型，该模型分别使用扩散卷积和循环神经网络在有向图上建模空间和时间特征。卷积长短期记忆网络(ConvLSTM)[30]作为 LSTM 的一种变体,其用卷积算子替换全连接层算子,使得它在输入到隐藏状态以及与各个门控结构之间的转换都具有卷积操作,从而 ConvLSTM 不仅能够提取时间特征,通过卷积操作还可以有效地对空间信息进行特征提取。

CNN 提供了一个能有效处理欧几里得结构数据的框架,但它不能解决非欧几里得时空数据的复杂空间关系挖掘问题。由此可知,卷积神经网络和时间序列模型结合的框架对时空网络的复杂空间关系挖掘依旧不充分。

(3) 自编码器模型

自编码器模型是基于自编码器结构,可以设计时空序列预测的端到端模型,其中的编码器和解码器的架构可以分别基于对卷积神经网络、循环神经网络等基本框架的组合进行设计,实现对长期复杂时空特征的高效提取与预测。

文献[31]提出一种用于多步预测的端到端模型,该模型包含一个深度卷积的 LSTM 编码器-解码器架构。文献[32]设计了基于 ConvLSTM 和 BiGRU 的自动编码器结构,提出的网络模型结构主要包含编码器和解码器。其中,编码器由一层 ConvLSTM、一层激活函数 tanh 和一层 Dropout 函数堆叠在一起作为编码层,解码器由一层双向循环神经网络(BiGRU)、一层激活函数 tanh 和一层 Dropout 函数堆叠在一起作为解码层。基于雷达的深度生成模型(DGMR)是一种将 U-Net 模型和 GRU 模型应用于时空序列预测的模型,其中 U-Net 模型是由一系列卷积网络组成,较好地实现数据的时空特征提取压缩,卷积门控循环单元(ConvGRU)解码器使用多层 GRU 结构汇总 U-Net 时空特征,并实现数据的 step-by-step 预测[33]。扩散卷积递归神经网络(DCRNN)利用图上的双向随机游走来捕获空间依赖性并以编码器-解码器的方式将图卷积与递归神经网络相结合[34]。

4.2.2 图结构数据时空预测

现实世界中的时空数据的空间特征通常表现为节点具有复杂耦合关系的图网络结构,因而不能简单地被建模成标准的 2D 或 3D 网格数据。同时,现实世界中非规则分布的传感器采集到的数据经栅格化操作后由 CNN 进行特征处理,将会丢失系统固有的复杂网络拓扑信息。

图嵌入技术能较完整地保留图的结构信息,但它的局限性在于节点编码的权重无法共享,导致权重参数量随节点的增多而线性增大,不利于对具有大规模节点的网络进行建模。图神经网络(Graph Neural Networks, GNN)[35]的出现使深度学习的"余光"照耀到了非欧几里得地域。按照图结构时空数据的实现方法，图结构数据时空预测方法可以分为基于图神经网络的方法和基于时空预测模型的方法。

（1）图卷积神经网络（GCN）

为解决时空序列预测方法中空间信息特征提取的难题，2014年Bruna等人利用图的拉普拉斯矩阵提出了基于图拉普拉斯矩阵的第一代图卷积网络[36]，为空间特征的提取提供了新的方法。该网络结构为

$$H^{l+1}=\sigma(Ug_\theta U^{\mathrm{T}}H^l), \tag{4.2.2-1}$$

其中，U 是拉普拉斯矩阵的特征向量，H 为隐藏层，g 是需要训练的参数。

此后，Defferrard等人[37]对训练参数利用切比雪夫多项式进行改良，得到第二代图卷积网络。该网络结构为

$$g_\theta * x=\sum_{k=0}^{K}\theta_k T_k(\widetilde{L})x, \tag{4.2.2-2}$$

$$\widetilde{L}=\frac{2}{\lambda_{\max}}L-I_N, \tag{4.2.2-3}$$

其中，T_k 为切比雪夫多项式，$\widetilde{L}$ 为改进的拉普拉斯矩阵。在第二代图卷积网络中通过对切比雪夫多项式中 K 值的选取，在图数据中反映的是选取某个节点的 K 阶邻居来进行信息融合。

2017年，文献[38]将切比雪夫多项式参数化简得到第三代图卷积网络，极大简化了计算量。该网络结构为

$$H^{l+1}=f(H^l,A)=\sigma(\widehat{D}^{-\frac{1}{2}}\widehat{A}\widehat{D}^{-\frac{1}{2}}H^lW^l), \tag{4.2.2-4}$$

其中，$\widehat{A}$是改进的邻接矩阵，$\widehat{D}$是改进的度矩阵。

（2）基于GCN的时空预测模型

随着图卷积神经网络的提出，图卷积方法被逐步引入网络时空预测领域，图卷积与RNN相结合的预测框架逐渐成为网络时空预测模型的主流结构。

Zhao等人[39]提出一种基于融合图卷积神经网络和GRU的组合预测方法T-GCN，利用GCN挖掘复杂拓扑结构的空间作用关系。T-GCN模型在SZ-Taxi（包括了深圳市罗湖区道路之间的空间关系和每条道路上出租车速度随时间的变化）和Los-Loop数据集（美国洛杉矶县高速公路上的环路检测器实时收集到的交通速度数据）多个时间尺度（15分钟、30分钟、45分钟和60分钟）上的预测性能均优于基线方法。这些研究的结论都验证了基于GNN的架构比基于CNN的架构能获得更好的预测表现，说明GNN可更好提取时空数据的空间依赖性。

Li 等人[40]提出 DCGRU 方法。该方法结合扩散卷积与 GRU，采取 Encoder-Decoder 结构并利用 GCN 重新定义 GRU 过程，实现区域网络时空速度预测（如图 4.2.2－1 所示）。在 METR-LA 数据集（记录美国洛杉矶地区交通传感器的流量信息）上，15 分钟的 MAPE 低至 7.3%，30 分钟的 MAPE 为 8.8%，1 小时的 MAPE 低至 10.5%。DCGRU 方法效果稳定，具有广泛的应用价值，一度成为网络时空预测的基准模型之一

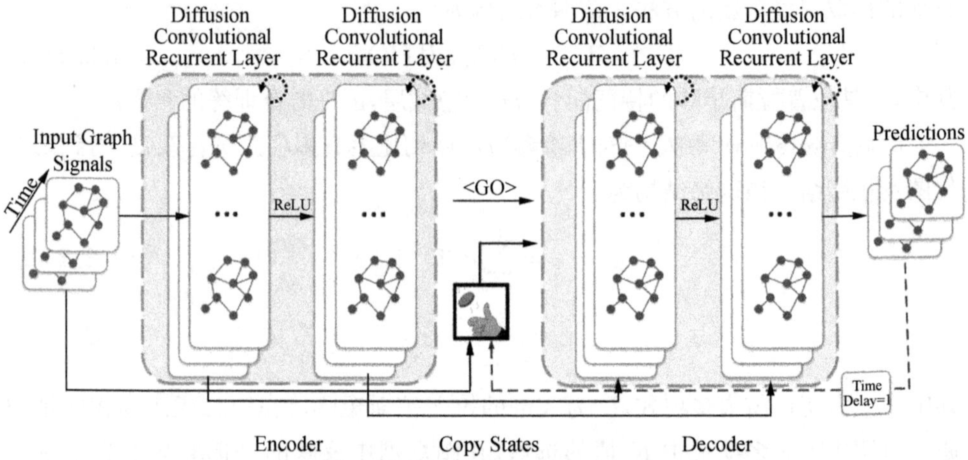

图 4.2.2－1　DCGRU 模型示意图[40]

2018 年，文献[41]将多个时空卷积块（ST-Block）组成 STGCN。STGCN 模型将空间特征提取和时间特征提取分开封装为 S 模块与 T 模块，每个卷积块包含两个门控顺序卷积层和一个空间图卷积层，通过串联 ST-Block 增加模型深度进行网络时空速度预测（如图 4.2.2－2 所示），在 PeMSD7-m 数据集（包含美国加利福尼亚州高速公路的交通流量数据）、Kinetics-Skeleton 数据集（基于骨架的动作识别数据集）、NTU-RGB+D 数据集（包括 RGB 视频、深度图序列、3D 骨架数据和红外视频的动作捕捉数据）取得显著的效果，目前仍是时空序列预测研究中常用的基准模型之一。在此基础上各种网络时空预测模型被提出，以时空特征提取为基础的网络时空预测方法成为主流方法。

文献[42]结合 LSTM 与 MGCN，利用多图 GCN 提取空间信息和 LSTM 处理时序特征，在纽约和芝加哥共享单车数据集测试中平均误差约为 4（辆）。文献[43]提出 ASTGCN，使用三个组件对时间序列上的近期、日周期、周期三个模式进行建模，每个组件使用 K 阶切比雪夫图卷积捕获空间关系，使用一维卷积捕获时间关系，在 K 阶切比雪夫多项式展开的图卷积内融入注意力机制来捕获空间动态

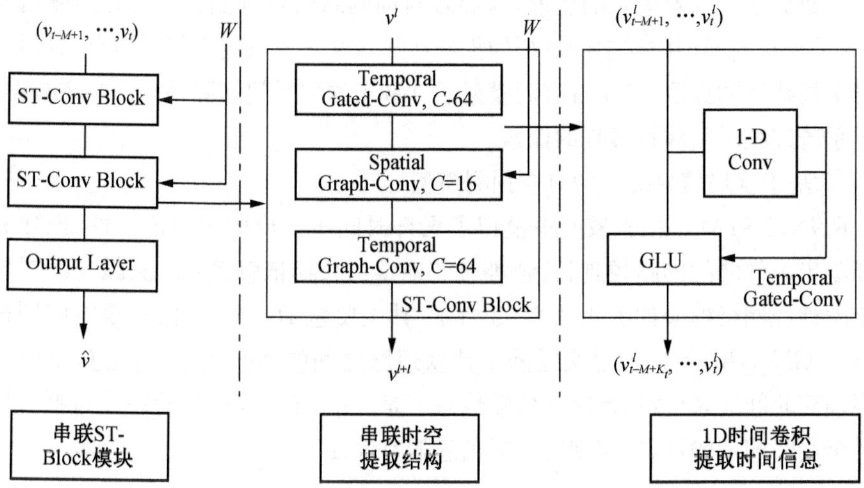

图 4.2.2－2　STGCN 模型示意图[41]

性，在时间维上使用注意力机制让模型动态地捕获时间关系。Zhang 等人[44]指出，MVSTGCN 在 PEMS 数据集上的表现优于 STGCN[44]。文献[45]利用图卷积，并结合 Sequence-to-Sequence（Seq2Seq）结构，获得对网络时空流速较好的长距离预测结果。STG2Seq 使用多门控图卷积模块和带有注意机制的 Seq2Seq 架构进行多步预测[46]。

文献[47]在 GCN-LSTM 的基础上提出一种新型的注意力机制，在 SCATS 数据集（一个用于交通管理的实时自适应交通控制系统的数据集合）上，60 分钟的长距离预测较其他算法有一定优势。文献[48]利用 GCN，LSTM 以及 GAN 的优势，并充分利用加权动态网络的动态、拓扑结构和演化模式改善时间链路预测性能，在多个数据集中相比其他方法，MSE 结果最优。

2019 年，文献[49]提出 GraphWaveNet，利用因果卷积和门控机制进行时序数据处理。GraphWaveNet 结合残差模型在 METR-LA 和 PEMS-Bay 数据集上取得了优于 STGCN 的效果。GraphWaveNet 运算效率高且效果稳定，逐步成为新的时空预测的基准模型。

（3）基于时空特征模式挖掘的优化预测模型

近年的网络时空预测模型多采用时空模块的设计方式对输入的流量数据进行提取、分析和预测，通常是将图神经网络和递归神经网络结合来建模时空关系，在时空模块内常用的组件有注意力机制、图神经网络、时域卷积。以 GNN 和 RNN 为基础的时空预测模型在网络时空预测中取得了较好的效果，但仍存在局限性：一是时序信息的提取往往使用递归神经网络（RNN）或时域卷积（TCN）的方法，缺乏对时序数据全局依赖关系的提取，这导致目前网络时空预测方法长时预测精度不佳；二是现有的模型中对空间特征的提取往往专注于节点周围邻居信息的提取，缺少对全局特征的提取；三是现有的模型通常基于均匀时间间隔采样的时空数据，缺少对系统连续时间演化过程的探索。

① 基于全局信息提取的时空预测模型

RNN，LSTM 等框架较好地模拟了局部时间步长内的时间依赖性，但随着输入和输出组件之间的路径越长，越难有效地学习长期依赖关系。文献[50]提出的时空图神经网络框架如图 4.2.2-3 所示，其主要包括三个组件：一是空间图神经网络(S-GNN)层，旨在通过交通网络捕获道路之间的空间关系；二是 GRU 层，按顺序捕获时间关系(或局部时间依赖性)；三是 Transformer 层，旨在直接捕获序列中的全局时间依赖性，以实现对全局信息的有效提取。

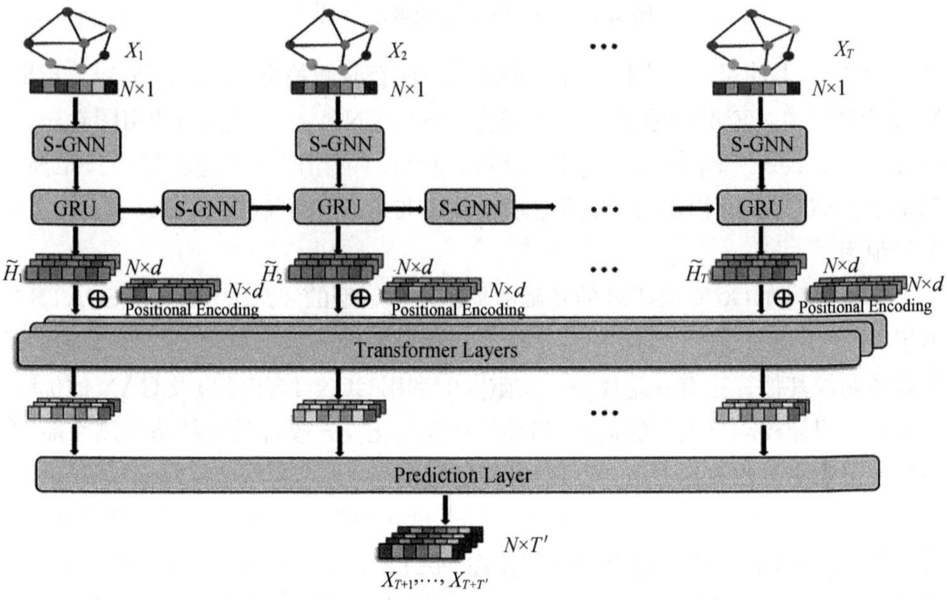

图 4.2.2-3 新型 STGNN 模型示意图[50]

文献[51]提出 STFGNN 架构，从改进图的表示形式的角度入手，提出基于 DTW 算法来动态地构建时间图，并将时间图与其他图进行融合来构建新的图表示，以解决之前研究中忽略空间距离遥远的节点可能共享相同的“时间模式”这一瓶颈问题，帮助模型捕获隐藏的时空特征，及利用门限扩散卷积模块综合考虑全局和局部之间的关系。通过对 Pyraformer 引入多尺度时间序列的连接，Liu 等人提出一种新的注意力机制来弥补长程依赖[52]。

② 基于动态时空特征提取的时空预测模型

现有的模型忽略了时序网络的动态变化，即复杂系统的时空模式会随时间发生改变，它们的空间相关性一旦训练就固定了(例如 GraphWaveNet 模型)。为更好地建模时空变化的动态性，图注意网络(GATs)被引入，强化了不同邻居节点的贡献，增强空间依赖关系的动态建模[53]。文献[54]利用 GAT 算法并结合 LSTM 获得模型 GaAN，该模型具有较好的迁移性。2019 年，ST-GRAT 模型通过 Self-Attention 机制提取空间信息和时序信息，摆脱了时序数据传统的 RNN 方法，在 METR-LA 数据集上的表现优于 STGCN，DCRNN，GaAN 等模型[55]。

GMAN 模型使用注意力机制搭建时空模块对时空特征进行差异化建模，有效融合了数据的时空信息[56]。然而，其使用的 k 个最近邻的预定义图拓扑的局部动态建模方式，在发现超出局部节点外的多尺度空间依赖关系的隐藏模式方面能力有限。

STTNs 模型通过动态建模随道路拓扑结构和时间步长变化的时空依赖关系，每个时空块由一个空间 Transformer 和一个时间 Transformer 组成，通过学习将每个节点的输入特征投影到高维潜在子空间的线性映射来捕获随时间变化的隐藏的空间相关性[57]。

③ 基于神经 ODE 的连续时间建模的时空预测模型

尽管针对时空序列预测问题的研究不断推进，但目前的研究都是基于传感器收集的大规模离散时空数据的建模与分析，对真实世界的复杂系统的连续时间演化过程的建模采用的是规则采样，即均匀时间间隔采样。若网络的时空模式发生切换现象，而现实中又难以观测到切换点何时发生了切换，如果基于离散时空数据建模，可能切换就发生在两个采样时间的中间时刻，这就意味着时变信息未被精准观察，因而基于均匀间隔的采样数据在挖掘时变的时空变换模式上存在瓶颈。

Chen 等人[58]提出一种新的神经网络范式，即通过参数化潜在状态的导数来推广离散深度神经网络，使得我们采用神经 ODE 模块对连续时间动态数据建模成为可能。最新的论文显示已有学习对 ODE 连续时间建模在交通流时空预测场景下进行了测试。例如，耦合图 ODE 利用基于神经 ODE 的 GNN 算法来学习网络中节点和边的耦合动力学，通过序列预测任务证明了方法的有效性[59]。文献[60]提出时空图神经控制微分方程(STG-NCDE)方法，设计了两个 NCDEs 分别对时间域与空间域进行建模，并将两者组合成一个单独的框架，实验表明模型在交通流量场景下预测性能实现了 SOTA(最优)。因此，时空预测课题未来的研究是将时空预测模型推广至不规则采样的连续时间中，实现对复杂网络的演化机理建模。

4.3 总结与展望

传统时空序列预测方法主要基于统计学原理，如 ARIMA 等传统方法基本是将时空序列看作多个时间序列来处理，很难捕捉空间的相关性，也难以挖掘出其中的非线性时空特征模式，预测效果均不及新型的神经网络方法。传统的机器学习算法开启了数据驱动方法处理序列预测问题的探索，摆脱了模型的影响，能捕捉时空序列中的非线性关系，但很难适应大规模的时空数据集。简单神经网络模型也较简单，短期时空序列预测精度良好，但不能汇总时序信息和空间信息，模型可解释性差。图卷积神经网络的出现解决了时空耦合数据中的空间信息特征提取难的问题，由此图卷积与时序深度学习模型（RNN 等）相结合的模式开始流行。其优点是采取单独的模块来捕获时间和空间关联性或采取单独的模块来捕获局部或全局的异质依赖，缺点在于将时空特征分开考虑，不能实现时空特征融合。注意到模型都忽略了时序网络的动态变化，研究人员又通过图注意网络（GATs）等方法实现对时空相关性的动态特征建模。相关模型总结如表 4.3-1 所示。

表 4.3-1　网络时空预测技术方案

方法	代表算法	优势	不足
经典统计算法	历史平均模型（HA）、时间序列模型（ARIMA）、Kalman 滤波模型	传统的统计学模型，可解释性强，运算速度快，可以对短期交通流进行预测	模型的建立依赖模型参数，对大规模数据缺乏处理能力，泛化能力差
FC-LSTM 模型	循环神经网络 RNN 及其变体 LSTM，GRU 和双向 GRU；Transformer，Autoformer	利用 LSTM 或 GRU 机制对数据的时序性进行提取，利用 FNN 对数据进行预测，对短期预测精度高	长时预测精度差，不能汇总空间信息，也不能提取时序信息的长时依赖性
传统机器学习算法	支持向量机（SVM）、向量机回归（STSVR）、隐马尔可夫（HMM）	开启了数据驱动方法处理序列预测问题的探索，摆脱了模型的影响，能捕捉时空序列中的非线性关系	需要精准的特征工程支撑，很难适应大规模的时空数据集
ST 时空的深度学习预测模型	ConvLSTM，STGCN，GraphWaveNet，DCGRU，ST-MGCN	对时空信息进行提取，能有效汇总时空信息，预测精度高	模型复杂，运算速度慢，不能对空间信息进行全局特征提取，不能提取时间信息长时依赖性
ST 时空特征模式挖掘的优化	图注意网络（GATs），GMAN，EvolveGCN，STFGNN，STTNs	通过对空间相关性的动态变化建模，对时间信息全局依赖性等方面进行优化来提升模型的性能	存在模型复杂、运算速度慢等问题，不能对连续数据进行建模

针对不同结构数据，时空模块建模存在以下几种基本方法：

（1）对于数据的时间维度特征，可以使用 RNN 类网络（如 LSTM 和 GRU）、时间卷积网络（TCN）或 Transformer 进行特征提取；

（2）对于数据的空间维度特征，可以使用图卷积类网络（如 GCN 和 GAT）或 Transformer 进行特征提取；

（3）对于长序列的全局特征，使用 Transformer 可以有效提取数据全局信息；

（4）对图结构时空数据，使用 ST-Block 方法可以有效融合数据的时空信息。

目前的时空序列预测还存在以下发展空间：

（1）提高时空预测算法的效率并将时空预测算法推广至大规模节点数据；

（2）提高时空预测模型的推断长度，减缓预测模型多步预测的衰减速度，实现时空长时预测；

（3）将时空预测模型推广至不规则采样的连续时间中，实现对复杂网络的演化机理建模。

参考文献

[1] Stephanedes Y J, Michalopoulos P G, Plum R A. Improved estimation of traffic flow for real-time control[J]. Transportation Research Record, 1981, 795: 28 - 29.

[2] Jeffery D J, Russam K, Robertson D I. Electronic route guidance by AUTOGUIDE: The research background[J]. Traffic Engineering & Control, 1987, 28(10): 525 - 529.

[3] Yule G U. On a method of investigating periodicities disturbed series, with special reference to Wolfer's sunspot numbers[J]. Philosophical Transactions of the Royal Society of London: Series A, Containing Papers of a Mathematical or Physical Character, 1927, 226(636 - 646): 267 - 298.

[4] Walker G T. On periodicity in series of related terms[J]. Proceedings of the Royal Society of London: Series A, Containing Papers of a Mathematical and Physical Character, 1931, 131(818): 518 - 532.

[5] Box G E P, Pierce D A. Distribution of residual autocorrelations in autoregressive-integrated moving average time series models[J]. Journal of the A-

merican Statistical Association，1970，65(332)：1509－1526.

[6] Box G E P，Jenkins G M，Reinsel G C. Time Series Analysis：Forecasting and Control[M]. 2nd ed. Oakland：Holden-Day，1976.

[7] Ahmed M S，Cook A R. Analysis of freeway traffic time-series data by using Box-Jenkins techniques[J]. Transportation Research Record，1979，722：8－15.

[8] Hobeika A G，Kim C K. Traffic-flow-prediction systems based on upstream traffic[C]. Vehicle Navigation and Information Systems Conference，1994.

[9] Sims C A. Macroeconomics and reality[J]. Econometrica，1980，48(1)：1－48.

[10] Kalman R E. A new approach to linear filtering and prediction problems [J]. Journal of Basic Engineering，1960，82(1)：35－45.

[11] Rumelhart D E，McClelland J L. An interactive activation model of context effects in letter perception：II. The contextual enhancement effect and some tests and extensions of the model[J]. Psychological Review，1982，89(1)：60－94.

[12] Chin S M，Hwang H L，Miaou S P. Transportation demand forecasting with a computer-simulated neural network model[C]. International Conference on Artificial Intelligence Applications in Transportation Engineering，1992.

[13] Clark S D，Dougherty M S，Kirby H R. The use of neural networks and time series models for short-term traffic forecasting：A comparative study[C]. PTRC European Transport，Highways and Planning 21st Summer Annual Meeting，1993.

[14] Hochreiter S，Schmidhuber J. Long short-term memory[J]. Neural Computation，1997，9(8)：1735－1780.

[15] Fu R，Zhang Z，Li L. Using LSTM and GRU neural network methods for traffic flow prediction[C]. The 31st Youth Academic Annual Conference of Chinese Association of Automation (YAC)，2016.

[16] Mackenzie J，Roddick J F，Zito R. An evaluation of HTM and LSTM for short-term arterial traffic flow prediction[J]. IEEE Transactions on Intelligent Transportation Systems，2018，20(5)：1847－1857.

[17] Vaswani A，Shazeer N，Parmar N，et al. Attention is all you need[C]. Advances in Neural Information Processing Systems，2017.

[18] Li G，Zhong S，Chan G S H，et al. A lightweight and accurate spatial-

temporal transformer for traffic forecasting[C/OL]. arXiv: 2201. 00008,2022.

[19] Wu H, Xu J, Wang J, et al. Autoformer: Decomposition transformers with auto-correlation for long-term series forecasting[C/OL]. arXiv:2106. 13008, 2021.

[20] Wang S, Cao J, Yu P S. Deep learning for spatio-temporal data mining: A survey[J]. IEEE Transactions on Knowledge and Data Engineering, 2022, 34 (8):3681 - 3700.

[21] Eddy S R. Hidden Markov models[J]. Current Opinion in Structural Biology, 1996, 6(3): 361 - 365.

[22] Miao S, Wang Z J, Rui L. A CNN regression approach for real-time 2D/3D reg-istration[J]. IEEE Transactions on Medical Imaging, 2016, 35(5):1352 - 1363.

[23] Liu F, Lin G, Shen C. CRF learning with CNN features for image segmentation[J]. Pattern Recognition, 2015, 48(10):2983 - 2992.

[24] Gehring J, Auli M, Grangier D, et al. Convolutional sequence to sequence learning[C]. International Conference on Machine Learning, 2017.

[25] Krizhevsky A, Sutskever I, Hinton G E. ImageNet classification with deep convolutional neural networks[C]. Advances in Neural Information Processing Systems, 2012.

[26] Long J, Shelhamer E, Darrell T. Fully convolutional networks for semantic segmentation[C]. IEEE Conference on Computer Vision and Pattern Recognition, 2015.

[27] Zhang J, Zheng Y, Qi D. Deep spatio-temporal residual networks for citywide crowd flows prediction[C]. Thirty-first AAAI Conference on Artificial Intelligence, 2017.

[28] Zhang J, Zheng Y, Sun J, et al. Flow prediction in spatio-temporal networks based on multitask deep learning[J]. IEEE Transactions on Knowledge and Data Engineering, 2019, 32(3): 468 - 478.

[29] Li Y, Yu R, Shahabi C, et al. Diffusion convolutional recurrent neural network: Data-driven traffic forecasting[C]. International Conference on Learning Representations, 2018.

[30] Shi X, Chen Z, Wang H, et al. Convolutional LSTM network: A ma-

chine learning approach for precipitation nowcasting[C]. The 28th International Conference on Neural Information Processing Systems,2015.

[31] Essien A,Giannetti C. A deep learning model for smart manufacturing using convolutional LSTM neural network autoencoders[J]. IEEE Transactions on Industrial Informatics,2020,16(9): 6069 - 6078.

[32] 路强,滕进风,黎杰,等. 基于自动编码器的时间序列预测混合模型[J]. 计算机系统应用,2022,31(7):55 - 65.

[33] Ravuri S,Lenc K,Willson M,et al. Skilful precipitation nowcasting using deep generative models of radar[J]. Nature,2021,597(7878): 672 - 677.

[34] Li Y,Yu R,Shahabi C,et al. Diffusion convolutional recurrent neural network: Data-driven traffic forecasting[C/OL]. arXiv:1707. 01926,2017.

[35] Zhou J,Cui G,Hu S,et al. Graph neural networks: A review of methods and applications[J]. AI Open,2020,1: 57 - 81.

[36] Bruna J,Zaremba W,Szlam A,et al. Spectral networks and locally connected networks on graphs[C/OL]. arXiv:1312. 6203,2013.

[37] Defferrard M,Bresson X,Vandergheynst P. Convolutional neural networks on graphs with fast localized spectral filtering[C]. Advances in Neural Information Processing Systems,2016.

[38] Kipf T N,Welling M. Semi-supervised classification with graph convolutional networks[C]. International Conference on Learning Representations,2017.

[39] Zhao L,Song Y,Zhang C,et al. T-GCN:A temporal graph convolutional network for traffic prediction[J]. IEEE Transactions on Intelligent Transportation Systems,2019,21(9):3848 - 3858.

[40] Li Y,Yu R,Shahabi C,et al. Diffusion convolutional recurrent neural network: Data-driven traffic forecasting[C/OL]. arXiv:1707. 01926,2017.

[41] Yu B,Yin H,Zhu Z. Spatio-temporal graph convolutional networks: A deep learning framework for traffic forecasting[C/OL]. arXiv:1709. 04875,2017.

[42] Chai D,Wang L,Yang Q. Bike flow prediction with multi-graph convolutional networks[C]. The 26th ACM SIGSPATIAL International Conference on Advances in Geographic Information Systems,2018.

[43] Guo S,Lin Y,Feng N,et al. Attention based spatial-temporal graph

convolutional networks for traffic flow forecasting[C]. The AAAI Conference on Artificial Intelligence,2019.

[44] Zhang Z,Li M,Lin X,et al. Multistep speed prediction on traffic networks: A deep learning approach considering spatio-temporal dependencies[J]. Transportation Research Part C: Emerging Technologies,2019,105: 297 – 322.

[45] Bai L,Yao L,Kanhere S,et al. Stg2seq: Spatial-temporal graph to sequence model for multi-step passenger demand forecasting[C/OL]. arXiv:1905. 10069,2019.

[46] Do L N N,Vu H L,Vo B Q,et al. An effective spatial-temporal attention based neural network for traffic flow prediction[J]. Transportation Research Part C: Emerging Technologies,2019,108: 12 – 28.

[47] Lei K,Qin M,Bai B,et al. GCN-GAN: A non-linear temporal link prediction model for weighted dynamic networks[C]. IEEE Conference on Computer Communications,2019.

[48] Wang S,Zhang M,Miao H,et al. Multivariate correlation-aware spatio-temporal graph convolutional networks for multi-scale traffic prediction[J]. ACM Transactions on Intelligent Systems and Technology,2022,13(3): 1 – 22.

[49] Wu Z,Pan S,Long G,et al. Graph wavenet for deep spatial-temporal graph modeling[C/OL]. arXiv:1906. 00121,2019.

[50] Wang X, Ma Y, Wang Y,et al. Traffic flow prediction via spatial temporal graph neural network[C]. The Web Conference 2020,2020.

[51] Li M,Zhu Z. Spatial-temporal fusion graph neural networks for traffic flow forecasting[C/OL]. arXiv:2012. 09641,2020.

[52] Liu S,Yu H,Liao C,et al. Pyraformer: Low-complexity pyramidal attention for long-range time series modeling and forecasting[C]. International Conference on Learning Representations,2022.

[53] Veličković P,Cucurull G,Casanova A,et al. Graph attention networks [C/OL]. arXiv:1710. 10903,2017.

[54] Zhang J,Shi X,Xie J,et al. GaAN: Gated attention networks for learning on large and spatiotemporal graphs[C/OL]. arXiv:1803. 07294,2018.

[55] Park C,Lee C,Bahng H,et al. ST-GRAT: A spatio-temporal graph at-

tention network for traffic forecasting[C/OL]. arXiv:1911.13181,2019.

[56] Zheng C,Fan X,Wang C,et al. GMAN: A graph multi-attention network for traffic prediction[C]. The AAAI Conference on Artificial Intelligence,2020.

[57] Xu M,Dai W,Liu C,et al. Spatial-temporal transformer networks for traffic flow forecasting[C/OL]. arXiv:2001.02908,2020.

[58] Chen R T Q,Rubanova Y,Bettencourt J,et al. Neural ordinary differential equations[C/OL]. arXiv:1806.07366,2018.

[59] Liu Z,Shojaee P,Reddy C K. Graph-based Multi-ODE neural networks for spatio-temporal traffic forecasting[C/OL]. arXiv:2305.18687,2023.

[60] Choi J,Choi H,Hwang J,et al. Graph neural controlled differential equations for traffic forecasting[C]. The AAAI Conference on Artificial Intelligence,2022.

第 5 章　因果推断

在系统科学的研究中，揭示事物之间的因果关系是理解复杂系统行为的关键环节。复杂网络中的节点和边代表着系统中的个体与交互，而这些交互往往隐藏着深层的因果机制。传统的统计分析方法更多关注的是关联性而忽视了因果性，这导致在应对复杂系统中的动态行为时往往无法准确预测和干预。因果推断不仅能够揭示变量之间的直接作用机制，还能在干预和反事实分析中发挥重要作用。

近年来，随着大数据时代的到来和因果理论的逐渐完善，因果推断已经发展为一个跨学科的重要研究课题。本章主要阐述因果理论的基础知识以及一些研究进展，首先介绍因果推理领域有重要影响的结构化因果模型和潜在结果模型，分析二者之间的异同，并演示一般因果推断的过程；接着介绍因果关系发现方法，诸如基于约束的因果发现算法、基于评分的因果发现算法、基于函数因果模型的因果发现算法、基于时序的因果发现算法；最后总结因果推断在系统科学特别是智能系统与大数据中的意义和价值。本章结构如图 5－1 所示：

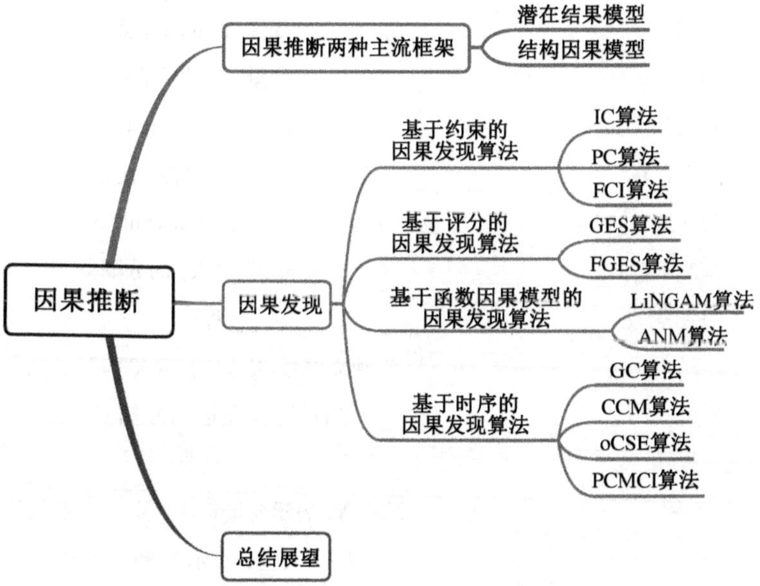

图 5－1　因果推断章节结构

本章使用的数学符号如表 5-1 所示。

表 5-1　数学符号

符号	含义
X_i	变量
X_i^t	变量 X_i 在 t 时刻
X	变量集合,$X=\{X_1,\cdots,X_n\}$
Y	结果变量
T	处理变量
f	函数
N	噪声
U	外因
P	概率
H	香农熵
S	集合
$\mathcal{G}$	通信图
$\mathrm{An}(X_i)$	变量 X_i 的祖先节点
$\mathrm{Pa}(X_i)$	变量 X_i 的父节点
$\mathrm{Ch}(X_i)$	变量 X_i 的子节点
$\mathrm{De}(X_i)$	变量 X_i 的子孙节点
$\mathrm{Ne}(X_i)$	变量 X_i 的邻居节点
$\mathrm{Sub}(X_i)$	全集除 X_i 外的集合的子集,$\mathrm{Sub}(X_i)\subseteq X\backslash\{X_i\}$
$\mathrm{Sep}(X_i,X_j)$	变量 X_i 和 X_j 的分隔集
$\mathrm{Scor}e$	评分
$\perp\!\!\!\perp$	独立符号,$X\perp\!\!\!\perp Y$ 表示 X 和 Y 独立
$X\perp\!\!\!\perp Y\|Z$	条件独立,给定 Z,X 和 Y 独立
$\varnothing$	空集
$\rightarrow$	$X_i\rightarrow X_j$ 表示变量 i 对变量 j 有因果影响
$\neg$	非,$\neg X\perp\!\!\!\perp Y$ 表示 X 和 Y 不独立
$\backslash$	除,$\mathrm{Pa}(X_i^t)\backslash\{X_j^{t-\tau}\}$表示从 $\mathrm{Pa}(X_i^t)$集合中去掉 $X_j^{t-\tau}$

5.1　因果推断的两种基本框架概述

因果推断在智能系统与大数据的发展中扮演着至关重要的角色，它为理解复杂系统中的因果机制、优化智能系统的行为提供了重要的方法论支持。随着大数据技术的快速发展，研究者和工程师们得以从海量的观测数据中提取信息，然而大数据本身只为我们提供了丰富的相关性，而非因果性。在进行因果推断时，最有效的方式往往是通过随机对照试验（Randomized Controlled Trial，RCT）。RCT 通过将参与者随机分配到对照组和实验组，控制无关变量，从而尽可能排除混杂因素的影响。需要指出的是，尽管 RCT 是一种理想的方法，它在现实中却面临诸多挑战，如成本高昂、无法招募足够数量的参与者、样本无法代表目标群体，以及可能涉及伦理问题等。此外，RCT 往往只能提供平均效果的估计，难以揭示个体层面的差异。因此，基于观察性数据进行因果推断成为了替代手段，其中最为著名的是潜在结果框架（Potential Outcome Framework，POF）和结构因果模型（Structural Causal Model，SCM）。

5.1.1　基于潜在结果框架的因果推断

潜在结果框架也被称为鲁宾因果模型（Rubin Causal Model，RCM），由哈佛大学著名统计学家 Donald B. Rubin 提出，是因果推断中最具影响力的理论之一[1]。POF 的核心思想是通过比较同一个体在不同干预状态下的潜在结果，从而推断干预对个体和总体的因果效应。POF 主要基于三大假设（见本书第 5.1.1.2 节），将观测数据的因果推断问题简化为相对理想的场景。而对于违反三大假设场景下的因果推断问题，POF 领域也有众多相关研究。POF 特别适用于评估不同干预对目标的影响，尤其是在生物学、经济学、互联网、医疗、政策评估、社会科学等领域。考虑到复杂网络科学对基于直观因果图的结构因果模型更为青睐，本书只对 POF 的基本概念和三大假设进行介绍。

5.1.1.1　潜在结果框架的基本概念

POF 由多种基本概念构成，包括单元、干预、协变量、潜在结果、观测结果、反事实结果、个体因果效应、平均因果效应和条件平均因果效应[1,2]。

定义 5.1.1－1（单元）　在 POF 中，研究的单个对象被称为单元。

单元可以是处于某一特定时间点的各种具体实体，例如一个人、一个机构、一家公司或一所学校等。在 POF 中,处于不同时间节点的同一实体可以被视为不同的单元。例如,一个人在不同时期的状态可以看作是不同的单元。当我们研究一个人群时,人群中的每个人都是一个独立的单元,被称为一个个体。

定义 5.1.1-2(干预)　干预是指在某个时间点对单元施加的一种操作。

在 POF 中,干预也常被称为处理。干预可以是任何形式的操作,干预的目标是引发某种结果,以便能够评估干预的效果。例如,医生让患有头痛的病人服用药物进行治疗,此时"服用药物"就是一种干预。此外,医生也可以让患者选择休息而不服用药物,这同样可以看作是一种干预。因此,"服用药物"与"不服用药物"构成二元干预。

定义 5.1.1-3(协变量)　在 POF 中,协变量是指研究单元的相关属性。

协变量的引入有助于控制混杂效应,从而更准确地估计干预措施的因果效应。例如,在评估某种药物对健康的影响时,患者的年龄、性别、既往病史等都可能影响治疗的效果,因此这些因素就被视为协变量。

定义 5.1.1-4(潜在结果)　考虑两个随机变量即处理变量 T 和结果变量 Y,在研究 T 对 Y 的因果效应时,单元 i 在 $T=t$ 下的潜在结果记为 Y_i^t,它代表了单元 i 在接受处理 $T=t$ 时的结果变量的值。

潜在结果的概念是 POF 的基础,也是衡量因果效应的基本单位。例如,如果处理变量 T 代表某种治疗手段,结果变量 Y 代表健康状况,那么潜在结果就是指在不同治疗手段下某个个体的健康状况如何变化。

定义 5.1.1-5(观测结果)　观测结果是指单元 i 在实际情境下所得到的结果,通常也被称为事实结果,用 Y_i^F 表示(有时也用 Y_i 表示),它代表了在某一特定处理下真实发生的结果。

定义 5.1.1-6(反事实结果)　反事实结果是指单元 i 在采取与观测结果不同的处理下所对应的结果,用 Y_i^{CF} 表示。

为更清晰地阐述潜在结果、观测结果和反事实结果之间的联系与区别,下面通过一个例子进行说明:在评估某种药物对健康的因果影响试验中,对于二元处理变量 $T\in\{0,1\}$,$T_i=1$ 代表个体 i 服用药物,$T_i=0$ 代表个体 i 不服用药物,此时在两种不同处理下的结果分别为 Y_i^1 和 Y_i^0,则 Y_i^1 和 Y_i^0 统称为潜在结果。如果个体 i 选择服用药物,我们能观测到 $T_i=1$ 下的潜在结果 Y_i^1,此时观测结果 $Y_i^F=Y_i^1$,而未被观测到的反事实结果 $Y_i^{CF}=Y_i^0$。

在 POF 中,每个个体 i 在多元处理下会有多个对应的潜在结果,但在现实中,我们只能观察到其中一个结果。这意味着,每个个体只能处于一种干预状态,因此只有对应于该干预状态的潜在结果会成为实际的观测结果。

定义 5.1.1-7(个体因果效应(Individual Causal Effect,ICE))　假设处理变量 $T\in\{0,1\}$,结果变量 $Y\in\mathbb{R}$。对于单元 i,ICE 定义为该单位在接受和不接受处理时两个潜在结果之间的差异。具体来说,ICE 可以表示为

$$\mathrm{ICE}_i=Y_i^1-Y_i^0. \tag{5.1.1-1}$$

这个差值表示了处理对该特定个体的影响,是因果效应最直接的衡量方式。ICE 又被称为个体处理效应(Individual Treatment Effect,ITE)。通过比较同一个体在两种处理状态下的结果差异,ICE 能够揭示干预对该个体的实际影响。然而,由于个体在某一时刻只能接受一种处理,我们通常无法同时观测到 Y_i^1 和 Y_i^0,因此个体因果效应在实践中往往是无法直接观测的。

定义 5.1.1-8(平均因果效应(Average Causal Effect,ACE))　平均因果效应是对整个群体的因果效应的平均值。它衡量的是干预对总体的平均影响,可以表示为所有个体因果效应的均值,即

$$\mathrm{ACE}=\mathbb{E}[Y_i^1-Y_i^0]. \tag{5.1.1-2}$$

ACE 表示如果对整个群体施加某种处理,其整体结果会有怎样的变化。ACE 又被称为平均处理效应(Average Treatment Effect,ATE)。在政策评估和社会科学研究中,ACE 是评估干预效果的重要指标,因为它揭示了干预在宏观层面的平均影响。

定义 5.1.1-9(条件平均因果效应(Conditional Average Causal Effect,CACE))　条件平均因果效应表示在协变量取值为 $X=x$ 的特定子集上的平均因果效应。它描述了对于特定条件下的群体干预的平均效果如何,可表示为

$$\mathrm{CACE}(x)=\mathbb{E}[Y^1-Y^0\mid X=x]. \tag{5.1.1-3}$$

CACE 是对特定特征子群体的因果效应的期望。CACE 又被称为条件平均处理效应(Conditional Average Treatment Effect,CATE)。实践中,CACE 在个性化医疗和精准治疗中表现得尤为重要。例如,医生可能想知道某种药物对特定年龄段患者的平均治疗效果,以便为患者提供更为个性化的治疗方案。

5.1.1.2　潜在结果框架的三大假设

在 POF 中,为了确保我们能够准确地估计上述因果指标,研究者们通常依赖一些基本的假设,包括一致性假设、个体处理稳定性假设和强可忽略性假设,它们为 POF 的推断提供了理论基础[1,3]。

定义 5.1.1-10(一致性假设)　当处理变量 T 取某个特定值 t 时,观测结果 Y

与该处理状态下的潜在结果 Y^t 相等，即当 $T=t$ 时，有 $Y=Y^t$。

一致性假设指出，在某个处理条件下的潜在结果就是实际观测到的结果。这一假设看起来是直观的，因为因果效应的定义基于潜在结果，而在实际试验中我们只能收集到观测结果。但是，在考虑群体因果效应时，一致性假设可能会受到其他因素的影响。例如，在群体内部可能存在个体之间的相互影响，这会导致观测结果不完全等同于潜在结果。此外，处理组中个体可能接受不同的处理方式，从而出现不同的潜在结果。为了排除这些干扰因素，需要引入个体处理稳定性假设。

定义 5.1.1－11（个体处理稳定性假设（Stable Unit Treatment Value Assumption，SUTVA）） SUTVA 包含两个部分，即明确的处理变量取值和没有干扰。

(1) 明确的处理变量取值：每个单元在相同的处理状态下，其处理变量的取值应该具有相同的定义和效果。即处理变量必须清晰且一致，以确保处理对所有个体的含义相同。

(2) 没有干扰：每个个体的潜在结果只受自身处理状态的影响，而不受其他个体的处理状态的干扰。即一个个体在某一处理状态下的结果不会因为其他个体接受了不同的处理而发生变化。

下面同样以评估某种药物对健康的影响为例说明上述假设含义。明确的处理变量取值假设指：当个体 i 选择服用药物 $T_i=1$ 时，不会出现服用药物类型不同而导致的潜在结果 Y_i^1 取值不同的情况。该假设避免处理变量的定义含糊不清而导致对因果效应的误解和错误估计。没有干扰假设指：个体 i 服用药物后的结果 Y_i^1 不会受个体 j 是否服用药物影响。在现实生活中，没有干扰假设往往是一种对复杂现实的简化。在一些复杂的社会互动和经济行为中，个体之间的相互影响是普遍存在的。例如，个体 j 是否服用药物可能会对 Y_i^1 产生某种心理作用。在涉及这种相互作用的情境中，需要特别小心地评估假设的适用性。尽管没有干扰假设在很多情况下难以完全成立，但它是确保因果推断简化和分析的基础之一。

定义 5.1.1－12（强可忽略性假设） 强可忽略性假设包含可忽略性假设和正值性假设。

(1) 可忽略性假设：以二元处理变量为例，在给定所有观测到的协变量 X 的条件下，潜在结果与处理变量相互独立，即 $Y^1, Y^0 \perp\!\!\!\perp T \mid X$。

(2) 正值性假设：在任何可能的协变量取值下，个体都有可能被分配到处理组或对照组（以二元处理变量为例，$T=1$ 表示处理组，$T=0$ 表示对照组），即

$$P(T=1 \mid X=x) \in (0,1), \quad \text{对任意 } x.$$

可忽略性假设确保我们可以通过控制协变量 X 来消除处理组和对照组之间的差异，使得它们在统计上具有可比性。这一假设的合理性直接影响因果效应估计的准确性，特别是在使用观测性数据时，可忽略性假设提供了因果效应识别的基础。正值性假设确保在每种协变量取值条件下，处理组和对照组都有一定数量的个体，这样才能进行有效的比较。如果处理变量的分配完全被协变量 X 所决定，比如 $P(T=1|X=x)=1$，那么对于 $X=x$ 的个体，我们将无法找到合适的对照组，从而无法进行因果推断。因此，正值性假设是实现因果识别的重要条件之一，确保了处理组和对照组之间有足够的可比性。

5.1.2　基于结构因果模型的因果推断

结构因果模型(Structural Causal Model, SCM)由图灵奖获得者朱迪亚·珀尔(Judea Pearl)提出，是贝叶斯网络的延伸和发展[1]。SCM 通过因果图和结构化方程来描述和量化因果关系，其中因果图是对因果关系的图形化描述，结构化方程是对因果关系的定量表达。通常使用有向无环图(Directed Acyclic Graph，DAG)来构建因果图，因果图中的节点代表变量，有向边则表示变量之间的因果影响。结构因果模型的核心在于从观测数据中学习准确的因果图，即因果发现，进而支撑进行准确的因果推断。下面对 SCM 的基本概念、干预推断和反事实推断进行介绍。

5.1.2.1　结构因果模型基本概念

结构因果模型的基本概念主要包括因果关系之梯、因果图和结构方程组。

因果关系之梯[4]是 Judea Pearl 提出的一种分类法(也可以称为框架)，该分类法回答了“因果推理主体可以做什么”这一问题。该问题的另一种表述是“相较于不具备因果模型的生物，拥有因果模型的生物能推算出什么前者推算不出的东西”。这种分类法的好处在于，它绕过了关于因果论究竟为何物的漫长而徒劳的讨论，聚焦于具体的可回答的问题。因果关系之梯(如图 5.1.2－1 所示)包括三个层级，即关联、干预和反事实，分别对应逐级复杂的因果问题。

第一层级的梯子是关联层。第一层上对应的生物是机器人和动物，它们通过关联进行学习，能够做的就是基于被动观察进行预测。Pearl 认为，目前为止大部分的机器学习进展都还是在这一层级。在该层级上，问题都是基于相关性的，比如：“我的肺部有很多焦油沉积，我未来患肺癌的概率是多少？”

第二层级的梯子是干预层。第二层上对应的生物是原始人类和婴儿，他们学会了有意图地去使用工具，对周遭环境进行干预。这一层级开始涉及对现实世界的干预，并预测干预结果，比如：“我现在已经吸烟三年了，如果我现在戒烟，我还会患肺癌吗？”

第三层级的梯子是反事实层。第三层上对应的生物是有较高智慧的人类，他们拥有反思的能力，能够在大脑中将真实的世界与虚构的世界进行对比。这一层级就是要构建一个虚拟世界，并与现在进行对比，问题的答案就是对比的结果，比如："如果过去的三年我都没有吸烟，现在我还会患肺癌吗？"

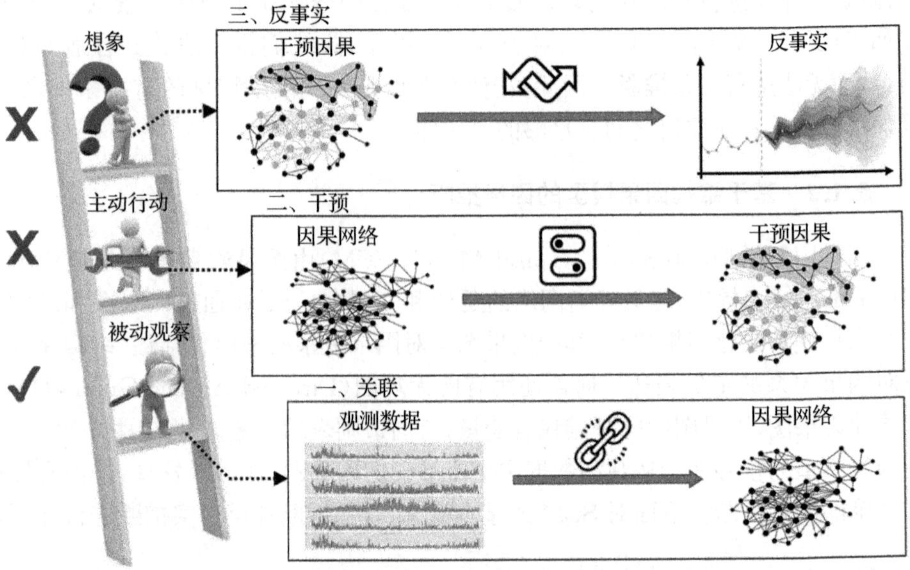

图 5.1.2－1　因果关系之梯

SCM 是一种用于描述随机变量之间因果关系的数学工具，它通常由两部分组成，即因果图和结构方程组。这两部分协同作用，帮助我们理解系统中变量之间的因果结构，进行因果推断。

因果图通过图形化的方式为我们提供了一种简洁明了的方法来描述变量之间的因果依赖。下面给出因果图的定义。

定义 5.1.2－1（因果图）　一个因果图$\mathcal{G}=(V,\varepsilon)$是一个 DAG，其中 V 和 ε 分别代表节点和边的集合。在因果图中，每个节点表示一个随机变量，节点之间的有向边表示变量之间的因果关系（如有向边 $X\rightarrow Y$ 表示 X 是 Y 的原因）。

因果图可以看作是贝叶斯网络的一种特殊形式。在贝叶斯网络中，节点之间的边表示条件概率关系（相关性），而在因果图中，边表示明确的因果关系，而不仅仅是统计相关性。

SCM 中另一重要组成部分是结构方程组，也称为结构方程模型（Structural Equation Model，SEM）。SEM 是一个用数学方程表示的系统，它描述了因果图中的每个随机变量如何由其父变量和噪声项生成。例如，对于如图 5.1.2－2 所示因果

图，可以写出因果图所对应的 SEM 为

$$X=f_X(U_X), \quad T=f_T(X,U_T), \quad Y=f_Y(X,T,U_Y), \tag{5.1.2-1}$$

其中，f_X，f_T 和 f_Y 分别是生成 X，T 和 Y 的函数；U_X，U_T 和 U_Y 分别是生成 X，T 和 Y 的噪声项。每个方程都可以用来描述某个随机变量的生成过程，方程的左侧是生成的变量，右侧则是描述生成过程的机制。需要注意的是，这里并不会对函数 f_X，f_T 和 f_Y 的具体形式做任何限制，它们可以是线性的，也可以是非线性的，这使得 SCM 具有高度的灵活性，能够适应不同类型的数据和因果结构。

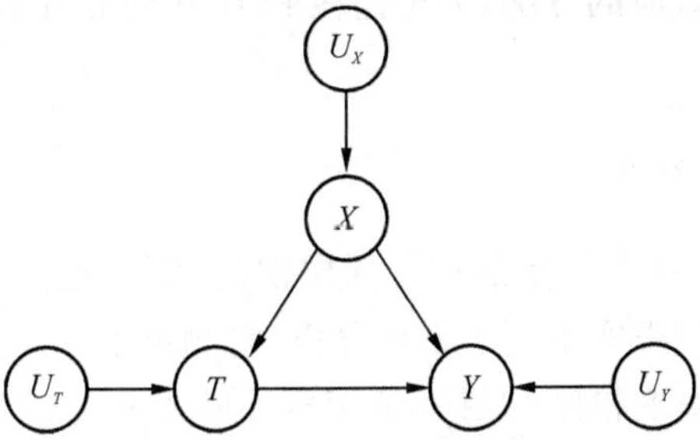

图 5.1.2-2 一种典型的因果图

5.1.2.2 干预推断

在 SCM 中，干预是定义因果效应的基础。为了准确地描述干预行为及其后果，do 算子被引入作为一种特殊的表示方法。例如

$$P(Y \mid \mathrm{do}(T=t)), \tag{5.1.2-2}$$

其中，$\mathrm{do}(T=t)$表示强制将处理变量 T 设置为某个特定值 t，而不再让它受到因果图中父变量的影响。在这种情况下，我们通过人为干预来控制 T 的值，并观察这种干预对结果变量 Y 的影响。

干预分布 $P(Y \mid \mathrm{do}(T=t))$ 与通常的条件概率分布 $P(Y \mid T=t)$ 有很大的区别，后者是在给定 $T=t$ 时计算 Y 的概率，但 T 仍然受其他变量的自然影响。

在因果图中，干预变量通过移除它与父变量间的连线来表示。例如，在图 5.1.2-2 中，变量 T 受到 X 的影响，当对 T 进行干预$\mathrm{do}(T=t)$时，移除了从 X 到 T 的有向边，干预$\mathrm{do}(T=t)$下的因果图如图 5.1.2-3 所示。干预下的 SEM 为

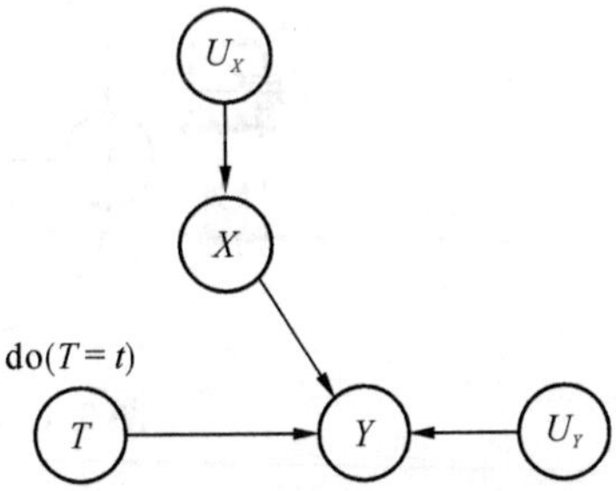

图 5.1.2-3 干预下的因果图

$$X=f_X(U_X), \quad T=t, \quad Y=f_Y(X,T=t,U_Y). \tag{5.1.2-3}$$

在 SCM 中,可以通过 do 算子对 POF 中的因果指标进行刻画:

$$\text{ATE}=\mathbb{E}[Y|\text{do}(T=1)]-\mathbb{E}[Y|\text{do}(T=0)], \tag{5.1.2-4}$$

$$\text{CATE}(x)=\mathbb{E}[Y|\text{do}(T=1),X=x]-\mathbb{E}[Y|\text{do}(T=0),X=x]. \tag{5.1.2-5}$$

在 SCM 中,do 算子的引入使我们能够定义和表示外部干预下的因果效应,但这些效应无法直接从观测性数据中得到。因果推断的核心挑战之一就是如何利用观测性数据来估计带有 do 算子的因果量,进而揭示变量之间的因果关系。对于从观测数据中计算因果效应的方法,无论是在 POF 中还是在 SCM 中已有大量研究,在此不作赘述。

5.1.2.3 反事实推断

反事实推断是 SCM 中最复杂和最深层次的部分,也是 Judea Pearl 提出的因果关系的最高层级。反事实不同于干预分析,它侧重于个体层面的因果推断,而不是群体平均效果。反事实推断的目标是探索那些未实际发生的情境,即我们无法通过直接观测到的数据而得知的情况。这涉及对一个与过去完全相同背景的假想场景进行推断,并分析在该场景下不同选择的结果。反事实推断对于科学研究和决策制定具有极高的价值,尤其是在评估决策的长期影响、了解某个特定政策或行动的潜在替代方案等方面。

下面通过一个例子来说明反事实推断的思想。假设有 X,H,Y 三个变量,其中 X 表示课外辅导时间,H 表示家庭作业量,Y 表示考试成绩[5]。我们可以用以下的 SEM 和因果图(如图 5.1.2-4 所示)来表示它们的关系:

$$X=U_X,\quad H=aX+U_H,\quad Y=bX+cH+U_Y. \tag{5.1.2-6}$$

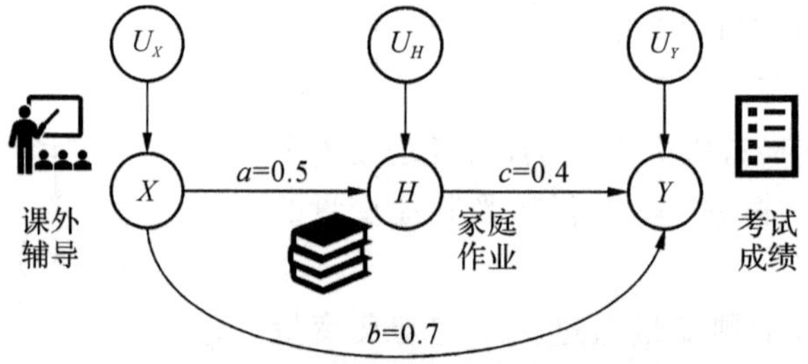

图 5.1.2-4 学生考试成绩影响的因果图

假设此处 U_X,U_H 和 U_Y 是相互独立的,通过从数据中学习,可以估计得到参数 $a=0.5,b=0.7,c=0.4$。对于学生 i,我们观测到 $X=0.5,H=1,Y=1.5$。现在考虑问题:假如他的家庭作业量翻倍($H=2$),他的考试成绩会如何变化?

首先基于估计参数和观测到的数据，可以计算出

$$U_X=0.5,\quad U_H=0.75,\quad U_Y=0.75.$$

随后基于干预后因果图（如图 5.1.2-5 所示），计算得到反事实下的考试成绩：

$$Y_{H=2}(U_X=0.5,U_H=0.75,U_Y=0.75)=0.5\times0.7+2\times0.4+0.75=1.90.$$

最终结论是：当家庭作业量翻倍后，学生 i 的考试成绩会从 1.5 提高到 1.9。

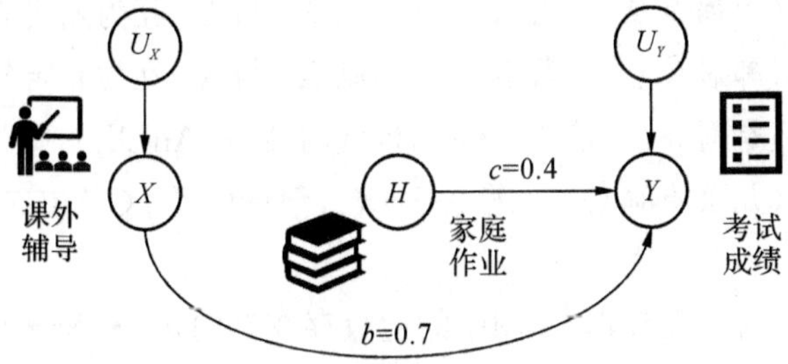

图 5.1.2-5　干预后的学生考试成绩影响的因果图

以上只是一个简单和理想化的反事实推断的例子。实际中，我们无法有效计算所有外生变量取值，且无法通过传统的概率公式来直接计算这些未观测到的策略对应的结果，因为传统的贝叶斯网络和概率推理主要用于处理群体级别的统计关联，无法很好地捕捉个体的特异性。而且，对于那些从未观测到的选择，它们的概率分布并不存在于现实数据中，这使得我们无法从观测数据中解决反事实推断问题。更多关于因果推断的介绍详见 https://github.com/huiyang-yi/Awesome-Causality-and-ML-Papers。

5.2　因果发现

随着大数据的爆发式增长，系统中的海量数据提供了挖掘因果关系的丰富资源。然而，如何从这些复杂数据中有效地发现因果结构，仍然面临诸多挑战。智能系统的优化与决策依赖于因果发现的准确性，通过因果网络可以提高系统的预测能力，增强对未知因素的应对，并为未来的智能决策提供坚实的理论依据。因此，因果发现在复杂网络分析、智能系统与大数据应用中具有不可替代的重要性。

20 世纪 80 年代以来，Pearl，Spirtes 等学者在概率图模型基础上加入因果关系解释来构建因果网络，其任务便是因果发现。因果关系发现主要是在数据中发现因果网络，经典算法是基于约束的因果发现方法，除此之外还有基于评分的因果发现算法，但因为要遍历候选图，这类算法往往复杂度较高。此外，通过假定因果发现模型中的变量关系，又诞生了基于函数因果模型的因果发现算法。金融应用中

经常会有时间序列数据，Granger 最先提出了基于时间序列数据的格兰杰因果发现算法。这四类算法是因果发现算法的核心部分。

下面列出因果发现中常用的名词定义、假设、定(引)理、规则等。

定义 5.2-1(父节点) 若 $X_i \to X_j$，则 X_i 是 X_j 的父节点。

定义 5.2-2(子节点) 若 $X_i \to X_j$，则 X_j 是 X_i 的子节点。

定义 5.2-3(配偶节点) 若 $X_i \leftrightarrow X_j$，则 X_i 与 X_j 互为配偶节点。

定义 5.2-4(邻居节点) 若 $X_i - X_j$，则 X_i 与 X_j 互为邻居节点。

定义 5.2-5(有向环) 若 $X_i \to X_j$，但同时 $X_j \in \mathrm{An}(X_i)$，则为有向环。

定义 5.2-6(几乎有向环) 若 $X_i \leftrightarrow X_j$，但同时 $X_j \in \mathrm{An}(X_i)$，则为几乎有向环。

定义 5.2-7(有向无环图) 图中的边只存在有向边(←和→)，并且图中没有环路。

定义 5.2-8(链式结构) 形如 $X_i \to X_j \to X_k$ 和 $X_i \leftarrow X_j \leftarrow X_k$。

定义 5.2-9(叉式结构) 形如 $X_i \leftarrow X_j \to X_k$。

定义 5.2-10(对撞结构) 形如 $X_i \to X_j \leftarrow X_k$，又名 V 结构。

定义 5.2-11(中介变量) 形如 $X_i \to X_j \to X_k$ 和 $X_i \leftarrow X_j \leftarrow X_k$ 的 X_j 就是中介变量。

定义 5.2-12(混杂因子) 形如 $X_i \leftarrow X_j \to X_k$ 的 X_j 是混杂因子，即共同原因。

定义 5.2-13(对撞因子) 形如 $X_i \to X_j \leftarrow X_k$ 的 X_j 是对撞因子。

定义 5.2-14(无向图) 图中的边只存在无向边(—)。

定义 5.2-15(有向图) 图中的边只存在有向边(←和→)。

定义 5.2-16(混合图) 图中的边存在无向边(—)、有向边(←和→)和双向边(↔)三种情况。

定义 5.2-17(祖先图) 若混合图不存在有向环和几乎有向环，且对于任意无向边 $X_i - X_j$，节点 X_i 和 X_j 不存在父节点和配偶节点，则称为祖先图。

定义 5.2-18(最大祖先图) 若对祖先图中任意不相邻的节点 X_i 和 X_j 存在集合 S，使得给定 S，X_i 和 X_j 是 m-分隔的，则该图为最大祖先图。

定义 5.2-19(部分祖先图) 部分祖先图是最大祖先图，且其边只有三种情况，即—，>和 o，组合起来即有—，→，←，↔，o→，o—o 这几种情况。

定义 5.2-20(潜在 d-分隔集 $\mathrm{PDSep}(X_i, X_j)$) 对于只有 o—o，o→，↔的部分祖先图，则 $X_k \in \mathrm{PDSep}(X_i, X_j)$ 当且仅当满足 X_i 和 X_k 之间的路径，这条路径

上的每个子路径$<X_a,X_b,X_c>$中 X_b 是对撞节点，或者该子路径是三角结构，且满足 X_b 是在 X_i 和 X_j 的某条路径上。

定义 5.2－21(d-分隔)　d-分隔以符号形式描述变量之间的独立性关系。若存在变量集 $\text{Sub}(X_i,X_j)\subseteq X\backslash\{X_i,X_j\}$，且节点 X_i 和 X_j 之间存在通路，当通路满足以下任意一个条件时，记为 $\text{Sep}(X_i,X_j)$ d-分隔节点 X_i 和 X_j，即该通路阻断了 X_i 和 X_j 之间的所有通路：

(1) 如果该通路包含链式结构 $X_i\rightarrow X_k\rightarrow X_j$ 或叉式结构 $X_i\leftarrow X_k\rightarrow X_j$，并且 $X_k\in\text{Sep}(X_i,X_j)$；

(2) 如果该通路包含对撞结构 $X_i\rightarrow X_k\leftarrow X_j$，并且 X_k 和 $\text{De}(X_k)$都不属于$\text{Sep}(X_i,X_j)$。

定义 5.2－22(m-分隔)　m-分隔以符号形式描述祖先图中变量之间的独立性关系。若存在变量集 $\text{Sub}(X_i,X_j)\subseteq X\backslash\{X_i,X_j\}$，且节点 X_i 和 X_j 之间存在通路，当通路满足以下任意一个条件时，记为 $\text{Sep}(X_i,X_j)$ m-分隔节点 X_i 和 X_j，即该通路阻断了 X_i 和 X_j 之间的所有通路：

(1) 如果该通路包含路径 $X_i-X_k-X_j$，并且 $X_k\in\text{Sep}(X_i,X_j)$；

(2) 如果该通路包含对撞结构 $X_i *\!\rightarrow X_k\leftarrow\!* X_j$，并且 X_k 和 $\text{De}(X_k)$都不属于 $\text{Sep}(X_i,X_j)$。

假设 5.2－1(因果充分性假设)　不存在未观测到的混淆变量，即变量集 X 中任意两个变量的直接原因都在该集合中。

假设 5.2－2(忠实性假设)　给定变量集 X，变量 X_i 和 X_j 相互独立或条件独立，那么若因果网络 $\mathcal{G}$ 中 X_i 和 X_j 之间的路径被子集 $\text{Sub}\subseteq X$ d-分隔，则变量联合分布对于图 $\mathcal{G}$ 是忠实的。

假设 5.2－3(因果马尔可夫假设，简称马尔可夫假设)　给定图 $\mathcal{G}$ 及所有节点的联合概率分布 P，如果在图 $\mathcal{G}$ 中 X_i 和 X_j 被分隔集 Sep d-分隔，即能对应于数据中的条件独立性 $X_iX_j|\text{Sep}$，则图 $\mathcal{G}$ 对于数据分布 P 是马尔可夫的，即图能表示数据中的独立性。

定理 5.2－1(存在有向边则不条件独立)　根据忠实性假设，若 DAG 中变量 X_i 和 X_j 之间存在有向边，则给定任意一个集合 $S\subseteq X\backslash\{X_i,X_j\}$，有$\neg X_i\perp\!\!\!\perp X_j|S$。

定理 5.2－2　根据忠实性假设，当 DAG 中变量

$$\{X_i,X_j\}\subseteq\text{Pa}(X_k)\cup\text{Ch}(X_k),$$

而且存在集合 $S\subseteq X\backslash\{X_i,X_j\}$，使得$\neg X_i\perp\!\!\!\perp X_j|S$，若 $X_k\notin S$，则 $X_i\rightarrow X_k\leftarrow X_j$。

定理 5.2－3(Darmois-Skitovitch 定理，又称斯基托维奇定理)　定义两个随机

变量 y_1 和 y_2 是相互独立的随机变量 $s_i(i=1,2,\cdots,q)$ 的线性组合，即

$$y_1=\sum_{i=1}^{q}\alpha_i s_i,\quad y_2=\sum_{i=1}^{q}\beta_i s_i,$$

若 $y_1 \perp\!\!\!\perp y_2$，且系数不为 0，则 $s_i(i=1,2,\cdots,q)$ 服从高斯分布。

定理 5.2-4（Takens 定理，又称延迟嵌入定理） 如果有一个光滑的动态系统，并从中测量一个变量，那么通过将这个变量在不同时间点的值组成向量（通过时间延迟嵌入），就有可能在一个高维空间中重构出与原系统动力学等价的相空间。

引理 5.2-1 在数据完全遵循 LiNGAM 模型的假设条件下，可以通过执行两个变量间的回归分析，然后对得到的残差进行独立性检验，以此来识别模型中的"可观测外生变量"，即没有父节点而仅拥有子节点的变量。具体来说，对于 $i\neq j$，定义 $r_{ij}=X_i-\dfrac{\mathrm{cov}(X_i,X_j)}{\mathrm{var}(X_i)}X_j$，若 $r_{ij}\perp\!\!\!\perp X_j$，则 X_j 是外生变量。

引理 5.2-2 在数据完全遵循 LiNGAM 模型的假设条件下，若 X_j 是外生变量，记 $r_j=[r_{1j},r_{2j},\cdots,r_{pj}]$，对所有 X_i 在 X_j 上回归，得到残差 $r_j=B_j r_j+e_j$，其中，B_j 可以变为下三角阵，e_j 中的每个变量是非高斯的且互相独立。

规则 5.2-1（Meek 规则） 对全局骨架识别所有 V 结构并对边定向后得到部分有向无环图 $\mathcal{G}$，对图中剩余的边定向时要满足两个条件：一是不能引入新的环，二是不能引入新的 V 结构。

5.2.1 基于约束的因果发现

基于约束的方法依赖统计独立性检测来判断变量间的因果关系，因此又被称为基于条件独立性的方法。最主要的算法有不变因果（Invariant Causal，IC）算法[6]、PC（Peter-Clark）算法[7]和快速因果推断（Fast Causal Inference，FCI）算法[8]。这些方法基于因果马尔可夫性和忠实性，此外还假设混淆变量全部被观测到。因此，这些方法可以通过不断搜索得到图的马尔可夫等价类。

所谓的马尔可夫等价类是一个因果结构集合（如图 5.2.1-1 所示），集合中的每个结构都满足相同的条件独立性。这类算法分为两个步骤：第一步是学习因果骨架图，也就是先估计潜在的因果骨架，用无向边表示；第二步是学习边的方向，对每个对撞子也就是 V 结构进行判断，得到完全部分有向无环图（Complete Partially Directed Acyclic Graph，CPDAG），再判断其他边的方向。部分有向图（Partially Directed Graph，PDG）是指图中的边包含有向边和无向边，部分有向无环图（Partially Directed Acyclic Graph，PDAG）是指不存在环的 PDG，完全部分有向无

环图 CPDAG 是指有向边不可逆、无向边可逆的部分有向无环图。

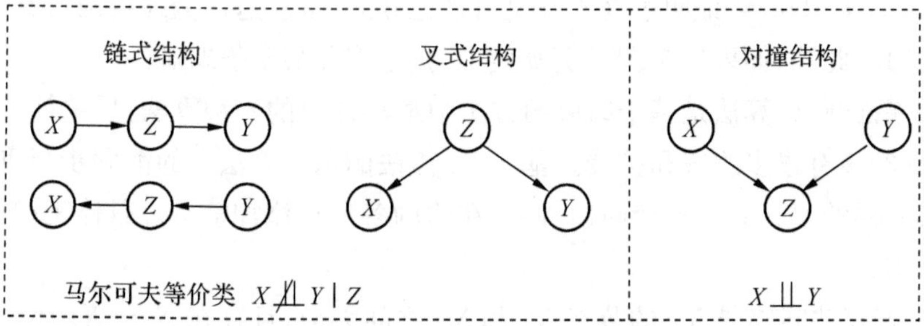

图 5.2.1 - 1　马尔可夫等价类示意图

图 5.2.1 - 1 中，链式结构和叉式结构根据 d-分隔定义中的第一个条件可以得知 X 和 Y 被集合 $\mathbb{Z}$ d-分隔，对撞结构根据第二个条件可以得知 X 和 Y 被集合 $\mathbb{Z}$ d-分隔。

下面我们从相对比较简单的基于约束的因果发现 IC 算法开始介绍。

5.2.1.1　IC 算法

因果发现 IC 算法[6]是由 Verma 和 Pearl 于 1990 年提出的基于约束的算法，它先学习得到无向图，然后测试 V 结构是否存在，最后尽可能地定向其余无向边。记变量集为 $X=\{X_1,\cdots,X_n\}$，具体来说有以下几步：

(1) 首先，学习因果骨架(无向图)。对于变量集中的任意一对变量 X_i 和 X_j，试图寻找子集 $\mathrm{Sub}(X_i,X_j)\subseteq X\backslash\{X_i,X_j\}$，使得以该子集为条件，两个变量 X_i 和 X_j 条件独立，即 $X_i \perp\!\!\!\perp X_j \mid \mathrm{Sub}(X_i,X_j)$。如果始终找不到这样的子集，就意味着两个变量不条件独立，则在两个变量节点间加一条无向边，最终得到因果骨架 $\mathcal{G}$。

(2) 然后，检查所有 V 结构。逐个检查骨架 $\mathcal{G}$ 中所有的节点，若节点 X_i 和 X_j 之间无边但有共同邻居 X_k，再检查该邻居是否属于 $\mathrm{Sub}(X_i,X_j)$，如果不属于，则将无向边 $X_i - X_k - X_j$ 定向为有向边 $X_i \rightarrow X_k \leftarrow X_j$。

(3) 最后，确定剩余边的方向。根据规则(不能创建新的 V 结构，不能生成环)，将剩余的无向边转化为有向边，得到一个部分有向无环图或部分有向有环图。

将(3)中的规则公式化表示，Verma 认为有以下 4 条规则：

① 若存在 $X_i \rightarrow X_j - X_k$，但 X_i 与 X_k 不相连，则记为 $X_i \rightarrow X_j \rightarrow X_k$；

② 若存在 $X_i \rightarrow X_k \rightarrow X_j$，且 $X_i - X_j$，则记为 $X_i \rightarrow X_j$；

③ 若存在 $X_i - X_k \rightarrow X_j$，$X_i - X_l \rightarrow X_j$，$X_i - X_j$，但 X_k 与 X_l 不相连，则记为 $X_i \rightarrow X_j$；

④ 若存在 $X_i - X_k \rightarrow X_l$，$X_k \rightarrow X_l \rightarrow X_j$，$X_i - X_j$，且 X_i 和 X_l 相连，但 X_k 和

X_l 不相连，则记为 $X_i \to X_j$。

Meek 于 1995 年证明了这 4 条规则是充分的，重复迭代最终会确定所有等价类中的边。此外，如果从 V 结构开始定向，则不需要第 4 条规则。

因果推断 IC 算法是基于约束的方法中最早提出的一种算法，后续针对第(1)步和第(3)步有很多改进和扩展。基于 IC 算法的 IC* 算法[6]的前两步与 IC 算法是一模一样的，第(3)步不定向边，而是在边的各节点添加箭头。具体来说有以下两条规则：

① 若有共同邻居 X_k 的节点 X_i 和 X_j 之间无边，且存在 $X_i \to X_k - X_j$，则记为 $X_i \to X_k \to X_j$；

② 若 X_i 和 X_j 相邻，即 $X_i \to \cdots \to X_j$，且还存在 $X_i - X_j$，则记为 $X_i \to X_j$。

这两条规则用于在部分有向图中进一步确定边的方向，以便在保持图的无环性质的同时，尽可能地使其成为有向无环图。递归应用这些规则可以逐步构建出更完整的有向图。每次应用规则都可能定向更多的边，直到无法再应用为止。

详尽地测试所有节点之间的独立性是一个非常复杂的搜索问题，这也是 IC 算法的缺点，当节点数很大时，计算量是不可接受的。因此，出现了改进算法(例如 PC 算法)，通过逐渐增加节点数来执行测试。

5.2.1.2 PC 算法

PC 算法是基于 SGS 算法改进而来[7]。SGS 算法是由 Spirtes，Glymour 以及 Scheines 于 1993 年提出，它从完全无向图即全连接的无向图开始，第一步测试节点，若节点间存在无向分割集，则删除节点间的边；第二步通过条件独立性测试对剩余边进行定向。SGS 算法有一个显著的缺点，就是其 d-分隔检验会随着变量数的增加而指数级增长。

Spirtes 和 Glymour 改进了这一点，提出了 PC 算法。记 adj(G,X)为图 $\mathcal{G}$ 中节点 X 的邻接节点集，令 $l=-1$，PC 算法流程如下：

(1) 首先，从完全无向图 C 开始，选择有序相邻节点对 X_i 和 X_j，使得

$$|\mathrm{adj}(C,X_i)\backslash\{X_j\}|>l.$$

重复执行以下操作，直到 X_i 和 X_j 被删除或所有子集遍历完成：

① 选择集合长度 $|\mathrm{Sub}|=l$ 的节点集 $\mathrm{Sub}\subseteq \mathrm{adj}(C,X_i)\backslash\{X_j\}$。

② 测试条件独立性：给定 Sub 时变量 X_i 和 X_j 是否条件独立，即 $X_i \perp\!\!\!\perp X_j \mid \mathrm{Sub}$ 是否成立，又即 Sub 是否 d-分隔 X_i 和 X_j。若成立，表明不存在依赖关系，所以删除 $X_i - X_j$，将 Sub 加入分隔集 Sep(X_i,X_j)和 Sep(X_j,X_i)。

(2) 重复执行(1),直到满足条件

$$|\mathrm{adj}(C,X_i)\backslash\{X_j\}|>l,\quad \mathrm{Sub}\subseteq\mathrm{adj}(C,X_i)\backslash\{X_j\},\quad |\mathrm{Sub}|=l$$

的所有邻接节点对都测试完成。

(3) 重复执行(1)和(2),直到每个有序邻接节点对 X_i 和 X_j 满足

$$|\mathrm{adj}(C,X_i)\backslash\{X_j\}|<l.$$

经过上面三步骤得到了骨架 $\mathcal{G}$,下面根据 d-分隔原理确定边的方向:

(1) 对于所有的有公共邻居 X_k 的节点 X_i 和 X_j,如果 $X_k\notin\mathrm{Sep}(X_i,X_j)$,则将 $X_i-X_k-X_j$ 定向为 $X_i\rightarrow X_k\leftarrow X_j$;

(2) 在得到的 PDAG 中尽可能多地定向无向边,重复执行 Verma 提出的 4 条规则,直到没有更多的边能被确定方向,最终得到 CPDAG。

假设真实因果图为图 5.2.1 2(a),根据真实因果图生成数据,然后执行算法:

(1) 令 $l=0$,对所有相邻节点以空集为条件测试条件独立性,结果为

$$\neg A\perp\!\!\!\perp B|\varnothing,\quad \neg A\perp\!\!\!\perp C|\varnothing,\quad \neg B\perp\!\!\!\perp A|\varnothing,\quad \neg B\perp\!\!\!\perp C|\varnothing,\quad \neg B\perp\!\!\!\perp D|\varnothing,$$

$$\neg C\perp\!\!\!\perp A|\varnothing,\quad \neg C\perp\!\!\!\perp B|\varnothing,\quad \neg C\perp\!\!\!\perp D|\varnothing,\quad \neg D\perp\!\!\!\perp B|\varnothing,\quad \neg D\perp\!\!\!\perp C|\varnothing,$$

而 $A\perp\!\!\!\perp D|\varnothing$,因此删除 $A-D$,并记录分隔集 $\mathrm{Sep}(A,D)=\varnothing$。

(2) 令 $l=1$,对所有相邻节点以一个节点为条件测试条件独立性,结果为

$$\neg A\perp\!\!\!\perp B|C,\quad \neg B\perp\!\!\!\perp A|D,\quad \neg B\perp\!\!\!\perp A|C,\quad \neg B\perp\!\!\!\perp C|A,$$

$$\neg B\perp\!\!\!\perp D|A,\quad \neg B\perp\!\!\!\perp D|C,\quad \neg C\perp\!\!\!\perp B|D,$$

而 $A\perp\!\!\!\perp C|B, C\perp\!\!\!\perp D|B$,因此删除 $A-C, C-D$,并记录分隔集

$$\mathrm{Sep}(A,C)=B,\quad \mathrm{Sep}(C,D)=B.$$

(3) 令 $l=2$,对所有相邻节点以两节点为条件测试条件独立性,结果为

$$\neg B\perp\!\!\!\perp A|C,D,\quad \neg B\perp\!\!\!\perp C|A,D,\quad \neg B\perp\!\!\!\perp D|A,C,$$

无操作,得到全局骨架图 5.2.1 - 2(c)。

(4) 检查全部三元组,得到 $<A,B,C>$, $<A,B,D>$, $<D,B,C>$,判断是否为对撞结构。根据前三步得到的 $A\perp\!\!\!\perp D|\varnothing$ 和 $\neg A\perp\!\!\!\perp D|B$,并且 $B\notin\mathrm{Sep}(A,D)$,标记为 $A\rightarrow B\leftarrow D$ 后得到对撞结构图 5.2.1 - 2(d)。

(5) 利用规则 5.2 - 1(Meek 规则)定向传播,得到边定向图 5.2.1 - 2(e)。

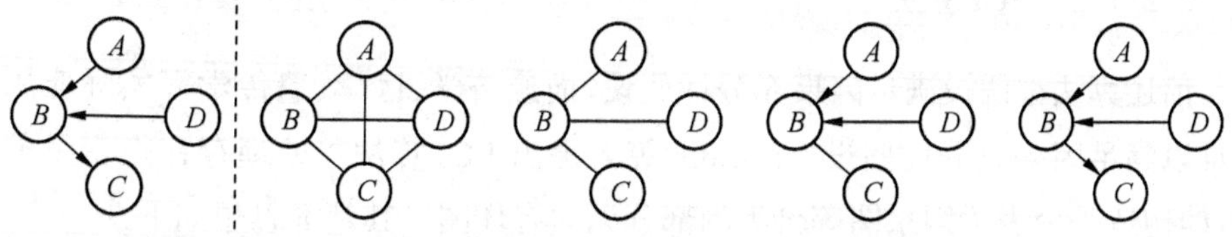

(a) 真实因果图　(b) 完全无向　(c) 全局骨架图　(d) 对撞结构图　(e) 边定向图

图 5.2.1 - 2　PC 算法分步执行结果图

打开东南大学群智算子平台，在“智能系统与大数据”下点击“开发空间”，打开“算子流文件夹”，执行“PC 算法”，得到因果发现结果如图 5.2.1－3 所示。其中，横纵坐标 0，1，2，3 分别代表 A，B，C，D，黑色方块表示 $A\rightarrow B$，$B\rightarrow C$，$D\rightarrow B$。从估计因果图、真实因果图和下方评价指标可以发现 PC 算子正确地发现了真实因果关系。

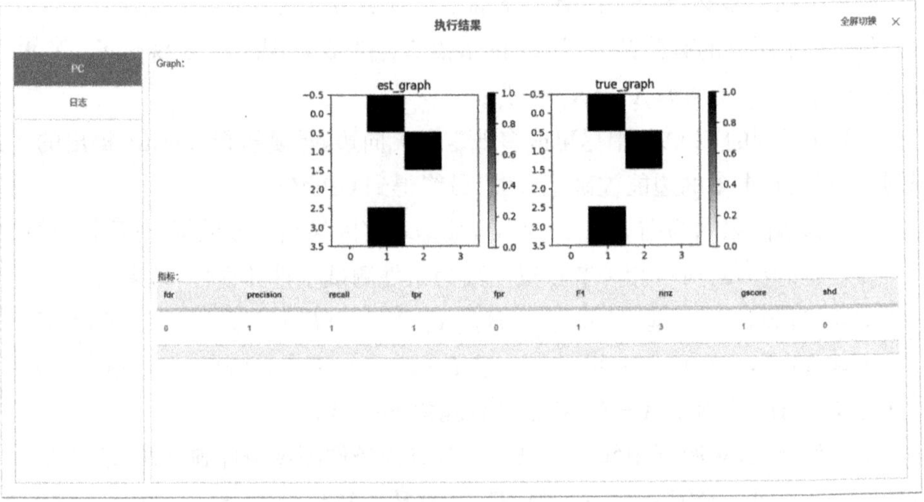

图 5.2.1－3　东南大学群智算子平台执行结果

PC 算法是基于约束的方法中最经典和最常用的一种算法，它使用了更高效的搜索策略和更复杂的方向判断规则，相比 IC 算法计算量小得多，最坏情况的时间复杂度可以被限制；同时，相比于 IC 算法和 SGS 算法，减少了很多不必要的独立检测和搜索。

虽然原始 PC 算法适用于高维情况，但它是不稳定的，这是因为如果一条边定向错误，那么后续步骤根据无向图定向其他边时也会出现错误。此外，该算法还受到每一步变量顺序的影响，若顺序不同，就会产生误差，影响结果。PC 算法后续有很多改进和扩展，如 FCI 算法可以在存在潜在变量的情形下进行因果发现。

5.2.1.3　FCI 算法

前述算法都假设满足因果充分性假设，而经济学、医学、遗传学等实际应用场景难以满足因果充分性假设。Spriets 等人提出 FCI 算法[8] 处理存在隐变量的情况，即构造一个表示因果图等价类的部分无向有环图。其基本思想如下：

（1）构建完全无向图，即全连接的无向图，每条边都表示为 o－o，记该图

为 G_0；

(2) 令 $k=0$，遍历全部相邻的有序变量对 X_i 和 X_j，如果存在大小为 k 的集合 $S\subseteq \mathrm{Ne}(X_i)\backslash\{X_j\}$ 使 X_i 和 X_j 被 S m-分隔，则删边，并将 S 保存在 $\mathrm{Sep}(X_i, X_j)$，$k=k+1$；

(3) 遍历开放三元组 $<X_i, X_k, X_j>$，若 $X_k\notin \mathrm{Sep}(X_i, X_j)$ 且 $X_k\notin \mathrm{Sep}(X_j, X_i)$，则识别为对撞结构；

(4) 遍历全部相邻变量对 X_i 和 X_j，判断是否存在子集 $S\subseteq \mathrm{PDSep}(X_i, X_j)$ 或 $S\subseteq \mathrm{PDSep}(X_j, X_i)$，然后将已定向的边改为 o—o，得到最终骨架；

(5) 重新识别 V 结构，继续执行(3)，最终定向剩余边。

FCI 算法往往只能得到 PAG，Zhang 等人设计了规则可以得到 CPAG[9]，后续还有 FCI-Stable 等改进算法[10]。

FCI 算法与 PC 算法类似，但 FCI 算法使用了更灵活的独立性测试和更复杂的方向判断规则。FCI 算法本质上是 PC 算法的泛化，也是基于因果马尔可夫性和忠实性。PC 算法使用 d-分隔判断节点是否是邻接节点，FCI 算法则使用 m-分隔判断；PC 算法只包含一次全局因果骨架学习，FCI 算法包含两次全局因果骨架学习。FCI 算法的通用性在于可以用于存在未观测到的混杂变量的情景中，也就是说违反了因果充分性假设，其结果被证明是渐进正确的。

基于约束的因果发现算法应用十分广泛，但最大的缺陷是无法区分马尔可夫等价类，即算法得到的 DAG 往往不是唯一的因果网络。

5.2.2　基于评分的因果发现

基于评分的因果发现算法是通过对候选模型(即候选因果图)进行评分并选取评分最高的有向无环因果图作为结果。这类算法包括评分函数和搜索策略。评分函数包括后验概率、贝叶斯信息准则(Bayesian Information Criterion，BIC)、赤池信息准则(Akaike Information Criterion，AIC)、Bayesian Dirichlet eu(BDeu)评分、广义评分、K2 评分[11]和 Maximum Description Length(MDL)评分[12,13]等。经典搜索策略方法包括贪心法等启发式搜索方法，如 GES 以及一系列通过改变评分函数来适应不同任务的扩展方法。基于评分的因果发现算法问题可以形式化描述为

$$\begin{cases}\max\ \mathrm{Score}(G, Data)\\ \mathrm{s.t.}\ \ G\in \mathrm{DAG}.\end{cases}\tag{5.2.2-1}$$

最优的结构可以表示为 $\hat{G}=\mathrm{argmax}_G\,\mathrm{Score}(G, Data)$。评分函数离不开可分解性，图结构的评分可以细分为子节点和父节点的评分之和，即

$$\text{Score}(G, Data) = \sum_i \text{Score}(X_i \mid \text{Pa}(X_i), Data).$$

对于三个节点组成的网络 $X_i \leftarrow X_j \rightarrow X_k$，评分记为

$$\text{Score}(X_i, Data) + \text{Score}(X_i \mid X_j, Data) + \text{Score}(X_k \mid X_j, Data).$$

此外，评分函数还离不开等价性，即若两个图结构等价，则它们评分相同。这就是说，基于分数的方法不能区分马尔可夫等价类。尽管基于评分的算法不如基于约束的算法简单明了，但这种算法避免了独立性测试存在的问题。在大样本情形下，两种算法在几乎相同的假设下均收敛于相同的马尔可夫等价类，而不同的基于评分的算法主要是搜索策略设计不同。

5.2.2.1 GES 算法

GES(Greedy Equivalence Search)算法[14]是基于贪婪搜索的算法，通过迭代添加或删除有向边使单步得分增益达到最大化。具体来说，就是从一个初始图结构开始利用搜索算法对图结构进行局部更新，得到候选图，然后进行评分，若分数高，则更新图结构并继续搜索，否则算法结束。算法的基本思想如下：

(1) 前向搜索：随机生成图 G_0，使用 BDeu 评分计算得分，然后使用贪心等价搜索对图 G_0 加边得到图 G_1，再对图 G_1 中的等价图结构(等价类)进行评分，选取评分最高的图结构并记为图 G_1，重复执行直到评分局部最大；

(2) 后向搜索：用贪心等价搜索对图 G_1 减边得到图 G_2，然后对图 G_2 中的等价类进行评分，选取评分最高的图结构并记为图 G_2，重复执行直到评分不增加为止。

简单来说，GES 从一个随机图开始加边，当向图中添加有向边提高分数时，执行插入操作，并将模型映射到适当的马尔可夫等价类，重复更新。当分数不再提高时，GES 按边遍历，如果删除某边使分数更高，则会执行删除操作，直到删除任何边都不再增加得分函数拟合值。显然，GES 的加边减边是局部搜索，容易得到局部最优解，但已证明只要样本节点趋近于无穷大，它返回最优图结构的概率也会趋近于 1。实际中这个条件过于苛刻，难以满足，因此为了得到评分最高的图结构，许多研究人员尝试将动态规划搜索引入模型，并理论证明了在样本节点较小时能达到全局最优解。动态规划是将大规模节点问题分解为一个个小规模的子问题，先解决子问题，最终得到大规模问题的解决方案。Singh 和 Moore 提出的 OptOrd 采用了该策略[15]。此外，还有基于进化计算算法(如遗传算法、蚁群算法、粒子群算法等)的研究工作解决因果发现问题。

5.2.2.2　FGES 算法

FGES(Fast Greedy Equivalence Search)算法[16]由 Ramsey 等人提出，通过引入并行和缓存机制对传统 GES 算法进行了优化，使其在大规模数据集上的表现更加高效。该算法的主要改进体现在以下几个方面：

(1) 缓存评分值，避免冗余计算。在边的添加和删除过程中，FGES 算法会将所有可能结构的评分结果存储起来，减少了重复计算。这种方法以空间换取时间，显著提高了计算效率。

(2) 引入稀疏性惩罚的评分函数。如果评分函数采用 BIC，算法会对图结构施加稀疏性惩罚，从而倾向于生成更加简洁的因果图模型。这种稀疏性使得模型搜索速度更快。

FGES 算法的高效性使其在许多实际应用中具有显著优势。例如，在基因调控网络重建中，FGES 能够高效处理成千上万个基因间的复杂因果关系；在金融市场分析中，FGES 可以识别成百上千种资产之间的因果关系，帮助预测市场波动；在社交网络分析中，FGES 同样能够发现用户行为之间的潜在因果关系，从而支持个性化推荐和精准广告投放。这些场景都要求算法能够在多变量数据环境中快速发现因果结构，而 FGES 的设计恰好满足了这种需求。

5.2.3　基于函数因果模型的因果发现

基于函数因果模型的因果发现算法通过假设结果和原因之间的函数关系类别及对数据产生机制进行假设，不仅可以判断边的方向，而且避免了马尔可夫等价类问题。经典算法包括线性非高斯无环模型 LiNGAM 和加性噪声模型 ANM。最近几年通过对混合函数进行限制而得到的非线性独立成分分析的可识别性理论也为通用的非线性的因果发现提供了新的方法。

5.2.3.1　LiNGAM 算法

LiNGAM(Linear Non-Gaussian Acyclic Model，LiNGAM)算法由 Shimizu 等人于 2006 年提出[17]，它可以从观测数据中识别出变量之间的因果方向，构造一个无环有向图。其中，线性是指函数因果模型中的函数 f 是线性函数；非高斯是指噪声变量 N 服从非高斯分布；无环是指数据生成过程具有先后顺序，不会生成环。LiNGAM 假设观测变量 $X=\{X_1,\cdots,X_n\}$ 按因果次序 k_i 排序，即原因一定出现在结果之前。此外，还基于因果充分性假设和 LiNGAM 数据产生方式假设。

LiNGAM 假设数据生成过程是线性的，即原因变量和结果变量之间是线性关系，记为

$$X_i = \sum_{k_j < k_i} B_{ij} X_j + N_i + C_i, \tag{5.2.3-1}$$

其中，N_i 是噪声项，服从非高斯分布，且相互独立；C_i 是常数偏置项。考虑全部变量时，记 $X=BX+S$，因为其是有向无环图，所以存在 P，使得 PBP^{T} 为对角元素为 0 的下三角矩阵。对上述公式进行变换得到 $X=(I-B)^{-1}S=AS$，由于 N_i 互相独立，且服从非高斯分布，于是可以用 ICA 求解 A。

LiNGAM 判断方向依赖于噪声服从高斯分布的假设，下面根据简化的数据生成过程 $Y=aX+N$ 举例说明。

如图 5.2.3-1 所示，每一行的四个图中，左侧两个是正向回归，即用 X 回归 Y，右侧两个是反向回归，即用 Y 回归 X。当噪声是均匀分布、拉普拉斯分布或者其他非高斯分布时，正向回归中 $X \perp\!\!\!\perp N_x$，而反向回归中 $\neg Y \perp\!\!\!\perp N_y$，可以判断方向。而当噪声是高斯分布时，可以看到 $\neg X \perp\!\!\!\perp N_x$，$\neg Y \perp\!\!\!\perp N_y$，两个方向上的回归中噪声和变量都不独立，无法判断方向，LiNGAM 失效，即其不适用于噪声是高斯分布的情形。

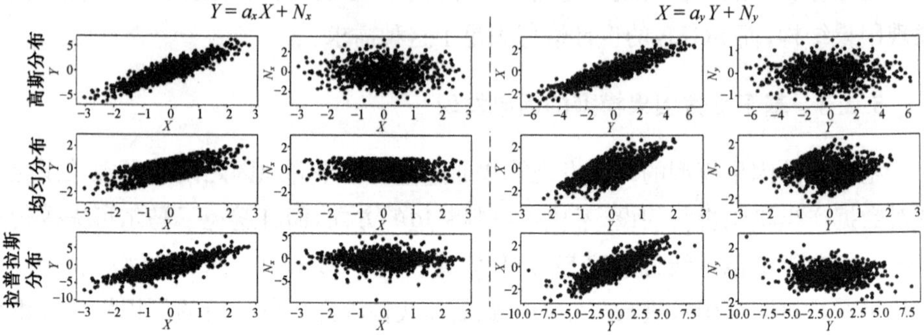

图 5.2.3-1　LiNGAM 在三种噪声分布下的方向判断示意图

LiNGAM 算法主要有两种求解方法。

(1) 基于独立成分分析(Independent Component Analysis, ICA)的方法，记为 ICA-LiNGAM。它是利用 ICA 对观测数据进行分解，得到相互独立的非高斯噪声和权重矩阵，并对权重矩阵进行排序和标准化，最终得到因果权重矩阵。其具体步骤如下：

① 已知观测数据 $X=\{X_1, \cdots, X_n\}^{\mathrm{T}}$，根据 ICA 算法求解 $X=AS$，记 $W=A^{-1}$，得到相互独立的非高斯噪声 S、矩阵 A 和逆矩阵 W；

② 对 W 排序(行变换)得到对角线非零矩阵 $\widetilde{W}$,最小化 $\sum_i 1/\widetilde{w}_{ii}$;

③ 对 $\widetilde{W}$ 每行除以对角线元素,使得对角线元素为1;

④ 估计权重矩阵 $\hat{B}=I-\widetilde{W}'$;

⑤ 对 $\hat{B}$ 进行因果关系排序得到因果顺序 K,即找到置换矩阵使得 $\widetilde{B}=P\hat{B}P^{\mathrm{T}}$ 严格满足下三角,通常 $\hat{B}$ 元素非零,问题转变为最大化 $\sum_{i\leqslant j}\tilde{b}_{ij}^2$;

⑥ 通过剪枝算法求解连接矩阵 B。

具体来说,ICA算法结果顺序不定,所以 W 的行序是随机的,且 W 的行对应着噪声 S_i,列对应着观测变量 X_i,导致 S_i 和 X_i 没有对应。因此实际中会对 W 排序,使得对角线非零。实际中,第②步通过匈牙利算法进行求解;第⑤步中的排序步骤为:先初始化空表存储因果序列 K,遍历每行 r_i,若该行不全为0,则将 i 加入 K,删除 $\hat{B}$ 中的第 i 行第 i 列,迭代执行返回 K;第⑥步剪枝算法可以采用基于统计检验的剪枝、基于 Wald 检验的边剪枝或基于 Adaptive Lasso 的剪枝等方法。

因为上述算法使用ICA,所以会收敛到局部最优解。Shimizu 等人通过残差独立性解决了该问题,提出 Direct-LiNGAM 算法,该算法使用 Darmois-Skitovitch 定理判断外生变量。

(2) Direct-LiNGAM 方法,其核心思想是利用回归计算两个方向所得的残差时,至少有一个是方向的变量是与残差独立的。根据这个原理,逐步地确定每个变量在DAG中的位置,并得到因果权重矩阵。根据定理5.2-3、引理5.2-1和引理5.2-2,算法流程如下:

① 给定 p 维随机向量 x、变量下标集 U、$p\times N$ 的随机向量矩阵 X、初始化变量顺序列表 $K=\varnothing$ 和 $m=1$。

② 重复执行,直到 $p-1$ 个下标加入到 K 中。首先是在 X_j 上对 X_i 执行最小二乘回归得到残差 r_j,其中 $i\in U\backslash K\,(i\neq j)$;再对每个变量都执行最小二乘回归得到残差矩阵 R_j,其中 $j\in U\backslash K$;接着找到变量 X_m,它与它的残差最独立,即

$$X_m=\operatorname{argmin}_j T(X_j;U\backslash K),$$

其中 T 是独立性度量;最后将 X_m 加入 K,记 $x=r_m$,$X=R_m$。

③ 将剩余变量加入 K。

④ 按 K 中的变量顺序构造严格下三角矩阵 B,使用传统的基于协方差的回归方法(如最小二乘法和最大似然法)来估计连接强度 b_{ij},并将这些方法应用于原始随机向量 x 和原始数据矩阵 X。

简单来说,Direct-LiNGAM 是对 X_i 和 $X\backslash\{X_i\}$ 中的每个变量分别回归计算残

差与 X_i 最独立的变量。虽然该方法解决了 ICA-LiNGAM 局部最优解的问题，但计算开销大幅增加。

5.2.3.2　ANM 算法

Hoyer 等人提出加性噪声模型（Additive Noise Model，ANM）算法[18,19]，该算法通过引入非线性函数以获得类似 LiNGAM 中非高斯噪声的作用，即通过不对称性识别因果方向。

若变量 X_i 和 X_j 有因果关系 $X_i \rightarrow X_j$，ANM 假定变量关系为

$$X_j = f(X_i) + N_j, \quad N_j \perp\!\!\!\perp X_i, \tag{5.2.3-2}$$

其中，N_j 为噪声，f 是任意非线性函数。显然，父节点 X_i 和噪声 N_j 独立，而子节点 X_j 和噪声不独立。因此先假定父节点和子节点变量的联合分布只有三种情形，即正向 ANM、反向 ANM 和非正向非反向。具体步骤如下：

(1) 给定变量 X_i 和 X_j，用非线性回归算法进行回归，计算残差

$$R_{X_i \rightarrow X_j} = X_j - f(X_i), \quad R_{X_j \rightarrow X_i} = X_i - f(X_j).$$

(2) 选择评分函数 $\hat{S}$ 衡量独立性，计算

$$\hat{S}_{X_i \rightarrow X_j} = \hat{S}(R_{X_i \rightarrow X_j}, X_j) \quad 和 \quad \hat{S}_{X_j \rightarrow X_i} = \hat{S}(R_{X_j \rightarrow X_i}, X_i),$$

最常见的方式是香农熵之和 $\hat{S}_{X_i \rightarrow X_j} = H(R_{X_i \rightarrow X_j}) + H(X_j)$。

(3) 判断 ANM 并确定方向。若 $\hat{S}_{X_i \rightarrow X_j} < \hat{S}_{X_j \rightarrow X_i}$，则定向 $X_i \rightarrow X_j$；若 $\hat{S}_{X_i \rightarrow X_j} > \hat{S}_{X_j \rightarrow X_i}$，则定向 $X_i \leftarrow X_j$；若评分项等，则无法定向。

以上三类因果发现算法主要针对非时序数据的因果关系进行研究和应用，现实中的许多应用场景往往伴随时间的演变而产生数据，这些数据通常是通过时间采样得到的连续时间序列。时间序列数据不仅包含变量之间的静态关联，还反映了系统随时间变化的动态特性。在复杂系统中，变量之间的因果关系常常会随着时间的推移发生变化，因此，基于时间序列的因果发现算法能够更有效地捕捉这些动态因果结构。

正因为时间序列因果发现算法能够挖掘复杂系统中的深层次因果关系，它们在多个领域具有广泛的应用前景，如金融市场分析、气候变化预测、生物医学信号处理、工业过程监控以及网络安全等。在这些场景中，了解系统内部的因果结构有助于进行更有效的预测、控制和决策。

5.2.4　基于时序的因果关系发现

在因果发现的时序问题中，通常会将因果效应分为两类。当时间分辨率高于

因果影响的时间尺度时，可以认为该因果效应是有延时的，称为时滞效应，通常会采用自回归（Autoregressive，AR）模型、自回归移动平均（Autoregressive Moving Average，ARMA）模型这类带有时延的模型；当时间分辨率低于因果影响的时间尺度时，该因果效应将没有时间延迟的影响，称为瞬时效应，通常会采用贝叶斯网络、结构方程模型（Structural Equation Model，SEM）这类不带有时间延迟的模型进行计算。

5.2.4.1　GC 算法

格兰杰因果（Granger Causality，GC）算法[20]是最流行的因果时间序列分析方法之一，由 Granger 于 1969 年提出。2003 年诺贝尔经济学奖颁给 Granger，以表彰他在经济时间序列分析中所做的贡献。GC 算法基于两个假设，一个是原因先于结果发生，另一个是原因包含预测结果变量未来状态的信息。考虑连续变量 X_i 和 X_j，令原假设为 X_i 不是 X_j 的原因，备择假设为 X_i 是 X_j 的原因。通过回归分析（如 AR 模型），当且仅当变量前的系数 A_{ij} 非 0 时，拒绝原假设：

$$X_j^t = A_{jj}X_j^{t-1} + A_{ij}X_i^{t-1} + E. \tag{5.2.4-1}$$

简单来说，假定当前时刻为 t，给定 X_i 和 X_j 的过去时刻分别为 $X_i^{<t}$ 和 $X_j^{<t}$。若 $\neg X_j^t \perp\!\!\!\perp X_i^{<t} \mid X_j^{<t}$，则有 $X_i \to X_j$；若 $X_j^t \perp\!\!\!\perp X_i^{<t} \mid X_j^{<t}$，则图中不包含 $X_i \to X_j$。通过上述测试可以得到可能的因果图 $X_i - X_j$，$X_i \to X_j$，$X_i \leftarrow X_j$ 和 $X_i \leftrightarrow X_j$。

此外，我们注意到，上述格兰杰因果关系关注的是二元时间序列。Granger 强调正确使用 GC 算法实际上需要考虑所有的变量，而格兰杰因果关系常常是用在双变量的情形中，重要的变量并未被观测到，所以这样的用法在解释因果关系时会产生误导性的结论。

格兰杰因果关系并不是真正的因果关系，而是根据增量预测能力定义的统计相关关系[21]。在存在混淆变量或瞬时效应时，格兰杰因果关系会错误推断因果影响。孙杰等人基于网络耦合动力系统提出因果熵理论，并开发出高效的因果网络推断算法。因果熵是条件互信息的一种形式，它推广了格兰杰因果关系和条件格兰杰因果关系。

事实上，识别复杂系统中的因果关系并不是一件简单的事。比如系统内两个时间序列的关系可能取决于系统的状态，两个时间序列在某些时候可能是正向耦合的，但另外一些时候却表现得没什么关联，甚至是负向耦合。考虑如下表现出混沌的耦合差分方程：

$$\begin{cases} X_i^{t+1} = X_i^t(r_i - r_i X_i^t - \beta_{i,j} X_j^t), \\ X_j^{t+1} = X_j^t(r_j - r_j X_j^t - \beta_{j,i} X_i^t), \end{cases} \tag{5.2.4-2}$$

令 $r_i=3.8$，$r_j=3.5$，$\beta_{i,j}=0.02$，$\beta_{j,i}=0.1$，可以得到图 5.2.4-1。第一段时间，X_i 和 X_j 是明显正向耦合的，第二段时间是负向耦合的，第三段则不存在什么相关性。经过计算，整体上两个时间序列的相关系数为 0.0054，但 X 和 Y 其实均源自一个确定的、非线性的动态耦合系统（也就是上面的方程）。这就是说，用线性相关系数去衡量一个非线性系统的相关性，除非两个序列非线性耦合得特别紧密，否则这种衡量效果大概率是不好的。

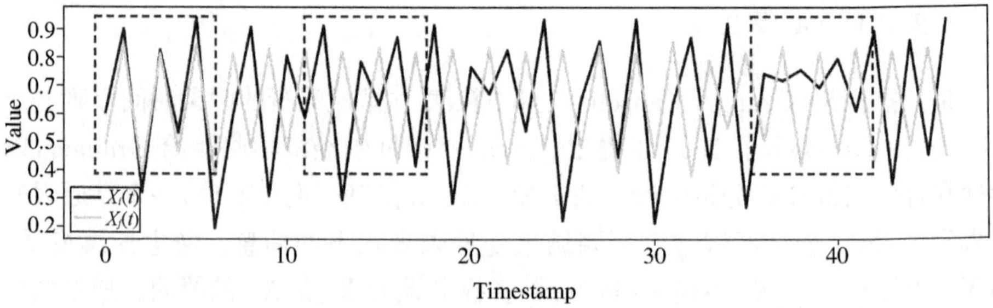

图 5.2.4-1　混沌时间序列示意图

GC 主要通过预测能力来识别时间序列的因果关系。它假设可分离性，也就是说原因是独立于结果而存在的，某个原因变量可以从系统中移除而不影响系统的其他部分。对于纯随机系统和线性系统而言，可分离性是能被满足的，此时 GC 也可以发挥出较好的效果。或者对于某些紧密度很高的耦合状态，GC 也可以发挥出不错的效果。但是，Granger 本人也提到过，对于类似于上述方程的那种确定性系统，尤其是紧密度没那么强的动态耦合系统，GC 的效果可能并不好。在确定性动态系统甚至含有一些噪音的系统里，如果 X_i 是 X_j 的原因，那么根据 Takens 定理，与 X_i 有关的信息将呈现在 X_j 中，无法从系统中真正移除。具体的例子就是上面的耦合差分方程，没有办法经过变形、推导把第一个方程中的 X_j 或第二个方程中的 X_i 消去。此时，GC 检验就不再适用了。

5.2.4.2　CCM 算法

Sugihara 等人[22]提出的收敛交叉映射（Convergence Cross-Mapping，CCM）是一种基于非线性状态空间重构的区分因果关系和相关关系的算法，它扩展 GC 算法到不可分离的弱连通动态系统（格兰杰因果关系范式没有涵盖的情况），并引入了相关性和因果关系的区别，即相关性既不是因果关系的充分条件，也不是因果关系的必要条件。CCM 算法本质上是对格兰杰因果 GC 算法的补充，适用于 GC 算法无法覆盖的领域。但 CCM 算法并不适用于所有的数据类型。

如果变量 X_i 是 X_j 的原因，那么根据 X_i 过去的数据，就能够较为准确地预测 X_j 的值。进一步来说，可以通过 X_i 的数据构建一个影子流形 M_i，同样地，也可以通过 X_j 的数据构建另一个影子流形 M_j。在 X_i 和 X_j 之间存在因果联系的情况下，M_i 上的点的邻近点能够较为准确地识别 M_j 上相应点的邻近点，这就是交叉映射。

收敛交叉映射中的"收敛"是指若存在因果关系，那么时间序列数据点越多，交叉映射误差就越小。这是因为数据点越多，影子流形就越紧密，误差就会更小。而此时真实值 X_i 和交叉映射得到的估计值的相关系数就会越大，当样本量趋近于无穷时，相关系数就会收敛到常数，该值可以表示因果效应的强度。

考虑两个持续 L 个时刻的时间序列 X_i 和 X_j，影子流形是通过构建时间延迟序列得到，假设嵌入维度为 E，影子流形 $M_i^t=[X_i^t, X_i^{t-\tau}, \cdots, X_i^{t-(E-1)\tau}]$，其中 M_i^t 有 E 列，t 从 $1+(E-1)\tau$ 到 L，τ 是时滞。为了得到 X_j 的交叉映射 $\hat{X}_j^t|M_i^t$，先在滞后坐标向量 M_i^t 上找到 $E+1$ 个最近的邻居，将时间索引记为 $t_1, t_2, \cdots, t_{E+1}$，而 $E+1$ 是在 E 维空间中用于界定单纯形的最小点数。这些对应于 M_i^t 上 X_i^t 的最近邻居的时间索引用于在 X_j^t 中识别点，以从 $E+1$ 个 $X_j^{t_i}$ 值的局部加权平均值中估计 X_j^t：

$$\hat{X}_j^t|M_i^t=\sum_{i=1}^{E+1} w_i X_j^{t_i}, \tag{5.2.4-3}$$

其中，$w_i=\dfrac{u_i}{\sum\limits_{j=1}^{E+1} u_j}$，且 $u_i=\exp\left(-\dfrac{\mathrm{dis}(M_i^t, M_i^{t_i})}{\mathrm{dis}(M_i^t, M_i^{t_1})}\right)$。从 X_j^t 到 X_i^t 的交叉映射定义类似。估计值和实际值的相关系数的平方就是 CCM 相关系数。重复前面的迭代过程，如果二者是动态耦合的，M_i^t 的最近邻居应该能够识别 M_j^t 上相应最近邻居的时间索引。随着 L 的增加，吸引子流形被填充，$E+1$ 个最近邻居之间的距离缩小。因此，$\hat{X}_j^t|M_i^t$ 收敛到 X_j^t，而 $\hat{X}_i^t|M_j^t$ 收敛到 X_i^t。通过这种方式，使用最近邻居的收敛性来测试 M_i^t 上的状态与 M_j^t 上的状态之间是否存在对应关系。

简单来说，CCM 算法分为以下四步：

(1) 假设两个时间序列 X_i 和 X_j 共享一个动态系统的流形，即 X_i 和 X_j 之间存在因果关系；

(2) 利用 Takens 定理，由 X_i 和 X_j 的历史值重构各自的吸引子，即状态空间 M_i 和 M_j；

(3) 用 M_i 去预测 X_j 的值，或用 M_j 去预测 X_i 的值，计算预测值和真实值的相关性作为 CCM 因果强度；

(4) 改变预测时刻和被预测时刻之间的时间滞后，观察因果强度随时间滞后的变化，确定因果关系的方向和滞后。

CCM 算法可以处理非线性动态系统，不需要假设可分离性或线性关系；可以区分强单向因果关系和双向因果关系，以及识别因果关系的最佳滞后；可以利用多个时间序列共同重构流形，提高预测精度和鲁棒性。但它需要满足动态系统是确定性或近似确定性的假设，否则可能得到错误或不稳定的结果；需要指定嵌入维度和时间滞后范围，这可能影响算法的效率和灵敏度；同时，无法处理存在隐变量或选择偏差或混杂变量的情况。

5.2.4.3　oCSE 算法

孙杰等人[23]提出的最优因果熵算法（Optimal Causal Entropy Algorithm, oCSE）是一种无模型的因果推理算法，用来从时间序列数据中推断出底层网络动态过程的因果关系。对于平稳的马尔可夫过程，已经证明了网络中给定节点的因果父节点集合是最大化因果熵的最小节点集合，该结论即称为最优因果熵原理。该原理指导开发了一种基于时间序列数据的两步发现和移除算法，用于网络耦合动态系统的因果网络推断。

转移熵（Transfer Entropy, TE）是分析非线性系统中因果关系的重要工具，用于检测方向性和动态信息。转移熵定义为

$$T_{X_j \to X_i} = H(X_i^{t+1} \mid X_i^t) - H(X_i^{t+1} \mid X_i^t, X_j^t),$$

其中 H 是香农熵。

真实网络中往往包含多个变量，条件转移熵难以区分直接因果和间接因果，为了将 TE 从双变量扩展到多变量，孙杰等人提出因果熵，形式化表示为

$$C_{X_j \to X_i \mid X_k} = H(X_i^{t+1} \mid X_k^t) - H(X_i^{t+1} \mid X_k^t, X_j^t). \qquad (5.2.4-4)$$

从上式可以看出因果熵适用于多变量关系检测。最优因果熵用来推断给定节点的父节点。算法首先识别因果父节点超集，然后移除超集中的非因果节点，只留下因果父节点。具体来说：

(1) 输入目标节点集合 $V \subset X$，初始化变量集合 $K=\varnothing$，$C=\infty$，$X_{\mathrm{tmp}}=\varnothing$，只要因果熵 $C>0$，就循环执行：

① $K=K \cup \{X_{\mathrm{tmp}}\}$，然后对每个变量 $X_j \in X \setminus K$，记 $C_{X_j}=C_{X_j \to V \mid K}$；

② 得到 $C=\max\limits_{X_j \in X \setminus K} C_{X_j}$，且将因果熵最大的节点记为 $X_{\mathrm{tmp}}=\mathop{\mathrm{argmax}}\limits_{X_j \in X \setminus K} C_{X_j}$。

(2) 输入目标节点集合 $V\subset X$ 和(1)中得到的 $K\subset X$,然后遍历每个 $X_j\in K$,如果 $C_{X_j\to V|K\setminus\{X_j\}}=0$,则将 X_j 从 K 中移除。最终得到目标节点集合的因果父母Pa(V)。

最优因果熵算法不需要任何先验知识,适用于各种类型的时间序列数据;基于信息论中的熵概念,具有理论依据和数学严谨性;能够适应复杂的非线性动态系统,并能够识别直接因果关系;具有较高的准确性和效率,在实际应用中有广泛的应用前景。但对于大规模的数据集,该算法的计算量较大,会导致运行时间长;当噪声较大时,会导致因果关系被错误地判定为非因果关系。此外,从因果熵的公式来看,oCSE 算法只考虑了一阶关系,且难以区分马尔可夫等价类。康明与等人[24]基于高阶因果熵提出时空贝叶斯网络,解决了传统贝叶斯网络推断中的马尔可夫等价类问题,并开发了高阶因果熵算法。贺岩岩等人[25]基于高阶因果熵,提出神经高阶因果熵发现算法来解耦复杂高维非线性张量中的因果关系。

5.2.4.4　PCMCI 算法

复杂系统中存在大量非线性相互关系,因果作用存在较长时间滞后,并且要素之间只在部分情况下会出现因果关系。PCMCI 算法[26]是一种用于发现大规模非线性时间序列数据中的因果关联的算法,它基于条件独立性检验和因果马尔可夫条件的假设,可以有效地处理混杂变量和非线性关系等问题。

PCMCI 算法分为两个阶段:

(1) PC(Peter - Clark)阶段:利用 PC 算法(骨架阶段)检验得到每个变量的初始父节点集;

(2) MCI(Momentary Conditional Independence)阶段:迭代进行条件独立性检测,并额外引入滞后变量的父节点集中最强的变量用以处理时序自相关的关系,即

$$X_i^{t-\tau} \perp\!\!\!\perp X_j^t \mid \mathrm{Pa}(X_j^t)\{X_i^t\},\mathrm{Pa}(X_i^{t-\tau}), \tag{5.2.4-5}$$

其中 τ 为时滞,$\mathrm{Pa}(X_i^{t-\tau})$代表节点 X_i 在 $t-\tau$ 时刻的父节点集。

该算法的主要步骤如下:

(1) 对每个变量,使用滞后选择方法找出可能与其相关的其他变量和滞后值,形成一个条件集。

(2) 对每对变量,使用条件独立性检验,根据其条件集判断它们之间是否存在因果关联。若存在,则保留一条无向边;若不存在,则删除无向边。

(3) 对每对变量,使用因果马尔可夫条件,根据其条件集判断它们之间的因果方向。若可以确定,则标记一条有向边;若不确定,则保留无向边。

PCMCI 算法既考虑到错误检出因果关系,也考虑到未检出因果关系,因而模型具有更强的检测能力;同时,该算法不仅能够从复杂系统内的众多关系中找出真正的因果关系,而且可以高效的处理具有高维特征的数据。

PCMCI 算法也是基于约束的方法,但与基于函数因果模型的方法和混合类型方法不同,它不需要假设数据服从某种特定的分布或函数形式。PCMCI 算法是 PC 算法的扩展,将 PC 算法推广到时间序列数据中,并引入了滞后选择方法,减少了不必要的独立性检验,提高了效率和准确性。PCMCI 算法与格兰杰因果算法有一定的相似之处,都是基于时间序列数据中的滞后值来判断因果关系,但 PCMCI 算法更加通用和灵活,可以处理多变量、非线性、非高斯和非平稳等情况。

5.3 总结与展望

因果推断作为一个长期吸引研究者的课题,不仅为揭示现实世界中的因果关系提供了有效的方法,也为解决复杂系统中的关键问题奠定了理论基础。在复杂网络与智能系统的背景下,因果推断的重要性愈发凸显。随着复杂网络中各节点之间关系的不断复杂化,以及智能系统处理大规模数据的能力不断提升,因果推断为这些领域提供了新的研究视角和技术手段。

在智能系统与大数据的快速发展中,因果推断为更精准的预测、干预和决策奠定了坚实的基础。大数据驱动下的复杂系统需要有效的因果推断机制来解析海量数据中的因果结构,帮助智能系统在复杂环境中做出更加合理的决策。本章回顾了多种因果关系发现的框架,如基于约束、基于评分、基于函数因果模型以及基于时序的因果关系发现方法,它们为复杂网络中的因果关系识别提供了新的思路和手段。

此外,本章还介绍了反事实推断方法,详细阐述了潜在结果框架和结构因果模型,它们在复杂网络干预分析、智能系统优化决策中具有广泛的应用。通过推测未发生的可能结果,反事实推断还有助于应对复杂系统中的不确定性。

展望未来,因果推断将在复杂网络、系统科学、智能系统与大数据的交叉领域中发挥更加重要的作用。随着算法和计算能力的进一步发展,因果推断不仅将推动科学研究的进步,还将为复杂系统的理解与优化提供更为强大的工具。

参考文献

[1] 俞奎，王浩，梁吉业. 因果推断导论[M]. 北京：机械工业出版社，2023.

[2] 郭若城，程璐，刘昊，等. 因果推断与机器学习[M]. 北京：电子工业出版社，2023.

[3] 赵永贺，孙慧妍，吴思威. 因果推断原理解析与应用实践[M]. 北京：电子工业出版社，2023.

[4] Pearl J, Mackenzie D. The Book of Why: The New Science of Cause and Effect[M]. New York: Basic Books, 2018.

[5] Pearl J, Glymour M, Jewell N P. Causal Inference in Statistics: A Primer [M]. Hoboken: John Wiley & Sons, 2016.

[6] Pearl J. Models, Reasoning and Inference[M]. Cambridge: Cambridge University Press, 2000.

[7] Spirtes P, Glymour C N, Scheines R. Causation, Prediction, and Search [M]. 2nd ed. Cambridge: MIT Press, 2000.

[8] Spirtes P, Meek C, Richardson T. Causal inference in the presence of latent variables and selection bias[C]. Conference on Uncertainty in Artificial Intelligence, 1995.

[9] Zhang J. On the completeness of orientation rules for causal discovery in the presence of latent confounders and selection bias[J]. Artificial Intelligence, 2008, 172(16 - 17): 1873 - 1896.

[10] Colombo D, Maathuis M H. Order-independent constraint-based causal structure learning[J]. Journal of Machine Learning Research, 2014, 15(1): 3741 - 3782.

[11] Cooper G, Herskovits E. A Bayesian method for the induction of probabilistic networks from data[J]. Machine Learning, 1992, 9(4): 309 - 347.

[12] Bouckaert R R. Probabilistic network construction using the minimum description length principle[M]// Lecture Notes in Computer Science: 747. Berlin: Springer-Verlag Berlin Heidelberg, 1994: 41 - 48.

[13] Lam W, Bacchus F. Learning Bayesian belief networks: An approach based on the MDL principle[J]. Computational Intelligence, 1994, 10(3): 269 - 293.

[14] Chickering D M. Optimal structure identification with greedy search

[J]. Journal of Machine Learning Research, 2002, 3: 507 - 554.

[15] Singh A P, Moore A W. Finding optimal Bayesian networks using branch-and-bound[C]. Proceedings of the 19th International Conference on Machine Learning, 2022.

[16] Ramsey J, Glymour M, Sanchez-Romero R, et al. A million variables and more: The fast greedy equivalence search algorithm for learning high-dimensional graphical causal models, with an application to functional magnetic resonance images [J]. International Journal of Data Science and Analytics, 2017, 3(2): 121 - 129.

[17] Shimizu S, Hoyer P O, Hyvärinen A, et al. A linear non-Gaussian acyclic model for causal discovery[J]. Journal of Machine Learning Research, 2006, 7 (10): 2003 - 2030.

[18] Hoyer P O, Janzing D, Mooij J M, et al. Nonlinear causal discovery with additive noise models[C]. Advances in Neural Information Processing Systems, 2008.

[19] Peters J, Mooij J M, Janzing D, et al. Causal discovery with continuous additive noise models[J]. Journal of Machine Learning Research, 2014, 15(1): 2009 - 2053.

[20] Granger C W J. Investigating causal relations by econometric models and cross-spectral methods[J]. Econometrica, 1969, 37(3): 424 - 438.

[21] Marinazzo D, Pellicoro M, Stramaglia S. Kernel method for nonlinear Granger causality[J]. Physical Review Letters, 2008, 100(14).

[22] Sugihara G, May R, Ye H, et al. Detecting Causality in Complex Ecosystems[J]. Science, 2012, 338(6106): 496 - 500.

[23] Sun J, Taylor D, Bollt E M. Causal network inference by optimal causation entropy[J]. SIAM Journal on Applied Dynamical Systems, 2015, 14(1): 73 - 106.

[24] Kang M, Chen D, Meng N, et al. Identifying unique spatial-temporal Bayesian network without Markov equivalence[C/OL]. DOI: 10.1109/TAI.2024.3483188, 2024.

[25] He Y, Kang M, Chen D, et al. NHCE: A neural high-order causal entropy algorithm for disentangling coupling dynamics[J]. IEEE Transactions on Network Science and Engineering, 2024, 11(6): 5930 - 5942.

[26] Runge J, Nowack P, Kretschmer M, et al. Detecting and quantifying causal associations in large nonlinear time series datasets[J]. Science Advances, 2019, 5(11): eaau4996.

第 6 章　系统辨识

辨识、状态估计和控制理论是现代控制理论中三个互相渗透的领域。辨识和状态估计离不开控制理论的支持,控制理论的应用又几乎不能没有辨识和状态估计技术。随着控制过程复杂性的提高,控制理论的应用日益广泛,但其实际应用不能脱离被控对象的数学模型。然而在大多数情况下,被控对象的数学模型是不知道的,或者在正常运行期间模型的参数可能发生变化,因此利用控制理论去解决实际问题时,首先需要建立被控对象的数学模型。

系统辨识正是适应这一需要而形成的,它是现代控制理论中一个很活跃的分支。社会科学和自然科学领域已经投入相当多的人力和物力去观察、研究有关的系统辨识问题。从 1967 年起,国际自动控制联合会(IFAC)每三年召开一次国际性的系统辨识与参数估计讨论会,历届国际自动控制联合会的系统辨识会议均吸引了众多有关学科的科学家和工程师们的积极参加。

系统辨识的目标是通过收集系统的输入和输出数据,建立一个数学模型来描述系统的动态行为。这个模型可以是线性或非线性的、参数化或非参数化的,取决于系统的特性和研究的目的。通过系统辨识,我们可以获得对系统内部结构、动态特性和参数的理解,从而实现对系统的分析、预测和控制。本章将分别介绍单系统辨识和多系统辨识,并介绍一些关于系统辨识的主要方法。

本章使用的数学符号如表 6-1 所示。

表 6-1　数学符号

符号	含义
X_i	变量
X_i^t	变量 X_i 在 t 时刻
X^i	预测变量
X	输入数据集合,$X=\{X_1,\cdots,X_n\}$
$\Theta(X)$	字典矩阵
y_i	响应变量
Y	观测数据变量

续表6-1

符号	含义
$\varnothing(k)$	回归向量
$J(\theta)$	损失函数
α	学习率
f	函数
P	概率
η	正则化参数
Z	正则化项

6.1 单系统辨识

单系统辨识是一种针对单个子系统进行建模、辨识与分析的系统科学方法。首先,系统的数学模型是系统分析、优化与控制的核心研究对象。系统数学模型的准确建立对于深入理解系统内在规律、优化系统性能及实现有效控制具有决定性作用。其次,作为一种经典的系统辨识方法,单系统辨识专注于利用实测数据来构建单个子系统的数学模型。这一研究领域已发展超过 50 年,形成了成熟的理论体系,并在工业控制等领域得到了广泛应用[1]。然而,随着微观实验技术和数字化测控手段的迅速发展,现实世界中越来越多的复杂系统观测数据得以获得。特别是在信息化时代,网络化系统的普及使得传统的单系统辨识方法面临新的挑战。因此,如何有效识别和建模这种复杂的网络化系统,已成为当前系统辨识领域的重点研究方向之一[2]。

一般而言,假设系统观测数据集为 $D=\{X,Y\}$,其中 $X=\{x_i\in\mathbb{R}^d\mid i=1,\cdots,N\}$为系统观测输入数据,$Y=\{y_i\in\mathbb{R}^m\mid i=1,\cdots,N\}$为系统观测输出数据,那么单系统辨识的目标是构建一个满足特定准则 $L(Y,F_\theta(X,E))$的数学模型 F_θ,其中 θ 为模型内部参数向量,E 为模型外部参数集合。

单系统辨识以观测数据为输入,以准则函数为驱动,通过系统辨识算法生成模型作为输出,形成一个闭环反馈的辨识过程。其核心在于形式化地捕捉和客观描述系统的本质特征。然而系统规模的增加、系统阶数的提升、多输入多输出的耦合效应、非线性特性的存在、环境噪声的干扰以及实际工程中的各种约束条件等,显著增加了系统的辨识难度。这些因素共同构成了系统辨识中的关键挑战。

6.1.1 基础知识

在系统地讲述单系统辨识的经典算法之前，需要先介绍一些基础知识。首先，了解单系统辨识的分类至关重要。由于单系统辨识算法繁多，难以逐一详细阐述，将其分为不同的类别有助于更直观地理解和系统地研究单系统辨识的核心内容。其次，掌握一些基本的预备知识是理解和推进算法研究的基础。最后，通过概述当前的研究现状，可以更好地把握单系统辨识的发展脉络与研究方向。

6.1.1.1 单系统辨识的分类

传统的单系统辨识算法通常采用最小二乘法直接求解，对于非线性问题，则通过将其线性化后再利用最小二乘法求解。然而，随着 20 世纪末大数据时代的到来，人们发现传统辨识方法存在一个显著的问题：自变量数量过多，导致模型结果中大部分自变量的系数值较小，甚至许多自变量与因变量之间并无直接关联。因此，研究者们提出一种新的思路：是否可以通过舍去部分自变量（即将其系数设为 0），从而简化模型。这就是稀疏辨识问题，稀疏辨识的目标是在给定误差范数小于 ε 的情况下最小化系数的 l_0 范数，而这又是一个 NP 问题。针对稀疏辨识问题，单系统辨识方法主要给出以下三种求解策略，并根据不同的解决思路形成了分类。

(1) 基于贪心思想的方法：Davis 等人提出的正交匹配追踪（Orthogonal Matching Pursuit, OMP）算法[3]是一种基于贪心策略的启发式方法，用于解决稀疏信号恢复这一 NP 难问题。OMP 算法通过迭代选择局部最优原子并正交化残差，可在多项式时间内计算近似解，并当测量矩阵满足约束等距性（RIP）等条件时，OMP 算法能保证恢复精确解。

(2) 基于修改范数的惩罚项方法：为了克服贪心算法的不足，Tibshirani 尝试对原问题进行改进。他将原问题中最小化系数范数的目标分别改为范数和范数的最小化，提出 LASSO（Least Absolute Shrinkage and Selection Operator）和岭回归（Ridge Regression）方法[4]。这两种方法能够在较短时间内找到对应范数意义下的全局最优解。然而，Tibshirani 的方法并未直接解决原问题，而是求解了其近似版本。尽管结果符合稀疏辨识的期望，但并非原问题的最优解。

(3) 基于稀疏贝叶斯方法：稀疏贝叶斯方法[5]的代表是 Tipping 提出的相关向量机（Relevance Vector Machine, RVM）。这类方法从贝叶斯学习的角度出发，开创了稀疏贝叶斯学习的先河。具体而言，稀疏贝叶斯方法通过引入合适的先验分布（如拉普拉斯先验或指数先验）对模型参数进行建模，使得模型参数具有稀疏性。

通过最大后验概率(Maximum A Posteriori, MAP)估计或贝叶斯推断方法,可以估计模型参数并得到稀疏的特征或变量选择结果。

上述三类方法构成了单系统辨识的主要研究方向,后续的研究工作通常是对这三类方法的改进、综合或扩展,它们的基本框架难以跳出这三类方法的范畴。后续算法部分,我们将围绕这三类方法展开介绍。

6.1.1.2 预备知识

在系统辨识中,回归计算、梯度下降与贝叶斯方法是三类基础工具,本节将系统阐述它们的原理及联系。

在系统辨识中,回归计算通常用于线性模型,这些模型假设系统的行为可以通过线性方程来描述。例如,线性回归模型可以表示为回归分析通过构建输入输出变量的数学关系实现系统建模,其核心在于参数估计。以线性模型为例,系统行为可表示为

$$y(k)=[\varnothing(k)]^{\mathrm{T}}\theta, \tag{6.1.1-1}$$

其中,θ 表示参数向量;$\varnothing(k)$表示回归向量,包含了过去时刻的输入输出值。最小二乘估计和极大似然法是两种常用的参数估计方法,它们通过最小化残差平方和或寻找使已知样本出现概率最大的参数来估计模型参数。

梯度下降是解决非线性参数估计问题的迭代优化方法。对于损失函数 $J(\theta)$,其梯度 $\nabla J(\theta)$定义为

$$\nabla J(\theta)=\left(\frac{\partial J}{\partial\theta_1},\frac{\partial J}{\partial\theta_2},\cdots,\frac{\partial J}{\partial\theta_n}\right)^{\mathrm{T}}, \tag{6.1.1-2}$$

这里,$\theta=(\theta_1,\theta_2,\cdots,\theta_n)^{\mathrm{T}}$ 是模型参数向量,而$\frac{\partial J}{\partial\theta_i}$表示损失函数$J$ 对参数θ_i 的偏导数。梯度下降算法通过迭代更新参数来最小化损失函数,更新规则为

$$\theta_{\mathrm{new}}=\theta_{\mathrm{old}}-\alpha\nabla J(\theta_{\mathrm{old}}), \tag{6.1.1-3}$$

其中 α 是学习率,控制着每次迭代中参数更新的步长。在每次迭代中,算法计算当前参数下的梯度,并根据这个梯度和学习率来更新参数,以利于平衡计算效率与局部极值风险。

对于最原始的稀疏表示问题,其拉格朗日形式可写为

$$\hat{s}=\underset{s}{\operatorname{argmin}}\|y-As\|_2^2+\lambda\|s\|_0. \tag{6.1.1-4}$$

如果将$\|y-As\|_2^2$ 看作 s 的负高斯对数似然函数,而将 $\lambda\|s\|_0$ 等价于 s 的先验分布的负对数,那么上面的优化问题实际上可解释为一个贝叶斯过程。进一步分析,求最稀疏解的问题就是一个最大后验概率估计问题。

根据以上分析可得出两个结论：

(1) 常见的稀疏优化问题可通过贝叶斯参数估计统一表征；

(2) 不同先验分布(如 LASSO 先验、高斯先验)对应不同正则化效果。

因此，合理的先验假设是贝叶斯学习有效进行的关键。常用的贝叶斯先验假设方法有以下几种：

(1) 贝叶斯 l_p 范数包括针对不同优化范数的贝叶斯 LASSO、推广的 Bayes 弹性网等，这类方法基于合理的假设，通过积分计算后验达到与所求范数近似的形式，从而实现 Bayes 范数[6]。

(2) 在基于高斯先验的稀疏表示模型中，假设要估计的稀疏向量 s 的各个元素相互独立，且服从高斯分布 $N(0,\sigma_n^2)$。对于 σ_n^2，可采用标准伽马函数、标准逆高斯函数或 Jeffreys 函数 $p(\sigma_n^2)\propto 1/\sigma_n^2$ 作为其先验，然后计算相应的后验估计[7]。

(3) RVM 是一种与 SVM 类似的稀疏概率模型，其实质是一种新的贝叶斯框架下的监督学习方法。RVM 通过多次计算参数相关性移除不相关的基原子，从而逼近稀疏解[8]。

在介绍算法之前，我们还应该引入基函数库的相关内容。系统辨识中的基函数库是指用来描述系统特性的一组基本函数或模型，它们通常用于拟合观测数据，从而推导出系统的数学模型或特性。常见的基函数库包括但不限于：

(1) 多项式基函数：通常用于多项式拟合(包括线性、二次、高次多项式等)及系统的静态特性辨识；

(2) 正弦函数和余弦函数：用于描述周期性系统或者振荡系统的特性，例如正弦函数可以用于拟合周期性信号的频率和幅值；

(3) 高斯函数：用于描述系统的响应或者激励信号的分布特性，如描述噪声、滤波器等；

(4) 基于样条的基函数：如 B 样条、N 样条等，用于拟合具有一定光滑性质的系统特性；

(5) 基于神经网络的基函数：如径向基函数、多层感知机等，用于拟合非线性、高度复杂的系统特性。

这些基函数库的选择取决于待辨识系统的特性、辨识模型的复杂度和所需精度等因素。在系统辨识中，通过选择合适的基函数库并结合合适的辨识算法，可以有效地推导出系统的数学模型，为系统建模和控制提供支持。

6.1.1.3　研究现状

单系统辨识的理论演进可划分为两大阶段，即平凡辨识阶段和稀疏辨识阶段，其方法论变革与时代需求紧密相关。

(1) 平凡辨识阶段:最早的辨识方法是 19 世纪末由高尔顿提出的。他发现父母身高可以预测孩子的身高,于是将孩子的身高与父母的身高这一现象拟合成线性关系,形成一元线性回归,成功预测了孩子的身高。这个方法也开启了通过辨识方法预测数据的先河。20 世纪初,高尔顿对一元线性回归进行改进,进一步提出多元线性回归。多元线性回归描述了因变量与多个自变量的关系,可以更加精确的预测随时间发展的数据。该方法即为平凡的辨识方法,也称为最小二乘法,在当时的医疗、生物、社会数据分析领域[9]均有较好的效果。但多元线性回归可能会造成共线性、过拟合等问题,需要在大规模变量的辨识中对变量进行取舍。

(2) 稀疏辨识阶段:到了 20 世纪末,在大数据时代下,待辨识变量维度激增,传统方法面临计算复杂度与模型可解释性双重挑战。Tibshirani 于 1996 年提出 LASSO 回归,通过凸松弛将 NP 难问题转化为可计算优化问题,实现特征自动选择。Davis 等人提出正交匹配追踪(OMP),以多项式时间代价逼近稀疏解,适用于压缩感知等场景。Tipping 于 2001 年设计相关向量机(RVM),引入高斯-伽马分层先验,从概率视角实现稀疏建模,兼具统计严谨性与计算效率。这些求解方法很好地解决了大规模数据的辨识。

当前系统辨识作为一种以数据驱动的数学建模核心技术,已在控制系统、信号处理、图像处理、机器学习与人工智能、工程与科学研究等众多领域获得广泛而深入的应用。在控制系统领域,它通过采集被控对象的输入-输出数据,精确构建反映系统动态特性的数学模型,为先进控制策略设计、自适应调节与实时优化提供不可或缺的理论依据;在信号处理领域,它利用系统辨识方法有效提取隐藏在复杂信号中的动态特征,广泛应用于语音增强、通信信道均衡、故障诊断及非平稳信号预测等任务,显著提升了信号滤波、特征提取与模式识别的精度;在图像处理领域,它通过建立图像采集、传输与处理系统的数学模型,实现对图像退化过程的精准描述,进而支撑图像复原、目标检测与场景理解等关键应用;在机器学习与人工智能领域,系统辨识不仅为深度神经网络、强化学习等算法提供可解释的物理模型先验,还在时序预测、因果发现与知识蒸馏中发挥桥梁作用,推动数据驱动与模型驱动方法的深度融合;在更广泛的工程与科学研究中,无论是航空航天器动力学建模、电力系统负荷预测、生物医学系统参数估计,还是环境科学中的气候模型校准,系统辨识均通过高效融合实验数据与机理知识,为复杂系统的动态分析、性能评估与优化决策提供强有力的技术支撑。

6.1.2　经典算法

本节系统阐述基于稀疏优化的经典辨识方法，其核心可归约为梯度下降、贝叶斯推断与贪心搜索三类范式。

6.1.2.1　正交匹配追踪(OMP)辨识

正交匹配追踪(OMP)是启发式贪心搜索算法的典型代表，其核心思想是通过迭代式的局部最优决策逼近全局优化目标。贪心算法是一种解决最优化问题的算法，常用于组合优化和图论中。在贪心算法中，每一次做出的局部最优选择并不需要考虑之后的选择结果，因而全局最优解是由所做的每个局部最优选择构成的。由于贪心算法只考虑当前的最优决策，而不是追求全局最优解，因此其执行效率通常非常高。在系统辨识中，贪心算法可以将系统辨识的 NP 难问题转化为多项式范围可以解决的问题。

OMP 算法源自信号复原。信号复原也是一种典型的单系统辨识问题，其主要思想是通过迭代地选择具有最大相关性的原子向量(或称字典)，将信号表示为原子向量的线性组合，从而实现信号的稀疏表示。信号复原问题有非常清晰的数学表达形式。介绍信号复原问题要从线性方程组求解开始讲起。

对于 $A\in\mathbb{R}^{m\times n}$，$x\in\mathbb{R}^{n}$，$b\in\mathbb{R}^{m}$，假设 $b\neq 0$，当 $\mathrm{rank}(A)=n$ 时，非齐次线性方程组 $Ax=b$ 有唯一解。而当 $\mathrm{rank}(A)<n$ 时，方程 $Ax=b$ 有无穷多解，此时若想得到唯一的解 x，就需要对 x 提条件，比如说 x 是稀疏的(x 含有尽可能多的零元素)[10]。这就是经典的信号复原问题，即对线性方程组 $Ax=b$，假定 x 是稀疏的，能否通过已知的 $A\in\mathbb{R}^{m\times n}$ 和 $b\in\mathbb{R}^{m}$，在 $m\ll n$ 的情况下求出 x。这一经典的数学问题有着非常广泛的应用[11]。

OMP 算法在信号处理、图像处理、压缩感知和机器学习等领域应用很广，可以用于信号重构、压缩感知图像恢复、特征选择和稀疏表示等任务。在实际应用中，OMP 算法通常与其他技术和优化方法相结合，以进一步提高算法性能和适应复杂的问题场景。除此之外，其最重要的应用就是辨识方法。例如，在线性回归分析的变量选择上，对于线性方程 $y=X\beta$，最开始选定了 10000 个可能对因变量造成影响的自变量，但是对于这些自变量只有 100 组数据，即 $n=10000$，$m=100$，要想回归得到线性方程系数 β，此时我们最熟悉的最小二乘法已经无法求解(因为数据量小于参数的个数)。但是，并不是所有变量都会对因变量产生显著影响，我们往往只关注能够产生显著影响的那些变量。换而言之，这 10000 个自变量中有很多多余的变量(即回归后得到的系数 β 中有很多零元素),想从这 10000 个变量中挑选出具有显著影响的那些并求出它的系数(β 中的非零元素),OMP 是其中最为经典方法。

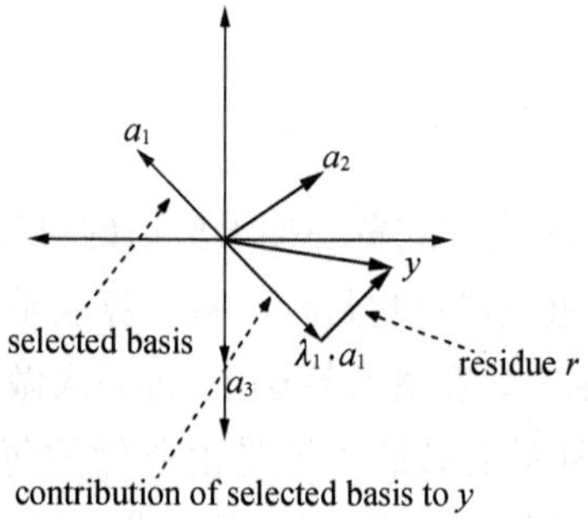

图 6.1.2-1　正交匹配追踪算法

对于线性方程组 $Ax=b$,如果把矩阵 A 中的每一列作为变量,那么 OMP 就是在每一次迭代过程中挑选出与当前残差相关度最高的变量,这些被挑选出来的变量可以组成矩阵 A 的一个子空间,每次的残差就是通过计算 b 与 b 在该子空间上的正交投影的差来得到。每次迭代过程中可以得到一个变量,如果需要 30 个变量,则只需要迭代 30 次即可。OMP 算法示意图如图 6.1.2-1 所示,具体流程如表 6.1.2-1 所示。

表 6.1.2-1　正交匹配追踪算法流程

算法 1:正交匹配追踪算法
输入:t, T_{ij},允许误差 ε
① 给定集合 Φ,初始化 $\Phi=\{\varphi_1(t), \varphi_2(t), \cdots, \varphi_p(t)\}$
② 给定残差 $RT_{ij} \in \mathbb{R}^M$,并满足 $\|RT_{ij}\|=\inf$(例如将 RT_{ij} 中每个分量设置成 999999)
③ 给定初始稀疏向量 $W_{ij} \in \mathbb{R}^p$,初始化为 p 维零向量
④ while $\|RT_{ij}\|<\varepsilon$ & $\Phi \notin \varnothing$
⑤　　求解 $\varphi_k(t) \in \Phi$,记录 k 值,之后更新残差 RT_{ij},即
⑥　　$RT_{ij}=T_{ij}-\langle T_{ij}, \varphi_k(t)\rangle \varphi_k(t) \mathrm{argmax}\langle T_{ij}, \varphi_k(t)\rangle$
⑦　　更新集合 Φ:$\Phi \to \Phi \backslash \{\varphi_k(t)\}$
⑧　　更新稀疏向量 W_{ij},对其第 k 个分量赋值 $\langle T_{ij}, \varphi_k(t)\rangle$
⑨ end while
输出:稀疏向量 W_{ij}

6.1.2.2　LASSO 辨识

LASSO 辨识是一种 l_p 范数求解方法。研究人员从稀疏回归和压缩感知的角度重新设想了动力系统发现问题，尤其是在进行单系统辨识时可以利用这样一个事实：大多数物理系统只有少数几个定义动力学的相关项，使得高维非线性函数空间中的控制方程稀疏。通常，根据观测数据可以得到变量 X 的观测值，以此计算其导数值的估计值。一般来说，稀疏回归会使用 l_0 范数做惩罚项，但是这会使得问题计算变得复杂(因为不可导，无法进行梯度下降)，因此一般采用更正惩罚项进行辨识。常常更正的惩罚项为 l_1 范数和 l_2 范数，其中 l_1 范数的更正项往往更为常用，此即为 LASSO(Least Absolute Shrinkage and Selection Operator)。

LASSO 的目标函数由两部分组成：第一部分是普通的最小二乘误差项，它衡量了模型对观测数据的拟合程度；第二部分是 l_1 正则化项，它是模型参数的绝对值之和，用于惩罚模型的复杂度。通过调节正则化参数 η，能够控制正则化项的影响程度。可以利用 LASSO 回归建立如下回归方程：

$$\dot{X}=\Theta(X)\Xi+\eta Z. \tag{6.1.2-1}$$

其中，X 是观测值，$\dot{X}$ 是预测结果，$\Theta(X)$是关于 X 的字典矩阵，Ξ 是系数矩阵，η 表示正则化参数，Z 是正则化项。LASSO 回归是单系统辨识的经典方法，其特点是在拟合广义线性模型的同时进行变量筛选和复杂度调整。因此，不论目标因变量是连续还是二元离散或者多元离散的，都可以用 LASSO 回归建模起到辨识系统的作用。

变量筛选是指不将所有的变量都放入模型中进行拟合，而是有选择地把变量放入模型以得到更好的性能参数。复杂度调整是指通过一系列参数控制模型的复杂度，从而避免过度拟合。对于线性模型来说，复杂度与模型的变量数有直接关系，变量数越多，模型复杂度就越高。更多的变量在拟合时往往可以给出一个看似更好的模型，但是同时也面临过度拟合的危险。此时，如果用全新的数据去验证模型，通常效果很差。一般来说，当变量数大于数据点数量很多或者某一个离散变量有太多独特值时，都有可能过度拟合。LASSO 算法中不同的 l_1 正则化下系数情况如图 6.1.2-2 所示。

下面我们考虑通常的回归情况。假设已知数据(X^i, y_i)，$i=1,2,\cdots,N$，其中 $X^i=(x_{i1},\cdots,x_{ip})^{\mathrm{T}}$ 和 y_i 分别是观察数据的第 i 个回归因子和响应量，通过最小化残差平方的误差得到普通最小二乘法(OLS)估计。OLS 的辨识结果不佳主要有两个原因。第一个原因是预测精度，OLS 估计经常是低偏压高方差。通过压缩

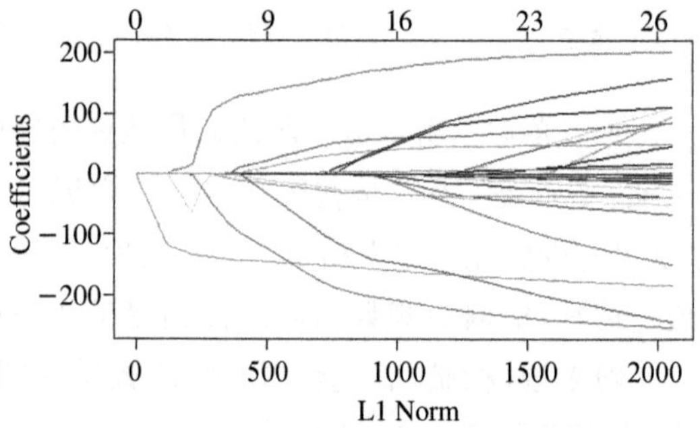

图 6.1.2-2　LASSO 算法中不同的 l_1 正则化下系数情况

或设置一些系数为 0，牺牲一些偏压及减少预测值的方差，有时可以提高总体的预测精度。第二个原因是解释。当预测变量数量庞大时，往往希望选出影响显著的小子集，这些小子集的预测值会表现出强烈的影响。

改进 OLS 估计的子集选择和岭回归这两种标准技术都有缺点。子集选择提供可解释模型，但它是一个从模型中保留或删除的离散过程变量，极其易变，而数据的一点更改可能导致 OLS 估计选中非常不同的模型，减少其预测精度。岭回归是一个系数收缩的连续的过程，虽然更加稳定，但它的任何系数都不为 0，因此没有给出一个容易解释的模型。

为改良前者的缺点，研究人员提出 LASSO 回归，即最小绝对收缩和选择算子。它将一些系数收缩，并将其他的系数设置为 0，从而试图保持子集选择和岭回归的良好特征。

同上，假设已知数据(X^i, y_i)，$i=1,2,\cdots,N$，其中 $X^i=(x_{i1},\cdots,x_{ip})^{\mathrm{T}}$ 是预测变量，y_i 是响应变量。在一般的回归设置中，假设观测值独立或者对给定的 x_{ij}^S，y_i^S 是条件独立的。若 x_{ij} 是标准化的，那么

$$\frac{\sum_i x_{ij}}{N}=0,\quad \frac{\sum_i x_{ij}^2}{N}=1.$$

令 $\hat{\beta}=(\hat{\beta}_1,\cdots,\hat{\beta}_p)^{\mathrm{T}}$，LASSO 估计$(\hat{\alpha},\hat{\beta})$的定义如下：

$$\begin{cases}(\hat{\alpha},\hat{\beta})=\operatorname{argmin}\left\{\sum_{i=1}^{N}\left(y_i-\alpha\sum_j \beta_j x_{ij}\right)^2\right\},\\ \text{s. t. } \sum_j |\beta_j|\leqslant t,\end{cases}\tag{6.1.2-2}$$

其中，调优参数 $t\geqslant 0$。现在对于所有 t，α 的解决方案为 $\hat{\alpha}=\bar{y}$。这里可以不失一般性假设 $y=0$，因此省略 α。方程(6.1.2-2)是具有线性不等式约束的二次规划问

题。$t\geqslant 0$ 控制了应用于估计的收缩量。令 $\hat{\beta}_j^0$ 为完全最小二乘估计，$t_0=\sum|\hat{\beta}_j^0|$，若 $t<t_0$ 将导致方案的收缩趋向于 0，并且一些系数可能刚好等于 0。例如，当 $t=t_0/2$ 时效果会大致类似于寻找大小为 $p/2$ 的最优特征子集。还要注意，设置的矩阵不一定需要满秩。

目前所有的关于 LASSO 的研究成果主要都在一元模型上讨论的，可是在实际问题中，人们往往对对象的多个指标感兴趣。例如，在天气预报中，要同时预报气温、气压、风向、风力及降水等多项指标；在检查人体的健康状况时，需要检查体温、血压、肺活量、脉搏以及血液等各方面情况；在分析矿石标本时，需系统化检测它所含的种种元素和化合物。总之，在这类问题中，要观察取自总体的个体的多个指标值，得到多维的样本观测值，在此基础上进行多元统计分析。事实上，多元统计分析也是数理统计学近二十年来迅速发展的一个分支。由于电子计算机使用的日益广泛，多元统计分析的方法也很快地应用到了各个领域。在国外，从社会科学到自然科学的诸多方面都已证实了多元统计分析方法是一种很有用的数据处理方法；在我国，多元统计分析对于水文、地质、气象、国家标准和误差分析等多方面的研究工作都做出了巨大的贡献，引起了各界高度而广泛的注意[12,13]。

LASSO 可以应用于许多其他的模型，例如 Tibshirani 描述了其在比例风险模型中的应用。这里我们简要探讨一下其在广义回归模型中的应用。考虑通过向量参数 β 进行索引的任何模型，在这个模型中估计是通过函数 $l(\beta)$ 的最大化实现的(可能是一个对数似然函数或者配合一些其他的措施)。为了应用 LASSO，我们在约束条件 $\sum|\beta_j|\leqslant t$ 下求 $l(\beta)$ 的最大值。较大可能是通过一般(非二次)编程步骤实现最大化，但这里我们考虑的是模型二次逼近 $l(\beta)$，导致 β 的计算中要用到迭代加权最小二乘法(IRLS)。这样的一种程序相当于一个牛顿-拉夫逊算法。由此即可通过 LASSO 算法的迭代应用加上一个 IRLS 循环解决带有约束条件的问题。一般来说，这个程序的收敛性不能保证，但根据我们有限的经验可知它的效果是相当好的。为了说明 LASSO 应用于二进制数据的逻辑回归，研究中使用了脊柱后凸畸形数据。其中，响应变量是脊柱后凸畸形(0 代表没有，1 代表有)；预测值 x_1 是年龄，x_2 是椎骨的数量水平，x_3 是刚开始时的椎体水平。这里有 83 个观测数据，由于预测值的影响是非线性的，在集中每个变量后将二次条件包括在内。最后，将数据矩阵的列进行标准化处理。

下面给出一个例子：假设线性逻辑拟合模型是

$$-2.64+0.83x_1+0.77x_2-2.28x_3-1.55x_1^2+0.03x_2^2-1.17x_3^2, \tag{6.1.2-3}$$

基于 Akaike 信息准则的向后逐步变量选择过程，舍弃 x_2^2 部分，产生的模型是

$$-2.64+0.84x_1+0.80x_2-2.28x_3-1.54x_1^2-1.16x_3^2. \quad (6.1.2-4)$$

LASSO 选择 $\hat{s}=0.33$，给出下面的模型：

$$-1.42+0.03x_1+0.31x_2-0.48x_3-0.28x_1^2. \quad (6.1.2-5)$$

而定义为 $\|\hat{\beta}^{\text{new}}-\hat{\beta}^{\text{old}}\|\leqslant 10^{-6}$ 的收敛性 5 次迭代就能得到。

6.1.2.3 岭回归辨识

岭回归辨识与 LASSO 辨识类识，也是一种 l_p 范数求解方法。它是专用于共线性数据分析的有偏估计回归方法，实质上是一种改良的最小二乘估计法，即通过放弃最小二乘法的无偏性，以损失部分信息、降低精度为代价获得回归系数更为符合实际、更可靠的回归方法。岭回归辨识对病态数据的拟合要强于最小二乘法。

在岭回归中，将稀疏辨识中的 l_p 惩罚项变成 l_2 惩罚项，核心思想是在目标函数中加入一个惩罚项，该惩罚项是回归系数的平方和与一个预先设定的参数 λ 的乘积。这个参数 λ 控制了正则化的强度，通过调整 λ 的取值，可以在偏置与方差之间找到一个平衡点。较大的 λ 值会强制回归系数向零靠近，从而降低方差，减少过拟合的风险；较小的 λ 值则会更加关注拟合数据的准确性，但可能会导致模型过于复杂，产生过拟合。一般的岭回归公式如下：

$$\|Y-X\beta\|^2+\lambda\|\beta\|^2, \quad (6.1.2-6)$$

其中，Y 是因变量的向量，X 是自变量的矩阵，β 是回归系数的向量，λ 是正则化参数(这一点和 LASSO 是完全一致的)。

岭回归的求解方法有多种，最常用的是通过使用正交矩阵的特征值分解来实现。通过对特征值进行平方根变换，可以得到岭回归的回归系数估计值。此外，还有一些基于迭代算法的求解方法，如广义逆矩阵法和迭代重加权最小二乘法。

岭回归在实际中有着广泛的用途，不仅可以用于处理多重共线性问题，还可以用于特征选择、噪声过滤和模型简化等方面。岭回归在金融、医学、生态学等领域有着重要的应用，尤其在数据量较小、自变量之间相关性较强的情况下，岭回归能够提供更加稳定和可靠的回归模型。

除此之外，还有一类叫作弹性网络回归(Elastic Net Regression，ENR)的回归方法。弹性网络回归是一种结合了 l_1 范数(LASSO 回归)和 l_2 范数(岭回归)的正则化方法，旨在克服各自方法的局限性，同时具备稀疏性和变量选择能力。在弹性网络回归中，目标函数包括两个部分，即最小化残差平方和、l_1 范数和 l_2 范数的惩罚项。这两个惩罚项分别控制着模型的稀疏性和平滑性。l_1 范数的惩罚项倾向于

将一些回归系数压缩至零,实现变量选择和稀疏性;l_2 范数的惩罚项则倾向于将回归系数平滑化,避免过拟合。

6.1.2.4　相关向量机辨识

稀疏贝叶斯学习(SBL)是一种强大的贝叶斯变量选择方法,特别是当有用的变量数量很少时,优势极为突出(相比于 LASSO 和岭回归)。研究人员将 SBL 引入到稀疏信号恢复领域,作为稀疏线性回归模型中基选择的方法。

给定

$$t=y+z=\Phi w+z, \tag{6.1.2-7}$$

其中 Φ 一般都是核函数构成的,即

$$\Phi=\begin{bmatrix}1 & K(x_1,x_1) & K(x_1,x_2) & \cdots & K(x_1,x_M)\\ 1 & K(x_2,x_1) & K(x_2,x_2) & \cdots & K(x_2,x_M)\\ \vdots & \vdots & \vdots & \ddots & \vdots\\ 1 & K(x_N,x_1) & K(x_N,x_2) & \cdots & K(x_N,x_M)\end{bmatrix}, \tag{6.1.2-8}$$

引入针对目标向量 t 的多变量高斯似然模型

$$P(t|w,\sigma^2)=(2\pi\sigma^2)^{-\frac{N}{2}}\exp\left(-\frac{\|t-\Phi w\|^2}{2\sigma^2}\right). \tag{6.1.2-9}$$

根据以上分析,就是要寻找一个后验密度函数。如果采用常见的最大似然法求解待估计的 w 和 σ^2,为了避免过学习现象,我们在 RVM[5] 框架中给 w 加上一个先决条件。具体来说,首先对 w 的各个元素赋予均值为 0,方差为 α_i^{-1} 的高斯先验,即

$$\begin{aligned}p(w|\alpha)&=(2\pi)^{-\frac{M}{2}}\prod_{m=1}^{M}\alpha_m^{\frac{1}{2}}\exp\left(-\frac{\alpha_m w_m^2}{2}\right)\\&=\prod_{m=1}^{M}N(w_i|0,\alpha_i^{-1})\\&=(2\pi)^{-\frac{M}{2}}|\Lambda_\alpha|^{-\frac{1}{2}}\exp\left(-\frac{1}{2}w^{\mathrm{T}}\Lambda_\alpha w\right),\end{aligned} \tag{6.1.2-10}$$

再对 α 赋 Gamma 先验,即

$$p(\alpha)=\prod_{i=1}^{M}\Gamma(\alpha_i|a,b)=p(\alpha|a,b), \tag{6.1.2-11}$$

其中 Gamma 分布的形式为

$$\Gamma(x|a,b)=\frac{b^a x^{a-1}\mathrm{e}^{-bx}}{f_\Gamma(a)}. \tag{6.1.2-12}$$

结合上面几式,可以得到数据的后验分布如下所示:

$$P(w|a,b)=\prod_{i=1}^{M}\int_{0}^{\infty}N(w_i|0,\alpha_i^{-1})\Gamma(\alpha_i|a,b)\mathrm{d}\alpha_i. \tag{6.1.2-13}$$

于是,通过求解 α 参数,进一步可以得到 w 的解。实验证明,上述超参数求解过程中,大部分的 α 会变得无限大,这意味着与该 α 相关的参数 w_i 如果先验服从于 $p(w_i)=N(0,\alpha_i^{-1})$,其中 α_i 无限大,则可以证明 $p(w_i)$的后验分布也服从零均值、零方差的高斯正态分布,从而可得 $w_i=0$。以上这些参数的关系即为 RVM 向量机(如图 6.1.2-3 所示)。

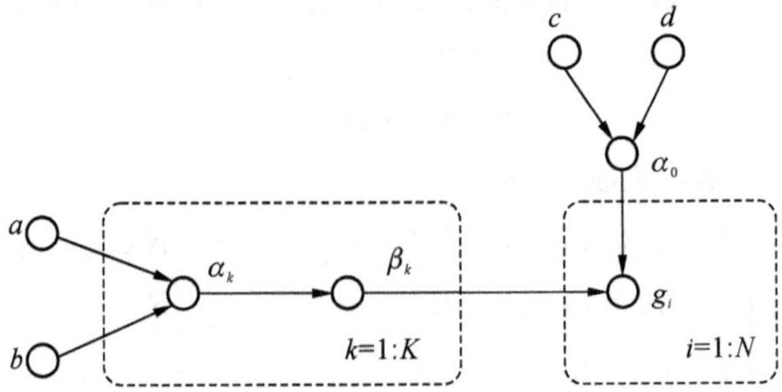

图 6.1.2-3　RVM 相关向量机示意图

与 SVM 不同的是,RVM 不需要手动设置惩罚因子。在 SVM 中,惩罚因子作为一个常数,用于平衡经验风险和置信区间,其值对实验结果十分敏感,设置不当可能导致过拟合等问题。而在 RVM 中,参数是自动赋值的。与 SVM 相比,RVM 具有更高的稀疏性,从而使得测试时间更短,更适合在线检测。众所周知,SVM 的支持向量数量随着训练样本的增大而线性增长,当训练样本数量很大时,这显然是不合适的。虽然 RVM 的相关向量数量也会随着训练样本的增加而增多,但其增长速度相较于 SVM 要慢得多。

6.1.2.5　经典稀疏贝叶斯辨识

基于高斯先验的稀疏表示模型主要有 Normal-Jeffreys 模型、Normal-Gamma 模型和 Normal-Inverse Gaussian 模型等。假设要估计的稀疏向量 s 的各个元素相互独立,且服从高斯分布 $N(0,\sigma_n^2)$,对于 σ_n^2,可采用标准伽马函数、标准逆高斯函数或 Jeffreys 函数 $p(\sigma_n^2)\propto 1/\sigma_n^2$ 作为其先验,之后再计算其后验估计。

由于传统方法难以直接解决该问题,因此研究人员尝试加入先验信息,从统计学的角度进行求解。较好的稀疏求解方法是利用 Bayes 方法。对于稀疏向量,稀疏 Bayes 方法给出先验假设:W_{ij} 独立同分布并分别服从高斯分布。根据 Bayes 公式,得到的后验概率为

$$p(W_{ij}|T_{ij};\gamma)=\frac{p(T_{ij}|W_{ij})p(W_{ij};\gamma)}{p(T_{ij};\gamma)}. \tag{6.1.2-14}$$

根据先验，可以进一步得到

$$p(T_{ij}|W_{ij})\sim N(\Phi(t)W_{ij},\sigma^2 I), \tag{6.1.2-15}$$

$$p(W_{ij};\gamma)\sim N(0,\Gamma),\quad \Gamma=\mathrm{diag}(\gamma_1^2,\gamma_2^2,\cdots,\gamma_p^2), \tag{6.1.2-16}$$

$$p(T_{ij};\gamma)=\int_{W_{ij}} p(T_{ij}|W_{ij})p(W_{ij};\gamma)\mathrm{d}W_{ij}. \tag{6.1.2-17}$$

可以发现，前两式的概率均为正态分布，而最后一式的概率是两个正态分布的卷积，所以以上三式都是正态分布。而在最开始的贝叶斯公式中，计算后验概率仅涉及正态分布的乘除法，因此后验概率 $p(W_{ij}|T_{ij};\gamma)$ 也是一个正态分布。这里仅需要计算该正态分布的均值和方差即可，对于不同的 γ_k^2 一般会有不同的结果。针对得到的后验分布，利用极大似然估计即可估计出 W_{ij} 的后验概率。不同的先验可以得到如表 6.1.2-2 所示的结果[14]，它们的先验轮廓如图 6.1.2-4 所示。

表 6.1.2-2　不同模型的等价惩罚项结果展示

模型	$\mathrm{pen}(\beta_k^{1:N})$
Normal-Jeffreys	$N\log(\mu_k)$
Normal-Gamma	$\left(\frac{N}{2}-\frac{\alpha}{K}\right)N\log(\mu_k)-\log K_{\frac{\alpha}{K}-\frac{1}{2}}(\gamma\mu_k)$
Normal-Inverse Gaussian	$\frac{N+1}{2}\log(q_k)-\log K_{\frac{N+1}{2}}(\gamma q_k)$

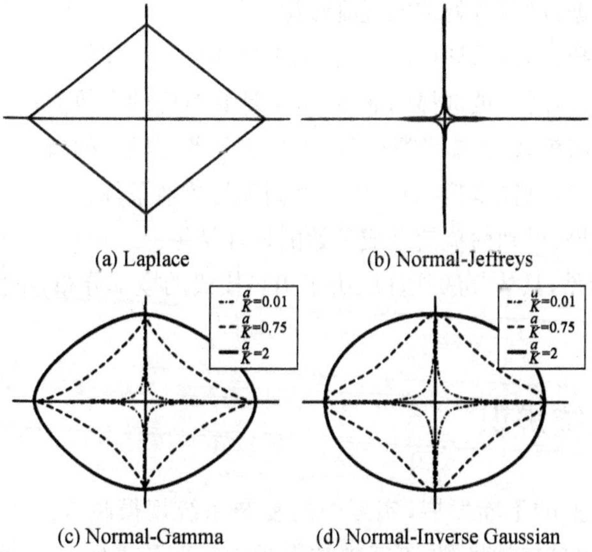

图 6.1.2-4　不同模型的轮廓展示

6.1.2.6 块贝叶斯辨识

相比于稀疏贝叶斯辨识，块稀疏贝叶斯辨识(Block Sparse Bayesian Learning，BSBL)假设信号或参数的稀疏性是以块为单位，即每个块内的元素都是非零的，而不同块之间的元素为零。这种块稀疏结构在许多实际问题中都具有重要意义，例如图像处理、信号恢复、压缩感知等。块稀疏贝叶斯辨识在处理问题时更重视块与块之间的连接关系而不是时间点与时间点之间的连接关系。在系统辨识中，块稀疏贝叶斯辨识方法也是较为重要的一类方法。

块稀疏贝叶斯辨识方法的基本思想是在贝叶斯框架下，通过对信号或参数引入稀疏先验分布，结合观测数据，通过后验概率进行推断和估计。通常使用高斯分布或拉普拉斯分布作为稀疏先验分布，以促使估计结果具有稀疏性。同时，为了更好地逼近真实的稀疏模式，还引入了一些块结构相关的先验信息，如块间相关性或块的位置先验知识。

块稀疏贝叶斯辨识的求解通常采用迭代算法，如变分贝叶斯推断、期望最大化算法等。这些算法通过交替更新参数估计和稀疏模式的概率分布，逐步逼近后验概率分布，最终得到稀疏信号或参数的估计结果。其大致主要分为以下七步：

(1) 初始化：设定模型的参数和稀疏性的先验分布；

(2) 观测数据：准备待处理的观测数据；

(3) 变量选择：通过估计稀疏模式，确定哪些块是非零的；

(4) 参数估计：对于被选择的非零块，估计其对应的参数值；

(5) 更新稀疏模式：根据参数估计结果，更新稀疏模式的概率分布；

(6) 迭代优化：重复步骤(3)～(5)，直到满足收敛条件；

(7) 输出结果：得到稀疏信号或参数的估计结果。

需要指出的是，具体算法往往取决于稀疏模式的概率分布，不同的分布会有不同的结果。

6.2 多系统辨识

随着现代工业的不断发展，实际中的复杂系统规模越来越大，非线性越来越强，动态随机性也越来越显著，不断地拉大辨识模型与真实系统间的差距。如今，由于工业广泛数字化(如工业 4.0)和随之而来的海量数据，现代深度神经网络因其增强的表达能力而受到越来越多的关注，被广泛用于复杂的机器学习任务(特别是计算机视觉、自然语言处理、语音识别等)中。正因为此，为了表征多系统关系，需要引入多系统辨识，以匹配当前人工智能发展的前景。

6.2.1 基础知识

多系统辨识往往使用的是时空数据。在讲述多系统辨识经典算法前，需要一些预备知识；同时，我们也会给出一些当前的多系统辨识的研究现状。

6.2.1.1 预备知识

时空数据的辨识问题可以描述为如下形式：

$$T_{ij}=\varphi(t)W_{ij}, \tag{6.2.1-1}$$

其中，$T_{ij}\in\mathbb{R}^M$ 表示在空间维度 i,j 处的时间序列数据，序列长度 M 即为数据中时间的长度；$\varphi(t)=[\varphi_1(t),\varphi_2(t),\cdots,\varphi_p(t)]\in\mathbb{R}^{M\times P}$ 表示关于时间序列 $t\in\mathbb{R}^M$ 的一个字典，P 表示字典中的基函数数量($M\gg P$)；$W_{ij}\in\mathbb{R}^P$ 是在空间维度 i,j 处寻求的一个稀疏向量，通过该向量可以选取 $\varphi(t)$ 字典中的基函数，以表示不同地区时间数据的变化趋势。

在 OMP 辨识中曾提及式(6.2.1-1)大概率是一个矛盾方程组，一般用最小二乘求解 W_{ij}，但最小二乘结果往往是不稀疏的。这里和单系统辨识类似，希望稀疏辨识能找到“最稀疏”的 W_{ij}，即

$$\begin{cases}\operatorname{argmin}\|W_{ij}\|_0,\\ \text{s.t. } \varphi(t)W_{ij}=T_{ij},\end{cases} \tag{6.2.1-2}$$

使其与最小二乘解结果相似，同时能抓住问题的“主要矛盾”(例如在该问题中，我们可以从字典中找到时间数据变化的根本原因)。此外，由于式(6.2.1-2)并不能保证等式严格成立，即在式(6.2.1-2)中允许一定的误差 ε，因此，稀疏辨识一般不使用式(6.2.1-2)，而是用以下两种形式进行表示：

$$\begin{cases}\operatorname{argmin}\|W_{ij}\|_0,\\ \text{s.t. } \|T_{ij}-\varphi(t)W_{ij}\|_p^p<\varepsilon,\end{cases} \tag{6.2.1-3}$$

或

$$\begin{cases}\operatorname{argmin}\|W_{ij}\|_0,\\ \text{s.t. } T_{ij}=\varphi(t)W_{ij}+\Xi, \quad \Xi\sim N(0,\sigma^2 I).\end{cases} \tag{6.2.1-4}$$

稀疏辨识的核心内容就是求解式(6.2.1-3)和式(6.2.1-4)中“最稀疏”的 W_{ij}.

6.2.1.2　研究现状

多系统辨识主要分为基于数据的方法和基于模型的方法。

对基于数据的方法进行辨识，主要使用的是深度神经网络方法。事实上，由于深度神经网络具有学习分层特征的潜力，从而提供了比浅层模型（如支持向量机、浅层感知机、人工神经网络等）更为有效地表示和泛化[15]。深度神经网络所具有的强大的特征提取、规律挖掘与并行计算能力为大规模复杂系统的辨识提供了一种有效途径，使得近些年来基于深度神经网络的复杂系统辨识方法被广泛研究。文献[16]通过利用深度卷积神经网络（CNN）解决了复杂非线性系统辨识中的可扩展性和鲁棒性问题。随后，CNN 被应用于辨识线性单自由度（SDOF）系统、非线性单自由度（SDOF）系统和一个全尺寸三层多自由度（MDOF）钢框架的动力响应中，同时，经过仿真证明了基于 CNN 的复杂系统辨识方法对噪声数据具有更强的鲁棒性[17]。

为了快速辨识动态系统模型，Wang 提出一种利用基于凸的长短时记忆网络快速学习动态系统模型的新概念，并取得了比传统的循环网络（RNN）甚至单一的长短时记忆（LSTM）网络更好的性能[18]。随后，Brusaferri 等人搭建了一个具有 LSTM 单元的深度递归神经网络保持贝叶斯框架，将非线性动态模型分解为柔性函数的组合，联合训练确定性层和随机层，促使输入数据序列转换为由 LSTM 编码的确定性特征空间，从而解决了非线性系统的精确推理辨识难题[19]。由于复杂系统中的伪随机性和参数敏感性，一些非线性动力学（如混沌系统）很难实现所需的回归逼近。为此，Wang 等人基于模糊神经结构和 LSTM 机制，提出一种新的自进化区间 2 型模糊 LSTM 神经网络（eIT2FNN-LSTM）的推理结构，用于非线性动力学的同步和识别，实现具有外部干扰噪声或/和随机变化参数的两个混沌系统的同步辨识[20]。

在基于模型的辨识领域，众多现代辨识方法各不相同。随着稀疏辨识技术的兴起，不同领域的学者纷纷结合自身领域的特点，对辨识方法进行针对性改进，并将其应用于各类时空数据的预测任务中，取得了显著成效。2012 年，Liu 等人在总结常用的稀疏贝叶斯方法时包括了非正态分布先验的假设。2016 年，Brunton 等人提出阈值最小二乘法用于解决动力学辨识问题，成功通过稀疏辨识方法拟合了复杂的常微分方程组。2018 年，Dong 等人在北京智源大会“人工智能的数理基础专题论坛”上提出 PDE-Net 可用于通过少量数据迅速求解偏微分方程，开创了人工智能求解偏微分方程的先河。2019 年，Yuan 等人提出 IHYDE 模型，完成了分段动力学辨识问题。这些方法突破利用代数方法，而从动力学、分段等多角度进行时空数据的辨识，具有一定的进步性。不过这些方法并不具有普适性，仅能在某一种辨识（或某一个特定数据集）中发挥较好的作用。

6.2.2　经典算法

下面我们将介绍一些有关多系统辨识的经典算法，主要包括基于模型的方法和基于数据的方法。

6.2.2.1　基于 DNN 的深度学习辨识

面向具有指定模型结构的动态系统辨识，文献[21]提出一种辨识动力系统的神经模型结构和拟合准则的框架，该框架在描述复杂非线性系统方面具有通用性，并且对测量噪声具有鲁棒性。为了对黑箱系统进行辨识，文献[22]提出一种新的深度神经网络（DNN）压缩方法，该方法将 DNN 学习的函数建模为分段线性函数，同时实现高压缩率、低推断时间以及最小的辨识精度损失。

随着工程系统复杂性的增强，基于深度神经网络的复杂系统辨识方法被大量应用于各种工业领域。Alshathri 等人利用深度神经网络辨识不同的蜂窝通信系统信号，该方法在不需要进行信号特征选择的情况下具有很好的识别性能[9]。在电力系统方面，负荷建模参数由于受到多种具有时变特性的负荷分量的影响而难以精确辨识，为此，Cui 等人提出一种基于深度学习的时变参数辨识方法（M-LSTM），用于 ZIP 负载和异步电机的复合负载模型辨识，该方法的有效性和鲁棒性在 23 总线系统和 68 总线系统上得到了验证[23]。

值得注意的是，基于深度神经网络的复杂系统辨识方法具备动态辨识、强鲁棒、可扩展、通用性等优点，使得基于深度神经网络的辨识方法成为大规模复杂系统辨识的一种主流方法，然而由于深度神经网络内部的复杂结构，导致辨识后的模型难解析弱解释，难以直接用于复杂系统的调控，因此如何增强辨识模型的可解释性是大规模复杂系统辨识需要深入研究的一个方向。

6.2.2.2　拓扑采样回归两步辨识

拓扑采样在进行时空辨识过程中是一个较好的方法。Gao 等人[24]利用拓扑采样的 Two-Steps 方法，在多系统辨识中获得了较好的效果。该工作主要分为两个阶段：

（1）全局回归（Global Regression）阶段，目的是评估每个基本函数在 LF 和

LG中与真实但未知的网络动态的相关性。通过观察所有节点 i 在时间 t 的 $x_i(t)$，近似计算出导数 $x(t)$ 并计算出矩阵 $\Theta_F(t)$ 和 $\Theta_G(t)$。具体优化过程如下：

$$\underset{\xi_F,\xi_G}{\operatorname{argmin}}\int_0^T(\|\widetilde{\Theta}_F(t)\xi_F+\widetilde{A}\widetilde{\Theta}_G(t)\xi_G-\dot{x}(t)\|^2)\,\mathrm{d}t+\lambda(\|\xi_F\|+\|\xi_G\|. \tag{6.2.2-1}$$

这一阶段能够缩小模型空间，但仅通过这种回归推断得到的动力学方程缺乏生成力，有时还可能出错，需要进行局部微调。

(2) 局部微调(Local Fine-Tuning)阶段，旨在减少的模型空间中重建 F 和 G 的生成和简洁表达式。与上一阶段不同的是，这一阶段主要使用未经归一化的 $\dot{x}(t)$，$\Theta_F(t)$ 和 $\Theta_G(t)$ 值，即不进行归一化，以进一步确定所需的基本函数并学习它们的精确系数。由于观测到的网络拓扑中的虚假或缺失连接会对学习产生不利影响，所以进行拓扑采样。通过拓扑采样和加权版本的 Akaike 信息准则有助于从噪声和不完整数据中进行推断，在其后续的实验中，由推断的动力学方程生成的轨迹与真实网络动态的数值模拟非常吻合。

拓扑采样回归两步辨识示意图如图 6.2.2-1 所示。

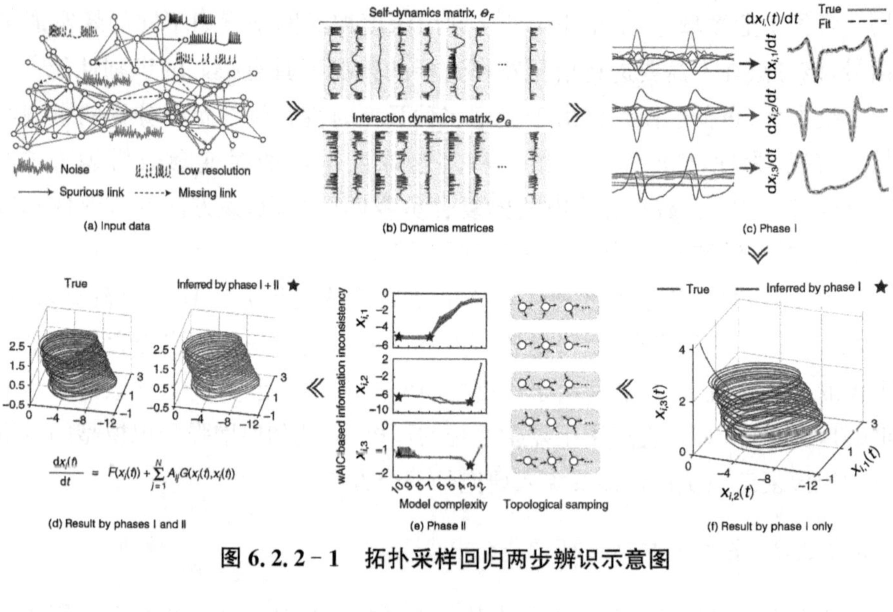

图 6.2.2-1　拓扑采样回归两步辨识示意图

6.2.2.3　SINDy 辨识

SINDy[25] 辨识的全称是 Sparse Identification of Nonlinear Dynamics，即利用稀疏辨识的方法发现群体智能中的非线性项。该方法解决了如下基础问题：

$$\frac{\mathrm{d}x(t)}{\mathrm{d}t}=f(x(t)).\tag{6.2.2-2}$$

SINDy 利用阈值最小二乘法对上式进行辨识。通过 SINDy 可以对多系统问题进行辨识，其辨识流程可以参考图 6.2.2-2。

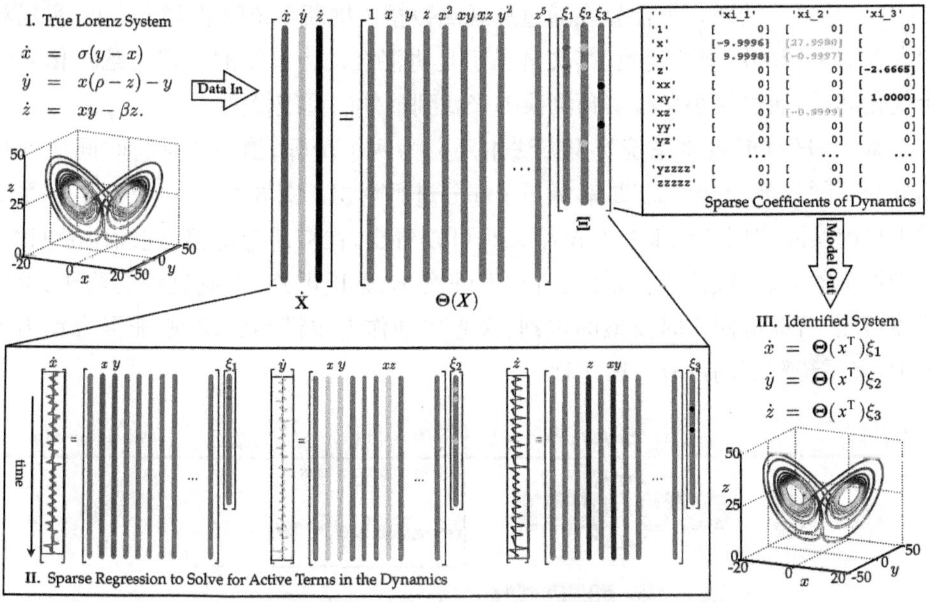

图 6.2.2-2　SINDy 识别洛伦兹系统

基于 SINDy 辨识，许多类似的框架应运而生，旨在解决特定领域的专业问题。Kaiser 等人[26]提出一种新的结构用于控制多个非线性系统。一般情况下，控制系统时，系统的动态方程之类是已知的，而文献[26]针对的目标（系统的状态和设计）是未知的。对于这类系统的建模和控制，以机器学习为代表的数据驱动方法走在前沿。但这一类的机器学习方法需要大量的数据支持，缺乏可解释性，不容易包含约束等。因此，Kaiser 提出将非线性动力学中的 SINDy 与模型预测控制（MPC）相结合的结构 SINDY-MPC。

进一步，在医药科学中经常会遇到比 SINDy 辨识还复杂的问题。例如，经常会遇到右端函数项表示为

$$f(x)=\frac{f_N(x)}{f_D(x)}.\tag{6.2.2-3}$$

在这种情况下，Brunton 提出 Implict-SINDy[27]，从而解决了分式情况的问题。除此之外，Brunton 为了防止 SINDy 中某些项发生突变，还提出 Bbrupt-SINDy[28]。这些方法是现代多系统辨识方法的基础，并且在现在还有着很广阔的应用空间，例

如动力系统建模、生物系统分析和控制系统设计等。

6.2.2.4 基于 IHYDE 的多系统辨识

2019 年，Yuan 等人[29]提出 IHYDE 模型来解决分段动力学辨识问题。基于 IHYDE 的多系统辨识方法旨在通过从观测数据中推断系统的动力学模型，实现对混合动力系统的辨识和建模，其关键思想是将混合动力系统的辨识问题转化为一个优化问题，通过最小化模型预测误差来找到最佳的系统模型。

基于 IHYDE 的多系统辨识方法主要分为两个步骤，第一步是将时间序列数据分为不同的部分，第二步是对每一个部分进行辨识。图 6.2.2-3 展示了多系统辨识目前实际应用的范围与测试结果。可以看出，在滞后继电器、连续磁滞回线、趋光性机器人、非线性混合系统、自动驾驶汽车、蔡氏电路、工业过程的监测、电网故障检测、智能电网实时模型的识别、人心房动作电位模型的发现、非混合动力系统中，多系统辨识均占有一席之地。

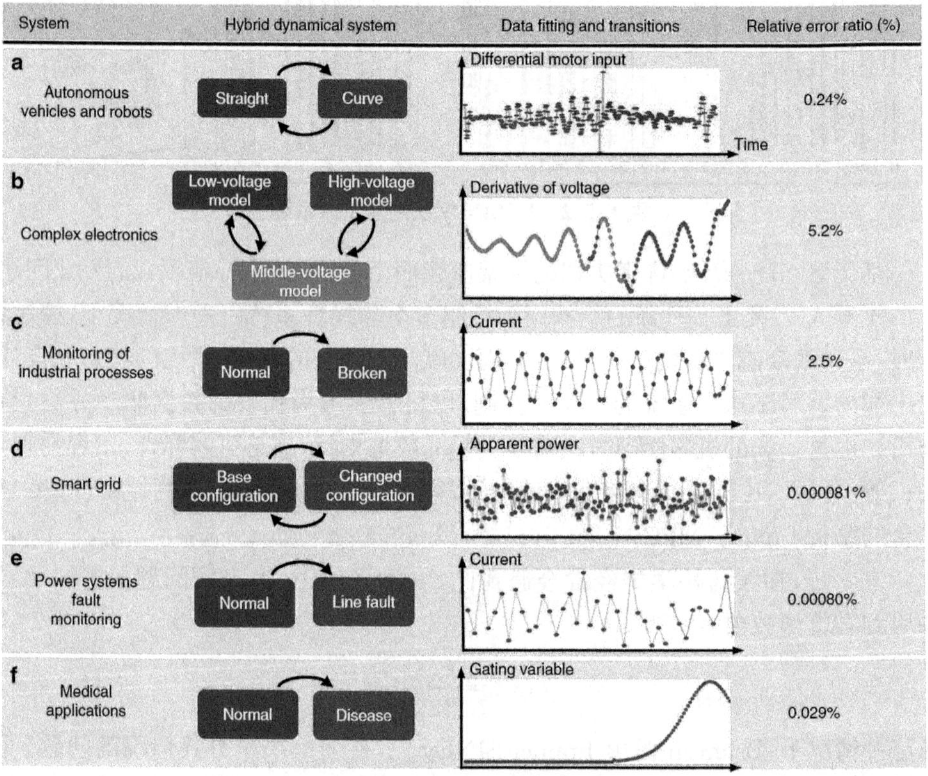

图 6.2.2-3 多系统辨识测试结果

多系统辨识方法可以总结如表 6.2.2－1 所示：

表 6.2.2－1　多系统辨识方法总结

	方法	优势	不足
Data-Driven	基于 LSTM 的多系统辨识方法	解决了非线性系统的精确推理辨识难题，实现具有外部干扰噪声或/和随机变化参数的两个混沌系统的同步辨识	难以对非时间序列数据进行辨识
	基于 DNN 的多系统辨识方法	具有高压缩率、低推断时间以及最小的辨识精度损失的特点	在数据量很大时训练速度会非常慢
	基于 CNN 的多系统辨识方法	对噪声数据具有更强的鲁棒性	对非欧式数据不具有辨识能力
Model-Based	SINDy 及其扩展模型	可以快速辨识非线性系统，并得到控制方程用于解释系统	难以解决完全非线性问题
	IHYDE	可以进行分段辨识，对不同阶段的结果可以有不同的表达	对时时切换系统难以满足辨识需求
	“两步法”多系统辨识算法	利用随机选图规则进一步降低了复杂度，可以快速求解大规模辨识问题	得到的结果不是最优解（甚至不是局部最优），只是近似解

6.3　总结与展望

系统辨识是从观测数据中推测系统特性的过程。本章主要介绍了单系统辨识和多系统辨识算法以及相关的方法和策略。

单系统辨识方面涉及的内容包括基于贪心算法的辨识、基于更正惩罚项的系统辨识、稀疏贝叶斯方法等。这些方法都有各自的优势和局限性，可以通过相互补充和优化提高辨识的效果和精度。贪心算法基于局部最优原则进行优化，虽快速有效，但无法保证全局最优；更正惩罚项方法可以增强模型的稳定性和泛化能力，对数据干扰具有一定的鲁棒性；稀疏贝叶斯框架利用了可数的稀疏特性，同时还能估计隐性结构。

多系统辨识方面涉及的内容包括基于数据驱动和基于模型两类算法。基于数据驱动的算法通过对多个系统的观测数据进行聚合和分析，以推测系统之间的关系和特性；基于模型的算法则是通过构建多个系统的数学模型，以实现对系统特性的推测和分析。这些方法有助于提高辨识准确度，降低错误率，并为模型选择和系统优化提供了有力的支持。

虽然本章对一些常见的系统辨识方法和策略进行了阐述,并提供了相关案例和示例来说明这些方法的应用和优势,但要在实践中获得最佳结果,还需要我们不断地实践和创新,及对广泛领域的应用进行更深层次地探索和研究。尤其当前系统辨识方法还存在大规模导致辨识时间长、非线性导致无法辨识、非连续函数难辨识等问题亟须解决。

参考文献

[1] Dahleh M A. Identification of Complex Systems[M]//Yamamoto Y, Hara S. Learning, Control and Hybrid Systems. Berlin: Springer, 1999.

[2] Hjalmarsson H. System identification of complex and structured systems [C]. The European Control Conference, 2009.

[3] Wang J, Kwon S, Shim B. Generalized orthogonal matching pursuit[J]. IEEE Transactions on Signal Processing, 2012, 60(12): 6202 - 6216.

[4] Shahmansoori A. Sparse Bayesian multi-task learning of time-varying massive MIMO channels with dynamic filtering[J]. IEEE Wireless Communications Letters, 2020, 9(6): 871 - 874.

[5] Tipping M E. Sparse Bayesian learning and the relevance vector machine [J]. Journal of Machine Learning Research, 2001, 1: 211 - 244.

[6] Feng J, Jia K, Qin C, et al. Sparse Bayesian reconstruction method for multispectral bioluminescence tomography[J]. Chinese Optics Letters, 2010, 8 (10): 1010 - 1014.

[7] Tipping M E, Faul A C. Fast marginal likelihood maximization for sparse Bayesian models[C]. International Workshop on Artificial Intelligence and Statistics, 2003.

[8] Bishop C M. Pattern Recognition and Machine Learning[M]. Berlin: Springer, 2006.

[9] Alshathri K, Xia H, Lawrence V, et al. Cellular system identification using deep learning: GSM, UMTS and LTE[C]. The 28th Wireless and Optical Communications Conference, 2019.

[10] Chang W. Nonlinear system identification and control using a real-coded genetic algorithm[J]. Applied Mathematical Modelling, 2007, 31(3): 541 - 550.

[11] Marano G C, Quaranta G, Monti G. Modified genetic algorithm for the dynamic identification of structural systems using incomplete measurements[J]. Computer-Aided Civil and Infrastructure Engineering, 2011, 26(2): 92 - 110.

[12] Silva R C C, De Menezes Júnior J M P, De Araújo Júnior J M. Optimization of NARX neural models using particle swarm optimization and genetic algorithms applied to identification of photovoltaic systems[J]. Journal of Solar Energy Engineering, 2021, 143(5).

[13] Su G, Wang P, Guo Y, et al. Multiparameter identification of permanent magnet synchronous motor based on model reference adaptive system-simulated annealing particle swarm optimization algorithm[J]. Electronics, 2022, 11(1).

[14] Wipf D P, Rao B D. Sparse Bayesian learning for basis selection[J]. IEEE Transactions on Signal Processing, 2004, 52(8): 2153 - 2164.

[15] Bengio Y. Learning deep architectures for AI[J]. Foundations and Trends in Machine Learning, 2009, 2(1): 1 - 127.

[16] Genc S. Parametric system identification using deep convolutional neural networks[C]. International Joint Conference on Neural Networks, 2017.

[17] Wu R, Jahanshahi M R. Deep convolutional neural network for structural dynamic response estimation and system identification[J]. Journal of Engineering Mechanics, 2019, 145(1).

[18] Wang Y. A new concept using LSTM neural networks for dynamic system identification[C]. American Control Conference, 2017.

[19] Brusaferri A, Matteucci M, Portolani P, et al. Nonlinear system identification using a recurrent network in a Bayesian framework[C]. IEEE 17th International Conference on Industrial Informatics, 2019.

[20] Wang H, Luo C, Wang X. Synchronization and identification of nonlinear systems by using a novel self-evolving interval Type - 2 fuzzy LSTM-neural network[J]. Engineering Applications of Artificial Intelligence, 2019, 81: 79 - 93.

[21] Forgione M, Piga D. Model structures and fitting criteria for system identification with neural networks[C]. IEEE 14th International Conference on Application of Information and Communication Technologies, 2020.

[22] Sahu I, Pal A, Ukil A, et al. Compressing deep neural network: A black-box system identification approach[C]. International Joint Conference on Neural

Networks,2021.

[23] Cui M,Khodayar M,Chen C,et al. Deep learning-based time-varying parameter identification for system-wide load modeling[J]. IEEE Transactions on Smart Grid,2019,10(6): 6102-6114.

[24] Gao T T, Yan G. Autonomous inference of complex network dynamics from incomplete and noisy data[J]. Nature Computational Science,2022,2:160-168.

[25] Brunton S L,Proctor J L,Kutz J N. Discovering governing equations from data by sparse identification of nonlinear dynamics[J]. PNAS,2016,113(15):3932-3937.

[26] Kaiser E,Kutz J N,Brunton S L. Sparse identification of nonlinear dynamics for model predictive control in the low-data limit[J]. Proceedings of The Royal Society A: Mathematical, Physical and Engineering Sciences,2018,474(2219).

[27] Quade M,Abel M,Kutz J N,et al. Sparse identification of nonlinear dynamics for rapid model recovery[J]. Chaos: An Interdisciplinary Journal of Nonlinear Science,2018,28(6).

[28] Dale R,Bhat S H. Equations of mind: Data science for inferring nonlinear dynamics of socio-cognitive systems[J]. Cognitive Systems Research,2018,52: 275-290.

[29] Yuan Y,Tang X,Zhou W,et al. Data-driven discovery of cyber-physical systems[J]. Nature Communications,2019,10(1).

第 7 章　大规模预训练模型

在当今时代，大数据与智能系统的关系日益紧密，它们共同推动了技术革新和社会发展。智能系统，尤其是深度神经网络(Deep Neural Network，DNN)已经成为处理和分析大数据的关键工具。这些系统依赖于对大数据的高效处理与分析能力，其中深度神经网络作为一种强大的算法工具，能够从大数据中自动学习并提取关键特征，进而有效地解决复杂的任务需求[1]。这一过程显著减少了对传统手工特征工程的依赖，尤其在图像、文本等非结构化数据处理[2]方面展现出了明显优势。然而，深度神经网络的复杂性使得它们在面对庞大参数量时极易产生对数据量的“饥渴”现象[3]，即在缺乏足够数据时，模型可能过拟合，导致泛化能力不足，影响系统的稳定性与鲁棒性[4]。

为缓解数据饥渴问题，迁移学习(Transfer Learning，TL)[5]作为一种有效策略被引入智能系统中。它提供了一种两阶段学习框架，即先通过预训练阶段从一个或多个源任务中获取知识，再在微调阶段将该知识转移到目标任务。这一方法使得深度神经网络能够在小样本条件下依然表现良好，大大提升了模型的适应能力与通用性[6]。迁移学习最初在计算机视觉(Computer Vision，CV)领域[7]取得了显著进展，许多卷积神经网络(Convolutional Neural Network，CNN)模型[8]在大规模图像数据集 ImageNet[9]上预训练，并在少量任务特定数据上微调后，于各类图像识别、目标检测等任务中展现出卓越表现[10]。

自然语言处理(Natural Language Processing，NLP)领域逐渐认识到预训练模型的巨大潜力，并开始为 NLP 任务构建相应的预训练模型[11]。为提供适用于各类 NLP 任务的通用语言知识，研究者们采用了自监督学习方法[12]。该学习方式使得大量未标记的文本数据得以用于捕获通用语言知识，而无需大量人工标注。在深度神经网络的持续进步推动下，Transformer 架构[13]的引入进一步促进 NLP 任务中深层神经网络模型的训练可行性。基于 Transformer 架构，并以语言模型学习为目标，研究者们提出如 GPT(Generative Pre-trained Transformer)[14]和 BERT(Bidirectional Encoder Representations from Transformers)[15]这样的深度预训练模型，为 NLP 任务带来了革命性的进展。

在上述研究基础上，学界提出大规模预训练模型(Large Pre-trained Models)

的概念。这类模型通常先在海量语料上进行预训练,训练方式多采用无监督或自监督学习,使模型能够自动学习语言或图像中的结构模式和语义特征,具备良好的泛化能力。预训练完成后,模型可以被迁移应用到各种具体的下游任务中,如文本生成、图像识别等,有效提升性能与效率。之所以称为大规模,是因为这类模型不仅拥有数十亿乃至上百亿个参数,还依赖大体量、多领域的训练数据。这种规模赋予了模型更强的表示能力和跨任务迁移能力,使其在多个领域实现了显著突破,成为推动人工智能发展的关键力量。

引入大规模预训练模型后,NLP 的语言理解与生成能力获得显著提升[16]。以 GPT 和 BERT 为例,研究发现,随着模型规模的增大,这些拥有数亿甚至数十亿参数的预训练模型能够更好地捕捉词汇和句法结构,更好地处理多义词消歧问题以及文本中的事实性知识[17]。通过对少量特定任务数据进行微调,这些模型可以将丰富的语言知识有效应用于下游 NLP 任务,并取得令人惊叹的表现。过去几年中,大规模预训练模型在语言理解和语言生成任务上都表现良好,甚至在部分任务上超越了人类表现[18]。

近年来,业界持续探索大规模预训练模型在各类人工智能任务中的应用,突破了传统 NLP 与 CV 领域的限制,正向更广泛的场景延伸。相比从零开始训练模型,微调预训练模型以适应具体任务的需求已成为业界普遍采用的方法。随着分布式计算技术的发展,模型参数规模从百万级迅速扩展到十亿级乃至万亿级,不仅极大推动了各类任务的性能提升,也重新定义了深度学习模型的可能性。尽管如此,关于大规模预训练模型的几个关键问题仍然悬而未决,例如庞大参数背后蕴含的知识性质尚不完全明确,训练这些模型所需的巨大计算资源也限制了进一步的探索。这些挑战将预训练模型研究推向一个新的十字路口,面临众多开放性问题,也催生了未来的研究方向。这里,我们将从模型生成与模型迁移的角度出发详细介绍大规模预训练模型的架构设计、发展历程及在实际应用中的迁移策略。

本章使用的数学符号如表 7-1 所示。

表 7-1 数学符号

符号	含义
$\mathbb{R}^{d\times d}$	$d\times d$ 维欧几里得空间,$\mathbb{R}$代表实数集
A,B	矩阵随机变量
X	文本序列样本,Token 序列
N	节点个数

续表7-1

符号	含义
x_i	文本序列中的单个样本，一个 Token
c_j	第 j 个类别
$\widetilde{X}$	去除损坏样本后的文本序列样本
x_{corrupt}	损坏文本序列
s_l	文本序列片段
$p(x_i \mid x_1, \cdots, x_{i-1})$	条件 $x_1, \cdots, x_{i-1}$ 下 x_i 的概率
b_i	模型输出的预测为某个类别 i 的 logit 值
v_i, a_T	教师模型的输出 logit 值
z_i, a_S	学生模型的输出 logit 值
p_i^T, P_T^τ	教师模型在第 i 类上经过 Softmax-T 函数的输出
q_i^T, P_S^τ	学生模型在第 i 类上经过 Softmax-T 函数的输出
T, τ	温度软化函数中的温度
Q_S^j	学生模型在 j 组的注意力图
Q_T^j	教师模型在 j 组的注意力图
A_S^j	学生模型在 j 组的特征图
A_T^j	教师模型在 j 组的特征图
LS_i^s	学生模型在第 i 点上的局部结构保存信息
LS_i^t	教师模型在第 i 点上的局部结构保存信息
t_i	教师模型的样本
s_i	学生模型的样本
S_i	第 i 个节点上学生模仿老师的效果
h_i	输入序列在第 i 个隐藏层的状态
p_s	学生模型的最后预测输出
C	微调下游任务数据集
(x, y)	输入样本和其真实标签
$C \times W \times H$	图像样本通道数×宽×高
$\mathcal{L}(\cdot)$	损失函数

续表7-1

符号	含义
l_δ	单个样本的损失函数
L_{soft}	软目标(蒸馏)损失
L_{hard}	硬目标(学生)损失
$\text{Softmax}(x_i)$	归一化指数函数,$\frac{\exp(x_i)}{\sum_j \exp(x_j)}$
$\text{Softmax-}T(x_i)$	温度软化函数,$\frac{\exp(x_i/T)}{\sum_j \exp(x_j/T)}$
U,W	权重矩阵
α,β	加权和参数
$W_e(W_e^{\mathrm{T}})$	词嵌入矩阵(转置)
W_p	位置信息编码矩阵
$\mathcal{H}$	交叉熵损失
g_φ	参数为 φ 的特征映射函数
h_θ	参数为 θ 的成对节点特征函数
$\mathcal{A}$	特征聚合算子
MLP	多层感知机
$\mathcal{SIM}(z_i, z_j)$	z_i 和 z_j 相似度量函数
ψ_D	正则化后的样本对关系度量函数(距离函数)
μ	正则化系数

7.1 预训练模型

7.1.1 基础预训练模型

当前预训练模型成功的关键是自监督学习[12]和 Transformer[13]的集成。在第 4 章已介绍过 Transformer,下面介绍两个基于 Transformer 的预训练模型——GPT[14]和 BERT[15],三个模型架构对比如图 7.1.1-1 所示。GPT 和 BERT 分别使用自回归语言建模和自动编码语言建模作为预训练目标,这两个模型也成为了后续预训练模型的基线模型[19]。

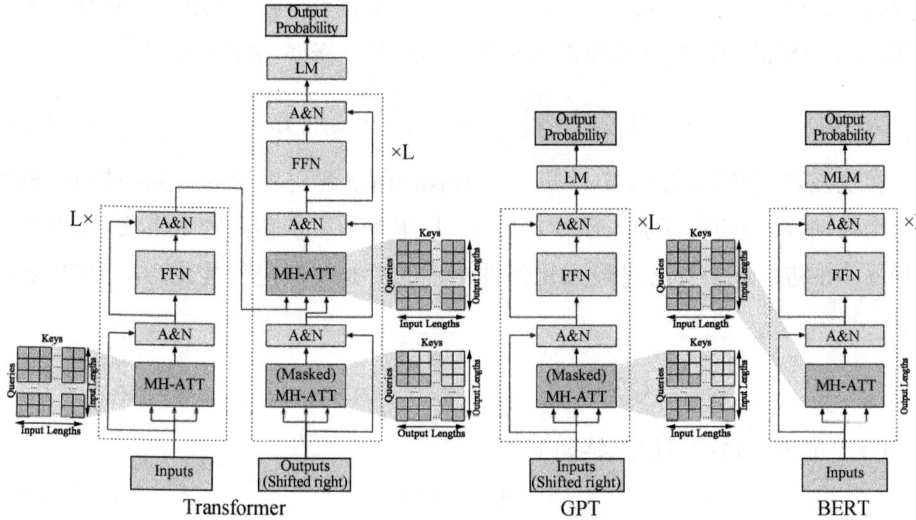

图 7.1.1-1　Transformer,GPT 和 BERT 模型架构

7.1.1.1　GPT 模型

GPT 模型以 Transformer 解码器为核心架构,通过在大规模语料库上进行生成式预训练以学习到丰富的语言知识,而后通过判别式微调快速适应下游任务。与早期预训练模型相比,GPT 是首个结合现代 Transformer 架构与自回归语言建模[20]目标的模型。实践表明,GPT 在几乎所有 NLP 任务中均取得了显著成功,包括自然语言推理、问答、常识推理、语义相似性、分类等任务。

GPT 的核心特点在于其采用自回归语言建模方式,即在给定前文的基础上预测下一个词的概率分布。这是一种典型的线性预测方法,在自然语言生成任务中具有重要作用。为实现这一建模机制,GPT 架构基于 Transformer 的解码器模块,该模块天生具备自回归特性,能够在序列生成过程中逐步处理信息。通过引入掩码自注意力机制(Masked Self-Attention Mechanism),模型在自注意力计算中屏蔽未来词的信息,有效防止在预测当前词时访问后续内容,从而严格保持自回归建模的因果性要求。在具体生成过程中,GPT 以逐词方式构建输出序列:每个时间步生成一个词,并将其作为新的上下文输入传递至下一步。通过这一循环迭代的生成机制,模型能够实现连贯、语义一致的文本输出,充分展现其在序列生成任务中的优势,也达成了自回归语言建模的设计目标。

具体而言,给定一个大规模语料库 $X=\{x_0,x_1,\cdots,x_n,x_{n+1}\}$,其中每个 x_i 都

代表语料库中的一个词元(Token)，整个序列包含了 $n+2$ 个 Token。GPT 的目标是根据前面的 $n+1$ 个 Token 即 $x_0,x_1,\cdots,x_n$ 来预测 x_{n+1}。GPT 希望最大化每个 Token 出现的条件概率从而得到整个序列的联合概率，表达形式为

$$P(X)=\prod_{i=1}^{n+1} p(x_i|x_1,\cdots,x_{i-1}). \tag{7.1.1-1}$$

实现该建模目标时，GPT 改进了 Transformer 解码器中的自回归机制，每生成一个新词，模型便将其加入已生成的序列，作为下一步预测的上下文，使得生成过程逐步推进。该目标通过最大化条件概率的对数似然进行优化，其形式化表达如下：

$$\mathcal{L}_1(\mathrm{X})=\sum_{i=1}^{n+1} \log p(x_i|x_1,\cdots,x_{i-1}). \tag{7.1.1-2}$$

GPT 的训练过程可以总结如下：

$$h_0=UW_e+W_p, \tag{7.1.1-3}$$

$$h_i=\mathrm{TransformerBlock}(h_{i-1}),\quad i\in\{1,2,\cdots,n\}, \tag{7.1.1-4}$$

$$P(u)=\mathrm{Softmax}(h_n W_e^{\mathrm{T}}), \tag{7.1.1-5}$$

其中，h_0 表示输入序列的初始状态；U 为一个权重矩阵，用于将输入词向量映射到模型的隐藏空间；W_e 是词嵌入矩阵，它将输入的 Token 转换为词向量；W_p 是位置信息编码，为模型提供序列中每个词的位置信息；h_i 表示通过 TransformerBlock 处理前一个隐藏状态 h_{i-1} 得到当前的隐藏状态；$P(u)$表示通过 Softmax 函数将最后一个隐藏状态 h_n 输出为概率分布，完成序列的下一个词预测。

完成预训练后，GPT 进入微调阶段，以进一步适应特定的下游任务。在此过程中，模型以预训练阶段获得的参数作为初始化基础，并针对目标任务的数据进行有监督优化。微调的基本机制是将输入序列传入模型，通过最后一层 Transformer 的输出表示生成任务相关的结果。结合具体任务的标签信息，GPT 在原有结构上添加一个简单的输出层，并通过反向传播优化整个模型，以最大化下游任务的预测性能。在该阶段，损失函数通常结合任务特定的微调损失与原始语言模型的损失，共同引导模型在保持语言理解能力的同时更有效地完成目标任务，其形式如下：

$$\mathcal{L}_2(\mathcal{C})=\sum_{(x,y)} \log p(y|x^1,\cdots,x^m), \tag{7.1.1-6}$$

$$\mathcal{L}=\mathcal{L}_2(\mathcal{C})+\lambda\,\mathcal{L}_1(\mathcal{C}), \tag{7.1.1-7}$$

其中，$\mathcal{C}$表示下游任务数据集；(x,y)表示输入和对应的标签；λ 是一个权重参数，用于平衡两个损失。

根据任务的不同，输入数据的形式可能有所差异。一些任务可能只涉及单一输入，而另一些任务则可能需要处理多个输入形式。GPT-1 针对不同任务采用了不同的处理方式，其结构和输入如图 7.1.1－2 所示，具体的策略如下：

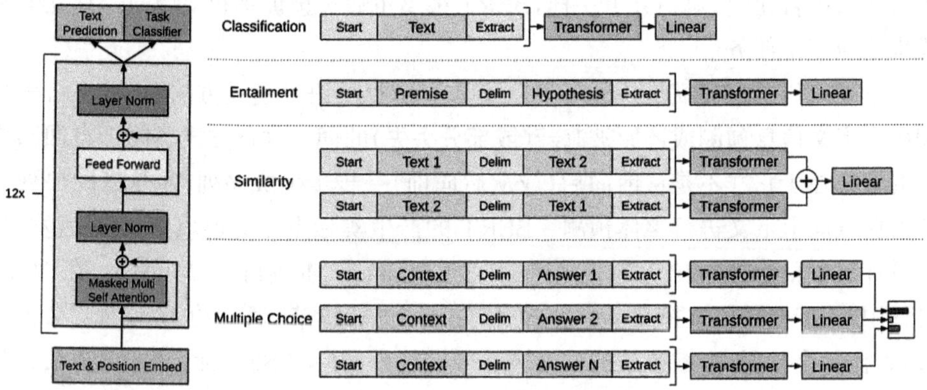

图 7.1.1－2　GPT-1 模型结构与输入

（1）分类任务：将起始和终止 Token 加入到原始序列两端，输入 Transformer 中得到特征向量，最后经过一个全连接得到预测的概率分布；

（2）自然语言推理：将前提和假设通过分隔符隔开，两端加上起始和终止 Token，再依次通过 Transformer 和全连接得到预测结果；

（3）语义相似度：将输入的两个句子的正向和反向各拼接一次，然后分别输入 Transformer，得到的特征向量拼接后再送给全连接得到预测结果；

（4）问答和常识推理：将 n 个选项的问题抽象化为 n 个二分类问题，即每个选项分别和内容进行拼接，然后各送入 Transformer 和全连接中，最后选择置信度最高的作为预测结果。

GPT 拥有数亿个参数，其训练过程持续约一个月，使用了当时极具规模的计算资源。在技术实现方面，GPT 在大规模语料上完成了自回归语言建模，有效捕捉了语言的统计规律与深层结构。它不仅在生成任务中展现出强大的能力，也首次验证了大规模预训练策略的有效性。因此，GPT 被公认为自然语言处理历史上首个真正意义上的“大规模”预训练模型。毫无疑问，这一突破性成果为后续如 BERT，GPT-2，T5 等模型的快速发展奠定了坚实基础，推动了预训练范式在语言理解与生成领域的全面确立。

7.1.1.2　BERT 模型

BERT 的出现也极大地推动了预训练模型领域的发展。与 GPT 相比，BERT

以 Transformer 编码器为核心架构。由于编码器中的注意力机制是双向的，BERT 在对一个 Token 的预测过程中会同时考虑其前后文的信息，这使得 BERT 与 GPT 之间的最大区别在于 BERT 在训练过程中使用自动编码语言建模，而不是 GPT 中的自回归语言建模。与 GPT 一样，BERT 模型也通过预训练和微调两个独立的阶段来适应特定任务。

自动编码语言建模是一种基于自编码[21]思想的语言建模方法，其核心目标是利用上下文信息预测或还原被遮蔽（或部分丢失）的词。这种方式不同于自回归语言的地方在于它并不是从前向后（或从后向前）一步步生成序列，而是借助序列中的前后双向上下文进行整体预测。BERT 的产生实际是受完形填空[22]的启发，从而设计出了目标掩码语言建模（Masked Language Modeling，MLM）。在 MLM 过程中，BERT 随机选择文本中的部分 Token 进行遮蔽（通常约 15%的词会被遮蔽）。在这个过程中，被遮蔽的词会被替换为特殊的[MASK] 标记，从而迫使模型学习上下文关系来填充缺失的词。MLM 的出现让自动编码语言建模产生了广泛影响。此外，BERT 引入下一句预测（Next Sentence Prediction，NSP）模块增强了模型对句子间关系的理解。NSP 任务使得 BERT 编码器不仅能理解单一的句子，还能学习句子之间的逻辑和语义关系，这在文本任务（如问答、自然语言推理）中非常重要。

ERT 的输入如图 7.1.1－3 所示。它由若干组成部分构成，包括特殊符号（[CLS]，[SEP]，[MASK]）、Token 词嵌入、段落嵌入（Segment Embedding）以及位置嵌入（Position Embedding）。其中，[CLS] 位于输入序列的起始位置，表示整句话或整段文本的语义，常用于分类等下游任务；[SEP] 用于分隔不同的句子或文本片段，帮助模型区分上下文结构。各类嵌入信息被加入后作为模型的最终输入，使 BERT 能够同时编码词汇、句子结构与位置关系。

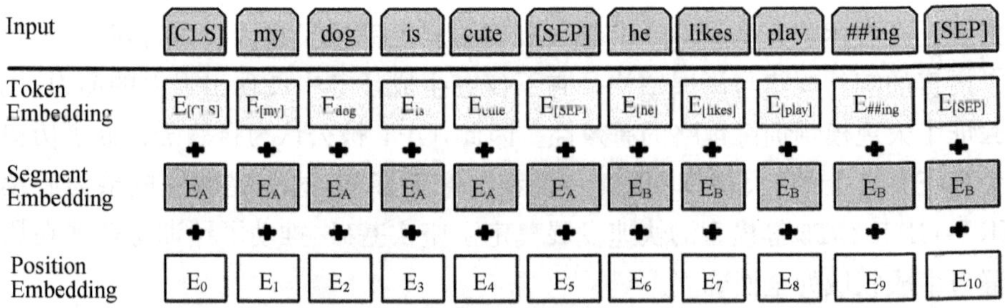

图 7.1.1－3　BERT 模型输入[15]

给定一个由 Token 组成的语料库 $X=\{x_0,x_1,\cdots,x_n,x_{n+1}\}$，BERT 随机掩

码 m 个 Token 后，最大化以下似然对数：

$$\mathcal{L}(X)=\sum_{i=0}^{n+1}\log p([\mathrm{Mask}]_i=y_i\mid\widetilde{X}),\tag{7.1.1-8}$$

其中，$[\mathrm{Mask}]_i$ 是被掩码的 Token 词的预测值，y_i 是该位置词的标签，$\widetilde{X}$ 是去除被掩码词后的上下文。

在预训练阶段，MLM 与 NSP 任务协同作用，共同优化 BERT 的参数。经过预训练后，BERT 能够学习到通用且稳健的语言表示，为各类下游任务提供良好的初始化。通过根据具体任务调整输入格式与输出结构，BERT 可以灵活地进行微调，适用于包括单句输入和句子对输入在内的多种自然语言处理任务，展现出良好的泛化能力与应用效果。

7.1.1.3　其他预训练模型

在 GPT 和 BERT 之后，出现了一些显著的改进模型，例如 RoBERTa[23] 和 ALBERT[24]。RoBERTa 是 BERT 的一个成功变体，主要通过以下四个简单有效的改进来提升性能：一是去除 NSP 任务；二是增加训练步骤，扩大批量大小，使用更多的数据；三是采用更长的训练句子；四是动态调整[MASK]模式。这些改进使得 RoBERTa 在 BERT 的基础上取得了显著的实证结果。此外，RoBERTa 还证明了 NSP 任务对于 BERT 的训练其实是多余的。

ALBERT 则是 BERT 的另一个重要变体，其提出了一些减少参数的创新方法：一是 ALBERT 将输入词嵌入矩阵分解为两个较小的矩阵，从而减少了参数量；二是 ALBERT 强制所有 Transformer 层共享参数，从而进一步降低了模型的复杂度；三是 ALBERT 引入了句子顺序预测（Sentence Order Prediction，SOP）任务，作为 BERT 的 NSP 任务的替代方案。尽管 ALBERT 在空间效率上表现出色，但在微调和推理速度上有所牺牲。

如图 7.1.1-4 所示，除了 RoBERTa 和 ALBERT 外，还有许多其他的预训练模型变体[25]。接下来，我们将重点讨论基于多模态的融合模型和基于认知启发的记忆模型。

7.1.2　基于多模态的融合模型

基于多模态的融合模型可以从两个方面进行优化，即任务混合和结构混合。任务混合指的是将自然语言理解任务和自然语言生成任务同时进行预训练。例如，XLNet[26] 和 MPNet[27] 采用的排列语言建模方法，这种方法既考虑上下文信

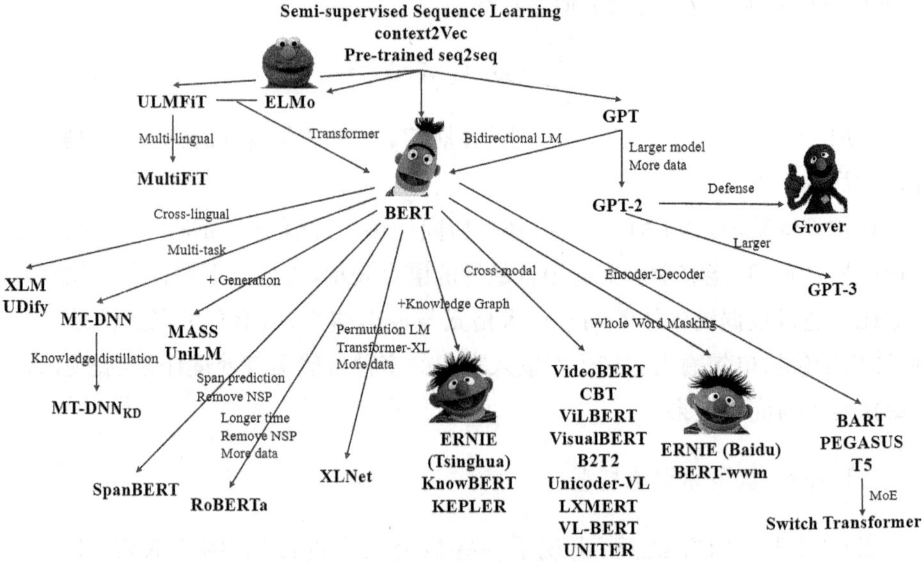

图 7.1.1－4　多种大规模预训练模型变体[25]

息，又具备自回归的特点；UniLM[28] 和 GLM[29] 则通过多任务训练设计特定的注意力矩阵，使得这两种任务能够同步进行训练。结构混合侧重于利用序列到序列(Seq2Seq)架构[30] 来进行理解与生成任务。例如，MASS[31]，T5[32] 和 BART[33] 等模型，这些模型通过在编码器和解码器之间传递信息，实现了从输入序列到输出序列的有效转换，从而在多种 NLP 任务中表现出色。

7.1.2.1　XLNet 模型

自回归模型 GPT 采用单向建模方式，即只能按照从左到右的顺序依次预测下一个词；自编码模型 BERT 虽然能够利用双向上下文信息进行建模，但其在预训练阶段采用了 MLM，该机制在下游任务微调时不再使用，从而造成预训练与微调阶段的数据分布不一致，可能引入一定的建模偏差。针对这两类模型的局限，XLNet[26] 结合二者的优势，选择以自回归方式建模，但希望在不使用掩码机制的前提下也能充分利用上下文信息。为此，Yang 等人提出排列语言模型(Permutation Language Model, PLM)，通过对输入序列的多个可能排列顺序进行建模，优化所有可能排列下的期望对数似然。这一方法突破了传统自回归模型严格依赖固定词序的限制，使模型能够在保留自回归特性的同时学习到更加丰富的上下文依赖信息。

给定一个序列 $X=\{x_1,x_2,x_3,x_4\}$，假定预测 x_3 的值，为了借助上下文信息，可以对该序列重排列。如图 7.1.2－1 所示有四种排列方式，对于左上的排列，x_3 的预测只能依靠先验，右上是依赖 x_2 和 x_4 进行自回归预测，左下则依次依赖 x_1，x_4，x_2 进行预测，右下同理。这个过程可以使得 x_3 在多种上下文环境中被学习，而后又通过自回归计算 x_3 的概率分布。因此，置换语言建模有效结合了 GPT 的单向生成能力和 BERT 的双向上下文理解能力。

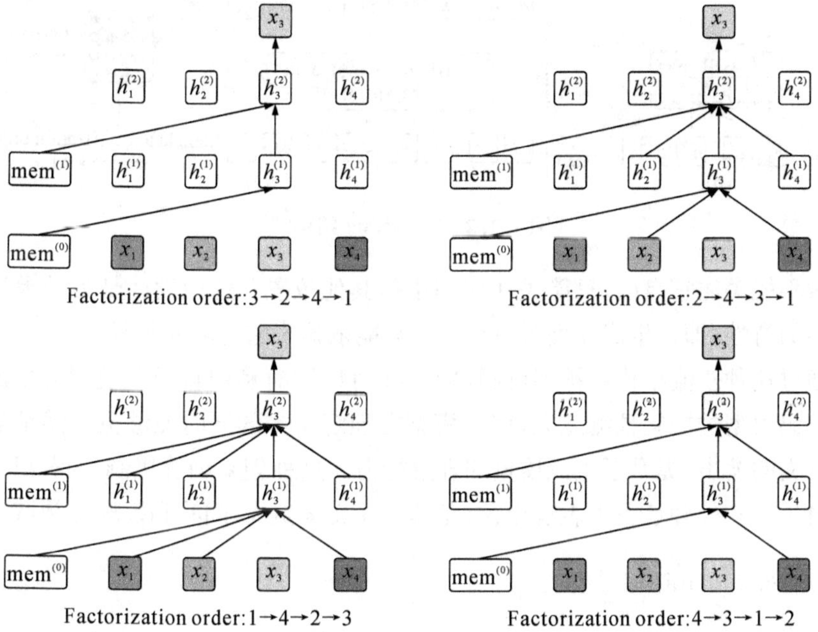

图 7.1.2－1　XLNet 排列过程[26]

排列后的自回归具体实现上，XLNet 可以直接对 Transformer 的注意力掩码进行操作。一般自回归的注意力掩码是一个方阵，长和宽都为输入序列长度。如图 7.1.2－2 所示，最右侧就是两个注意力掩码，关注最下面一个。给定一个排列 3241，该矩阵的第一行的第 2，3，4 列为黑色，表示 1 可以依赖的信息，第二行说明 2 只能看到 3 的信息，第三行说明 3 的前面没有可以依赖的信息，最后一行说明 4 可以依赖 3 和 2，这个就是自回归过程。

此外，由于 XLNet 不使用[MASK]等特殊符号对目标词进行掩码处理，因此需要特别注意避免待预测词的位置信息被泄露。对于这个问题，Yang 等人提出了双流注意力机制，这种机制通过两个独立的流——内容流(Content Stream)和查询流(Query Stream)来实现。在内容流中，每个位置的元素可以自由地关注序列中的其他所有位置，包括它自己。这意味着内容流可以捕捉到序列中所有元素之间的相互关系，从而获得完整的上下文信息。与内容流不同，查询流中的每个位置

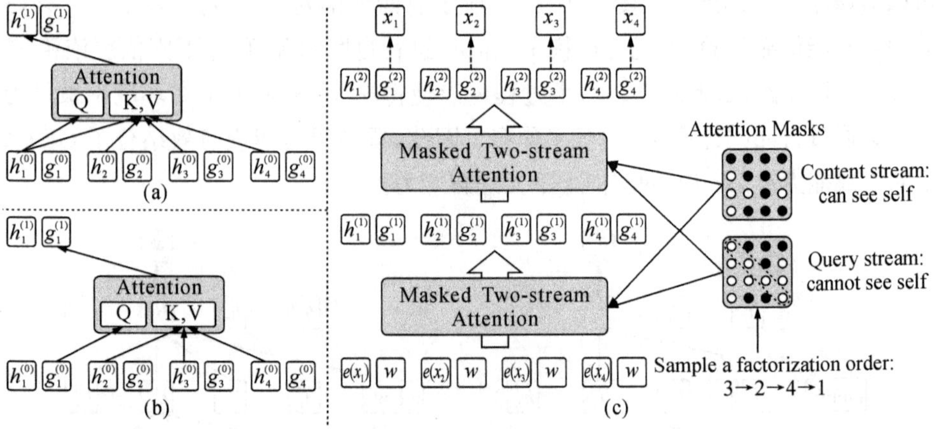

图 7.1.2-2　XLNet 结构[26]

的元素不能关注它自己，只能关注序列中的其他位置。这种设计是为了模拟自回归模型的特性，即在生成序列时每个位置只能依赖于它之前的元素。

通过这种双流结构和排列机制，XLNet 可以同时利用自回归模型的生成能力和自编码模型的掩码预测能力，使得模型在理解文本的同时能够更自然地生成符合上下文的输出，提升了生成质量和理解能力。这种创新训练机制使得 XLNet 在多个自然语言处理任务中表现出色，尤其是在文本生成、问答和推理等领域。

7.1.2.2　UniLM 模型

双向自编码语言模型与单向自回归语言模型的根本区别在于，在每一步计算隐藏层表示时，模型能够利用的上下文信息范围不同，而这一信息利用范围的控制取决于 Transformer 中自注意力机制所采用的掩码策略。正是基于这一核心差异，UniLM[28]提出联合训练不同的语言建模目标，包括单向(Left-to-Right)、双向(Bidirectional)和序列到序列(Seq2Seq)。UniLM 模型架构如图 7.1.2-3 所示，其核心思想是通过使用不同的自注意力掩码矩阵控制每个词的注意力范围，从而实现不同语言模型对于信息流的控制。

(1) 双向语言模型：输入序列由两个文本片段组成，由特殊标记[EOS] 相隔。与 BERT 模型类似，双向语言模型在输入文本中随机采样部分单词，并以一定概率替换为[MASK]标记，最后在输出层的相应位置对正确词进行预测。在该任务中，序列中的任意两个词都是相互可见的，因此对原始自注意力掩码矩阵不作任何变化。

(2) 单向语言模型：包括前向(自左向右)与后向(自右向左)的自回归语言模型。以前向自回归语言模型为例，对于某一时刻隐含层表示的计算，只能利用当前

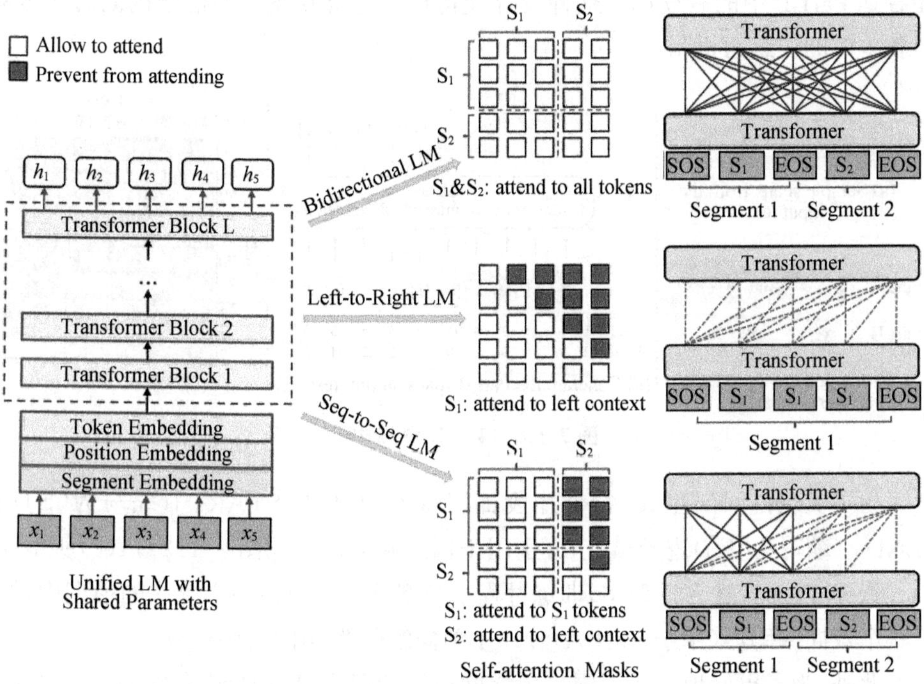

图 7.1.2-3　UniLM 结构[28]

时刻及其左侧(前一层)的上下文表示。因此,自注意力分布是一个下三角矩阵。

(3) 序列到序列语言模型:输入序列由两个文本片段构成,其中一部分作为条件文本输入,另一部分作为目标文本即待生成内容。条件文本片段内的词相互可见,因此使用全连接的自注意力;目标文本片段则采用自回归的方式逐词生成,在每一时刻,可以利用条件文本中的所有上下文表示,以及部分已生成的左侧上下文表示。

7.1.2.3　GLM 模型

GLM[29]提出一种更优雅的方法来结合自回归和自动编码。给定一个输入文本 $X=\{x_1,\cdots,x_n\}$,模型从中采样多个文本片段$\{s_1,\cdots,s_m\}$,每个片段 s_i 对应输入文本中的一系列连续的词,如图 7.1.2-4(a)所示采样了两个片段,分别以深色和浅色显示。每个被采样的片段在原序列中被一个单独的符号[MASK](缩写为[M])替换,原序列成为一个损坏的文本 x_{corrupt} 记为 Part A,采样的片段打乱顺序后记为 Part B,如图 7.1.2-4(b)所示。规定 Part A 的词可以相互看到,但不能看到 Part B 中的任何词;而 Part B 的词可以看到 Part A 和 Part B 中的前置词,但不能看到 Part B 中的后续词。这种设计使得模型能够在统一的框架内同时学习双向和单向的注意力机制。

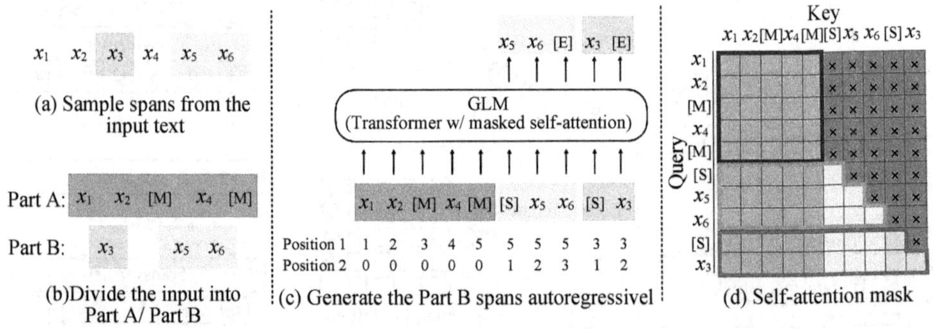

图 7.1.2-4 GLM 结构[29]

为了实现自回归生成，每个片段都用特殊的符号[START]（缩写为[S]）和[END]（缩写为[E]）进行填充，分别用于输入和输出。如图 7.1.2-4(c)所示，将 Part A 和 Part B 送入模型中，训练过程中模型就自动地在一个统一的模型中学习了一个双向编码器（用于 Part A）和一个单向解码器（用于 Part B）。

此外，为了更好地表示不同片段之间以及片段内部的位置关系，GLM 引入了二维位置编码，这种编码方式使得模型能够更精确地理解文本的结构和语义。对于自注意力掩码，如图 7.1.2-4(d)所示，Part A 的词语可以相互看到（如图中最上方的黑框所示），但不能看到 Part B 中的任何内容。相反，Part B 的词语可以看到 Part A 和 Part B 中位于它们之前的词语（如图中下面两个框所示，分别对应两个不同的片段）。这种设计确保了模型在生成文本时能够考虑到正确的上下文信息。

GLM 是第一个同时在自然语言理解、条件生成和无条件生成等所有类型的任务上实现最佳性能的模型。

7.1.2.4 T5 模型

在 GLM 之前，无论是仅采用编码器结构的模型（如 BERT）还是仅采用解码器结构的模型，都无法有效地完成使用可变长度填充空白这一挑战。具体来说，基于解码器的模型难以实现这一点，是因为它们通常只能在序列的末尾添加新内容；基于编码器的模型如果使用[MASK]标记来处理需要预测的空白，则可能会因为[MASK]的数量泄漏信息，影响模型性能。而这样修改后句子的意思会更加清晰准确，一个自然的想法是转向最初为机器翻译设计的编码器-解码器架构，这种架构能够根据源输入灵活生成目标序列,且不受长度固定的限制。这就为以源句为条件生成可变长度目标序列提供了理想的结构基础。T5(Text-to-Text Transfer Transformer)模型[32]是将上述思想成功应用于各种自然语言处理任务的一个典型代表。它采用了编码器-解码器架构,其中编码器和解码器均由 12 个块组成,每个块包含以下核心组件:

(1) 多头注意力机制:每个块有 12 个注意力头,使用自注意力机制可以捕捉输入序列中的全局依赖关系。多头注意力机制增强了模型的表达能力,使其能够并行关注不同的上下文信息。

(2) 可选的编码器-解码器注意力:除自注意力机制外,解码器中还引入了对编码器输出的注意力机制,确保解码过程能够有效利用编码器的上下文信息。

(3) 前馈网络:每个块中包括一个前馈网络,该网络由两个全连接层和一个 ReLU 非线性激活层组成。

使用 T5,所有 NLP 任务都可以被转换为统一的文本到文本格式,任务的输入和输出始终是文本字符串(见图 7.1.2-5)。该框架提供了一致的训练目标,用于预训练和微调。无论任务如何,该模型都具有最大似然目标。如果需要指定模型应该执行哪一类任务,可以在其送到模型之前,将任务的目标标识作为特定的文本前缀添加到原始输入序列中。

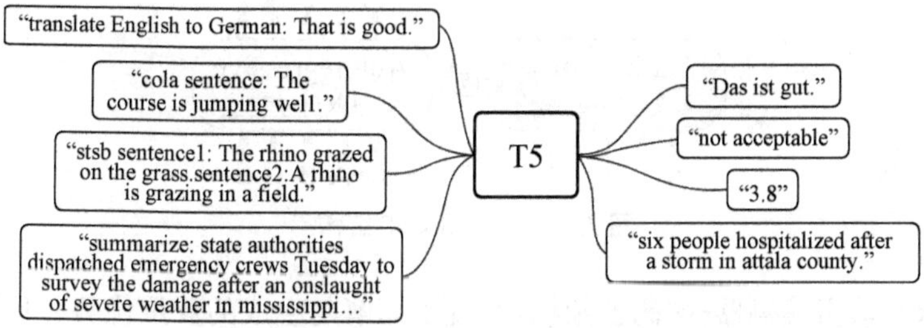

图 7.1.2-5　T5 示意图[32]

7.1.2.5　BART 模型

由于 BERT 采用双向 Transformer 编码器[33],其训练过程基于掩码语言模型。如图 7.1.2-6(a)所示,给定原始文本"ABCDE",BERT 会随机掩码部分词元(例如"B"和"D"),生成掩码后的输入"A_C_E"。随后,BERT 利用双向上下文信息独立预测被掩码的词元。这种预测方式是非自回归的,即每个掩码位置的预测相互独立,不依赖于其他掩码位置的输出。得益于双向上下文建模,BERT 在文本分类、问答等理解任务中表现出色,能够捕捉全局语义信息。然而,由于缺乏自回归生成机制，BERT 难以直接用于文本生成任务。GPT 采用单向(从左到右) Transformer 解码器，其训练过程基于自回归语言模型，即每个词元的生成依赖于前面已生成的词元。如图 7.1.2-6(b)所示，GPT 根据起始标记＜s＞预测“A”，然后基于“A”预测“AB”，接着基于“AB”预测“ABC”，以此类推，直到生成完整的文本“ABCDE”。得益于自回归机制，GPT 在文本生成任务中表现出色。然而，由于缺乏双向上下文建模，GPT 在理解全局语义时表现较弱，难以捕捉文本中的双向依赖关系。

(a) BERT (b) GPT

图 7.1.2-6 BERT 和 GPT 结构[33]

不难发现，BERT 和 GPT 这两种模型的优缺点形成了互补。那么，是否存在一种模型能够融合二者的优点，同时具备双向上下文理解能力和自回归生成能力呢？答案是肯定的，BART 正是为此而设计的。

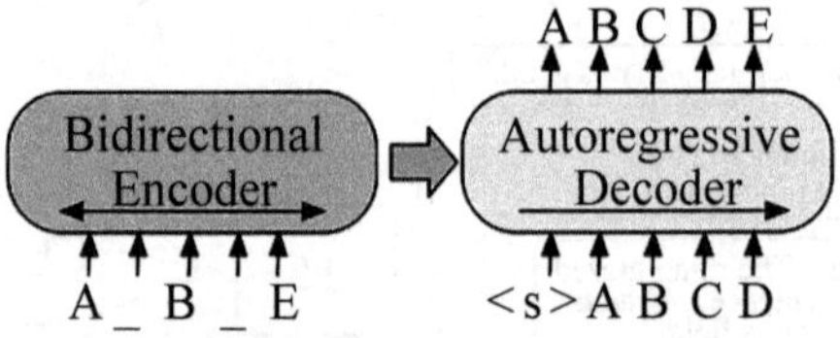

图 7.1.2-7 BART 结构[33]

BART 采用编码器-解码器架构，实现了理解与生成的双重优势。BART 在预训练阶段通过“破坏-重建”机制学习文本表征。BART 首先是对输入文本进行多种形式的破坏，如图 7.1.2-7 所示，同样给定原始文本“ABCDE”，BART 在 AB 中插入一个长度为 0 的 Mask(即不插入实际内容)，再将 CD 替换为 Mask，以得到加噪输入“A_B_E”，然后利用双向编码器对受损文本进行全局语义编码，最后通过自回归解码器逐步生成原始完整文本。

这种结构使得 BART 既能像 BERT 一样深度理解双向语义，又能像 GPT 一样流畅生成文本。在微调阶段，BART 可通过端到端训练灵活适配下游任务，例如直接将未破坏的完整文本输入编码器和解码器，利用解码器最终隐藏状态完成摘要生成、问答或翻译等任务。得益于编码器-解码器的联合优化，BART 在需要理解与生成协同工作的场景如文本重构、对话生成中表现出显著优势，成为兼顾双向建模与生成灵活性的代表性模型。

7.1.3　基于认知启发的记忆模型

Transformer 架构的核心模块注意力机制是受人类认知系统的微观和原子操作的启发，负责感知功能。然而，人类水平的智能比仅仅理解不同事物之间的关联要复杂得多。为了追求人类水平的智能，了解基于认识启发的记忆模型的认知功能的宏观架构，包括决策、逻辑推理、反事实推理和工作记忆至关重要。近年来，受认知科学进步的启发，一些模型在可维护的工作记忆和可持续的长期记忆方面进行了新的尝试，它们试图通过模拟人类认知系统的高级功能，进一步提升机器的智能水平。

7.1.3.1　Transformer-XL 模型

传统的 Transformer 模型在处理长序列时面临两个主要问题，一是固定长度限制，即标准 Transformer 模型的上下文长度是固定的，在长序列任务（如文章或段落）中会导致无法捕捉到更长距离的依赖关系；二是计算和内存消耗，即当序列长度增加时，标准 Transformer 的计算和内存需求会显著增加。针对上述问题，Transformer-XL[34] 提出分段递归机制（Segment-Level Recurrence Mechanism，SLRM）和相对位置编码（Relative Positional Encoding，RPE）。

分段递归机制是指 Transformer-XL 通过将序列划分为多个片段，并在片段之间引入“记忆”机制，使得每个片段不仅能利用当前片段的信息，还能访问前一个片段的编码表示。所谓记忆机制是指在每个片段更新完状态后，保留当前片段的隐藏状态，并将其作为“记忆”传递到下一个片段，与下一个片段的输出进行融合。如图 7.1.3-1 所示，第一个片段为$\{x_1, x_2, x_3, x_4\}$，第二个片段为$\{x_5, x_6, x_7, x_8\}$，第一个片段的隐藏状态为深色线，这些状态被送入到第二个片段的隐藏状态浅色线并与该片段的当前状态进行融合输出。这样做扩大了模型的感受野，允许模型在不增加序列长度的情况下获得更长的上下文信息，从而捕捉到跨段的依赖关系，使得 Transformer-XL 能够处理更长的文本序列，同时保持较低的计算复杂度。

标准的 Transformer 使用绝对位置编码，限制了其在处理长序列时的能力。而 Transformer-XL 引入了相对位置编码，可以让模型更灵活地表示词之间的相对位置关系，而不是绝对位置。例如词 A 位于词 B 之前 2 个位置，则词 A 对词 B 的相对位置为“-2”。

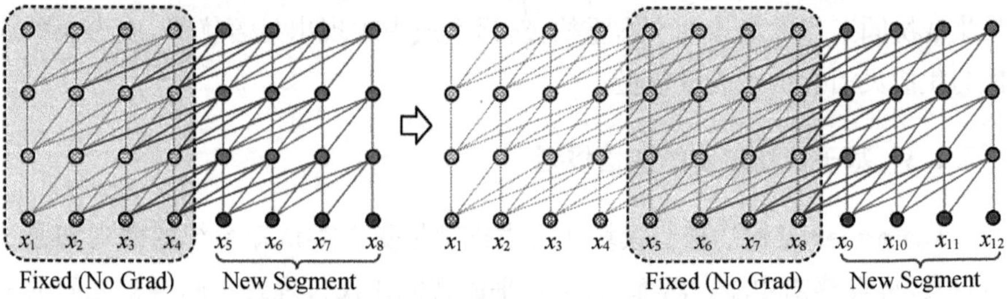

图 7.1.3－1　Transformer-XL 结构[34]

7.1.3.2　CogQA/CogLTX 模型

CogQA[35]是一种基于认知图谱的多跳阅读理解模型，设计灵感来源于认知科学的双过程理论，该理论认为人类的认知过程包含快速、直觉的 System 1 和慢速、理性的 System 2。因此，CogQA 模型是模拟人类解决问题的思路来处理复杂的多跳问答任务。

如图 7.1.3－2 所示，CogQA 模型主要包含 System 1 和 System 2 两个模块。前者采用 BERT 作为基础模型，负责从文本中提取与问题相关的实体，迭代构建认知图（Cognitive Graph），同时对其语义信息进行编码，其对应于人脑进行阅读理解时的记忆部分。后者则采用图神经网络（GNN）[36]将 System 1 得到的信息进行整合以进行显式推理，其对应于人脑的推断过程。

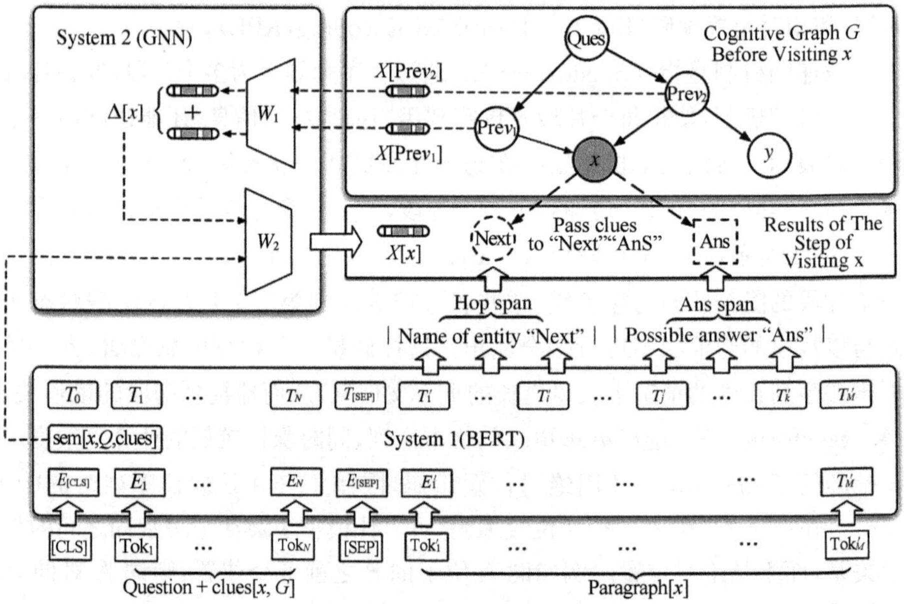

图 7.1.3－2　CogQA 结构[35]

这种基于 BERT 和 GNN 的实现在 HotpotQA 数据集上取得了领先的成绩，显示了 CogQA 框架的有效性。但 CogQA 的一个缺陷是它的 System 1 仍然基于固定的窗口大小，这限制了其在长文档处理中的能力。为了赋予工作记忆理解长文档的能力，CogLTX[37] 利用 MemRecall 语言模型的选择机制来优化记忆管理。该机制会根据任务的需求从长文档中提取出重要的句子和段落，并将它们存储在工作记忆中，作为后续回答问题或分类时的关键信息。此外，CogLTX 针对不同的下游任务（如问答、分类）设计了特定模块，这些模块利用 MemRecall 提供的关键句子进行下一步的推理或决策。通过任务模块，CogLTX 可以灵活地适配不同类型的长文档任务。

7.1.3.3　GPT-3 模型

在模型结构上，GPT-3[14] 延续了 Transformer 解码器架构，与 GPT-1，GPT-2 的主要区别在于优化了长序列的处理效率。后面两个模型使用标准的稠密注意力（Dense Attention），即每个 Token 都会与序列中其他所有 Token 计算注意力权重，复杂度为 $O(n^2)$，因此当序列长度增加时，计算需求会急剧增长延续。而 GPT-3 通过引入稀疏注意力（Sparse Attention）模块，使模型能够在保持计算资源合理利用的前提下更好地扩展记忆能力，支持更长的输入序列。这一改进源于 Sparse Transformer[38] 中的稀疏注意力模块。

所谓稀疏注意力，是指每个 Token 仅与其附近的 Token 和一些特定位置的 Token 计算注意力权重，从而降低复杂度至 $O(n\log n)$，节约了计算和存储资源，使得模型可以处理更长的文本序列而不会出现显存溢出或速度下降的问题。具体来说，稀疏注意力有以下两种选择：

（1）与相对距离不超过 k 的 Token 计算注意力权重，即只关注周围较近的 Token，确保对局部上下文的关注；

（2）与相对距离为 $k, 2k, 3k, \cdots, mk$ 位置的 Token 计算注意力权重，确保对较远距离的 Token 保持稀疏但仍有结构性关注。

上述选择使得模型具有局部紧密相关和远程稀疏相关的特性，这一特点也帮助模型在处理长文本时实现信息提取的优先级划分，提高模型在上下文理解中的效率和有效性。

7.1.3.4　REALM 模型

预训练语言模型能够从无监督文本语料中学习到很多公共知识，但这些知识存储在参数中，具有以下两个缺点：一是这些知识是隐式的，使用时难以解释模型储存和使用的知识；二是模型学习到的知识的量级和模型大小（参数量）相关，因此为了学习到更多的知识，需要扩充模型大小。为了解决上述问题，REALM[39]通过在预训练阶段引入知识检索器（Knowledge Retriever），使得语言模型可以显式地访问和使用外部知识来源（如维基百科）。

REALM 模型的训练流程分为无监督预训练和监督微调两个阶段，通过知识检索和知识增强编码来实现动态知识利用。图 7.1.3－3(a)所示为无监督预训练，知识检索器和知识增强编码器（Knowledge-Augmented Encoder）在无监督的语言建模任务上联合预训练。其中，知识检索器基于输入查询（通常是一个文本片段或上下文），从知识库（如维基百科）中动态检索出相关的文本内容，为模型提供显式的知识支持；知识增强编码器将输入文本与检索到的相关知识融合，通过语言建模任务来学习如何有效地利用检索到的信息。通过这种联合预训练，REALM 的检索器和编码器可以逐渐优化协同工作，使得检索和编码在无监督语料上都能逐步适应。

图 7.1.3－3(b)所示为监督微调过程。在无监督预训练完成后，检索器和编码器的参数都被固定下来，然后在特定任务上进行监督微调。该阶段，REALM 会基于任务的标注数据（例如问答任务中的问题-答案对）进行训练，从而进一步优化模型，使其在目标任务上表现最佳；同时，检索器和编码器会根据具体任务的需求，进一步调整对知识的选择和使用方式。

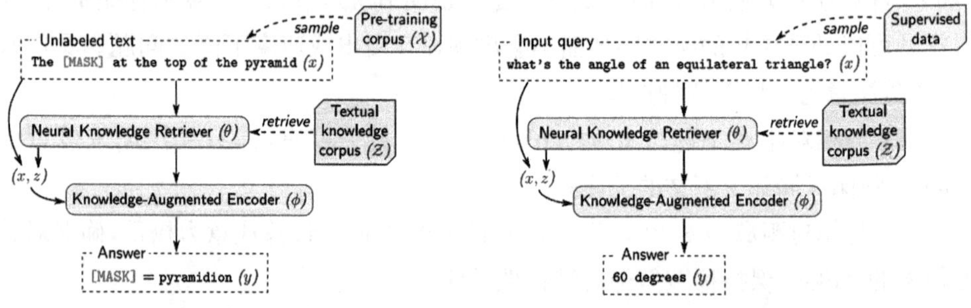

(a) 无监督预训练　　　　(b) 监督微调

图 7.1.3－3　REALM 结构[39]

REALM 的两阶段训练流程将无监督的知识学习和监督任务适配结合起来，使得模型能够动态检索并使用知识，知识的存储不再完全依赖模型的参数量，可在不显著增加参数量的情况下获得更多的知识，有效减少了模型规模的膨胀需求，提升了模型的知识覆盖率。此外，借助知识检索器，REALM 在回答问题或生成内容时可以显示其参考的知识来源，提高了解释性。

7.2　预训练模型应用

预训练模型在大型数据集（例如 ImageNet 数据集）上进行训练后，能够捕获和学习到丰富的特征信息，因此，预训练模型的应用主要是通过模型迁移来适应新的任务。所谓模型迁移（Model Transfer），是指一种将在一个任务上训练的模型应用于另一个任务的策略。这种方法能够显著加快模型的收敛速度，并提升模型的准确性。

为了使预训练模型能更好地适用于小型设备或移动端设备，模型迁移过程需要借助压缩、微调等技术手段降低大模型的训练成本。本节将重点介绍知识蒸馏和模型微调两种方法，它们是辅助大型预训练模型实现小型化和快速训练的关键技术。通过这些方法，可以有效地将预训练模型的优势转移到各种不同的应用场景中，同时保持或甚至提升它们的性能。

7.2.1　知识蒸馏

知识蒸馏（Knowledge Distillation，KD）是一种将大型模型的知识转移到小型模型的过程。大型模型（例如非常深的神经网络或多个模型的集合）具有比小型模型更大的知识容量，但这种容量可能没有得到充分利用。知识蒸馏的目标是将大型模型的知识压缩到小型模型中，从而使小型模型能够在保持准确性的同时具有更高的效率和速度以适应小型化或者移动端的设备。

知识蒸馏技术最早由 Hinton 等人[40]于 2015 年提出，用于将大型深度神经网络中的知识转移到小型神经网络中，以便在保持准确性的同时提高速度和效率。自那以后，知识蒸馏技术被广泛应用于各种深度学习任务中，例如图像分类、目标检测、语音识别、自然语言处理等。现有的知识蒸馏按照蒸馏的内容主要分为两大类，即基于中间层知识蒸馏和基于样本关系知识蒸馏。

7.2.1.1　基础蒸馏模型

知识蒸馏模型将预训练大模型称为教师模型，将应用中需要使用的小模型称为学生模型，因此知识蒸馏的目标可以描述成让学生模型学习教师模型的输出，使得学生模型能够在性能上尽量接近教师模型，但需要的资源远远少于教师模型。

知识蒸馏过程分为两大步。第一步是训练一个较大的、性能较好的教师模型即预训练模型。这一步完成后，教师模型可以在给定任务上表现出较高的精度。第二步是蒸馏教师模型的知识到学生模型（如图 7.2.1-1 所示）。

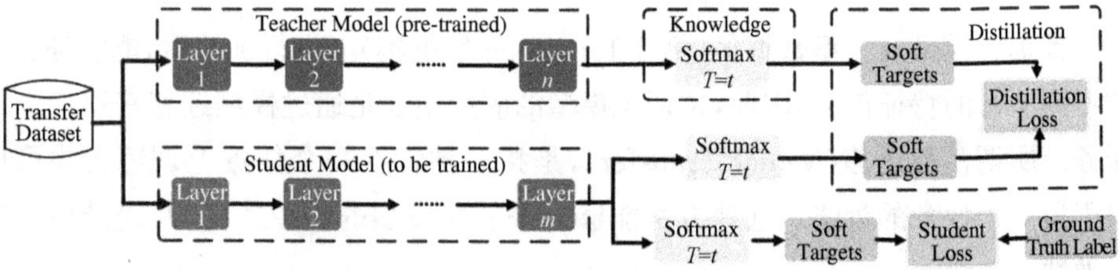

图 7.2.1-1　知识蒸馏结构[40]

在说明第二步的具体步骤前，需要先介绍一下 Softmax-T 函数（或称为温度软化函数）。原始的 Softmax 函数如下所示：

$$q_i = \frac{\exp(b_i)}{\sum_j \exp(b_j)}, \tag{7.2.1-1}$$

其中，b_i 表示模型输出的预测为某个类别 i 的 logit 值（未归一化得分）。该函数用于将原始 logit 转换为概率分布，其中某一类的概率值会接近于 1 而最终作为预测结果，剩下的其他类别的概率值会小很多甚至接近于 0。Softmax-T 函数则引入了温度参数 T，修改后的函数如下所示：

$$q_i = \frac{\exp(b_i/T)}{\sum_j \exp(b_j/T)}. \tag{7.2.1-2}$$

当 $T=1$ 时，该公式与原始 Softmax 函数一致；当 $T>1$ 时，概率分布变得平滑，类别间的概率差异变小；当 $T<1$ 时，概率分布变得尖锐，类别间的概率差异增大。蒸馏过程中，若使用较高的温度 T 即 $T>1$，可以平滑教师模型的输出概率，使得学生模型不仅仅关注正确类别的概率，还能学习其他类别的相对概率，从而更好地捕获数据的细微模式，提高泛化能力。

蒸馏的具体步骤如下：

(1) 蒸馏损失（Distillation Loss）计算：向教师模型和学生模型同时输入迁移数据集（Transfer Dataset），教师模型的输出经过温度 t 条件下的 Softmax-T 得到对应的 Soft Targets，学生模型也在相同温度条件下得到对应的输出 Soft Targets。综合这两部分的结果，可以通过交叉熵损失计算得到蒸馏损失（或称为软目标损失）$\mathcal{L}_{\text{soft}}$，用来判断学生模型是否模仿教师模型的行为。具体计算公式如下：

$$p_i^T = \frac{\exp(v_i/T)}{\sum_j \exp(v_j/T)}, \tag{7.2.1-3}$$

$$q_i^T = \frac{\exp(z_i/T)}{\sum_j \exp(z_j/T)}, \tag{7.2.1-4}$$

$$\mathcal{L}_{\text{soft}} = -\sum_j^N p_j^T \log(q_j^T), \tag{7.2.1-5}$$

其中,v_i 为教师模型的输出 logits,z_i 为学生模型的输出 logits,p_i^T 为教师模型在第 i 类上经过 Softmax-T 函数的输出,q_i^T 为学生模型在第 i 类上经过 Softmax-T 函数的输出。

(2) 学生损失(Student Loss)计算:向学生模型输入迁移数据集后,可以同时设置温度为 1 的 Softmax-T 函数变为原始的 Softmax 函数,得到对应的输出 Soft Targets,与真实标签(Ground Truth)进行交叉熵损失计算得到学生损失(或称为硬目标损失)$\mathcal{L}_{\text{hard}}$。考虑这一步骤的原因在于教师模型也有一定的错误率,使用 Ground Truth 可以有效降低错误传播给学生模型的可能。具体计算公式如下:

$$\mathcal{L}_{\text{hard}} = -\sum_j^N c_j \log(q_j^1), \tag{7.2.1-6}$$

其中,c_i 表示在第 i 类上的 Ground Truth 值。

(3) 蒸馏目标函数计算:加权蒸馏损失和学生损失,最后将通过该损失函数优化学生模型。具体计算公式如下:

$$\mathcal{L} = \alpha \mathcal{L}_{\text{hard}} + (1-\alpha)\mathcal{L}_{\text{soft}}, \tag{7.2.1-7}$$

其中,α 为加权参数,$\mathcal{L}_{\text{soft}}$ 为软目标损失,$\mathcal{L}_{\text{hard}}$ 为硬目标损失。

7.2.1.2　中间层知识蒸馏算法

在传统的蒸馏方法中,学生模型主要通过模仿教师模型的输出概率分布进行学习。但这种方法可能忽略了模型内部的特征学习过程,因此提出了基于中间知识的模型蒸馏方法。所谓中间层知识,指的是教师模型在中间层计算出的特征表示,这些特征捕获了输入数据的丰富语义信息。相比于仅依赖最终输出的概率分布,这些中间层特征能够提供关于模型如何处理输入数据的深层次信息。这一改进的蒸馏方法不仅关注最终输出的预测概率,还着重于对模型内部特征的优化,以最小化教师模型和学生模型在中间层变量上的差异。

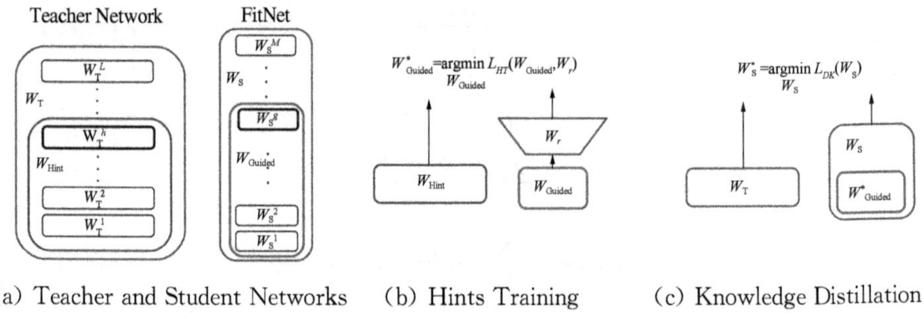

图 7.2.1－2　FitNets 模型框架[41]

基于中间知识的蒸馏方法的经典模型 FitNets[41]框架如图 7.2.1－2 所示。该框架除了对教师模型的输出结果进行蒸馏，还对中间层输出结果 Hints 进行蒸馏，以进一步指导学生模型的学习能力和性能。中间层的蒸馏损失函数如下所示：

$$\mathcal{L}_{HT}(W_{\text{Guided}},W_r)=\frac{1}{2}\|u_h(x;W_{\text{Hint}})-r(v_g(x;W_{\text{Guided}});W_r)\|^2, \tag{7.2.1-8}$$

其中，u_h 表示教师模型选择的中间层（或称隐藏层）的结构，该中间层结构是从教师模型的第一层开始，通过超参数 Hint 进行层数约束；v_g 表示学生模型的中间层的结构，该中间层结构也是从第一层开始，通过超参数 Guided 进行层数约束；W_{Hint} 和 W_{Guided} 分别表示对应的网络结构参数；由于教师模型通常比学生模型更宽，对应的中间层会出现大小不一致的情况，因此引入了可学习的 r 函数即 Regressor 函数使得学生模型的中间层大小同教师模型一致，W_r 为 r 函数的参数。

得到中间层蒸馏损失后还需要加上传统的输出层的损失，计算过程同上一小节一致，具体公式如下所示：

$$P_T^\tau=\text{softmax}\left(\frac{a_T}{\tau}\right),\quad P_S^\tau=\text{softmax}\left(\frac{a_S}{\tau}\right), \tag{7.2.1-9}$$

$$\mathcal{L}_{KD}(W_S)=\mathcal{H}(y_{\text{true}},P_S)+\lambda\mathcal{H}(P_T^\tau,P_S^\tau), \tag{7.2.1-10}$$

其中，$\mathcal{H}$表示交叉熵损失，P_T^τ 和 P_S^τ 分别是教师模型和学生模型的 Softmax-T 输出结果，a_T 和 a_S 分别表示教师模型和学生模型的原始 logits 输出，τ 可以理解为温度，y_{true} 表示 Ground Truth，P_S 是学生模型经过标准 Softmax 函数的输出，λ 表示加权和参数，W_S 为学生模型的参数。

注意力迁移（Attention Transfer，AT）[42]模型框架如图 7.2.1－3 所示，该框架主要用于机器视觉领域图片分类任务，通过将教师模型中间层的注意力图作为知识转移给学生模型，希望学生模型关注教师模型所关注的区域。具体步骤如下：

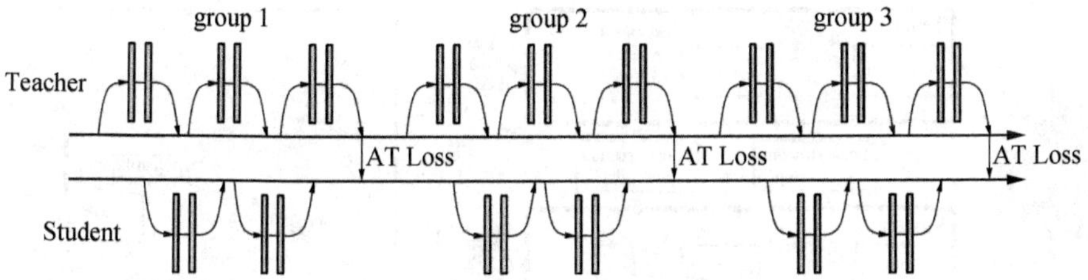

图 7.2.1-3　AT 模型框架[42]

（1）特征图（Feature Map）构造：将教师模型和学生模型分成 n 个组，要求两者组数一样，同时保证两个模型中的每个组的最后一个卷积得到的特征图大小相同都是 $W\times H$，通道数 C 可以不一样。

（2）注意力图（Attention Map）计算：将每个组的最后一个卷积层 C 个 $W\times H$ 的特征图 A 映射为一个 $W\times H$ 的二维张量。为了定义这个空间注意力映射函数，一个潜在的假设是隐藏层神经元激活的绝对值可以用于指示这个神经元的重要性，因此可以利用计算通道维度的统计量来设计映射函数。考虑如下三种注意力图计算方式：

① 绝对值求和：$F_{\text{sum}}=\sum_{i=1}^{C}|A_i|$；

② 绝对值指数求和：$F_{\text{sum}}^{p}=\sum_{i=1}^{C}|A_i|^p$；

③ 绝对值指数最大值：$F_{\max}^{p}=\max_{i=1,\cdots,C}|A_i|^p$。

（3）损失函数计算：包括中间层蒸馏损失和输出结果损失两部分，计算公式为

$$Q_S^j=\text{vec}(F(A_S^j)),\quad Q_T^j=\text{vec}(F(A_T^j)),\tag{7.2.1-11}$$

$$\mathcal{L}_{AT}=\mathcal{L}(W_S,x)+\frac{\beta}{2}\sum_{j\in I}\left\|\frac{Q_S^j}{\|Q_S^j\|_2}-\frac{Q_T^j}{\|Q_T^j\|_2}\right\|_p,\tag{7.2.1-12}$$

其中，A_S^j 和 A_T^j 分别表示学生模型和教师模型中各组的特征图，$F(\cdot)$表示映射函数，Q_S^j 和 Q_T^j 表示计算得到的注意力图，β 为加权参数，W_S 为学生模型权重参数。

图结构知识蒸馏将蒸馏数据拓展到图结构数据中，要求最小化教师模型和学生模型对图结构的表征。经典的 DKGCN[43] 框架如图 7.2.1-4 所示。该框架设计了一种局部结构保持（Local Structure Preserving，LSP）方法来度量教师和学生嵌入的局部拓扑结构的相似性。具体步骤如下：

（1）通过图卷积网络（GCN）更新节点特征，其过程表示为

$$x_i'=\mathcal{A}_{j:(j,i)\in\varepsilon}h_\theta(g_\varphi(x_i),g_\varphi(x_j)),\tag{7.2.1-13}$$

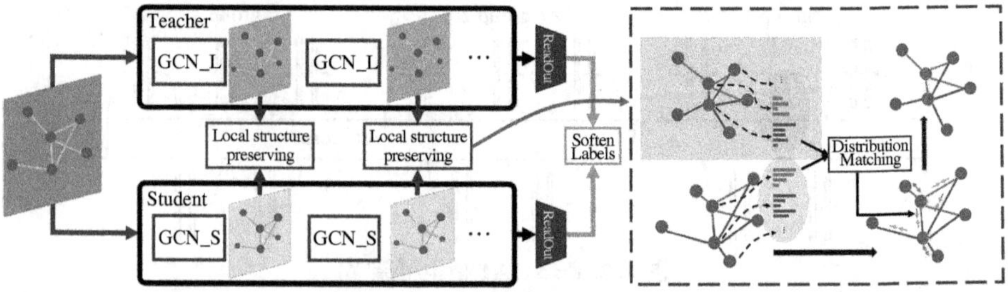

图 7.2.1-4 DKGCN 框架[43]

其中，g_φ 是特征映射函数，h_θ 是考虑成对节点特征的函数，$\mathcal{A}$是特征聚合算子。上述过程换成 GAT，可以写成如下形式：

$$x_i'=\sum_{j:(j,i)\in\varepsilon}\frac{\mathrm{e}^{\mathrm{MLP}_1(x_i\parallel x_j)}}{\sum_{k:(k,i)\in\varepsilon}(\mathrm{e}^{\mathrm{MLP}_1(x_i\parallel x_k)})}\mathrm{MLP}_2(x_i),\qquad(7.2.1-14)$$

其中，MLP 表示多层感知机，ε 表示图数据的边集，(j,i)表示节点对。

(2) 局部结构保存 LSP：设经过 GCN 后当前节点的特征为 $Z=\{z_1,z_2,\cdots,z_n\}\subset\mathbb{R}^F$，对每个节点计算其和邻居节点的结构相似性，公式为

$$LS_{ij}=\frac{\mathrm{e}^{\mathcal{SIM}(z_i,z_j)}}{\sum_{k\in\mathcal{N}(i)}\mathrm{e}^{\mathcal{SIM}(z_i,z_k)}},\qquad(7.2.1-15)$$

其中，$\mathcal{SIM}(z_i,z_j)$为相似度量函数，可以选择欧式距离度量，即

$$\mathcal{SIM}(z_i,z_j)=\parallel z_i-z_j\parallel_2^2.$$

(3) 蒸馏损失计算：设教师模型和学生模型的局部结构保存信息分别为 LS^t 和 LS^s，通过 KL 散度计算单个节点上学生模仿老师的效果，然后计算总的蒸馏损失并同最后输出进行加权得到最终的损失，公式为

$$S_i=D_{KL}(LS_i^s\parallel LS_i^t)=\sum_{j:(j,i)\in\varepsilon}LS_{ij}^s\log\left(\frac{LS_{ij}^s}{LS_{ij}^t}\right),\qquad(7.2.1-16)$$

$$\mathcal{L}=\mathcal{H}(p_s,y)+\lambda\frac{1}{N}\sum_{i=1}^{N}S_i,\qquad(7.2.1-17)$$

其中，LS_i^s 和 LS_i^t 分别表示学生模型和教师模型在第 i 点上的局部结构保存信息，S_i 表示在第 i 个节点上学生模仿老师的效果，N 表示节点个数，p_s 为学生的预测输出，y 为真实标签，$\mathcal{H}$为损失函数，$\mathcal{L}$为总的损失函数。

7.2.1.3 样本关系知识蒸馏算法

个体知识蒸馏(Individual Knowledge Distillation，IKD)框架如图 7.2.1-5

(a)所示，样本在蒸馏过程中是独立的，彼此之间没有信息交互。然而，样本知识蒸馏进一步扩展了这一过程的范围，通过引入样本间的关系度量，使学生模型能够捕捉教师模型中样本之间的结构化关联。这种方法不仅使学生模型从单个样本的预测中受益，还能学习到样本间潜在的关系，从而提升模型的整体表现。

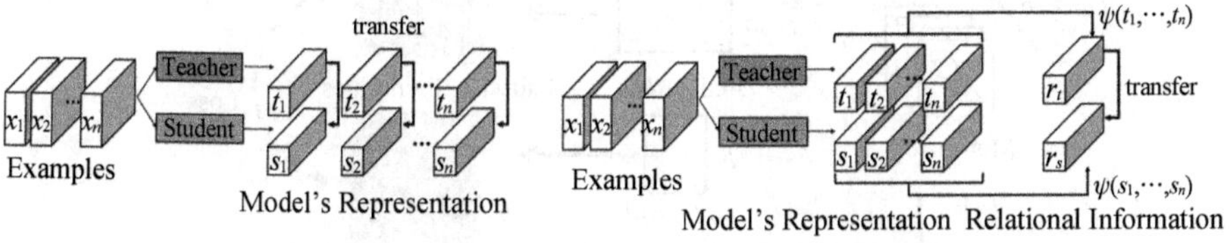

(a) 个体知识蒸馏　　(b) 关系知识蒸馏

图 7.2.1－5　IKD 和 RKD 模型框架[44]

关系知识蒸馏 (Relation Knowledge Distillation，RKD)框架[44]如图 7.2.1－5(b)所示。其考虑了样本间的关系，进而迁移教师模型得到的输出结果间的结构化关系给学生模型，改写蒸馏损失如下所示：

$$\psi_D(t_i,t_j)=\frac{1}{\mu}\|t_i-t_j\|_2, \tag{7.2.1-18}$$

$$\mu=\frac{1}{|\chi^2|}\sum_{(x_i,x_j)\in\chi^2}\|t_i-t_j\|_2, \tag{7.2.1-19}$$

$$\mathcal{L}_{\text{RKD-D}}=\sum_{(x_i,x_j)\in\chi^2} l_\delta(\psi_D(t_i,t_j),\psi_D(s_i,s_j)), \tag{7.2.1-20}$$

其中，t_i 和 s_i 分别表示教师模型和学生样本的样本，ψ_D 表示正则化后的样本对关系度量函数即距离函数，μ 表示正则化系数，l_δ 是单个样本的损失函数，$\mathcal{L}_{\text{RKD-D}}$ 是总的损失函数。

SP(Similarity-Preserving)模型框架[45]如图 7.2.1－6 所示。SP 模型专注于图像处理领域，它发现语义相似的输入倾向于引发相似的激活模式，因此同样考虑样本间的关系。但与以前的提取方法不同，学生不需要模仿教师的表示空间，而是要在自己的表示空间中保留成对的相似性。

向 SP 模型输入一个批次大小为 b 的图像样本，每个样本经过网络处理后得到对应的特征图 $A_T^{(l)}\in\mathbb{R}^{C\times W\times H}$，整合 b 个特征图得到表示 $Q_T^{(l)}\in\mathbb{R}^{b\times CWH}$，而 $\widetilde{G}_T^{(l)}\in\mathbb{R}^{b\times b}$ 可由 $Q_T^{(l)}$ 及其转置计算得到，其中的元素对(i,j)表示第 i 个和第 j 个样本在网络训练中引发的激活相似性。那么，该模型的蒸馏损失如下所示：

$$\widetilde{G}_T^{(l)}=Q_T^{(l)}\cdot[Q_T^{(l)}]^{\mathrm{T}},\quad G_{T[i,:]}^{(l)}=\widetilde{G}_T^{(l)}/\|\widetilde{G}_T^{(l)}\|_2, \tag{7.2.1-21}$$

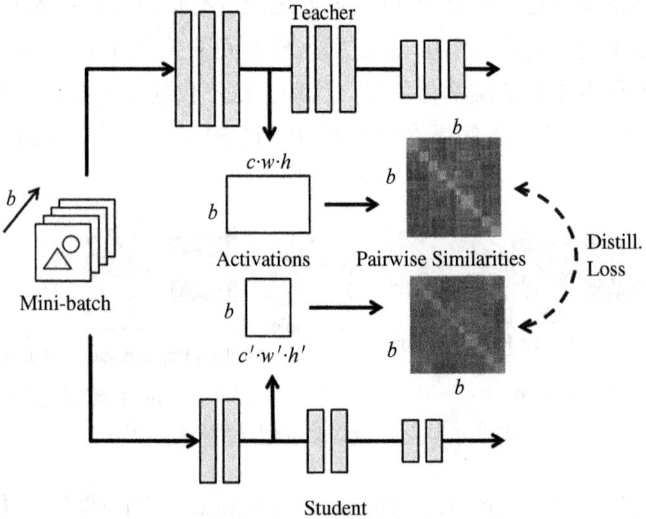

图 7.2.1-6　SP 模型框架[45]

$$\mathcal{L}_{SP}(G_T, G_S) = \frac{1}{b^2} \sum_{(l,l') \in I} \| G_T^{(l)} - G_S^{(l')} \|_2^F, \tag{7.2.1-22}$$

其中，$Q_T^{(l)}$ 是 $A_T^{(l)}$ 的重塑形式，$G_{T[i,:]}^{(l)}$ 是正则化后的形式。SP 模型同 AT 模型都是面向图像处理的知识蒸馏，都要计算师生模型的注意力图损失，但 AT 算法考虑的是单样本中注意力的偏好，而 SP 算法考虑的是一批样本之间的相似性。

7.2.2　模型微调

大模型微调的基本方法是将预训练模型加载到内存中，然后将其顶部的层替换为新的层。这些新层通常是针对新任务设计的，并且可以根据需要进行修改。而后整个模型被冻结，只有新添加的层被训练。一旦这些层被训练，整个模型就可以解冻并进行端到端的微调。

大模型微调技术最早由 Donahue 等人[46]于 2014 年提出，用于将预训练卷积神经网络应用于图像分类任务中。大模型微调技术现已被广泛应用于各种深度学习任务中，例如目标检测、语音识别和自然语言处理等。目前主流对大模型进行微调的方法有三种，即 Freeze 方法[47]、P-Tuning 方法[48]和 LoRA 方法[49]。

7.2.2.1　Freeze 方法

Freeze 方法通常会冻结预训练模型的前几层，这是因为这些层一般是用于提取通用特征的，从而可以确保这些通用特征不会被破坏，并且可以在新任务上进行微调。然后，只有新添加的层被训练以适应新任务。

值得注意的是，在 Freeze 方法中，只有新添加的层被训练而不是整个模型，这意味着在训练过程中不会更新预训练模型的权重。这种方法可以提高训练速度，通常在计算资源有限或数据集较小的情况下使用。

7.2.2.2　P-Tuning 方法

P-Tuning（其中的“P”代表“Prompt”）在将预训练模型应用到下游任务时，可以借助提示词构建模板使得下游任务跟预训练任务一致，从而利用下游任务的数据集训练预训练模型使其快速适应新任务。这一过程即为提示词微调过程，传统 Prompt 模型框架如图 7.2.2-1(a)所示，其中模板结构由浅灰、中灰、深灰三个区域构成。浅色区域为提示词部分，是由人工设计自然语言形式的离散提示词；中灰区域为上下文，包含任务相关的输入文本；深灰区域为目标，是模型需要预测的部分。可以发现，由于提示词依赖人工设计导致存在模板质量的问题，最终影响模型微调的效果。

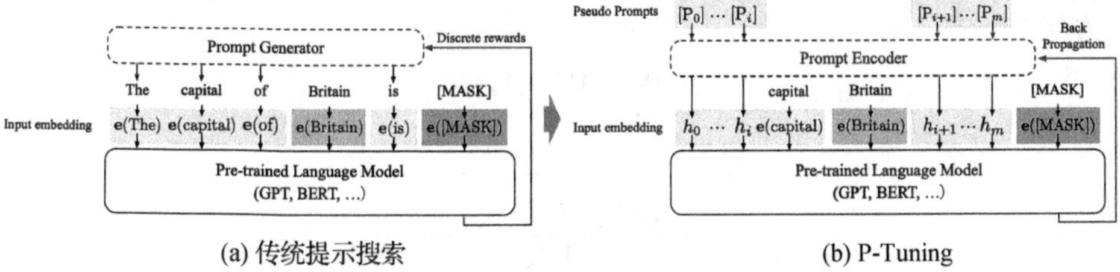

图 7.2.2-1　传统提示模型框架和 P-Tuning 模型框架[47]

实际上，提示词是不是由自然语言组成对模型效果根本没影响，自然语言的要求只是为了更好地实现“一致性”，但它不是必需的。P-Tuning 模型旨在如何自动寻找最优 Prompt，其模型框架如图 7.2.2-1(b)所示。P-Tuning 方法的基本思想是使用软提示来指导模型的训练。软提示是一种类似于正则化的技术，可以将先验知识引入到模型中。在 P-Tuning 方法中，软提示通常是由一个小型模型生成的，该小型模型可以在较小的数据集上进行训练，之后这些软提示被用于指导大型模型的训练。该方法可以用于处理数据集较小或计算资源有限的情况。

P-Tuning 方法现有以下两个版本：

(1) P-Tuning-V1，如图 7.2.2-2(a)所示，该版本仅对大模型的 Embedding

加入新的参数；

(2) P-Tuning-V2，如图 7.2.2-2(b)所示，该版本将大模型的 Embedding 和每一层前都加上新的参数。

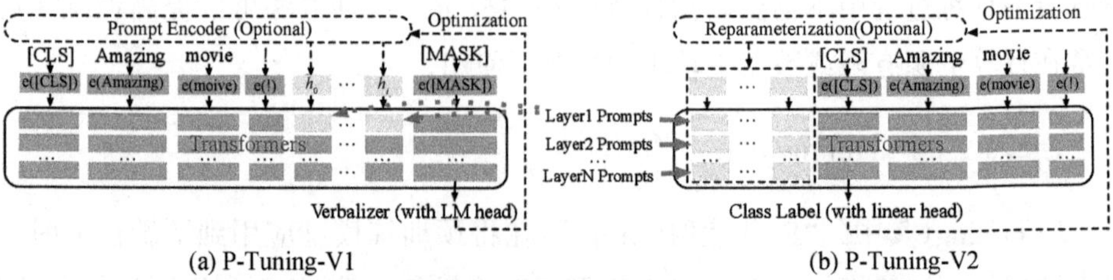

图 7.2.2-2 PT 方法[47]

7.2.2.3 LoRA 方法

LoRA 方法的全称为 Low-Rank Adaptation，其核心思想是在模型的某些特定参数(通常是权重矩阵)上引入额外的低秩矩阵(“秩值”远小于原始参数维度)。LoRA 模型框架如图 7.2.2-3 所示，其中 $W\in\mathbb{R}^{d\times d}$ 是预训练模型的原始参数矩阵，$A\in\mathbb{R}^{d\times r}$ 和 $B\in\mathbb{R}^{r\times d}$ 是两个低秩矩阵，r 为秩值且远小于 d。模型的权重改写为如下形式：

$$W'=W+AB. \tag{7.2.2-1}$$

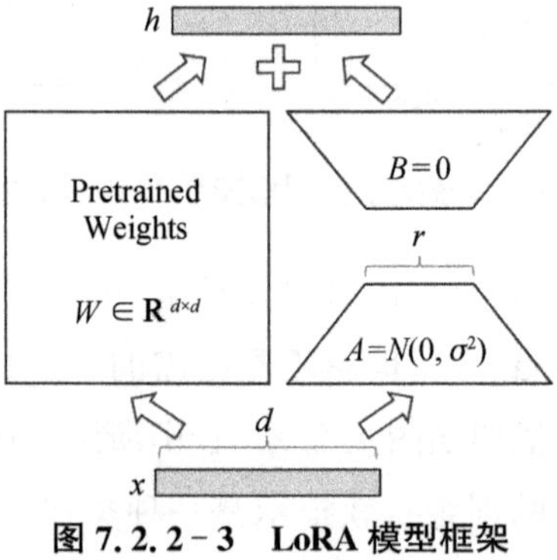

图 7.2.2-3 LoRA 模型框架

在微调过程中，LoRA 冻结了原始模型的大部分参数，仅训练新增的低秩矩阵参数。相比于传统微调方式需要调整整个模型的参数，LoRA 只需要优化新增的低秩矩阵参数，进一步降低了训练过程中需要调整的参数量，并且仅仅优化这些新增的低秩参数就能获取较好的结果。

7.3　总结与展望

本章首先对大规模预训练模型的发展历程进行了简单梳理，从深度学习的数据困境开始，通过迁移学习技术，大规模预训练登上历史舞台。接着介绍了两类经典预训练模型，即 BERT 和 GPT。这两类模型的变体直到今天依旧在预训练模型领域起到举足轻重的作用。GPT 类模型通过最大化输出似然实现模型的预训练，BERT 类模型则是引入掩码机制，利用双向上下文实现输出的最大似然。后续在两类模型上又出现了多种改进模型，如利用增强掩码和编码解码结构的融合模型、增强 Token 长度实现模型记忆的记忆模型、利用先验知识的查询模型等。随着大规模预训练规模的不断增加，预训练模型的表现能力也随之增强。近年来的预训练模型如 GPT-4，PaLM2 等参数都扩张至万亿级别，但它们的基本思想仍和上述基础大模型相差不大。值得注意的是，大规模对话模型为了使其输出更符合人类偏好和价值观，引入了 RLHF 方法。通过人工标记并结合强化学习方法，模型的输出结果更贴近人类偏好。

大规模预训练模型取得了巨大的成功，但是需要耗费的时间成本、计算成本巨大。本章介绍了两类大模型迁移方法，即知识蒸馏和模型微调。在知识蒸馏中介绍了三类知识蒸馏方法，即基于相互关系的方法、基于样本关系的方法、基于图关系的方法，通过最小化教师模型（预训练模型）和学生模型的距离，将预训练模型的知识迁移到小模型中。而模型微调技术通过直接在预训练模型的基础上对预训练模型参数进行微调，实现特定任务的泛化，更为广泛地应用于各类场景中。本章介绍了三种重要的微调方法，即 Freeze 方法、P-Tuning 方法和 LoRA 方法，它们通过不同的侧面实现了预训练模型参数的调整。本章还概述了当前与大规模预训练模型相关的术语名词及相应的应用范式、框架等。

未来大规模预训练模型仍存在广阔的发展空间，如最近提出的多模态预训练模型（MM-预训练模型）试图建立真正意义的大一统模型以融合多类输入实现多元化输出。同时，大规模预训练模型的微调也是值得研究的方向，如最近"羊驼"类模型通过对 ChatGPT 等模型的微调迁移已经实现在 48G 显存单卡上运行。这些都为预训练模型的进一步应用提供了帮助。

参考文献

[1] Schmidhuber J. Deep learning in neural networks: An overview[J]. Neu-

ral Networks, 2015, 61: 85 - 117.

[2] Bengio Y, Courville A, Vincent P. Representation learning: A review and new perspectives[J]. IEEE Transactions on Pattern Analysis and Machine Intelligence, 2013, 35(8): 1798 - 1828.

[3] Marcus G. Deep learning: A critical appraisal[C/OL]. arXiv: 1801. 00631, 2018.

[4] Goodfellow I, Bengio Y, Courville A. Deep Learning[M]. Cambridge: MIT Press, 2016.

[5] Torrey L, Shavlik J. Transfer Learning[M]//Handbook of Research on Machine Learning. Hershey: Information Science Reference, 2010.

[6] Zhuang F, Qi Z, Duan K, et al. A comprehensive survey on transfer learning[J]. Proceedings of the IEEE, 2020, 109(1): 43 - 76.

[7] Szeliski R. Computer Vision: Algorithms and Applications[M]. 2nd ed. New York: Springer Nature, 2022.

[8] LeCun Y, Bottou L, Bengio Y, et al. Gradient-based learning applied to document recognition[J]. Proceedings of the IEEE, 1998, 86(11): 2278 - 2324.

[9] Deng J, Dong W, Socher R, et al. ImageNet: A large-scale hierarchical image database[C]. IEEE Conference on Computer Vision and Pattern Recognition, 2009.

[10] Gonzales R C, Wintz P. Digital Image Processing[M]. 2nd ed. Boston: Addison-Wesley Longman Publishing Company, Inc, 1987.

[11] Qiu X, Sun T, Xu Y, et al. Pre-trained models for natural language processing: A survey[J]. Science China Technological Sciences, 2020, 63(10): 1872 - 1897.

[12] Liu X, Zhang F, Hou Z, et al. Self-supervised learning: Generative or contrastive[J]. IEEE Transactions on Knowledge and Data Engineering, 2021, 35(1): 857 - 876.

[13] Vaswani A, Shazeer N, Parmar N, et al. Attention is all you need[C]. Advances in Neural Information Processing Systems, 2017.

[14] Brown T B, Mann B, Ryder N, et al. Language models are few-shot learners[C]. Advances in Neural Information Processing Systems, 2020.

[15] Devlin J, Chang M, Lee K, et al. BERT: Pre-training of deep bidirectional transformers for language understanding[C/OL]. arXiv: 1810. 04805, 2018.

[16] Liu W, Xu T, Xu Q, et al. Pre-trained models: Past, present and future

[J]. AI Open,2021,2: 225 - 250.

[17] Radford A, Wu J, Child R, et al. Language models are unsupervised multitask learners[R]. OpenAI Blog,2019,1(8).

[18] Strubell E, Ganesh A, McCallum A. Energy and policy considerations for deep learning in NLP[C/OL]. arXiv:1906.02243,2019.

[19] Bommasani R, Hudson D A, Adeli E, et al. On the opportunities and risks of foundation models[C/OL]. arXiv:2108.07258,2021.

[20] Mikolov T, Karafiát M, Burget L, et al. Recurrent neural network based language model[C]. The Interspeech,2010.

[21] Vincent P, Larochelle H, Bengio Y, et al. Extracting and composing robust features with denoising autoencoders[C]. The 25th International Conference on Machine Learning,2008.

[22] Taylor W L. Cloze procedure: A new tool for measuring readability[J]. Journalism Quarterly,1953,30(4): 415 - 433.

[23] Liu Y, Ott M, Goyal N, et al. RoBERTa: A robustly optimized BERT pretraining approach[C/OL]. arXiv:1907.11692,2019.

[24] Lan Z, Chen M, Goodman S, et al. ALBERT: A lite BERT for self-supervised learning of language representations[C/OL]. arXiv:1909.11942,2019.

[25] Wang X, Zhang Z. Must-read papers on pre-trained language models (PLMs)[C/OL]. https://github.com/thunlp/PLMpapers.

[26] Yang Z, Dai Z, Yang Y, et al. XLNet: Generalized autoregressive pretraining for language understanding[C/OL]. arXiv:1906.08237,2019.

[27] Song K, Tan X, Qin T, et al. MPNet: Masked and permuted pre-training for language understanding[C/OL]. arXiv:2004.09297,2020.

[28] Dong L, Yang N, Wang W, et al. Unified language model pre-training for natural language understanding and generation[C/OL]. arXiv:1905.03197,2019.

[29] Du Z, Qian Y, Liu X, et al. GLM: General language model pretraining with autoregressive blank infilling[C/OL]. arXiv:2103.10360,2021.

[30] Sutskever I, Vinyals O, Le Q V. Sequence to sequence learning with neural networks[C/OL]. arXiv:1409.3215,2014.

[31] Song K, Tan X, Qin T, et al. MASS: Masked sequence to sequence pretraining for language generation[C/OL]. arXiv:1905.02450,2019.

[32] Raffel C, Shazeer N, Roberts A, et al. Exploring the limits of transfer learning with a unified text-to-text transformer[J]. Journal of Machine Learning Research, 2020, 21(140): 1 - 67.

[33] Lewis M, Liu Y, Goyal N, et al. BART: Denoising sequence-to-sequence pre-training for natural language generation, translation, and comprehension[C/OL]. arXiv:1910.13461, 2019.

[34] Dai Z, Yang Z, Yang Y, et al. Transformer-XL: Attentive language models beyond a fixed-length context[C/OL]. arXiv:1901.02860, 2019.

[35] Ding M, Zhou C, Chen Q, et al. Cognitive graph for multi-hop reading comprehension at scale[C/OL]. arXiv:1905.05460, 2019.

[36] Scarselli F, Gori M, Tsoi A C, et al. The graph neural network model [J]. IEEE Transactions on Neural Networks, 2008, 20(1): 61 - 80.

[37] Ding M, Zhou C, Yang H, et al. CogLTX: Applying BERT to long texts[J]. Advances in Neural Information Processing Systems, 2020, 33: 12792 - 12804.

[38] Child R, Gray S, Radford A, et al. Generating long sequences with sparse transformers[C/OL]. arXiv:1904.10509, 2019.

[39] Guu K, Lee K, Tung Z, et al. Retrieval augmented language model pre-training[C]. International Conference on Machine Learning, 2020.

[40] Hinton G, Vinyals O, Dean J. Distilling the knowledge in a neural network[C/OL]. arXiv:1503.02531, 2015.

[41] Romero A, Ballas N, Kahou S E, et al. FitNets: Hints for thin deep nets [C]. International Conference on Learning Representations, 2015.

[42] Zagoruyko S, Komodakis N. Paying more attention to attention: Improving the performance of convolutional neural networks via attention transfer[C]. International Conference on Learning Representations, 2017.

[43] Yang Y, Qiu J, Song M, et al. Distilling knowledge from graph convolutional networks[C]. IEEE/CVF Conference on Computer Vision and Pattern Recognition, 2020.

[44] Park W, Kim D, Lu Y J, et al. Relational knowledge distillation[C]. IEEE/CVF Conference on Computer Vision and Pattern Recognition, 2019.

[45] Tung F, Mori G. Similarity-preserving knowledge distillation [C]. IEEE/CVF International Conference on Computer Vision, 2019.

[46] Donahue J, Jia Y, Vinyals O, et al. Decaf: A deep convolutional activation feature for generic visual recognition[C]. International Conference on Machine Learning, 2014.

[47] Liu Y, Agarwal S, Venkataraman S. AutoFreeze: Automatically freezing model blocks to accelerate fine-tuning[C/OL]. arXiv:2102.01386, 2021.

[48] Liu X, Ji K, Fu Y, et al. P-Tuning V2: Prompt tuning can be comparable to fine-tuning universally across scales and tasks[C/OL]. arXiv:2110.07602, 2021.

[49] Hu E J, Shen Y, Wallis P, et al. LoRA: Low-rank adaptation of large language models[C/OL]. arXiv:2106.09685, 2021.

第 8 章　强化学习

强化学习的研究背景深植于人工智能的多阶段发展历程。人工智能自 20 世纪中叶提出以来，经过了理论萌芽、早期探索、实用化突破和智能化提升四个主要阶段，逐步构建了完整的技术体系。特别是 2017 年，国务院发布《新一代人工智能发展规划》，我国人工智能的发展已上升为国家战略，目标是到 2030 年总体达到世界领先水平，成为世界主要人工智能创新中心。这一规划不仅为人工智能发展提供了政策保障，还促使人工智能在多个领域实现突破，标志着智能技术从理论探索走向系统化应用的新阶段。

强化学习作为人工智能的核心技术，具有重要的研究意义。通过环境反馈信号的强化，系统能够在复杂、不确定的环境中实现自主学习和优化决策，现已广泛应用于机器人控制、自动驾驶、游戏 AI 等场景。深度强化学习进一步增强了系统在高维数据和复杂决策情境下的适应能力，使其在无人驾驶、智能推荐系统、金融投资等领域展现出巨大潜力。总体而言，强化学习为人工智能的智能化和普适化发展提供了技术支撑，促进了智能系统在实际应用中的广泛落地，推动了 AI 在多个领域的快速进步。

本章的整体框架与主要内容如下：首先介绍单智能体强化学习的基础知识、研究现状和典型算法求解；接着介绍多智能体强化学习的基础知识、研究现状和典型算法求解；最后对本章内容进行总结，分析强化学习所面临的挑战，并探讨其未来发展方向。

本章使用的数学符号如表 8-1 所示。

表 8-1　数学符号

符号	含义
$\mathcal{S}$	状态空间
$\mathcal{A}$	动作空间
$\mathcal{P}(s'\|s,a)$	状态转移函数
$\mathcal{R}(s,a)$	奖励函数
γ	折扣因子

续表8-1

符号	含义
$V(s)$	状态价值函数
$V_*(s)$	最优状态价值函数
$Q(s,a)$	动作价值函数
$Q_*(s,a)$	最优动作价值函数
$\pi(a\|s)$	随机性策略函数
$\pi(s)$	确定性策略函数
$A(s,a)$	优势函数
$\mathbb{E}[\cdot]$	期望符号，表示对某个随机变量的期望值
τ_t	从时刻 t 开始的轨迹，表示智能体与环境交互的序列
ρ	策略的累积回报，表示智能体所获得的长期累积奖励
δ_t	时刻 t 的误差，通常用于更新策略
θ	策略的参数，通常用来表示策略函数中的可调参数
∇	梯度符号，用于表示对某个函数的梯度(偏导数)
$\mathcal{L}$	损失函数，通常用于表示策略的优化目标
$J(\pi)$	策略 π 的期望回报
$\mathcal{R}_t$	从时刻 t 开始的回报
d_π	策略 π 下的稳态分布，表示智能体在策略下的状态分布
$\pi_\theta(a\|s;\theta)$	随机性策略网络
$Q(s,a;w)$	价值网络

8.1　单智能体强化学习

强化学习是机器学习研究的一个重要领域，在强化学习过程中智能体通过与环境之间的信息交互学习最优决策。目前，深度强化学习相关理论与技术已被广泛应用于智能驾驶、机器人控制和人机交互等现实场景中。本节主要对单智能体强化学习中的基础知识、研究现状与经典算法进行具体介绍。

8.1.1 基础知识

本小节将围绕单智能体强化学习的问题建模及优化目标展开介绍。

8.1.1.1 问题建模

强化学习研究智能体如何在没有任何先验知识的情况下，基于自身的动作信息和环境提供的状态以及奖励信息，通过最大化(或最小化)累积奖励来学习最优策略。单智能体强化学习可以形式化地描述为马尔可夫决策过程(Markov Decision Processes, MDP)。

定义 8.1.1-1 单智能体强化学习模型 MDP 一般可以通过以下关键元素组成的元组$\{\mathcal{S},\mathcal{A},\mathcal{P},\mathcal{R},\gamma\}$进行表述：

(1) $\mathcal{S}$表示环境状态空间，即环境中状态 s 的集合；

(2) $\mathcal{A}$表示智能体动作空间，即智能体可执行的动作 a 的集合；

(3) $\mathcal{P}:\mathcal{S}\times\mathcal{A}\times\mathcal{S}\to[0,1]$表示状态转移概率函数，描述环境状态的转移过程，即智能体在环境状态 $s\in\mathcal{S}$下执行动作 $a\in\mathcal{A}$，环境转移到新状态 $s'\in\mathcal{S}$的概率；

(4) $\mathcal{R}:\mathcal{S}\times\mathcal{A}\times\mathcal{S}\to\mathbb{R}$ 表示奖励函数，即智能体在环境状态 $s\in\mathcal{S}$下执行动作 $a\in\mathcal{A}$，环境转移到新状态 $s'\in\mathcal{S}$后，智能体从环境获得的瞬时奖励$\mathcal{R}(s,a,s')$；

(5) $\gamma\in[0,1]$表示折扣因子，描述智能体对未来奖励的侧重程度。

为了进一步理解强化学习基本交互过程，假设第 t 时刻的环境状态为 $s_t\in\mathcal{S}$，智能体从环境观测到状态 s_t 并执行动作 $a_t\in\mathcal{A}$。在智能体执行动作 a_t 之后，环境以$\mathcal{P}(\cdot|s_t,a_t)$的概率转移到新的状态 $s_{t+1}\in\mathcal{S}$，同时智能体从环境获得瞬时奖励 $r_{t+1}=\mathcal{R}(s_t,a_t,s_{t+1})$。以此类推，随着智能体与环境之间不断地交互，整个 MDP 的过程将持续不断进行，并产生一个样本轨迹：

$$s_0,\ a_0,\ r_1,\ s_1,\ a_1,\ r_2,\ s_2,\ a_2,\ r_3,\ \cdots. \tag{8.1.1-1}$$

一般来说，在单智能体强化学习问题中，智能体可观测到环境的全局状态。但在某些特定的问题场景中，智能体可能无法观测到环境的全局状态，这种场景可建模为部分可观测马尔可夫决策过程(POMDP)，其将在多智能体强化学习中重点介绍。在单智能体强化学习问题中，智能体的奖励函数还可以定义为$\mathcal{R}:\mathcal{S}\times\mathcal{A}\to\mathbb{R}$。一般来说，强化学习中的奖励函数可根据研究问题的场景进行设定。此外，在一些特定的场景中，智能体的瞬时奖励 r_{t+1} 也可以是满足服从

$$\mathcal{R}(s_t,a_t,s_{t+1})=\mathbb{E}[r_{t+1}|s_t,a_t]$$

的随机变量。

MDP 框架有较高的抽象性与灵活性，能够以多种不同的方式应用到众多实际问题中。一般来说，针对不同的实际问题构造的 MDP 框架中状态、动作以及奖励的定义往往存在较大的差异，甚至针对同一个学习任务构造的 MDP 框架中的状态、动作以及奖励也可能不同。在 MDP 框架中，状态一般可以表述为智能体对环境变化的客观感应，甚至可以是完全主观的感知，或者任何对决策有帮助的描述。类似地，动作可以描述为智能体的主观反应与决策。奖励通常根据智能体与优化目标的接近程度进行定义，以此作为智能体导向目标的有效表征。总而言之，在使用 MDP 框架对强化学习问题进行建模时，MDP 框架中的关键元素可以有多种不同的定义，并且对问题的求解至关重要。

8.1.1.2　优化目标

在对实际问题进行强化学习建模时，智能体的优化目标被形式化地分解为奖励信号（标量数值，在 MDP 中可根据奖励函数产生），并通过环境传递给智能体。一般来说，强化学习问题中智能体的优化目标为最大化奖励的累积值，即累积奖励（回报）。根据上一小节的描述可知，在强化学习中智能体可以通过采用某种特定的行为方式（这种行为方式可以是完全随机的，也可以遵循某种主观的规律）与未知环境进行交互，产生形如式(8.1.1-1)的样本轨迹：$s_0, a_0, r_1, s_1, a_1, r_2, s_2, a_2, r_3, \cdots$。定义样本轨迹中第 t 时刻之后的累积奖励为

$$G_t = r_{t+1} + \gamma r_{t+2} + \gamma^2 r_{t+3} + \cdots + \gamma^{T-t-1} r_T = \sum_{k=t+1}^{T} \gamma^{k-t-1} r_k, \quad (8.1.1-2)$$

其中，γ 表示折扣因子，T 表示智能体与环境交互的终止时刻。在强化学习问题中，如果智能体与环境之间的交互可以被自然地分解为以 T 为终止时刻的单独的试验序列(episode)，则这样的强化学习称为“阶段性任务的强化学习”。当 $T \to \infty$ 时，智能体与环境之间的交互没有明确的终止时刻，而是持续进行时，此类强化学习称为“持续性强化学习”。特别地，式(8.1.1-2)中的累积奖励可理解为阶段性任务和持续性任务优化目标的统一表示方法，但要注意 $T \to +\infty$ 和 $\gamma = 1$ 二者不能同时出现。

在对一些较为复杂的实际问题进行强化学习建模时，选用标量奖励信号形式化地刻画问题的优化目标可能存在一定的局限性，但在一些实际场景（例如围棋、无人驾驶等）中却显示出意想不到的灵活性及有效性。需要注意的是，针对实际问题进行强化学习建模时，奖励作为问题优化目标的导向信号，必须使得智能体在最大化累积奖励的同时实现优化目标。

根据 MDP 的定义 8.1.1-1 可知，智能体采用不同的行为方式执行动作产生

的马尔可夫样本序列也不相同。一般来说,智能体选择动作的行为方式称为智能体的策略,具体定义如下。

定义 8.1.1-2 智能体的策略$\pi(\cdot|s):\mathcal{S}\to\Delta(\mathcal{A})$是从状态$s$到动作空间中动作的选择概率之间的映射。对于任意的状态$s\in\mathcal{S}$和动作$a\in\mathcal{A}$,都有

$$\pi(a|s)\geqslant 0 \quad 且 \quad \sum_{a\in\mathcal{A}}\pi(a|s)=1.$$

为了便于分析,这里我们重点描述持续性任务的强化学习问题(阶段性任务的强化学习可理解为是持续性任务的强化学习问题的一个特例)。根据智能体的累积奖励公式(8.1.1-2)和策略定义 8.1.1-2 可知,强化学习中智能体的优化目标(寻找最优策略最大化累积奖励期望)可表示为

$$\max_{\pi}\mathbb{E}\left[\sum{}_{t=0}^{+\infty}\gamma^t r_{t+1}|a_t\sim\pi(\cdot|s_t),s_0\right]=\mathbb{E}_{\pi}\left[\sum_{t=0}^{+\infty}\gamma^t r_{t+1}|s_0\right], \tag{8.1.1-3}$$

其中,$\mathbb{E}_{\pi}[\cdot]$表示在给定策略π下随机变量的期望值。为了进一步刻画策略的好坏程度,可通过构造价值函数对策略的好坏进行定量分析。假设给定策略π,定义状态值函数(也称为 V 函数)$V_{\pi}(s)$为智能体从状态s开始执行策略π获得的累积奖励的期望值,即状态s在策略π下的价值,记为

$$V_{\pi}(s)=\mathbb{E}_{\pi}\left[\sum_{k=0}^{+\infty}\gamma^k r_{t+k+1}|s_t=s\right], \quad \forall s\in\mathcal{S}. \tag{8.1.1-4}$$

类似地,定义状态动作值函数(也称为 Q 函数)$Q_{\pi}(s,a)$为智能体从状态-动作对(s,a)开始执行策略π获得的累积奖励的期望值,即状态-动作对(s,a)在策略π下的价值,记为

$$Q_{\pi}(s,a)=\mathbb{E}_{\pi}\left[\sum_{k=0}^{+\infty}\gamma^k r_{t+k+1}|s_t=s,a_t=a\right], \quad \forall(s,a)\in(\mathcal{S},\mathcal{A}). \tag{8.1.1-5}$$

根据式(8.1.1-3)和式(8.1.1-4)的定义可知,状态值函数$V_{\pi}(s)$和状态动作值函数$Q_{\pi}(s,a)$满足以下方程:

$$V_{\pi}(s)=\sum_{a\in\mathcal{A}}\pi(a|s)Q_{\pi}(s,a), \tag{8.1.1-6}$$

$$Q_{\pi}(s,a)=\sum_{s'\in\mathcal{S}}\mathcal{P}(s'|s,a)[\mathcal{R}(s,a,s')+\gamma V_{\pi}(s')]. \tag{8.1.1-7}$$

上述方程被称为贝尔曼方程。贝尔曼方程在强化学习中起到关键作用,因为它为计算和更新值函数提供了递归结构,是策略评估和改进的基础。通过贝尔曼方程,强化学习算法能够有效评估当前策略的表现并优化智能体的行为,从而逐步逼近

最优策略。

在强化学习中，通常可以根据比较不同策略产生的状态值函数或者状态动作值函数的大小定义策略的偏序关系。假设给定策略 π 和策略 π'，如果对于任意的 $s\in\mathcal{S}$ 和 $a\in\mathcal{A}$，都有 $V_{\pi}(s)\geqslant V_{\pi'}(s)$ 或者 $Q_{\pi}(s,a)\geqslant Q_{\pi'}(s,a)$，则称策略 π 优于策略 π'。根据式(8.1.1-6)和式(8.1.1-7)中状态值函数以及状态动作值函数的定义可知，强化学习中智能体的最优策略可进一步定义如下。

定义 8.1.1-3　如果存在策略 π_*，使得对于所有的策略 π 和状态-动作对 $(s,a)\in(\mathcal{S},\mathcal{A})$，都有 $V_{\pi_*}(s)\geqslant V_{\pi}(s)$ 或者 $Q_{\pi_*}(s,a)\geqslant Q_{\pi}(s,a)$，则称策略 π_* 为智能体的最优策略。

为了便于描述，定义最优策略 π_* 的状态值函数和动作值函数为最优状态值函数和最优动作值函数，分别记为 $V_*(s)$ 和 $Q_*(s,a)$，则根据最优策略 π_* 的定义可知

$$V_*(s)=\max_{\pi} V_{\pi}(s),\quad \forall s\in\mathcal{S}, \tag{8.1.1-8}$$

$$Q_*(s,a)=\max_{\pi} Q_{\pi}(s,a),\quad \forall (s,a)\in(\mathcal{S},\mathcal{A}). \tag{8.1.1-9}$$

根据式(8.1.1-8)和式(8.1.1-9)可知，最优状态值函数 $V_*(s)$ 和最优动作值函数 $Q_*(s,a)$ 满足以下方程：

$$V_*(s)=\max_{a\in\mathcal{A}} Q_*(s,a), \tag{8.1.1-10}$$

$$Q_*(s,a)=\sum_{s'\in\mathcal{S}}\mathcal{P}(s'|s,a)(\mathcal{R}(s,a,s')+\gamma V_*(s')). \tag{8.1.1-11}$$

值得注意的是，最优贝尔曼方程(8.1.1-10)以及(8.1.1-11)为求解强化学习问题中智能体的最优策略 π_* 提供了思路，即可以通过求解最优贝尔曼方程获得问题的最优值函数和最优动作值函数，再进一步根据最优动作值函数 $Q_*(s,a)$ 获取最优策略 π_* 如下：

$$\pi_*(s)=\underset{a\in\mathcal{A}}{\operatorname{argmax}}\, Q_*(s,a),\quad \forall s\in\mathcal{S}. \tag{8.1.1-12}$$

式(8.1.1-12)提供了求解最优确定策略的方法。如果对于任意的状态 s，智能体的动作由 $\pi(s)$ 唯一确定，则称策略 π 是确定策略。在式(8.1.1-12)中，如果对于某一状态 s 存在多个不同的动作使得 $Q_*(s,a)$ 达到最大值，则强化学习问题的最优策略理论上可以有无穷多种不同的构造方式。

8.1.2　研究现状

强化学习是一种基于信号驱动的学习方法，智能体通过不断“试错”的方式进行学习，即根据环境状态选择并执行动作，从环境中获得相应的奖励信号以调整其

策略[1,2]。强化学习的核心在于数据驱动的学习过程，智能体通过对环境信息的获取和形式化表达实现对环境特征的“认知”，并不断优化自身的策略。其思想最早可追溯至心理学家 Edward Lee Thorndike 在 1911 年进行的“工具性条件反射”实验[3]，该实验为行为主义和强化学习理论奠定了基础。此外，20 世纪 30 年代 Edward Chase Tolman 提出的“潜在学习”概念[4,5]，揭示了智能体在没有强化信号的情况下也能学习环境结构，这一理论成为基于模型的强化学习研究的重要基础[6]。

“强化”和“强化学习”的概念首次由 Marvin Lee Minsky 在 1954 年提出[7]，随后 Richard E. Bellman 在 1957 年将其抽象为 MDP[8]。MDP 可分为模型已知和模型未知两种情况，其中模型未知的情况即为强化学习问题。Bellman 提出的动态规划（Dynamic Programming，DP）方法在求解最优控制问题时具有严格的理论证明和应用价值[9,10]，但由于其需要精确的环境模型，因此在实际强化学习应用中受到限制。尽管如此，动态规划为强化学习方法的理论研究提供了基础支持。

根据优化目标的不同，强化学习方法可分为基于值函数的方法和基于策略的方法。在基于值函数的方法中，智能体可以通过“策略评估”和“策略改进”交替迭代来寻求最优策略，或者通过直接优化动作值函数实现策略的改进。策略评估常用的方法包括蒙特卡洛（Monte Carlo，MC）方法[11,12]和时序差分（Temporal Difference，TD）方法[13,14]。TD 方法是在 Minsky 于 1954 年提出的预期收益概念[15]基础上建立的，并由 Sutton[16,17]在 1988 年用于强化学习研究[13]。1992 年，Tesauro 开发出基于 TD 方法的 TD-Gammon[18]程序，展示了强化学习在智能决策中的潜力。Watkins 等人在 1992 年提出 Q-学习算法[19]，显著推动了强化学习算法的发展。1994 年，Rummery 等人提出用于策略估计的 SARSA 算法[20]。

对于小规模、离散状态和动作空间的强化学习问题，表格型方法可以有效构建动作值函数并求解，但其在大规模问题中面临内存和计算时间的挑战[21]。当状态空间或动作空间为连续时，表格型方法不再适用，必须使用基于函数近似的方法。最早由 Samuel 在跳棋程序中采用线性函数近似动作值函数[22,23]，但其表达能力有限。为提高表达能力，多项式基、傅里叶基[24]和径向基[25]等方法逐渐被引入强化学习。随着深度学习的成功，深度神经网络凭借强大的表征能力，结合强化学习形成了深度强化学习（Deep Reinforcement Learning，DRL）[26-28]。DeepMind 在 2013 年提出的 DQN（Deep Q-Network）算法首次实现了从感知到动作的端到端学习，标志着深度强化学习的开端[26]。2015 年，DeepMind 在 DQN 中引入经验回放和目标网络[27]，提升了训练的稳定性，并在 Atari 游戏中表现优异，达到甚至超越人类水平[28]。

2016 年，Silver 等人基于深度强化学习和蒙特卡洛树搜索提出 AlphaGo，并在围棋比赛中击败世界冠军李世石[26]，成为人工智能领域的重要里程碑。尽管基于值函数的深度强化学习在某些领域取得了显著成果，但在连续动作空间问题上仍有局限[36,37]。基于策略的方法通过对策略函数的直接优化，能够同时处理离散和连续动作空间。Williams 于 1992 年提出基于策略的 REINFORCE 算法[29]，但该算法在持续性任务中效率较低。为此，Sutton 等人提出策略梯度定理[30]，Konda 基于此开发出 AC(Actor-Critic) 算法[31]。Baird 引入优势函数，减小了高方差问题[32]。PPO(Proximal Policy Optimization) 算法[33]通过限制策略梯度更新进一步提升了算法的稳定性。

Silver 等人提出的确定性策略梯度定理[34]以及 Lillicrap 等人提出的 DDPG (Deep Deterministic Policy Gradient) 算法[35]，通过结合深度学习和确定策略梯度，有效解决了连续动作空间中的复杂强化学习问题。近年来，单智能体强化学习在游戏 AI[36]、自动驾驶[37]、机器人控制[38,39]等领域取得了巨大进展，推动了人工智能研究和应用的进一步发展。

8.1.3　经典算法

单智能体强化学习算法在人工智能的发展中占据了重要位置，这些算法通过智能体与环境的交互学习策略，以实现累积回报的最大化。随着研究的推进，强化学习方法逐渐演化为三大主要类别，一是基于值函数的算法，如 Q-Learning，DQN，Double DQN，Dueling DQN，Distributional DQN，Dyna DQN；二是基于策略的算法，如策略梯度，REINFORCE，TRPO 和 PPO；三是结合两者优点的 Actor-Critic 算法，如 AC，A2C，A3C，DDPG 和 SAC。下面将深入介绍这些经典算法，详细分析它们的核心思想、关键公式和适用场景，并探讨它们在解决不同复杂度和维度问题时所展现的优势与局限。

8.1.3.1　Q-学习算法(基于值函数)

智能体通过学习最优动作值函数 $Q_*(s,a)$，并根据式(8.1.1－12)获取最优策略。Q-学习算法的主要思想是智能体根据样本信息对最优动作值函数 $Q_*(s,a)$ 进行直接学习，其主要更新过程如下：

$$Q(s_t,a_t) \leftarrow Q(s_t,a_t)+\alpha\left(r_{t+1}+\gamma \max_{a\in\mathcal{A}} Q(s_{t+1},a)-Q(s_t,a_t)\right), \tag{8.1.3－1}$$

其中，$(s_t, a_t, r_{t+1}, s_{t+1})$表示智能体用于学习的样本信息，$Q(s_t, a_t)$表示待学习的动作值函数，$\alpha \in (0,1)$表示学习率(迭代步长)。对于有限的强化学习问题(即强化学习问题中的状态空间以及动作空间都是有限的离散集合)，若智能体无限次遍历所有的状态-动作对，那么 Q-学习中的迭代公式 (8.1.3-1)可以收敛到最优动作值函数 $Q_*(s, a)$。特别地，在有限的强化学习问题中，动作值函数 $Q(s, a)$可以用矩阵列表的方式进行表示。

一般来说，对于大规模的强化学习问题，使用矩阵列表表示动作值函数的 Q-学习算法所需要的内存以及运行时间都存在难以克服的困难，从而造成算法算力需求大、训练难收敛的困境。此外，在对现实场景中的问题进行强化学习建模时，构建的强化学习问题模型往往包含连续状态动作空间。针对这类情况，矩阵列表的 Q-学习算法将不再适用，取而代之的是采用参数化的动作值函数即动作值函数近似的方法。在强化学习中，智能体的动作值函数可以采用多种不同的近似方式，比如线性函数近似、神经网络近似等。值得注意的是，采用神经网络近似的方法在视频游戏、益智棋类和实际场景的问题中取得了惊人的效果。

8.1.3.2 DQN 算法(基于值函数)

DeepMind 团队在 2013 年首次将深度学习与强化学习相结合，提出从感知到动作的端对端学习的 DQN 算法，成为了深度强化学习的开山之作。DQN 算法的主要思想是对 Q-学习中的动作值函数进行神经网络近似，有效提升了 Q-学习算法的学习能力。2015 年，DeepMind 团队在 DQN 算法的基础上引入经验回放和目标网络的概念，进一步提高了算法在训练过程中的稳定性，并且在大部分 Atari 视频游戏中取得足以媲美甚至超越人类的惊艳效果。值得注意的是，在 DQN 算法中，动作值函数采用神经网络近似，并且通过最小化下面的损失函数$\mathcal{L}(w)$优化神经网络参数：

$$\mathcal{L}(w) = \mathbb{E}_{(s_t, a_t, r_{t+1}, s_{t+1}) \sim \mathcal{D}}\left[\left(r_{t+1} + \gamma \max_{a' \in \mathcal{A}} Q(s_{t+1}, a'; w^-) - Q(s_t, a_t; w)\right)^2\right], \tag{8.1.3-2}$$

其中，$Q(s, a; w)$表示采用神经网络近似的动作值函数，w 为动作值函数参数，$\mathcal{D}$表示样本经验池，$Q(s, a; w^-)$表示智能体的目标 Q 网络。在 DQN 算法中，智能体将数据样本$(s_t, a_t, r_{t+1}, s_{t+1})$存储到经验池$\mathcal{D}$中，并从经验池中随机采取数据样本(经验回放机制)，弱化了数据之间的相关性，实现了独立同分布的样本假设。此外，DQN 算法通过引入目标 Q 网络 $Q(s, a; w^-)$提高了学习过程中参数 w 的稳定性。需要注意的是，参数 w 在每次迭代中进行更新，而目标网络参数 w^- 周期性复

制参数 w 的值。DQN 算法充分发挥了深度学习的信息处理能力以及强化学习的决策优化能力，将高维感官观测和决策行动相结合，适用于解决离散动作空间的复杂问题，使能够应对多种挑战性任务的人工智能决策优化技术得以实现。

DQN 的主要优势在于其通过深度神经网络能够在高维状态空间中进行有效的策略学习，并通过经验回放和目标网络提高训练稳定性。但是，DQN 存在过度估计 Q 值的问题，可能导致学习不稳定。这一缺陷引出了 Double DQN 算法，用以减轻 Q 值高估的问题。

8.1.3.3　Double DQN 算法（基于值函数）

Double DQN 是由 DeepMind 团队在 2016 年提出的改进算法，其核心目标是解决标准 DQN 中因"最大化偏差"导致的 Q 值过度估计问题。在传统 DQN 中，目标 Q 值的计算依赖于目标网络对下一状态动作值的最大化选择，目标网络同时负责动作选择和 Q 值评估，导致对真实 Q 值的系统性高估。Double DQN 的核心创新在于将动作选择与 Q 值评估解耦，它的 Q 值目标更新公式为

$$y_t^{\text{Double DQN}}=r_t+\gamma Q_{\theta'}(s_{t+1},\arg\max_a Q_\theta(s_{t+1},a)), \qquad (8.1.3-3)$$

其中，Q_θ 是主网络（参数为 θ），用于选择动作；$Q_{\theta'}$ 是目标网络，用于评估所选动作的 Q 值。这种解耦机制有效减少了单一网络同时承担双重角色时的过估计偏差问题。Double DQN 算法主要流程如下：首先是经验回放，即采样历史经验，打破数据相关性；接着是动作解耦，即在线网络选择动作，目标网络评估 Q 值；随后是损失计算，即以目标 Q 值为标签，更新在线网络参数；最后是网络同步，即定期将在线网络参数复制到目标网络。

Double DQN 适用于高维动作空间任务，如 Atari 游戏、机器人控制，需精准 Q 值估计以避免策略震荡。它也适用于稀疏奖励环境，如 AlphaGo 的围棋对弈，过度估计易导致策略陷入局部最优，Double DQN 的保守估计可提升探索效率。

Doublc DQN 的优势在于通过解耦动作选择和评估，显著降低 Q 值高估偏差；稳定性提升，实验表明在 Atari 等复杂环境中，Double DQN 性能优于 DQN；实现简单，仅需修改目标 Q 值计算逻辑，无需额外计算资源。尽管如此，它仍存在一些局限，特别是在高维动作空间中，未完全消除过估计问题；目标网络的更新频率需要精细调节；同时，动作选择依赖在线网络，可能导致次优策略偏差。总体而言，Double DQN 通过解耦动作选择与评估，有效缓解了 DQN 的高估问题，提升了稳定性和性能，成为深度强化学习领域的基准算法之一。然而，为进一步优化自身性能，仍需与其他技术（如 Dueling DQN）结合使用。

8.1.3.4 Dueling DQN 算法(基于值函数)

Dueling DQN 由 DeepMind 团队于 2016 年提出,其核心创新是重构 Q 网络架构,通过分离状态价值函数 $V(s)$ 和动作优势函数 $A(s,a)$,解决了传统 DQN 在高维状态或动作影响细微的场景中 Q 值估计效率低下的问题。传统 DQN 直接输出动作的 Q 值,但是在许多场景中,不同动作对状态价值的贡献差异较小(例如自动驾驶中保持车道与微调方向),导致网络难以区分动作的重要性,学习效率低下。Dueling DQN 的核心思想是将 Q 值分解为两部分,其 Q 值定义如下:

$$Q(s,a;\theta,\alpha,\beta)=V(s;\theta,\beta)+\left(A(s,a;\theta,\alpha)-\frac{1}{|\mathcal{A}|}\sum_{a'}A(s,a';\theta,\alpha)\right), \tag{8.1.3-4}$$

其中,$V(s;\theta,\beta)$ 表示状态值函数,$A(s,a;\theta,\alpha)$ 表示优势函数,θ,α,β 为网络参数。此处,为避免 $V(s)$ 和 $A(s,a)$ 的不可辨识性(例如所有动作优势同时增减一个常数时 Q 值不变),对优势函数进行中心化处理,该设计强制优势函数的均值为零,确保网络专注于学习动作的相对优势,而非绝对偏移量。

Dueling DQN 适用于状态主导型任务,例如:复杂策略游戏,在 StarCraft II 中宏观战略(状态价值)比微观操作(动作优势)更重要;自动驾驶导航任务,其中状态价值评估(如道路安全性)优先级高于具体转向幅度调整;机器人避障任务,在密集障碍物环境中快速判断状态可行性比精细动作选择更关键。

Dueling DQN 的优势在于能够高效学习状态价值,无需为每个动作重复学习状态特征,加速收敛(实验表明训练速度提升约 2 倍);策略鲁棒性增强,在动作差异小的场景中网络更关注状态价值,减少策略震荡;泛化能力提升,对未见过但价值相似的动作组合(如对称操作)具有更好的适应性。其劣势在于结构复杂性增加,双分支设计使参数量增加约 30%,可能导致小规模任务中的过拟合;中心化约束的局限性,强制优势均值为零可能丢失部分动作特异性信息,需通过更复杂的聚合方式优化;环境依赖性,在动作对结果影响显著且差异大的环境中,性能提升有限。总之,Dueling DQN 通过解耦状态价值与动作优势,革新了 Q 值函数的表示方式,显著提升了复杂场景中的学习效率和策略稳定性。其双分支架构已成为深度强化学习的标准设计之一,并被工业级系统(如机器人控制、游戏 AI)广泛采用。然而,它的结构复杂性和环境依赖性提示研究者需根据任务特性权衡算法选择。为了进一步提高 Q-学习在复杂环境中的表现,Distributional DQN 提供了另一种视角。

8.1.3.5　Distributional DQN 算法(基于值函数)

Distributional DQN 由 DeepMind 团队在 2017 年提出,该算法革新了传统 Q-学习的框架,从回报分布的角度建模强化学习问题,而非仅估计期望 Q 值。传统 DQN 及改进算法(如 Double DQN,Dueling DQN)均通过优化期望 Q 值

$$Q(s,a)=\mathbb{E}[Z(s,a)]$$

来指导策略,其中 $Z(s,a)$ 表示状态-动作对 (s,a) 的回报分布。然而,仅学习期望值会丢失分布信息(如方差、多模态性),导致策略无法区分风险。Distributional DQN 直接建模回报的完整分布 $Z(s,a)$:

$$Z(s,a)\sim\mathcal{P}(R\,|\,s,a). \tag{8.1.3-5}$$

它通过最小化分布之间的距离(而非均方误差)来优化策略,其核心公式基于分布贝尔曼方程:

$$\mathcal{T}Z(s,a)=r+\gamma Z(s',a'), \tag{8.1.3-6}$$

其中 $Z(s,a)$ 是一个随机变量,表示在状态 s 执行动作 a 后的累积回报分布。Distributional DQN 的关键设计在于分布参数化,即使用离散化支持点表示分布,例如将回报范围划分为 N 个固定间隔点,网络输出每个 atom 的概率,随后通过投影操作将目标分布 $\mathcal{T}Z$ 映射到离散支持点上,最小化与当前分布的 Wasserstein 距离或 KL 散度。

Distributional DQN 的优势在于支持区分高风险高回报与低风险稳定策略(如金融交易、自动驾驶避障);能够提供更丰富的信号,即分布的多模态特性可捕捉环境动态的不确定性,提升探索效率;提供理论鲁棒性,实验表明在 Atari 游戏中,Distributional DQN 的性能显著优于传统 DQN(平均胜率提升超过 30%)。其劣势在于计算复杂度高,当离散化支持点数量 N 增加时计算量线性增长;超参数敏感,支持点范围和数量需人工调参,不当设置可能导致分布截断或分辨率不足;实现复杂性高,投影操作和分布对齐需要进行精细的数值稳定性处理(如梯度裁剪)。总之,Distributional DQN 通过直接建模回报分布,为强化学习提供了更丰富的信息表达,成为解决复杂、不确定性环境任务的里程碑式方法。其思想被后续算法广泛吸收,并在机器人控制、量化交易等领域展现出优势。然而,它的计算成本和实现复杂度提示研究者在应用中需权衡收益与开销。为了进一步提升样本效率和探索能力,Dyna DQN 提供了另一种集成模型学习的方法。

8.1.3.6　Dyna DQN 算法(基于值函数)

Dyna DQN 算法融合了 Richard Sutton 于 1990 年提出的 Dyna-Q 算法[40,41]和

DeepMind 团队于 2013 年提出的 DQN 算法。在 DQN 的基础上，Dyna DQN 算法进一步引入了环境模型的学习和规划，该环境模型包括状态转移概率和奖励函数的估计。在与环境交互的过程中，Dyna DQN 算法不仅利用真实经验更新 Q 网络，还借助学习到的环境模型生成模拟经验进一步优化 Q 网络。这种结合深度学习的强大表示能力与基于模型的规划方法，使 Dyna DQN 算法能够高效处理复杂状态空间，同时加速学习过程，显著提升了学习效率与性能。

Dyna DQN 算法的核心公式包括如下两部分：

(1) 与环境交互，更新 Q 网络，即

$$\theta \leftarrow \theta - \alpha \cdot \nabla_\theta \left(Q(s_t, a_t; \theta) - \left[r_t + \gamma \max_{a'} Q(s_{t+1}, a'; \theta^-)\right]\right)^2, \tag{8.1.3-7}$$

其中，θ 是神经网络的参数，θ^- 是目标网络的参数。

(2) 基于环境模型，更新 Q 网络。每次与环境交互后，Dyna DQN 算法利用学习到的环境模型生成模拟经验，并通过如下公式更新 Q 值：

$$\theta \leftarrow \theta - \alpha \cdot \nabla_\theta \left(Q(s, a; \theta) - \left[r + \gamma \max_{a'} Q(s', a'; \theta^-)\right]\right)^2, \tag{8.1.3-8}$$

其中，(s, a, r, s') 是从环境模型中采样的模拟经验。

Dyna DQN 算法具有显著的优势与劣势。其优势在于，通过利用环境模型生成模拟经验，该算法能够在有限的真实交互中加速学习过程，实现更高效的策略更新与更快的收敛速度；减少了对真实环境交互的依赖，显著降低了样本复杂度，尤其适用于样本获取成本较高的场景；展现了较强的灵活性，能够兼容多种模型学习和规划方法，适用于不同的环境和任务需求。其劣势在于，环境模型的准确性对学习效果至关重要，如果模型与真实环境存在较大偏差，可能导致学习的策略偏离最优；规划步骤需要额外的计算资源，尤其是在状态空间较大时，计算开销可能成为其应用的瓶颈。

上述基于值的强化学习方法，包括 DQN，Double DQN，Dueling DQN，Distributional DQN 和 Dyna DQN，通过改进 Q 值估计、引入结构性变革和结合模型学习，提高了策略学习的性能和稳定性。这些方法成功地在高维状态空间中实现了有效的策略优化，特别是在离散动作空间中表现优异，但它们在处理复杂、连续动作空间和高维度问题时仍面临着一定的局限。因此，研究者们开始探索基于策略的强化学习方法，这类方法通过直接优化策略函数来学习动作选择，能够更好地适应复杂、连续动作空间的需求，在机器人控制和复杂游戏策略中展现出更灵活和强大的性能。

8.1.3.7　策略梯度算法(基于策略)

基于策略的方法是直接对策略进行优化,从而避免了求解最优动作值函数的过程。一般来说,基于策略的方法中参数化的策略(策略函数)满足以下两个设定:

(1) 策略函数 $\pi(a|s;\theta)$ 对策略参数 $\theta\in\mathbb{R}^d$ 可导,即对于所有的状态动作 $s\in\mathcal{S},a\in\mathcal{A},\nabla\pi(a|s;\theta)$ 存在且有限;

(2) 在策略 $\pi(a|s;\theta)$ 中,对于任意的 $s\in\mathcal{S},a\in\mathcal{A}$,满足 $\pi(a|s;\theta)\geqslant 0$,且

$$\sum_{a\in\mathcal{A}}\pi(a|s;\theta)=1.$$

在强化学习中,常见的策略函数可用指数柔性最大化分布表示,即

$$\pi(a|s;\theta)=\frac{\mathrm{e}^{h(s,a;\theta)}}{\sum_b \mathrm{e}^{h(s,b;\theta)}},\tag{8.1.3-9}$$

其中,$h(s,a;\theta)$ 可以表示为 $h(s,a;\theta)=[x(s,a)]^{\mathrm{T}}\theta,x(s,a)\in\mathbb{R}^d$ 为状态-动作对 (s,a) 的特征向量。

在基于策略的方法中,智能体需要对策略 $\pi(a|s;\theta)$ 构造性能指标 $J(\theta)$ 衡量策略的"好坏"程度,以此达到优化策略的目的。在阶段性任务中,性能指标 $J(\theta)$ 可定义为阶段性初始状态的价值,即

$$J(\theta)=V_{\pi_\theta}(s_0),\tag{8.1.3-10}$$

其中,$\pi_\theta=\pi(a|s;\theta),V_{\pi_\theta}(\cdot)$ 表示策略 π_θ 下的状态值函数。另外,在持续性任务中,通常根据策略 π_θ 在每个时刻产生的平均奖励 $r(\pi_\theta)$ 定义性能指标 $J(\theta)$,即

$$\begin{aligned}J(\theta)=r(\pi_\theta)&=\lim_{T\to\infty}\frac{1}{T}\sum_{t=1}^{T}\mathbb{E}[r_t|s_0,a_{0:t-1}\sim\pi_\theta]\\&=\sum_{s\in\mathcal{S}}d_{\pi_\theta}(s)\sum_{a\in\mathcal{A}}\pi(a|s;\theta)\sum_{s'\in\mathcal{S}}P(s'|s,a)R(s,a,s'),\end{aligned}\tag{8.1.3-11}$$

其中,$d_{\pi_\theta}(s)=\lim_{t\to\infty}\mathcal{P}(s_t=s|\pi_\theta)$ 为策略 π_θ 下的稳定状态分布。为了确保性能指标 $J(\theta)$ 和稳定状态分布 $d_{\pi_\theta}(s)$ 的定义是有意义的,通常需要假设对于任意的策略 π,由智能体与环境产生的样本序列是非周期且不可约的。

注 8.1.3-1　在持续性任务中,性能指标 $J(\theta)$ 也可以定义为带有折扣的状态价值在稳态分布上的概率加权和,即 $J_{\mathrm{ave}}(\theta)=\sum_{s\in\mathcal{S}}d_{\pi_\theta}(s)V_{\pi_\theta}(s)$。考虑到对于任意的策略 π_θ,折扣后的加权状态价值 $J_{\mathrm{ave}}(\theta)$ 总为 $r(\pi_\theta)/(1-\gamma)$,从而 $J_{\mathrm{ave}}(\theta)$ 和式(8.1.3-11)中的策略平均奖励 $r(\pi_\theta)$ 在本质上是一致的。因此,本书后续章节在持续性任务强化学习问题中将重点研究性能指标为策略平均奖励的情况。

注 8.1.3-2 在阶段性任务中,策略 π_θ 的动作值函数 $Q_{\pi_\theta}(s,a)$ 可以沿用式(8.1.1-5)中的定义。但在持续性任务中,需要根据瞬时奖励和平均奖励 $r(\pi_\theta)$ 的差重新定义动作值函数,即

$$Q_{\pi_\theta}(s,a)=\mathbb{E}_{\pi_\theta}\left[\sum_{k=0}^{\infty}(r_{t+k+1}-r(\pi_\theta))\mid s_t=s,a_t=a\right]. \quad (8.1.3-12)$$

值得注意的是,持续性任务中性能指标 $J(\theta)$ 是对策略"好坏"的刻画,而动作值函数主要用于策略的学习,并不提供对策略进行偏序的功能。

根据式(8.1.3-11)中性能指标 $J(\theta)$ 的定义可知,求策略参数 θ 的梯度 $\nabla_\theta J(\theta)$ 是一个很棘手的问题,这是由于性能指标 $J(\theta)$ 的梯度依赖于智能体选择的动作以及状态的稳态分布 d_{π_θ}。为了解决这个问题,Sutton 等人[30]提出著名的策略梯度定理,给出了性能指标相对于策略参数的梯度的解析表达式。

引理 8.1.3-1[30] 对于任何的可微策略 π_θ,性能指标 $J(\theta)$ 对策略参数 θ 的梯度为

$$\nabla_\theta J(\theta)=\mathbb{E}_{\pi_\theta}[\nabla_\theta \log\pi_\theta(a\mid s;\theta)Q_{\pi_\theta}(s,a)]. \quad (8.1.3-13)$$

根据引理 8.1.3-1 可知,梯度 $\nabla_\theta J(\theta)$ 与策略 π_θ 下的动作值函数 $Q_{\pi_\theta}(s,a)$ 密切相关。因此,在使用策略梯度定理时需先计算或估计式(8.1.3-12)中的动作值函数 $Q_{\pi_\theta}(s,a)$。为了减少策略梯度估计的方差,文献[32]引入了优势函数的概念,即以策略 π_θ 的状态值函数 $V_{\pi_\theta}(s)$ 作为基线,定义优势函数

$$A_{\pi_\theta}(s,a)=Q_{\pi_\theta}(s,a)-V_{\pi_\theta}(s).$$

根据优势函数 $A_{\pi_\theta}(s,a)$,式 (8.1.3-13)中的策略梯度 $\nabla_\theta J(\theta)$ 可进一步表示为

$$\nabla_\theta J(\theta)=\mathbb{E}_{\pi_\theta}[\nabla_\theta \log\pi_\theta(a\mid s;\theta)A_{\pi_\theta}(s,a)]. \quad (8.1.3-14)$$

策略梯度方法提供了灵活的策略表达能力,能够处理非离散、非线性的问题,因此在处理高维、连续动作空间的强化学习问题中表现良好,如机器人运动控制和复杂游戏策略优化。

策略梯度方法的主要优点是能够直接优化策略,使其适用于复杂和连续的动作空间。其缺点则在于更新容易受到高方差的影响,导致学习不稳定或收敛缓慢,这一问题也为 REINFORCE 和后续算法提供了研究方向。

8.1.3.8 REINFORCE 算法(基于策略)

REINFORCE 是策略梯度方法的一种基本形式,也是基于蒙特卡洛方法的策略优化算法,其核心思想是通过采样完整轨迹来估计回报,进而更新策略参数。

针对阶段性任务的强化学习问题,REINFORCE 算法[12]基于蒙特卡洛采样估计式(8.1.3-13)中的 $Q_{\pi_\theta}(s_t,a_t)$,并采用随机梯度上升的方法更新策略参数,即

$$\theta \leftarrow \theta + \alpha \nabla_\theta \log\pi(a_t \mid s_t;\theta) G_t, \quad (8.1.3-15)$$

其中，α 为迭代步长，$G_t = \sum_{k=t+1}^{T} \gamma^{k-t-1}\gamma_k$。

REINFORCE 适用于离线策略更新和完整轨迹采样的问题，如简单的游戏和仿真任务。然而，由于其依赖于完整回报的采样，在存在高方差的情况下可能会导致策略更新不稳定。

REINFORCE 的优点是实现简单，适合在小规模问题中进行快速验证。其缺点是更新受高方差的影响，导致收敛速度慢且稳定性差。此外，该算法不利用增量更新，进一步限制了其在复杂问题中的应用。为了克服这些问题，研究者提出更稳定的信任区域策略优化方法[42]。

8.1.3.9　TRPO 算法（基于策略）

信任区域策略优化（Trust Region Policy Optimization, TRPO）是一种基于策略梯度的强化学习算法，旨在解决策略更新过大可能导致的策略不稳定性和性能波动问题。TRPO 的核心思想是在优化策略时施加 KL 散度约束，确保策略更新在一定范围内，从而保证策略改进的稳定性和单调性。具体来说，TRPO 通过最大化一个代理目标函数，约束新旧策略之间的 KL 散度来控制更新步长。

TRPO 的优化目标可以形式化为如下公式：

$$\max_\theta \hat{\mathbb{E}}_t \left[\frac{\pi_\theta(a_t \mid s_t)}{\pi_{\theta_{\text{old}}}(a_t \mid s_t)} \hat{A}_t\right], \quad (8.1.3-16)$$

其中，$\pi_\theta(a_t \mid s_t)$表示参数为 θ 的新策略在状态 s_t 下采取动作 a_t 的概率；$\pi_{\theta_{\text{old}}}(a_t \mid s_t)$是旧策略的对应概率；$\hat{A}_t$ 为优势函数的估计，用于衡量特定动作相对于平均行为的优越性；$\hat{\mathbb{E}}_t$ 表示对采样时间步的经验平均。

TRPO 使用 KL 散度来衡量策略之间的差异。为了避免策略更新过大，其引入了 KL 散度约束，确保每次更新后的策略与旧策略之间的差异不超过预设的阈值 δ，即

$$\hat{\mathbb{E}}_t[KL[\pi_{\theta_{\text{old}}}(\cdot \mid s_t), \pi_\theta(\cdot \mid s_t)]] \leqslant \delta, \quad (8.1.3-17)$$

其中，$KL[\pi_{\theta_{\text{old}}}(\cdot \mid s_t), \pi_\theta(\cdot \mid s_t)]$衡量新旧策略在每个状态 s_t 上的“距离”；δ 是超参数，用以控制更新幅度。

TRPO 通常应用于高维连续控制任务[43]和复杂策略优化，如机器人运动控制和策略表现需要高稳定性的强化学习问题。基于自身的高稳定性和对更新幅度的有效控制，它在这些场景中表现优异。

TRPO 的主要优势在于通过 KL 散度约束确保了每次策略更新的稳定性，从

而实现单调的策略性能改进，适用于高维和复杂策略。由于 TRPO 涉及利用共轭梯度法解决约束优化问题，因此实现复杂且计算成本较高。此外，不同任务中 KL 散度约束参数 δ 的调整较为困难，限制了其在更广泛应用场景中的灵活性。这些问题推动了更简便但仍然保持稳定性的算法的开发，如近端策略优化方法。

8.1.3.10 PPO 算法(基于策略)

近端策略优化(Proximal Policy Optimization, PPO)算法是 TRPO 的一种改进，旨在保持稳定性的同时简化算法实现，提高计算效率。PPO 有两种形式，一种是 PPO-惩罚，另一种是 PPO-截断。

(1) PPO-惩罚的目标函数为

$$L(\theta)=\mathbb{E}_t\left[\frac{\pi_\theta(a_t|s_t)}{\pi_{\theta_{\text{old}}}(a_t|s_t)}\hat{A}_t-c\cdot KL[\pi_{\theta_{\text{old}}}(\cdot|s_t),\pi_\theta(\cdot|s_t)]\right], \tag{8.1.3-18}$$

其中 c 是惩罚系数，用来控制 KL 散度惩罚的强度。

(2) PPO-截断的目标函数为

$$L_{\text{CLIP}}(\theta)=\hat{\mathbb{E}}_t[\min(r_t(\theta)\hat{A}_t,\text{clip}(r_t(\theta),1-\varepsilon,1+\varepsilon)\hat{A}_t)], \tag{8.1.3-19}$$

其中，$r_t(\theta)=\dfrac{\pi_\theta(a_t|s_t)}{\pi_{\theta_{\text{old}}}(a_t|s_t)}$是新旧策略在状态 s_t 下采取动作 a_t 的概率比率，用于衡量两者的偏移；ε 是超参数，用来控制更新幅度；函数 $\text{clip}(r_t(\theta),1-\varepsilon,1+\varepsilon)$将概率比率限制在$[1-\varepsilon,1+\varepsilon]$ 范围内，避免更新过大导致不稳定性；优势函数 $\hat{A}_t$用于评估特定动作的优越性；$\hat{\mathbb{E}}_t$ 为对采样时间步的经验平均。

PPO-惩罚的优点在于理论上能够提供更加平滑和稳定的策略更新，有效控制策略的变化，避免不良的策略更新。其缺点是需要手动调整惩罚系数 c，如果选择不当，可能导致训练过程不稳定；计算上相对复杂，需要不断计算和优化 KL 散度。

PPO-截断的优点在于实现简单、计算成本低，适用于大规模问题，并且通过截断策略比率限制更新幅度，增强了算法的稳定性。其缺点是超参数 ε 需要调优，若选择不当可能会影响学习效果；虽然能够限制策略更新幅度，但在极端情况下仍可能无法完全避免不稳定的情况。

PPO-惩罚与 PPO-截断都旨在提高策略优化的稳定性，但在实现和计算效率上有所不同。在实际应用中，选择哪种算法取决于具体任务的需求和计算资源的限制。

在强化学习中，TRPO 和 PPO 算法通过策略梯度优化方法引入更高效和稳定的策略更新，解决了直接策略优化方法中常见的不稳定性问题。其中，TRPO 通过限制 KL 散度来确保更新的稳定性，但实现复杂；PPO 通过引入惩罚与截断机制，在保证稳定性的同时简化了实现。虽然这些策略梯度方法在优化过程中表现出色，但它们在样本效率和学习稳定性方面仍然存在局限，特别是在面对高方差问题时。为了缓解这些问题，基于 Actor-Critic（AC）框架的强化学习方法被广泛研究和应用。

8.1.3.11　Actor-Critic 算法（AC 框架）

为了求解持续性任务的强化学习问题，Konda 等人根据策略梯度定理提出强化学习中的 AC 算法[31]。具体地，在 AC 算法中假设 $Q(s,a;w)$ 为动作值函数 $Q_{\pi_\theta}(s,a)$ 的近似，则动作值函数参数（critic 参数）和策略参数（actor 参数）的更新如下：

$$w \leftarrow w+\alpha_w(r_{t+1}+\gamma Q(s_{t+1},a_{t+1};w)-Q(s_t,a_t;w))\nabla_w Q(s_t,a_t;w), \tag{8.1.3-20a}$$

$$\theta \leftarrow \theta+\alpha_\theta \nabla_\theta \log \alpha_\theta(a_t|s_t;\theta)Q(s_t,a_t;w), \tag{8.1.3-20b}$$

其中，α_w，α_θ 分别为 critic 参数和 actor 参数的迭代步长。

注 8.1.3－3　在 AC 算法的迭代公式中，critic 参数的更新使用了 Sarsa(0) 的思想。类似地，公式（8.1.3－20a）也可使用 Q-学习中的迭代方式进行更新，具体可表示为

$$w \leftarrow w+\alpha_w(r_{t+1}+\gamma \max_{a'\in\mathcal{A}} Q(s_{t+1},a';w)-Q(s_t,a_t;w))\nabla_w Q(s_t,a_t;w). \tag{8.1.3-21}$$

此外，AC 算法中的 critic 部分亦可采用 DQN 算法的思想，即利用神经网络对动作值函数进行近似，并根据式（8.1.3　2）训练 critic 参数。式（8.1.3－20）给出了 AC 算法的一般迭代框架，其主要优势在于结合了策略梯度方法的直接性和值函数方法的稳定性，能够以较低的样本复杂度实现有效学习。AC 算法的缺点在于容易受到高方差更新的影响，导致训练不稳定。为了应对这一问题，研究者基于 AC 算法的框架开发出更稳定和高效的变体，如 Advantage Actor-Critic（A2C）和 Asynchronous Advantage Actor-Critic（A3C）。

8.1.3.12　A2C 算法（基于 AC）

A2C 是对标准 AC 算法的改进，旨在减少策略梯度更新中的方差并提高学习

的稳定性。A2C 使用多个并行环境进行数据收集，并在每个更新步骤中同步更新策略和值函数。该算法引入了优势函数 $A(s,a)$，以更好地估计策略的改进程度并减少更新的方差。

A2C 的策略更新公式为

$$\theta \leftarrow \theta + \alpha \nabla_\theta \log\pi_\theta(a_t|s_t)A_t, \tag{8.1.3-22}$$

其中 A_t 为优势函数，定义为

$$A_t = \delta_t = r_t + \gamma V_\varphi(s_{t+1}) - V_\varphi(s_t). \tag{8.1.3-23}$$

该优势函数表示动作 a_t 在状态 s_t 下相对于平均行为的收益增量，能有效减少策略更新的方差。

A2C 适用于需要稳定且并行化的强化学习任务，如实时策略游戏和复杂的机器人控制系统。通过同步并行策略更新，其能显著提高样本利用率和训练稳定性。

A2C 的优点在于通过同步更新降低更新的方差，提高了学习的稳定性和收敛速度。但该算法仍然依赖集中同步，可能会在计算资源密集型应用中出现瓶颈。为进一步增强并行化和减轻同步带来的负担，研究者开发出异步版本 A3C 算法。

8.1.3.13 A3C 算法(基于 AC)

A3C 是 A2C 的异步变体，旨在提高计算效率和样本利用率。A3C 使用多个异步工作器，通过在不同环境中并行运行并独立更新局部策略，异步地将更新应用于全局策略参数。该方法避免了同步更新的计算瓶颈，并通过多样化的环境探索加快了学习过程。

A3C 的策略更新公式与 A2C 类似，但其更新机制为异步：

$$\theta \leftarrow \theta + \alpha \sum_t \nabla_\theta \log \pi_\theta(a_t|s_t)A_t, \tag{8.1.3-24}$$

其中每个异步工作器计算自己的优势函数 A_t，并将梯度累积到全局参数 θ。这种机制确保了多样化的探索路径，减少了策略陷入局部最优的风险。

A3C 非常适合大规模分布式系统中的强化学习任务，例如游戏 AI 和多代理系统。通过异步更新减少全局同步开销，A3C 能够在复杂环境中高效探索并提高学习速度。

A3C 的主要优点是高并行性和计算效率，通过异步更新显著提高了样本利用率和探索多样性。但异步更新也可能导致训练不稳定，尤其是在较大的分布式系统中，过度的异步可能会使策略更新变得噪声较大。因此，在设计和实施 A3C 算法时需要谨慎设置超参数和架构。

8.1.3.14 DDPG 算法(基于 AC)

Deep Deterministic Policy Gradient (DDPG)是基于 Actor-Critic 架构的深度强化学习算法,专门针对连续动作空间中的策略优化问题。DDPG 结合了 DQN 无偏估计和策略梯度的连续优化优势,使用两个神经网络分别表示 Actor 和 Critic。算法引入目标网络,旨在提高训练的稳定性,并通过经验回放缓解数据相关性问题。

DDPG 的 Actor 网络更新公式为

$$\nabla_{\theta^\mu} J(\theta^\mu) \approx \mathbb{E}_{s_t \sim \mathcal{D}}[\nabla_{\theta^\mu}\mu_{\theta^\mu}(s_t)\nabla_a Q_\varphi(s_t,a)|_{a=\mu_{\theta^\mu}(s_t)}], \quad (8.1.3-25)$$

其中,μ_{θ^μ} 表示策略函数,参数为 θ^μ;$Q_\varphi(s_t,a)$是 Critic 网络。Critic 网络通过最小化以下损失函数进行更新:

$$\mathcal{L}(\varphi)=\mathbb{E}_{(s_t,a_t,r_t,s_{t+1})\sim\mathcal{D}}[(y_t-Q_\varphi(s_t,a_t))^2], \quad (8.1.3-26)$$

其中目标值 y_t 定义为

$$y_t=r_t+\gamma Q_{\varphi'}(s_{t+1},\mu_{\theta^{\mu'}}(s_{t+1})), \quad (8.1.3-27)$$

其中 φ'和 $\theta^{\mu'}$ 为目标网络参数,用于稳定更新。

DDPG 适用于复杂的连续动作控制任务,如机器人手臂操控和自动驾驶。在这些任务中,动作空间较大且连续,DDPG 能够提供高效的策略学习。

DDPG 的优点是能够处理连续动作空间并实现稳定训练,以及结合经验回放和目标网络减少非平稳性。但 DDPG 对超参数和探索策略敏感,可能会陷入局部最优,通常需要通过噪声注入等策略来维持探索。为了进一步提高探索能力和稳定性,Soft Actor-Critic (SAC) 提供了新的解决方案。

8.1.3.15 SAC 算法(基于 AC)

SAC 是一种旨在通过最大化策略的熵来提高探索能力的 Actor-Critic 方法。SAC 使用熵正则化策略来鼓励探索,避免陷入局部最优。其目标函数包括回报和策略:

$$J(\pi)=\sum_t \mathbb{E}_{(s_t,a_t)\sim\pi}[Q_\varphi(s_t,a_t)-\alpha\log\pi(a_t|s_t)], \quad (8.1.3-28)$$

其中 α 是可调节的熵系数,用于平衡探索和回报。

SAC 特别适合需要高探索能力和鲁棒性的强化学习任务,如复杂的机器人控制和高维度连续控制问题。

SAC 的主要优点是通过最大化策略的熵来促进更广泛的探索,保证了高样本效率和稳定的学习过程。其缺点是涉及多个网络的更新和熵系数的调节,算法实现较为复杂。但要说明的是，SAC 在各种强化学习任务中已证明了其强大的适应力和性能。

综上所述，单智能体强化学习算法涵盖了基于值函数、策略和 Actor-Critic 框架的多样化方法，为应对不同类型的强化学习问题提供了丰富的解决方案。从基于值函数算法在离散动作空间中的有效应用，到基于策略和 AC 算法在高维和连续动作空间中的出色表现，这些方法各自发挥了关键性作用。深入理解这些经典算法，不仅可以帮助我们根据具体问题选用合适的算法，还能为未来的研究和创新提供坚实基础。随着技术的不断进步，结合这些方法的优势并开发新的学习范式，将推动智能体在复杂环境中表现的持续提升。

8.2 多智能体强化学习

多智能体强化学习是强化学习领域的一个新兴的研究热点和应用方向，目前被广泛应用于智能电网、资源分配、交通信号控制以及自动驾驶等多类现实场景中，具有极高的研究价值和意义。本节对多智能体强化学习的基础知识和多智能体强化学习中的经典算法进行介绍。

8.2.1 基础知识

多智能体强化学习相比于单智能体强化学习具有天然的复杂性。在多智能体强化学习场景中，智能体不但需要考虑环境的特征变化，同时还需要考虑其他智能体的动作或策略带来的影响。另外，在多智能体强化学习中，智能体从环境接收到的奖励一般由环境以及所有智能体的联合动作决定。多智能体强化学习中，智能体通过与未知环境之间的信息交互以及与其他智能体之间的通信实现协同合作、竞争博弈等群体目标。

8.2.1.1 问题建模

一般来说，多智能体强化学习模型可以形式化地描述为部分可观测马尔可夫决策过程(Partially Observable Markov Decision Process，POMDP)。

定义 8.2.1-1 多智能体强化学习模型 POMDP 一般可以通过以下关键元素组成的元组$\{\mathcal{N},\mathcal{S},\{\mathcal{A}_i\}_{i=1}^N,\mathcal{P},\{\mathcal{O}_i\}_{i=1}^N,\mathcal{R},\gamma\}$进行表述：

(1) $\mathcal{N}$表示智能体的集合，即$\mathcal{N}=\{1,2,\cdots,N\}$；

(2) $\mathcal{S}$表示环境状态空间，即环境中状态 s 的集合；

(3) $\mathcal{A}_i$ 表示智能体 $i\in\mathcal{N}$ 的动作空间，即智能体 i 可执行的动作 a_i 的集合，并令 $\mathcal{A}=\prod_{i=1}^{N}\mathcal{A}_i$ 为智能体联合动作的集合，$a=(a_1,\cdots,a_N)$ 为智能体的联合动作；

(4) $\mathcal{P}:\mathcal{S}\times\mathcal{A}\times\mathcal{S}\to\mathbb{R}\in[0,1]$ 表示状态转移概率函数，描述环境状态的转移过程，即智能体在环境状态 $s\in\mathcal{S}$ 下执行动作 $a=(a_1,\cdots,a_N)\in\mathcal{A}$，环境转移到新状态 $s'\in\mathcal{S}$ 的概率；

(5) $\mathcal{O}_i:\mathcal{S}\to\Omega$ 表示智能体 i 的观测函数，其中 Ω 表示观测状态空间；

(6) $\mathcal{R}:\mathcal{S}\times\mathcal{A}\to\mathbb{R}$ 表示奖励函数，即智能体在环境状态 $s\in\mathcal{S}$ 下执行动作 $a\in\mathcal{A}$，所有智能体从环境共享瞬时奖励 $\mathcal{R}(s,a)$；

(7) γ 表示折扣因子，描述智能体对未来奖励的侧重程度，且 $\gamma\in[0,1]$。

根据上述 POMDP 的定义可知，环境全局状态的改变与智能体的联合动作密切相关，这就使得每个智能体 i 在学习过程中需要考虑其他智能体的影响。另外，不同于单智能体强化学习中智能体可以直接观测到环境的全局状态，在多智能体强化学习问题定义 8.2.1-1 中，每个智能体 i 仅能获得对环境全局状态的局部观测 $\mathcal{O}_i(s)$，并且难以获知环境实际所处的马尔可夫状态。

为进一步了解 POMDP 的演化过程，假设第 t 时刻环境全局状态为 $s_t\in\mathcal{S}$，每个智能体 i 根据环境观测到局部观测状态 $o_{i,t}=\mathcal{O}_i(s_t)$，并选择局部动作 $a_{i,t}\in\mathcal{A}_i$ 执行。在执行联合动作 $a_t=(a_{1,t},\cdots,a_{N,t})$ 之后，环境以 $\mathcal{P}(\cdot\mid s_t,a_t)$ 的概率转移到新的状态 $s_{t+1}\in\mathcal{S}$，同时每个智能体 i 从环境获得瞬时奖励 $r_{t+1}=\mathcal{R}(s_t,a_t)$。以此类推，随着智能体与环境之间地不断交互，整个 POMDP 的过程将持续进行，并产生样本轨迹：

$$s_0,\ \{o_{i,0}\}_{i=1}^{N},\ a_0,\ r_1,\ s_1,\ \{o_{i,1}\}_{i=1}^{N},\ a_1,\ r_2,\ \cdots. \tag{8.2.1-1}$$

为应对多智能体强化学习中存在的部分可观测的问题，一种行之有效的方法是智能体充分使用其局部历史观测信息以及局部历史动作信息挖掘环境实际存在的马尔可夫性，并进行优化决策。具体地，每个智能体 i 可根据其在第 t 时刻的局部历史观测信息 $(o_{i,0},\cdots,o_{i,t-1})$ 和局部历史动作信息 $(a_{i,0},\cdots,a_{i,t-1})$ 构建局部动作观测历史，记为 $\tau_{i,t}=(o_{i,0},a_{i,0},\cdots,o_{i,t-1},a_{i,t-1})$。

一般来说，多智能体强化学习中智能体之间可能存在三种常见的合作或竞争关系，即完全合作关系、完全竞争关系以及半合作半竞争关系（混合关系）。在这些不同的关系模式中，智能体考虑其他智能体行为的影响也不相同。这里主要介绍与研究完全合作关系的多智能体强化学习问题，即协同多智能体强化学习问题。具体而言，协同多智能体强化学习问题是指智能体协同优化一个共同的目标。

8.2.1.2 优化目标

在多智能体强化学习中，智能体可通过使用某种特定的行为方式与未知环境进行交互，产生形如式(8.2.1-1)的样本轨迹。类似于单智能体强化学习，定义样本轨迹 $s_0, a_0, r_1, s_1, a_1, r_2, \cdots$ 中 t 时刻之后的累积奖励为

$$G_t = r_{t+1} + \gamma r_{t+2} + \gamma^2 r_{t+3} + \cdots + \gamma^{T-t-1} r_T = \sum_{k=t+1}^{T} \gamma^{k-t-1} r_k, \quad (8.2.1-2)$$

其中，γ 表示折扣因子。为了衔接本书后续研究内容，以持续性任务为例，协同多智能体强化学习问题中智能体的优化目标是寻找最优的联合动作最大化奖励的累积值，即

$$\max_{\{a_0, a_1, \cdots\}} \mathbb{E}\left[\sum_{t=0}^{\infty} \gamma^t r_{t+1} \mid s_0\right]. \quad (8.2.1-3)$$

在多智能体强化学习问题中，奖励作为问题优化目标的导向信号，必须确保智能体在最大化累积奖励的同时实现优化目标。考虑到多智能体强化学习问题中智能体与环境之间存在复杂的交互关系，这使得奖励函数的构造方式远比单智能体强化学习中的奖励函数复杂。因此，合理并有效地建立奖励函数模型有利于使用强化学习算法解决现实问题。

注 8.2.1-1 在定义 8.2.1-1 中，奖励函数$\mathcal{R}(s,a)$由环境状态 s 和智能体的联合动作 a 共同决定。所有智能体共享奖励函数$\mathcal{R}(s,a)$产生的奖励值，并且协同优化目标函数(8.2.1-3)。除了定义 8.2.1-1 假设的奖励函数共享的模型之外，在协同多智能体强化学习问题中，也可以假设每个智能体 i 带有局部的奖励函数$\mathcal{R}_i(s,a_i)$，并且所有智能体协同优化智能体的平均奖励的累积值，即

$$\max_{\{a_0, a_1, \cdots\}} \mathbb{E}\left[\frac{1}{N}\sum_{t=0}^{\infty}\sum_{i=1}^{N} \gamma^t r_{i,t+1} \mid s_0\right]. \quad (8.2.1-4)$$

一般来说，在部分可观测的多智能体强化学习模型中，智能体的局部策略以及所有智能体的联合策略可定义如下。

定义 8.2.1-2 智能体 i 的局部策略可以定义为 $\pi_i(\cdot \mid \tau_i): \tau_i \to \Delta(\mathcal{A}_i)$，即从局部动作观测历史信息 τ_i 到局部动作空间$\mathcal{A}_i$ 中动作选择概率之间的映射。对于任意的局部动作观测历史信息 τ_i，动作 $a_i \in \mathcal{A}_i$，$\pi_i(\cdot \mid \tau_i)$满足

$$\pi_i(a_i \mid \tau_i) \geqslant 0, \quad \forall a_i \in \mathcal{A}_i \quad 且 \quad \sum_{a_i \in \mathcal{A}_i} \pi_i(a_i \mid \tau_i) = 1.$$

令智能体的联合动作观测历史信息为 $\tau = (\tau_1, \cdots, \tau_N)$，则所有智能体的联合策略可表示为 $\pi(a \mid \tau) = \prod_{i=1}^{N} \pi_i(a_i \mid \tau_i)$。

根据定义 8.2.1－2 可知，协同多智能体强化学习问题中智能体的优化目标可进一步描述为

$$\max_{\pi} \mathbb{E}\left[\sum_{t=0}^{\infty} \gamma^t r_{t+1} \mid a_t \sim \pi(\cdot \mid \tau_t), s_0\right] = \mathbb{E}_{\pi}\left[\sum_{t=0}^{\infty} \gamma^t r_{t+1} \mid s_0\right], \tag{8.2.1-5}$$

其中，$\mathbb{E}_{\pi}[\cdot]$表示给定联合策略 π 下的随机变量的期望值。根据式(8.2.1－2)，定义 $Q_{\pi}(\tau,a)$为智能体的联合动作值函数，表示智能体在联合策略 π 下从(τ,a)开始获取的累积奖励的期望值，具体记为

$$Q_{\pi}(\tau,a) = \mathbb{E}_{\pi}\left[\sum_{t=0}^{\infty} \gamma^t r_{t+k+1} \mid \tau_t = \tau, a_t = a\right]. \tag{8.2.1-6}$$

类似于单智能体强化学习问题中策略偏序的定义，在多智能体强化学习中也可通过比较不同联合策略产生的联合状态值函数或者联合动作值函数的大小定义联合策略的偏序关系。

定义 8.2.1－3　给定联合策略 π 和联合策略 π'，如果对于任意的 τ 和 a，都有

$$Q_{\pi}(\tau,a) \geqslant Q_{\pi'}(\tau,a),$$

则称联合策略 π 优于联合策略 π'。

根据定义 8.2.1－3 中联合策略之间的偏序关系，可以进一步定义多智能体强化学习的最优联合策略。

定义 8.2.1－4　若存在联合策略 π_*，使得对所有的联合策略 π 及(τ,a)，都有

$$Q_{\pi_*}(\tau,a) \geqslant Q_{\pi}(\tau,a),$$

则称策略 π_* 为智能体的最优联合策略。

类似于单智能体强化学习，假设多智能体强化学习中的最优联合动作值函数为 $Q_*(\tau,a)$，根据最优联合策略 π_* 的性质可知

$$\pi_*(\tau) = \underset{a \in \mathcal{A}}{\operatorname{argmax}}\, Q_*(\tau,a). \tag{8.2.1-7}$$

根据式(8.2.1－7)，多智能体强化学习中智能体也可以通过协同学习最优联合动作值函数优化联合策略。

8.2.1.3　算法分类

多智能体系统通常假设每个智能体只能观测到局部信息，这一假设反映了实际问题中感知能力和通信能力的限制。在多智能体强化学习的训练过程中，根据训练和执行时所利用信息的不同，可以将训练范式分为三种，即中心化训练中心化执行(Centralized Training with Centralized Execution，CTCE)、分布式训练分布式执行(Distributed Training with Distributed Execution，DTDE)以及中心化训

练分布式执行(Centralized Training with Distributed Execution, CTDE)。

中心化训练中心化执行(CTCE)是指在训练和执行时均利用所有智能体的共享信息。这种方式一般是通过一个中央控制器来处理共享信息,在训练阶段生成联合策略,并在执行阶段输出每个智能体的动作。尽管这种方法能够促进智能体间的高效合作,但也存在明显的局限性。所有智能体的奖励需要汇总为一个标量值,这导致难以明确区分每个智能体动作的贡献;同时,中心化训练会导致联合动作空间呈指数级增长,显著增加训练复杂度;此外,在实际应用中,由于通信限制,实现完全共享信息较为困难。

分布式训练分布式执行(DTDE)是另一种方式,每个智能体仅基于自己的局部观测进行独立的训练和执行。这种方式避免了动作空间指数增长以及通信限制的问题,但也带来一些挑战。由于每个智能体将其他智能体视为环境的一部分,环境呈现非平稳性特征,影响了训练效果;同时,在需要复杂合作的任务中,智能体间的协作能力可能不足,难以完成高效的合作。

中心化训练分布式执行(CTDE)结合了 CTCE 和 DTDE 的优点。在训练阶段,智能体可以利用共享信息来优化协作策略,从而克服单独训练的局限性;而在执行阶段,每个智能体仅依赖自身的局部观测信息,保证了方法的实用性和高效性。这种训练范式在多智能体强化学习中非常常见,例如基于值分解的技术或基于 AC 框架的方法。

8.2.1.4 研究现状

多智能体强化学习将强化学习技术应用于多智能体系统中,是强化学习领域一个新兴的研究热点和应用方向。

在多智能体强化学习场景中,智能体不但需要考虑环境的特征变化,同时还需要面对其他智能体带来的影响,相比于单智能体强化学习具有天然的复杂性。类似于多智能体系统,多智能体强化学习中智能体之间存在三种常见的关系,即合作关系、竞争关系以及半合作半竞争关系(混合关系)。在这些不同的关系模式中,智能体考虑其他智能体决策行为的影响也不相同。多智能体强化学习的概念最早源于 Littman 在 1994 年用强化学习的思想求解两个智能体的零和博弈问题,针对该问题,他提出了基于 Q-学习的 Minimax-Q 算法[44]。1998 年,Hu 将文献[44]的方法拓展到了两个智能体的非合作博弈问题中[45]。之后,Hu 继续研究了多智能体的非合作博弈问题,并进一步将 Q-学习的思想与纳什均衡的概念相结合,提出了 Nash-Q 算法[46]。虽然文献[44-46]提供了针对多智能体的非合作博弈问题的求解方法和理想化的理论分析证明，然而在算法的实际迭代过程中却存在以下几个问题：一是上述文献所研究的问题中环境状态空间和智能体的动作空间均为有限的离散空间，模型过于简单，难以刻画环境状态的变化规律；二是文献[46]中的算法在迭代过程中很难保证每次迭代都存在纳什均衡；三是即便存在纳什均衡，在求解纳什均衡时也存在诸多难题。虽然多智能体强化学习的发展起始于智能体之间的竞争关系，但由于多智能体强化学习博弈理论研究方面的困难，有关竞争关系和混合关系的多智能体强化学习的研究相对较少。合作关系的多智能体强化学习问题（协同多智能体强化学习问题）因其广泛的应用前景，吸引了众多研究者的关注。近年来，为了有效刻画多智能体强化学习问题中环境状态的变化，开发高效的多智能体强化学习算法，多智能体强化学习问题被形式化地描述为部分可观测的马尔可大决策过程（POMDP）[47]。特别地，在 POMDP 中，每个智能体仅能获取对环境状态的局部观测，环境状态的变化与智能体的联合动作密切有关，并且智能体的优化目标由智能体之间的合作或竞争关系进行刻画。在协同多智能体强化学习问题中，目前主要的研究方法大致分为两类，即基于值函数的方法和基于策略的方法。

在多智能体强化学习中，基于值函数的方法主要用来求解动作空间为离散空间的问题。一种最自然的方法是把多智能体强化学习问题转换为单智能体强化学习问题进行求解，即分别将多智能体问题中智能体的联合观测和联合动作看作是单智能体强化学习中的状态以及动作信息。Wei 等人将这一思想与 Q-学习的方法相结合，首次提出了采用集中式学习架构的集中式算法[48]。虽然集中式算法在小规模的多智能体强化学习问题中展示出了不俗的效果，但算法的运行过度依赖集中式控制器。另外，随着问题规模的扩大，智能体联合动作空间的维度将随着智能体个数的增加呈指数级增加，使得集中式控制器在算力需求以及运行时间方面都面临着难以克服的问题。这导致集中式算法在解决多智能体强化学习问题时面临可扩展性差的问题，并且难以适用于大规模多智能体场景。为了避免集中式学习中智能体联合动作造成的算法可拓展性差的问题，每个智能体可使用局部的观测信息和局部动作信息构建局部动作值函数，并根据从环境获取到的奖励信息实现独立学习[49]。在独立学习中，每个智能体将其他智能体的策略视为外部环境的一部分，并且仅根据局部信息独立学习局部策略。尽管独立学习有效避免了集中式学习中存在的可拓展性差的问题，但无法避免多智能体强化学习中存在的非平稳环境的问题，即随着智能体的策略在训练过程中的不断变化，每个智能体所面对的外部环境是非稳定的环境。这种非稳定的环境难以保证独立学习算法的收敛性以及全局最优性。为了解决大规模多智能体强化学习中存在的非平稳环境问题，目前主流的方法[50-53]是采用CTDE算法框架。在CTDE框架中，每个智能体根据局部的观测信息以及动作信息建立局部动作值函数，并通过混合网络与其他智能体构建联合动作值函数。特别地，在CTDE框架中智能体通过集中式训练联合动作值函数参数实现全局目标优化，解决了非平稳环境问题。此外，CTDE框架中每个智能体可根据局部动作值函数分散式执行动作，从而具备一定的可拓展性。

值得注意的是，在CTDE框架中，为了保证分散式执行的可行性，智能体的局部动作值函数和联合动作值函数之间应满足IGM（Individual-Global-Max）原则，即智能体局部最优动作的联合为最优联合动作。为构建满足IGM原则的联合动作值函数，最为直观和便捷的想法就是使用智能体局部动作值函数的加和构建联合动作值函数。Sunehag等人在这一想法的基础上提出VDN（Value Decomposition Network）算法[50]。虽然VDN满足CTDE框架中的IGM原则，但是通过简单的加和构建出来的联合动作值函数表达能力有限，难以刻画智能体之间的相互影响关系以及智能体对整体优化目标的贡献。为了提升算法的性能，Rashid等人将VDN中智能体的简单加和拓展为智能体在单调性约束下的加权求和，进一步提出QMIX算法，提升了算法的表达能力[51]。QTRAN算法[52]通过取消对联合动作值函数构建的结构性限制，将多智能体强化学习问题建模为线性约束下的优化问题，在保证IGM原则的条件下实现了对智能体局部动作值函数的优化。此后，QPLEX算法[53]通过引入Dueling的概念将IGM原则转化为相等价的Advantage IGM原则，并在此基础上采用Duplex Dueling网络结构分解联合值函数，从而实现高效的函数表达能力。值得注意的是，文献[53]从理论上证明了QPLEX可以拟合任何满足IGM原则的动作函数分解结构。目前，基于CTDE框架的多智能体强化学习算法已在StarCraft II等游戏中展现出了不俗的效果，并被广泛应用于智能交通[54-55]、智能通信[56-57]等现实场景中。

上述基于值函数的算法是在动作值函数的基础上计算最优策略，随着近似动作值函数网络结构越来越复杂以及智能体动作空间的持续增大，这类基于值函数的算法在求解最优策略时会遇到诸多的困难，并且难以处理带有连续动作空间的多智能体强化学习问题。

为了处理带有连续动作空间的多智能体强化学习问题，Lowe等人将DDPG算法扩展到多智能体环境中，提出多智能体深度确定性策略梯度（Multi-Agent Deep Deterministic Policy Gradient，MADDPG）[58]。MADDPG采用集中式评论与分散式行动的框架，在训练阶段通过全局信息集中优化每个智能体的critic，而在执行阶段各智能体仅依赖自身的局部观测进行决策。通过显式建模其他智能体的策略，MADDPG 有效提升了智能体之间的协作能力，适用于复杂的连续动作空间任务。另一方面，Yu 等人提出多智能体近端策略优化（Multi-Agent Proximal Policy Optimization，MAPPO）[59]，这是 PPO 的多智能体扩展。在训练阶段，MAPPO 利用全局信息实现集中式策略优化，而在执行阶段，各智能体仅依赖局部信息进行决策。凭借其样本效率高、稳定性强的特性，MAPPO 在大规模协作任务中表现优异，是多智能体强化学习领域的重要方法之一。

Foerster 等人基于强化学习中的 AC 框架，提出解决连续动作空间多智能体强化学习的集中式评论分散式行动（Centralized Critic with Decentralized Actor，CCDA）框架，并在此基础上进一步提出了 COMA 算法[60]。在 COMA 算法的集中式评论中，存在一个集中式控制器根据所有智能体的局部观测信息和动作信息建立联合动作值函数，并且集中式训练联合动作值函数参数；在 COMA 算法的分散式行动中，每个智能体建立局部策略函数并分散式执行动作。为了解决多智能体强化学习中智能体共享全局奖励而造成的置信分配问题，COMA 利用反事实的思维推断智能体的动作对整个任务完成做出的贡献，提出了“反事实基线”的概念，并在此基础上提出了多智能体强化学习中的策略梯度定理，用以更新智能体的策略参数。根据 COMA 中的策略梯度定理可知，智能体在更新局部策略参数时，会存在集中-分散不匹配(Centralized-Decentralized Mismatch）的问题。这是因为在 COMA 算法中，智能体策略参数的梯度依赖于所有智能体的联合动作值函数，这使得每个智能体的策略参数梯度都受到其他智能体的动作影响，导致该智能体的策略难以一直朝着最优方向进行更新。为了解决 COMA 中存在的集中-分散不匹配的问题，Wang 等人将值函数分解的思想引入到 CCDA 框架中，进一步提出了 DOP 算法[61]。近年来，越来越多的基于策略的多智能体强化学习算法被提出来，比如 VMIX[62]，FacMADDPG[63]，LICA[64]等。

虽然基于 CTDE 框架和 CCDA 框架的算法在多智能体强化学习领域中得到了广泛的认可和研究，并且在某种程度上解决了多智能体强化学习中存在的非稳定问题和可拓展性问题，但 CTDE 框架和 CCDA 框架都包含集中式训练联合动作值函数参数的部分，随着问题中智能体数量的增多，这类集中式训练参数的方法在获取智能体的观测信息以及训练参数等方面都将面临严峻的挑战。考虑到多智能体系统中分布式计算具有计算速度快、灵活性高以及可扩展性强等优势，因此在大规模多智能体系统设计完全分布式（分布式训练分布式执行）多智能体强化学习算法具有巨大的潜力。分布式多智能体强化学习算法在设计过程中通常需要满足以下两个基本设定：一是不存在集中式控制器获取全局信息；二是智能体可以与其邻居智能体交互信息。目前，国内外的一些研究学者已在多智能体强化学习领域发表了一些关于分布式多智能体强化学习算法的相关结果[65-69]。为了理论分析分布式多智能体强化学习算法的收敛性，这些算法假定多智能体系统中的每个智能体可以获取环境的状态和联合动作，并且从环境获取局部的奖励。此外，智能体可通过通信网络与邻居智能体交互信息，协同优化最优联合策略最大化平均累积奖励。

特别地，Kar 等人研究了无向连通图下存在有限状态-动作空间的网络化多智能体强化学习问题，通过将多智能体系统中的分布式一致性协议与强化学习中的Q-学习方法相结合，提出了 QD-Learning 算法[65]。文献[65]还指出，智能体的动作值函数和最优策略在通信网络为弱连通时达到渐近收敛。Doan 等人研究了无向连通图下的网络化多智能体强化学习问题，提出了基于线性动作值函数近似的分布式有限时间 TD(0) 算法[66]。另外，文献[66]分别理论分析了分布式有限时间 TD(0) 算法在固定步长和时变步长下的收敛速度。文献[67]和[68]针对无向通信网络下带有连续动作空间的网络化多智能体强化学习算法，设计了遵循分布式评论分散式行动框架的多智能体强化学习算法，并理论分析了算法的收敛性。此外，Suttle 等人在文献[65－68]研究的基础上进行了拓展，提出网络化多智能体强化学习中的分布式 Off-Policy 多智能体强化学习算法[69]。

8.2.2　经典算法

本节我们将对集中式学习、独立 Q-学习和集中式训练分布式执行框架下的多智能体强化学习算法（如图 8.2.2－1 所示）进行介绍，并且在集中式训练分布式执行的框架下进一步分成基于值函数的方法和基于策略的方法展开介绍。

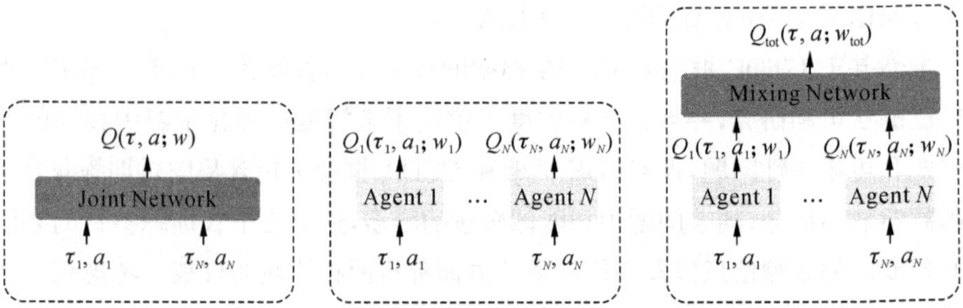

(a) 集中式学习　　(b) 独立 Q-学习　　(c) 集中式训练分布式执行

图 8.2.2－1　多智能体强化学习中的算法学习框架

8.2.2.1 集中式学习

集中式学习[48]的主要思想是将多智能体强化学习问题转换为单智能体强化学习问题进行求解，即把多智能体强化学习中智能体的联合动作观测历史信息和联合动作信息分别看作是单智能体强化学习中的状态信息以及动作信息。如图 8.2.2-1(a)所示，假设多智能体强化学习中存在一个集中式控制器可获取所有智能体的局部动作观测历史信息$\{\tau_i\}_{i=1}^N$和局部动作信息$\{a_i\}_{i=1}^N$，并且建立集中式联合动作值函数$Q(\tau,a;w)$，其中w表示联合动作值函数参数。根据单智能体强化学习中的 DQN 算法，假设集中式联合动作值函数$Q(\tau,a;w)$采用神经网络近似，则集中式学习通过最小化损失函数$\mathcal{L}_{\text{cen}}(w)$训练联合动作值函数参数$w$。特别地，损失函数$\mathcal{L}_{\text{cen}}(w)$的构造如下：

$$\mathcal{L}_{\text{cen}}(w)=\mathbb{E}_{(\tau_t,a_t,r_{t+1},\tau_{t+1})\sim\mathcal{D}_{\text{cen}}}\times \left[\left(r_{t+1}+\gamma\max_{a'}Q(\tau_{t+1},a';w^-)-Q(\tau_t,a_t;w)\right)^2\right], \tag{8.2.2-1}$$

其中，$\mathcal{D}_{\text{cen}}$表示集中式学习的样本经验池，$Q(\tau,a';w^-)$表示智能体的目标联合 Q 网络。

需要注意的是，集中式学习中智能体的联合动作空间的维度为$|\mathcal{A}|^N$，即智能体的联合动作空间的维度随着智能体个数的增加呈指数级增长，这导致集中式算法在解决多智能体强化学习问题时存在可扩展性差的问题，难以适用于大规模多智能体强化学习问题。

8.2.2.2 独立 Q-学习

为了避免集中式学习中联合动作造成的算法可拓展性差这一问题，每个智能体i可以根据局部动作观测历史信息τ_i和局部动作信息a_i建立局部动作值函数$Q_i(\tau_i,a_i;w_i)$实现独立学习[49]。如图 8.2.2-1(b)所示，在独立 Q-学习中，每个智能体i可以在仅仅使用局部信息的基础上通过 DQN 算法最小化以下损失函数$\mathcal{L}_i(w_i)$训练局部动作值函数参数w_i。特别地，智能体i的损失函数$\mathcal{L}_i(w_i)$的定义如下：

$$\mathcal{L}_i(w_i)=\mathbb{E}_{(\tau_{i,t},a_{i,t},r_{t+1},\tau_{i,t+1})\sim\mathcal{D}_i}\times \left[\left(r_{t+1}+\gamma\max_{a_i'}Q_i(\tau_{i,t+1},a_i';w_i^-)-Q_i(\tau_{i,t},a_{i,t};w_i)\right)^2\right], \tag{8.2.2-2}$$

其中，$\mathcal{D}_i$ 表示智能体 i 的样本经验池，$Q_i(\tau_i, a_i; w_i^-)$ 表示智能体 i 的目标 Q 网络。此外，每个智能体 i 可根据局部动作值函数 $Q_i(\tau_i, a_i; w_i)$ 更新局部策略 π_i：

$$\pi_i(\tau_i) = \underset{a_i \in \mathcal{A}_i}{\operatorname{argmax}} Q_i(\tau_i, a_i; w_i). \tag{8.2.2-3}$$

在独立 Q-学习中，每个智能体将其他智能体的行为视为环境的一部分，仅根据局部信息独立学习局部策略。尽管独立 Q-学习有效避免了集中式学习中的存在的可拓展性问题，但无法解决多智能体强化学习中存在的非平稳环境问题，即随着智能体的策略在训练过程中不断变化，每个智能体所面对的外在环境都是非稳定的环境。这种非稳定的环境难以保证独立 Q-学习算法的收敛性以及全局最优性。因此，设计适用于大规模多智能体强化学习并解决非平稳环境问题的算法架构成为目前多智能体强化学习的一个研究热点。

8.2.2.3 VDN（集中式训练分布式执行）

为了解决多智能体强化学习中存在的非平稳环境问题，目前主流的方法是采用 CTDE 的算法框架。如图 8.2.2-1(c) 所示，CTDE 框架中每个智能体根据局部动作观测历史信息 τ_i 和局部动作信息 a_i 建立局部动作值函数 $Q_i(\tau_i, a_i; w_i)$，并通过混合网络与其他智能体构建联合动作值函数 $Q_{tot}(\tau, a; w_{tot})$。特别地，构造不同的混合网络可以产生不同的多智能体强化学习算法[50-53]。CTDE 框架的主要思想是通过集中式训练联合动作值函数（集中式训练），解决多智能体环境非平稳的问题。此外，每个智能体仅根据局部动作值函数执行局部动作（分布式执行），具备良好的可拓展性。为了保证 CTDE 框架中分布式执行的可行性，智能体的局部动作值函数 $Q_i = (\tau_i, a_i; w_i)$ 和联合动作值函数 $Q_{tot}(\tau, a; w_{tot})$ 之间应当满足 IGM 原则，即

$$\underset{a \in \mathcal{A}}{\operatorname{argmax}} Q_{tot}(\tau, a; w_{tot}) = \left(\underset{a_1 \in \mathcal{A}_1}{\operatorname{argmax}} Q_1(\tau_1, a_1; w_1), \cdots, \underset{a_N \in \mathcal{A}_N}{\operatorname{argmax}} Q_N(\tau_N, a_N; w_N)\right), \tag{8.2.2-4}$$

为了构建满足 IGM 原则的联合动作值函数，VDN[50] 使用智能体局部动作值函数的简单加和构建联合动作值函数，即

$$Q_{tot}(\tau, a; w_{tot}) = \sum_{i=1}^{N} Q_i(\tau_i, a_i; w_i). \tag{8.2.2-5}$$

在 VDN 算法中，智能体通过最小化以下损失函数集中式训练联合动作值函数参数 w_{tot}：

$$\mathcal{L}_{\text{tot}}(w_{\text{tot}})=\mathbb{E}_{(\tau_t,a_t,r_{t+1},\tau_{t+1})\sim\mathcal{D}_{\text{tot}}}\times \\ \left[\left(r_{t+1}+\gamma\max_{a'}Q_{\text{tot}}(\tau_{t+1},a';w_{\text{tot}}^{-})-Q_{\text{tot}}(\tau_t,a_t;w_{\text{tot}})\right)^2\right], \tag{8.2.2-6}$$

其中，$\mathcal{D}_{\text{tot}}$ 表示智能体的样本经验池，$Q_{\text{tot}}(\tau,a;w_{\text{tot}}^{-})$表示智能体的目标 Q 网络。此外，VDN 算法中每个智能体 i 可根据局部动作值函数 $Q_i(\tau_i,a_i;w_i)$分布式执行动作，即

$$a_i=\underset{a_i\in\mathcal{A}_i}{\operatorname{argmax}}Q_i(\tau_i,a_i;w_i). \tag{8.2.2-7}$$

8.2.2.4　QMIX(集中式训练分布式执行)

QMIX[51]将 VDN 中的简单加和拓展为在单调性约束下的加权求和，采用一个混合网络对单智能体局部值函数进行合并，并在训练学习过程中加入全局状态信息辅助，进一步提升了算法的性能。

QMIX 将 IGM 原则转化为一种单调性约束，即

$$\frac{\partial Q_{\text{tot}}}{\partial Q_i}\geqslant 0,\quad \forall i\in\{1,2,\cdots,n\}. \tag{8.2.2-8}$$

若满足以上单调性，则 IGM 原则成立。

QMIX 的模型由两大部分组成，一是 Agent Network，每个智能体采用一个 DRQN 来拟合自身的 Q 函数 Q_i；二是 Mixing Network(混合网络)，它是一个前馈神经网络，以 Agent Network 的输出 Q_i 作为输入，并以单调方式混合它们，产生 Q_{tot} 的值。为了强制执行的单调性约束，混合网络的权重被限制为非负，并由单独的超网络(Hyper Network)生成。

QMIX 最终的代价函数为

$$\mathcal{L}(\theta)=\sum_{i=1}^{b}\left[\left(y_i^{\text{tot}}-Q_{\text{tot}}(\tau,a,s;\theta)\right)^2\right], \tag{8.2.2-9}$$

其中，$y_i^{\text{tot}}=r_i+\gamma\max_{u'}\bar{Q}(\tau',u',s';\bar{\theta})$，$\bar{Q}(\tau',u',s';\bar{\theta})$表示目标 Q 网络；$b$ 表示从经验池中采样的样本数量。

由于满足单调性约束，对 Q_{tot} 进行 argmax 操作的计算量就不再随智能体数量呈指数级增长了，而是随智能体数量线性增长，极大地提高了算法效率。

8.2.2.5　QTRAN(集中式训练分布式执行)

QTRAN[52]取消了对联合动作值函数构建的结构性限制，将多智能体强化学习问题建模为线性约束下的优化问题，在保证 IGM 原则的条件下实现了对智能体

局部动作值函数的优化。

QTRAN 中提出了一种更加鲁棒的分解方式，即将原始的 $Q_{tot}(\tau,u)$ 映射至一个新的值函数 $Q'_{tot}(\tau,u)$，使得这两个函数的最优联合动作是等价的，并通过 Q'_{tot} 去分解值函数到各个子智能体上。

为了保证全局最优性满足 IGM 原则，值函数分解需要满足以下条件：

$$\begin{cases}\sum_{i=1}^{N} Q_i(\tau_i,u_i)-Q_{tot}(\tau,u)+V_{tot}(\tau)=0, & u=\bar{u},\\ \sum_{i=1}^{N} Q_i(\tau_i,u_i)-Q_{tot}(\tau,u)+V_{tot}(\tau)\geqslant 0, & u\neq\bar{u},\end{cases} \tag{8.2.2-10}$$

其中，$V_{tot}(\tau)=\max_{u} Q_{tot}(\tau,u)-\sum_{i=1}^{N} Q_i(\tau_i,\bar{u}_i)$，而 $\bar{u}_i=\operatorname{argmax}_{u_i} Q_i(\tau_i,u_i)$ 表示智能体 i 的最优局部动作；$\bar{u}$ 表示联合最优局部动作。

新的值函数 $Q'_{tot}(\tau,u)$ 可以定义为

$$Q'_{tot}(\tau,u):=\sum_{i=1}^{N} Q_i(\tau_i,u_i), \tag{8.2.2-11}$$

并使用 $V_{tot}(\tau)$ 来修正 $Q'_{tot}(\tau,u)$ 和 $Q_{tot}(\tau,u)$ 之间的误差。

8.2.2.6 QPLEX（集中式训练分布式执行）

QPLEX[53] 通过引入 Dueling 的概念将 IGM 原则转化为等价的 Advantage IGM 原则。具体来说，QPLEX 的目标是确保联合动作的最优选择可以通过个体动作的最优选择组合来实现，以保证全局优化与个体优化的一致性。在此基础上，QPLEX 采用了双重 Dueling（Duplex Dueling）网络结构，成功地将联合值函数分解为全局价值函数和个体优势函数的组合，从而实现了高效的函数表达能力。

在 QPLEX 中，联合动作值函数被定义为

$$Q_{tot}(\tau,a)=V_{tot}(\tau)+A_{tot}(\tau,a), \tag{8.2.2-12}$$

其中，$V_{tot}(\tau)=\max_{a'} Q_{tot}(\tau,a')$ 是全局状态价值函数，仅与状态有关；$A_{tot}(\tau,a)$ 为全局的优势函数，用来衡量每个动作组合相对于最优动作的优越程度。

为了分解联合值函数，QPLEX 引入了个体优势函数 $A_{tot}(\tau_i,a_i)$，并对个体值函数进行对偶分解：

$$Q_i(\tau_i,a_i)=V_i(\tau_i)+A_i(\tau_i,a_i), \tag{8.2.2-13}$$

其中，$V_i(\tau_i)=\max_{a'_i} Q_{tot}(\tau_i,a'_i)$ 是每个智能体 i 在局部状态 τ_i 下的最大动作值。

基于上述分解，QPLEX 通过双重 Dueling 结构进一步将联合值函数和个体值函数相结合，又由于 $V_{tot}(\tau)$ 和动作无关，IGM 条件可以转化为等价的 Advantage

IGM 原则：

$$\underset{a}{\operatorname{argmax}} A_{\text{tot}}(\tau, a) = \left(\underset{a_1}{\operatorname{argmax}} A_1(\tau_1, a_1), \cdots, \underset{a_n}{\operatorname{argmax}} A_n(\tau_n, a_n) \right). \tag{8.2.2-14}$$

总而言之，CTDE 框架融合了集中式学习和独立 Q-学习的优势，不仅具有良好的可扩展性，还解决了环境非平稳问题。与单个智能体强化学习问题中基于值函数的方法类似，多智能体强化学习中基于值函数的方法同样难以处理带有连续动作空间的多智能体强化学习问题。下面将介绍多智能体强化学习中的另一种求解方法——基于策略的学习方法。

8.2.2.7　MADDPG（集中式 critic 分布式 actor，基于策略）

在多智能体强化学习问题中，基于值函数的方法通常依赖动作值函数来计算最优策略。然而，随着近似值函数网络结构的复杂化以及智能体动作空间的持续增大，这类方法在求解最优策略时面临诸多挑战，尤其面对连续动作空间任务时表现受限。为了处理带有连续动作空间的多智能体强化学习问题，研究人员将单智能体中基于策略的 DDPG 算法扩展到了多智能体场景，采用集中式训练和分布式执行的框架，提出了 MADDPG 算法。

在 MADDPG 中，每个智能体拥有独立的 actor 网络 $\pi_i(o_i;\theta_i)$ 负责决策，其中 o_i 是智能体的局部观察。不同于单智能体 DDPG，MADDPG 共享一个集中的 critic 网络，根据智能体的全局信息 $s=(s_1,\cdots,s_N)$ 和联合动作信息 $a=(a_1,\cdots,a_N)$ 建立集中式联合动作值函数 $Q(s,a;w)$ 学习联合动作值函数，其中 w 为集中式联合动作值函数的参数。MADDPG 算法的目标是最大化长期累计回报的期望值，即每个智能体目标函数可以定义为

$$J(\theta_i) = \mathbb{E}\left[\sum_{t=0}^{\infty} \gamma^t r_i\right], \tag{8.2.2-15}$$

其中，r_i 是智能体 i 在时间步 t 处获得的奖励，γ 是折扣因子。

在训练过程中，MADDPG 通过最小化 TD 误差优化全局 critic 网络：

$$\mathcal{L}_t(w) = \mathbb{E}_{s,a,r,s'}\left[\left(Q_i(s,a) - (r_i + \gamma Q_i{}'(s',a'))\right)^2\right], \tag{8.2.2-16}$$

其中，Q_i' 是目标 critic 网络，a' 是各个智能体通过本地 actor 网络的决策动作。

每个智能体的本地 actor 网络通过最大化全局 critic 网络反馈的期望来优化，利用梯度下降更新参数 θ_i，具体形式为

$$\nabla_{\theta_i} J(\theta_i) = \mathbb{E}_{s,a}\left[\nabla_\theta \log \pi_i(a_i \mid o_i;\theta_i) Q_i(s,a)\right]. \tag{8.2.2-17}$$

总而言之，MADDPG 在训练阶段利用全局信息优化全局 critic，在执行阶段，

各智能体仅依赖自身的局部观测进行决策。不同于基于值函数的方法，MADDPG通过策略梯度直接优化策略，能够高效处理具有连续动作空间的多智能体强化学习任务，并提升智能体间的协作能力。

8.2.2.8 MAPPO（集中式 critic 和分布式 actor，基于策略）

MAPPO 和 MADDPG 在思想上比较类似，都是将已有的单智能体强化学习算法拓展到多智能体强化学习领域。MAPPO 是 Yu 等人[59]将单智能体中的PPO 算法扩展至多智能体场景，并结合集中式 critic 和分布式 actor 的框架提出的算法。

为了保证策略优化的稳定性，MAPPO 特别通过剪切比值来限制策略更新幅度。其智能体策略优化的目标函数如下：

$$L^{\text{clip}}(\theta)=\hat{\mathbb{E}}_t[\min(r_t(\theta)A_t,\text{clip}(r_t(\theta),1-\varepsilon,1+\varepsilon)A_t)], \tag{8.2.2-18}$$

其中，ε 是超参数，通过人为设定控制策略更新幅度，以避免策略发生过大偏移。A_t 为优势函数的估计值，用于计算在给定状态下某个动作相对于当前策略下平均动作的优劣程度，具体形式为

$$A_t^i(\tau,a)=(1+\gamma\lambda)\delta_{t+1}+(\gamma\lambda)^{T-t+1}\delta_{T-1}, \tag{8.2.2-19}$$

其中，λ 是 GAE(Generalized Advantage Estimation)中的权重参数，用于平衡偏差和方差；$\delta_t=r_t+\gamma V(s_{t+1})-V(s_t)$ 是 TD 误差。$r_t(\theta)$是当前策略与旧策略的比率，即

$$r_t(\theta)=\frac{\pi_\theta(a_t|s_t)}{\pi_{\theta_{\text{old}}}(a_t|s_t)}. \tag{8.2.2-20}$$

在集中式 critic 部分，目标是最小化均方误差(MSE)损失函数，智能体通过构造以下损失函数集中式训练联合动作值函数参数：

$$\mathcal{L}_t(w)=\mathbb{E}_{(s_t,r_t,s_{t+1})}[(V_i(s_t;w')-(r_t+\gamma V_i(s_{t+1};w'))^2]. \tag{8.2.2-21}$$

8.2.2.9 COMA（集中式 critic 和分布式 actor）

COMA 是集中式 critic 和分布式 actor 框架下的一种多智能体强化学习算法。在该框架中，每个智能体 i 建立局部策略函数 $\pi_i(a_i|\tau_i;\theta_i)$，并直接对策略进行优化。为了便于描述，令 $\pi_{\theta_i}(a_i|\tau_i)=\pi_i(a_i|\tau_i;\theta_i)$表示智能体 i 的局部策略，令

$$\pi_\theta(a|\tau)=\prod_{i=1}^{N}\pi_{\theta_i}(a_i|\tau_i)$$

表示所有智能体的联合策略，其中 $\theta=(\theta_1,\cdots,\theta_N)$ 为智能体的联合策略参数。在基于策略的方法中，智能体通过对联合策略 θ 构造性能指标 $J(\theta)$ 衡量联合策略性能的“好坏”，并以此优化策略参数。

一般来说，在多智能体强化学习中，智能体可根据联合策略 π_θ 建立如下性能指标 $J(\theta)$：

$$J(\theta)=\mathbb{E}_{\pi_\theta}\left[\sum_{t=0}^{\infty}\gamma^t r_{t+1}\mid s_0\right]. \tag{8.2.2-22}$$

在 COMA 算法中，假设智能体的联合策略为 π_θ，并且存在一个集中式控制器根据智能体的全局历史观测信息 $\tau=(\tau_1,\cdots,\tau_N)$ 和联合动作信息 $a=(a_1,\cdots,a_N)$ 建立集中式联合动作值函数 $Q(\tau,a;w)$ 学习联合动作值函数 $Q_{\pi_\theta}(\tau,a)$，其中 w 为集中式联合动作值函数参数。特别地，在集中式 critic 部分，智能体通过 TD(λ)构造以下损失函数 $\mathcal{L}_t(w)$ 集中式训练联合动作值函数参数：

$$\mathcal{L}_t(w)=\left((1-\lambda)\sum_{n=1}^{\infty}\lambda^{n-1}G_t^n-Q(\tau_t,a_t;w)\right)^2, \tag{8.2.2-23}$$

其中，$G_t^n=\sum_{l=1}^{n}\gamma^{l-1}r_{t+l}+\gamma^n Q(\tau_{t+n},a_{t+n};w^-)$ 表示第 t 时刻的 n 步回报，w^- 表示目标联合动作值函数参数。

注 8.2.2-1　COMA 算法[60]假设集中式控制器可观测到环境的状态 s，并且以环境状态作为输入变量设计联合动作值函数。这里为了与 CTDE 框架中的联合动作值函数的定义保持一致，我们选用全局历史观测信息 $\tau=(\tau_1,\cdots,\tau_N)$ 和联合动作信息 $a=(a_1,\cdots,a_N)$ 构建联合动作值函数 $Q(\tau,a;w)$，这样的表达方式也曾在文献[31]中使用。

为了解决多智能体强化学习问题中存在的置信分配问题，COMA 算法提出“反事实基线”的概念推断智能体的局部动作对整体学习任务的完成情况做出的贡献，并定义了智能体 i 在联合策略 π_θ 下的局部优势函数为

$$A_{\pi_\theta}^i(\tau,a)=Q_{\pi_\theta}(\tau,a)-\sum_{a_i'\in\mathcal{A}_i}\pi_{\theta_i}(a_i'\mid\tau_i)Q_{\pi_\theta}(\iota,(a_i',a_{-i})). \tag{8.2.2-24}$$

为了根据式(8.2.2-22)中的性能指标 $J(\theta)$ 优化智能体的策略，Foerster 等人研究了性能指标 $J(\theta)$ 中策略参数梯度的解析表达式，并提出了多智能体强化学习中的策略梯度定理[60]。

引理 8.2.2-1　对于任意的可微联合策略 π_θ，假设性能指标函数 $J(\theta)$ 如式(8.2.2-22)所定义。设 $Q_{\pi_\theta}(\tau,a)$ 和 $A_{\pi_\theta}^i(\tau,a)$ 分别为智能体的联合动作值函数

和智能体 i 的局部优势函数，则性能指标 $J(\theta)$ 对联合策略参数 θ 的梯度为

$$\nabla_\theta J(\theta)=\mathbb{E}_{\pi_\theta}\left[\sum_{i=1}^{N}\nabla_\theta \log\pi_{\theta_i}(a_i|\tau_i)A_{\pi_\theta}^{i}(\tau,a)\right]. \tag{8.2.2-25}$$

根据式(8.2.2-23)和式(8.2.2-25)，COMA 算法中动作值函数参数 w 和策略参数 θ 更新为

$$w\leftarrow w+\alpha_w\Big((1-\lambda)\sum_{n=1}^{\infty}\lambda^{n-1}G_t^n-Q(\tau_t,a_t;w)\Big)\nabla_w Q(\tau_t,a_t;w), \tag{8.2.2-26a}$$

$$\theta\leftarrow\theta+\alpha_\theta\nabla_\theta\Big(\sum_{i=1}^{N}\nabla_\theta\log\pi_\theta(a_{i,t}|\tau_{i,t})A^i(\tau_t,a_t;w)\Big), \tag{8.2.2-26b}$$

其中

$$A^i(\tau_t,a_t;w)=Q(\tau_t,a_t;w)-\sum_{a_i'\in\mathcal{A}_i}\pi_{\theta_i}(a_i'|\tau_{i,t})Q(\tau_t,(a_i',a_{-i,t});w),$$

而 α_w 和 α_θ 分别为联合动作值函数参数 w 和策略参数 θ 的迭代步长。

在 COMA 算法中，每个智能体 i 建立了局部策略函数 $\pi_{\theta_i}(a_i|\tau_i)$，并且可在仅使用局部历史观测信息 τ_i 的条件下通过局部策略执行动作 $a_i\sim\pi_{\theta_i}(\cdot|\tau_i)$，从而实现了分散式 actor。

注 8.2.2-2 本小节以 COMA 算法为例介绍了集中式 critic 和分布式 actor 的框架。集中式 critic 主要强调智能体在训练联合动作值函数参数时涉及多智能体强化学习中的全局信息，比如全局历史观测信息 τ、联合动作信息 a 等；而分布式 actor 主要是指每个智能体可在仅使用局部信息的条件下执行局部动作。

8.3 总结与展望

在过去的数十年中，强化学习技术为智能优化决策问题的研究提供了新的分析手段和实现途径，受到越来越多科研工作者的关注。本章系统性地介绍了单智能体强化学习和多智能体强化学习的基本知识、研究现状及经典算法。首先，通过对强化学习核心概念和基本原理的介绍，为理解复杂算法奠定了坚实的理论基础；接着，分析了强化学习的研究现状，展现了该领域的发展历程和当前技术水平；最后，深入探讨了多种经典算法，详述其核心思想、关键公式及适用场景，揭示了各算法在不同任务中的优势与局限性。通过本章的学习，读者不仅能够对单智能体强化学习的现状和主要技术有全面了解，还能为进一步研究提供可靠的知识支撑。

虽然当前多智能体强化学习领域涌现出了大量的群体智能算法，并且这些算

法在视频游戏等诸多领域表现出媲美人类甚至超越人类的效果，但依然存在以下主要问题和挑战：

（1）在对实际问题进行强化学习建模时，智能体之间可能会存在复杂的耦合约束，比如智能电网中的动态经济调度问题、无线通信中的网络资源分配问题等。智能体之间的复杂约束不仅影响了智能体之间的智能决策，同时对多智能体强化学习的求解带来新的挑战。因此，研究带有复杂耦合约束的多智能体强化学习算法具有非常重要的理论价值和应用前景。

（2）目前多智能体强化学习算法大多以 CTDE 框架的方式运行，这些算法在运行过程中需要一个集中式控制器获取所有智能体的局部信息，同时集中式训练联合动作值函数参数。随着智能体个数的增加，这类包含集中式训练动作值函数参数的方法在运行内存以及计算时间方面都将面临巨大的挑战。因此，在多智能体强化学习中开发分布式多智能体强化学习算法具有现实的迫切性。

（3）虽然分布式多智能体强化学习算法已经有了初步的研究进展，但大多算法的设计都依赖通信网络图为无向连通图的假设条件，而这样的假设条件在很多现实场景中很难实现。考虑到实际问题中智能体之间的网络通信图通常为有向图，因此研究有向图下的网络化多智能体强化学习问题中的分布式算法同样具有重要的现实意义。

参考文献

[1] Sutton R S, Barto A G. Reinforcement Learning: An Intrduction[M]. 2nd ed. Cambridge: MIT Press, 2018.

[2] Sutton R S, Barto A G. 强化学习[M]. 俞凯，等译. 2 版. 北京：电子工业出版社，2019.

[3] Thorndike E L. Animal Intelligence: Experimental Studies[M]. New York: The Macmillan Company, 1911.

[4] Tolman E C, Honzik C H. Introduction and removal of reward, and maze performance in rats[J]. University of California Publications in Psychology, 1930, 4: 257 - 275.

[5] Tolman E C, Brunswik E. The organism and the causal texture of the environment[J]. Psychological Review, 1935, 42(1): 43 - 77.

[6] Hwang K, Jiang W, Chen Y. Model learning and knowledge sharing for a

multiagent system with Dyna-Q learning[J]. IEEE Transactions on Cybernetics, 2014,45(5): 978 - 990.

[7] Minsky M L. Theory of neural-analog reinforcement systems and its application to the brain-model problem[D]. Princeton: Princeton University, 1954.

[8] Bellman R E. A Markov decision process[J]. Journal of Mathematics and Mechanics, 1957, 6(5): 679 - 684.

[9] Bellman R E. Dynamic Programming[M]. Princeton: Princeton University Press, 1957.

[10] Howard R A. Dynamic Programming and Markov Process[M]. Cambridge: MIT Press, 1960.

[11] Rubinstein R Y. Simulation and the Monte Carlo Method[M]. New York: Wiley, 1981.

[12] Singh S P, Sutton R S. Reinforcement learning with replacing eligibility traces[J]. Machine Learning, 1996, 22(1 - 3): 123 - 158.

[13] Sutton R S. Learning to predict by the method of temporal difference [J]. Machine Learning, 1988, 3(1): 9 - 44.

[14] Watkins C J C H. Learning from delayed rewards[D]. Cambridge: University of Cambridge, 1989.

[15] Minsky M L. Theory of neural-analog reinforcement systems and its application to the brain-model problem[D]. Princeton: Princeton University, 1954.

[16] Sutton R S. Single channel theory: A neural theory of learning[J]. Brain Theory Newsletter, 1978(4): 72 - 75.

[17] Sutton R S. A unified theory of expectation in classical and instrumental conditioning[D]. Stanford: Stanford University, 1978.

[18] Tesauro G. TD-Gammon, a self-teaching backgammon program, achieve master-level play[J]. Neural Computation, 1994, 6(2): 215 - 219.

[19] Watkins C J C H, Dayan P. Q-learning[J]. Machine Learning, 1992, 8(3 - 4): 279 - 292.

[20] Rummery G A, Niranjan M. On-line Q-learning using connectionist systems[R]// CUED/F-INFENG/TR 166. CUED, 1994.

[21] Mnih V, Kavukcuoglu K, Silver D, et al. Human-level control through deep reinforcement learning[J]. Nature, 2015, 518(7540): 529 - 533.

［22］Samuel A L. Some studies in machine learning using the game of checkers[J]. IBM Journal on Research and Development，1959，3(3)：210－229.

［23］Samuel A L. Some studies in machine learning using the game of checkers II—Recent progress[J]. IBM Journal on Research and Development，1967，11(6)：601－617.

［24］Konidaris G D，Osentoski S，Thomas P S. Value function approximation in reinforcement learning using the Fourier basis[C]. The 25th Conference of the Association for the Advancement of Artificial Intelligence，2011.

［25］Poggio T，Girosi F. Regularization algorithms for learning that are equivalent to multiplayer networks[J]，Science，1990，247(4945)：978－982.

［26］Hasselt H V，Guez A，Silver D. Deep reinforcement learning with double Q-learning[C]. The 30th AAAI Conference on Artificial Intelligence，2016.

［27］Wang Z，Schaul T，Hessel M，et al. Dueling network architectures for deep reinforcement learning[C]. The 33rd International Conference on Machine Learning，2016.

［28］Hessel M，Modayil M，Hasselt H V，et al. Rainbow：Combining improvements in deep reinforcement learning[C]. The 32nd AAAI Conference on Artificial Intelligence，2018.

［29］Williams R J. Simple statistical gradient-following algorithms for connectionist reinforcement learning[J]. Machine Learning，1992，8(3)：229－256.

［30］Sutton R S，McAllester D，Singh S，et al. Policy gradient methods for reinforcement learning with function approximation[C]. Neural Information Processing Systems，2000.

［31］Konda V R，Tsitsiklis J N. Actor-critic algorithms[C]. Advances in Neural Information Processing Systems，2000.

［32］Baird L C. Reinforcement learning in continuous time：Advantage updating[C]. IEEE International Conference on Neural Networks，1994.

［33］Schulman J，Wolski F，Dhariwal P，et al. Proximal policy optimization algorithms[C/OL]. arXiv：1707. 06347，2017.

［34］Silver D，Lever G，Heess N，et al. Deterministic policy gradient algorithms[C]. The 31st International Conference on Machine Learning，2014.

［35］Lillicrap T P，Hunt J J，Pritzel A，et al. Continuous control with deep reinforcement learning[C/OL]. arXiv:1509.02971,2015.

[36] Kiran B R,Sobh I,Talpaert V,et al. Deep reinforcement learning for autonomous driving: A survey[J]. IEEE Transactions on Intelligent Transportation Systems,2021,23(6): 4909-4926.

[37] Chen J,Yuan B,Tomizuka M. Model-free deep reinforcement learning for urban autonomous driving[C]. The 22nd IEEE International Conference on Intelligent Transportation Systems,2019.

[38] Pong V H,Dalal M,Lin S,et al. Skew-fit: State-covering self-supervised reinforcement learning[C]. The 37th International Conference on Machine Learning,2020.

[39] Zhu H,Yu J,Gupta A,et al. The ingredients of real-world robotic reinforcement learning[C]. The 8th International Conference on Learning Representations,2020.

[40] Sutton R S. Integrated architectures for learning,planning,and reacting based on approximating dynamic programming[C]. The 7th International Conference on Machine Learning,1990.

[41] Sutton R S. Dyna,an integrated architecture for learning,planning,and reacting[J]. ACM Sigart Bulletin,1991,2(4): 160-163.

[42] Schulman J,Levine S,Abbeel P,et al. Trust region policy optimization [C]. The 32nd International Conference on Machine Learning,2015.

[43] Schulman J,Moritz P,Levine S,et al. High-dimensional continuous control using generalized advantage estimation[C]. The 4th International Conference on Learning Representation,2016.

[44]Littman M L. Markov games as a framework for multi-agent reinforcement learning[C]. The 11th International Conference on Machine Learning, 1994.

[45]Hu J, Wellman M P. Multiagent reinforcement learning: Theoretical framework and an algorithm[C]. The 15th International Conference on Machine Learning, 1998.

[46]Hu J,Wellman M P. Nash Q-learning for general-sum stochastic games [J]. Journal of Machine Learning Research, 2003, 4: 1039-1069.

[47] Spaan M T J. Partially Observable Markov Decision Processes[M]// Wiering M, Van Otterlo M. Reinforcement Learning: State-of-the-Art. Berlin:

Springer, 2012: 387 - 414.

[48] Wei H, Zheng G, Yao H, et al. Intellilight: A reinforcement learning approach for intelligent traffic light control[C]. The 24th ACM SIGKDD International Conference on Knowledge Discovery and Data Mining, 2018.

[49] Tan M. Multi-agent reinforcement learning: Independent vs. cooperative agents[C]. The 10th International Conference on Machine Learning, 1993.

[50] Sunehag P, Lever G, Gruslys A, et al. Value-decomposition networks for cooperative multi-agent learning based on team reward[C]. The 17th International Conference on Autonomous Agents and Multiagent Systems, 2018.

[51] Rashid T, Samvelyan M, Schroeder C, et al. QMIX: Monotonic value function factorisation for deep multi-agent reinforcement learning[C]. The 35th International Conference on Machine Learning, 2018.

[52] Son K, Kim D, Kang W J, et al. QTRAN: Learning to factorize with transformation for cooperative multi-agent reinforcement learning[C]. The 36th International Conference on Machine Learning, 2019.

[53] Wang J, Ren Z, Liu T, et al. QPLEX: Duplex dueling multi-agent Q-learning [C]. The 9th International Conference on Learning Representation, 2021.

[54] Wei H, Xu N, Zhang H, et al. Colight: Learning network-level cooperation for traffic signal control[C]. The 28th ACM International Conference on Information and Knowledge Management, 2019.

[55] Chen C, Wei H, Xu N, et al. Toward a thousand lights: Decentralized deep reinforcement learning for large-scale traffic signal control[C]. The 34th AAAI Conference on Artificial Intelligence, 2020.

[56] Meng F, Chen P, Wu L, et al. Power allocation in multiuser cellular networks: Deep reinforcement learning approaches[J]. IEEE Transactions on Wireless Communications, 2020, 19(10): 6255 - 6267.

[57] Nasir Y S, Guo D. Deep reinforcement learning for joint spectrum and power allocation in cellular networks[C]. The IEEE Globecom Workshops, 2021.

[58] Lowe R, Wu Y, Tamar A, et al. Multi-agent actor-critic for mixed cooperative-competitive environments [C]. Advances in Neural Information Processing Systems, 2017.

[59] Yu C, Velu A, Vinitsky E, et al. The surprising effectiveness of PPO in

cooperative multi-agent games[C]. Advances in Neural Information Processing Systems, 2022.

[60] Foerster J N, Farquhar G, Afouras T, et al. Counterfactual multi-agent policy gradients[C]. The 32nd AAAI Conference on Artificial Intelligence, 2018.

[61] Wang Y, Han B, Wang T, et al. Off-policy multi-agent decomposed policy gradients[C]. The 9th International Conferenceon on Learning Representation, 2021.

[62] Hu J, Jiang S, Harding S A, et al. Rethinking the implementation tricks and monotonicity constraint in cooperative multi-agent reinforcement learning[C/OL]. arXiv: 2102.03479, 2021.

[63] Peng B, Rashid T, Schroeder de Witt C, et al. FACMAC: Factored multi-agent centralised policy gradients[C]. Advances in Neural Information Processing Systems, 2021.

[64] Zhou M, Liu Z, Sui P, et al. Learning implicit credit assignment for cooperative multi-agent reinforcement learning[C]. Advances in Neural Information Processing Systems, 2020.

[65] Kar S, Moura J M F, Poor H V. QD-learning: A collaborative distributed strategy for multi-agent reinforcement learning through consensus + innovations[J]. IEEE Transactions on Signal Processing, 2013, 61(7): 1848 - 1862.

[66] Doan T T, Maguluri S T, Romberg J. Finite-time analysis of distributed TD(0) with linear function approximation on multi-agent reinforcement learning [C]. The 36th International Conference on Machine Learning, 2019.

[67] Zhang K, Yang Z, Liu H, et al. Fully decentralized multi-agent reinforcement learning with networked agents[C]. The 35th International Conference on Machine Learning, 2018.

[68] Shi D, Chan R, Johansson K H. Networked multi-agent reinforcement learning in continuous spaces[C]. The IEEE Conference on Decision and Control, 2018.

[69] Suttle W, Yang Z, Zhang K, et al. A multi-agent off-policy actor-critic algorithm for distributed reinforcement learning[J]. IFAC-PapersOnLine, 2020, 53(2): 1549 - 1554.

第 9 章 协同优化

随着社会的快速发展,各领域所涉及的网络规模日益扩大,为有效应对规模逐渐扩大的网络中存在的各种问题,多智能体理论被广泛研究并应用。众所周知,在社会生产与生活的各个方面,不可避免地会遇到各种各样的优化决策问题,而大规模网络中的优化决策问题尤其难以处理,如大规模通信网络中的资源配置问题、大规模交通网络中的最优控制问题、大规模传感器网络中的定位问题等。在传统的集中式优化算法设定下,中心节点的计算压力会随着网络规模的扩大而逐渐增加,求解的速率则会逐渐降低。值得注意的是,现实中的优化问题常常伴随着大量的复杂约束,这也进一步增加了中心节点的计算压力,降低了算法的求解速率。对于多智能体系统基础上的分布式优化而言,计算求解任务会根据网络系统的结构均匀分配到每个网络节点上,即使网络规模扩大,每个节点的计算量也不会显著增加,因此求解效率也会维持在一定程度高效的状态。同时,问题中所涉及的大量约束处理也可以按照每个节点的计算能力合理地分配到相应节点,从而进一步弥补集中式算法的缺陷。如今,分布式优化在各工业领域的作用已被国内外的专家学者所重视,也正在逐步地应用于智能电网、信息物理系统、机器学习等领域。本章从分布式凸优化与分布式非凸优化两个方面对分布式协同优化进行详细介绍。

本章使用的数学符号如表 9-1 所示。

表 9-1 数学符号

符号	含义
$\mathbb{R}$	实数集
$\mathbb{R}^n$	n 维实数列向量集
$\mathbb{R}^{m\times n}$	$m\times n$ 维的实数矩阵集
$\mathbb{C}$	复数集
$\mathbb{C}^n$	n 维复数列向量集
$\mathbb{C}^{m\times n}$	$m\times n$ 维的复数矩阵集
relint X	集合 X 的相对内点集
$T_X(x)$	集合 X 在 x 的切锥集

续表9-1

符号	含义
$\mathbf{1}_n$	n 维全 1 列向量
$\mathbf{0}_n$	n 维全 0 列向量
I_n	n 阶单位矩阵
x^{T}	向量 x 的转置
A^{T}	矩阵 A 的转置
$\lVert x \rVert$	向量 x 的欧几里得范数
$\mathrm{sign}(x)$	向量 x 处符号函数值
$\mathrm{diag}(x)$	以向量 x 为主对角线的矩阵
$\inf f(x)$	函数 $f(x)$的下确界
$\partial f(x)$	函数 $f(x)$在点 x 处的梯度(次梯度)
$\mathrm{dist}(x,S)$	向量 x 到集合 S 的距离
$\mathrm{Tr}(A)$	矩阵 A 的迹
$\mathcal{G}$	通信图
$\mathcal{V}$	通信图中节点集
$\mathcal{E}$	通信图中边集
$\otimes$	张量积符号

9.1 分布式凸优化

本节分别从分布式凸优化相关的基础知识、离散时间分布式凸优化算法和连续时间分布式凸优化算法三个方面对分布式凸优化理论展开详细介绍。

9.1.1 基础知识

简单来说,分布式凸优化就是研究基于网络结构设计分布式算法进行复杂优化问题求解的理论。在分布式凸优化理论的研究中将不可避免的涉及函数凸分析、网络图论、收敛性分析等相关内容,下面我们将从分布式凸优化简介、相关理论及研究现状三个方面进行详细介绍。

9.1.1.1　分布式凸优化简介

正如上文所提及的，分布式凸优化就是研究用分布式的算法解决大规模网络中所涉及的复杂凸优化问题，其目标函数的形式通常为

$$\min_{x} f(x)=\sum_{i=1}^{N} f_i(x), \tag{9.1.1-1}$$

其中，x 是优化决策变量，N 是网络节点的个数，$f_i(x)$是第 i 个节点的凸成本函数(也称为局部成本函数)。对于上述优化问题，最基本的迭代算法为梯度下降方法，具体形式为

$$x(t+1)=x(t)-\alpha(t)\partial f(x), \tag{9.1.1-2}$$

其中，$\alpha(t)$为合适的非负衰减步长，$\partial f(x)$为函数 $f(x)$在点 x 处的梯度(次梯度)。显而易见，集中式算法的中心节点在每次迭代时都需要计算 N 个凸函数的梯度值，这将导致大规模网络中的计算量尤为巨大。

为了通过节点间的信息交互减轻中心节点的计算压力，以考虑平衡连通图通信的情况为例，基于梯度下降方法的分布式迭代算法的具体形式为

$$x_i(t+1)=\sum_{i=1}^{N} A_{ij}x_j(t)-\alpha(t)\partial f_i(x_i(t)), \tag{9.1.1-3}$$

其中，$x_i(t)$是节点 i 对于问题(9.1.1－1)最优解的估计；A 为关联于网络通信图的权重矩阵，一般假设为行和与列和都为 1 的非负矩阵；N 是网络节点的个数；$\partial f_i(x_i(t))$是第 i 个节点的凸成本函数在点 $x_i(t)$处的梯度(次梯度)。

在分布式算法(9.1.1－3)中，每个节点计算自己目标函数的梯度，然后通过信息交互，最终使每个节点的状态 $x_i(t)$都收敛到问题(9.1.1－1)的同一个最优解，从而显著分担了中央节点的计算压力。值得注意的是，每个节点迭代时只使用自己的目标函数信息，同时在与其他节点进行信息交互时，由于图是连通的，每个节点在一段时间后都可以间接的用到所有节点成本函数的信息，因此每个节点的状态值 $x_i(t)$最终可以收敛到全局目标函数的最优解。

为了叙述方便，上文只考虑了最简单的无约束凸优化问题。更一般的凸优化问题模型可以归结为以下形式：

$$\begin{gathered}\min_{x} f(x)=\sum_{i=1}^{N} f_i(x),\\ \text{s.t.}\begin{cases}C_i x=b_i,\\ g_i(x)\leqslant 0,\\ x\in X_i,\ i=1,2,\cdots,N,\end{cases}\end{gathered} \tag{9.1.1-4}$$

其中，C_i 是 $m\times n$ 维行满秩的实矩阵，$g_i(x)$为$\mathbb{R}^n$ 上的凸函数，X_i 为$\mathbb{R}^n$ 上的闭凸集。

9.1.1.2 相关理论

在本小节，我们将从函数凸性和光滑性理论、投影算子理论、代数图论、非负序列理论四个方面对分布式凸优化涉及的相关理论详细介绍。

1）函数凸性和光滑性

首先介绍函数凸性的一些概念和性质。令 X 是$\mathbb{R}^n$ 上的非空集合，若对于集合中任意两点 x 和 y 及非负参数$\theta\in[0,1]$，都有 $\theta x+(1-\theta)y\in X$，则称 X 是$\mathbb{R}^n$ 上的凸集。令 $f(x)$为集合 X 上的实值函数，若对于集合中任意两点 x 和 y 及非负参数$\theta\in[0,1]$，都有

$$f(\theta x+(1-\theta)y)\leqslant\theta f(x)+(1-\theta)f(y),$$

则称 $f(x)$为集合 X 上的凸函数。此外，当 $x\neq y$ 且$\theta\in(0,1)$时，若不等号严格成立，亦及

$$f(\theta x+(1-\theta)y)<\theta f(x)+(1-\theta)f(y),$$

则称 $f(x)$为集合 X 上的严格凸函数。进一步，若存在一个正常数α 使得

$$f(\theta x+(1-\theta)y)\leqslant\theta f(x)+(1-\theta)f(y)-\frac{\alpha}{2}\|x-y\|^2,$$

则称 $f(x)$为集合 X 上的α-强凸函数，并称α 为强凸系数。

进一步，令 $f(x)$为集合 X 上的可微函数且$\partial f(x)$为其梯度。若 $f(x)$在集合 X 上凸，则对任意 $x,y\in X$，有

$$f(x)\geqslant f(y)+[\partial f(y)]^{\mathrm{T}}(x-y),\tag{9.1.1-5}$$

或

$$(x-y)^{\mathrm{T}}(\partial f(x)-\partial f(y))\geqslant 0.\tag{9.1.1-6}$$

若 $f(x)$在集合 X 上严格凸，则上述两个不等式在 $x\neq y$ 且$\theta\in(0,1)$时，不等号严格成立。此外，$f(x)$在集合 X 上α-强凸等价于

$$f(x)\geqslant f(y)+[\partial f(y)]^{\mathrm{T}}(x-y)+\frac{\alpha}{2}\|x-y\|^2,\quad\forall x,y\in X,\tag{9.1.1-7}$$

或

$$(x-y)^{\mathrm{T}}(\partial f(x)-\partial f(y))\geqslant\alpha\|x-y\|^2,\quad\forall x,y\in X.\tag{9.1.1-8}$$

接下来介绍函数光滑性的概念和性质。令 $f(x)$是定义在集合 X 上的实值函数，若存在正整数 L，使得对于集合中任意两点 x 和 y 满足

$$|f(x)-f(y)|\leqslant L\|x-y\|,$$

则称 $f(x)$在集合 X 上 Lipschitz 连续。若 $f(x)$在集合 X 上可微,且梯度$\partial f(x)$满足

$$\|\partial f(x)-\partial f(y)\|\leqslant L\|x-y\|,$$

则称 $f(x)$在集合 X 上L-光滑。此外,$f(x)$在集合 X 上L-光滑等价于

$$f(x)\leqslant f(y)+[\partial f(y)]^{\mathrm{T}}(x-y)+\frac{L}{2}\|x-y\|^2,\quad \forall x,y\in X, \tag{9.1.1-9}$$

或

$$(x-y)^{\mathrm{T}}(\partial f(x)-\partial f(y))\leqslant L\|x-y\|^2,\quad \forall x,y\in X. \tag{9.1.1-10}$$

2) 投影算子理论

令 X 是$\mathbb{R}^n$ 上的集合,若 X 中任意序列的聚点都在集合 X 里,则称集合 X 是闭的。对于$\mathbb{R}^n$ 上的闭凸集 X,定义集合 X 上的投影算子为

$$P_X(x)=\underset{y\in\Omega}{\operatorname{argmin}}\|x-y\|,\quad \forall x\in\mathbb{R}^n. \tag{9.1.1-11}$$

此外,投影算子具有以下性质[1]:

$$\|P_X(x)-P_X(y)\|\leqslant\|x-y\|,\quad \forall x,y\in\mathbb{R}^n, \tag{9.1.1-12}$$

$$(x-P_X(x))^{\mathrm{T}}(P_X(x)-y)\geqslant 0,\quad \forall x\in\mathbb{R}^n,y\in X, \tag{9.1.1-13}$$

$$(x-y)^{\mathrm{T}}(P_X(x)-P_X(y))\geqslant\|P_X(x)-P_X(y)\|^2,\quad \forall x,y\in X. \tag{9.1.1-14}$$

下面的引理将给出关于投影算子的另外几个重要性质。

引理 9.1.1-1[2]　令 X 是$\mathbb{R}^n$ 上的闭凸集,且 P_X 是集合 X 上的投影算子,若$U(r,s)=\|r-P_X(s)\|^2-\|r-P_X(r)\|^2$,其中 $r,s\in\mathbb{R}^n$,则函数$U(r,s)$具有以下性质:

(1) $U(r,s)\geqslant\|P_X(r)-P_X(s)\|^2$;

(2) $U(r,s)$关于变量 r 可微,且$\partial U_r=2(P_\Omega(r)-P_\Omega(s))$。

引理 9.1.1-2[3]　对于任意的 $x\in\mathbb{R}^n,y\in X$,有

$$\|P_X(x)-y\|^2\leqslant\|x-y\|^2-\|P_X(x)-x\|^2.$$

引理 9.1.1-3[1]　令 X 为$\mathbb{R}^n$ 上的闭凸集,则 $y=P_\Omega(x)$当且仅当对于所有的 $\eta\in\Omega$,有 $y\in\Omega$ 且$(y-x)^{\mathrm{T}}(\eta-y)\geqslant 0$。

3) 代数图论

在分布式优化算法的构建过程中不可避免地要涉及网络。科学研究中通常采用图来刻画算法中涉及的通信网络,网络中的智能体用节点来刻画,多智能体间的

通讯则用图节点间的边来刻画。

首先详细介绍一下图的概念。引入点集$\mathcal{N}=\{1,2,\cdots,N\}$和带有相应邻接矩阵序列$\{A(t)\}$的时变有向边集序列$\{\mathcal{E}(t)\}\subseteq\mathcal{N}\times\mathcal{N}$来刻画一个带有$N$个节点的时变有向图序列$\{\mathcal{G}(t)\}$。在一个给定的时刻$t$，若节点$i$可以直接接收到节点$j$传递过来的信息，则$(i,j)\in\mathcal{E}(t)$且相应地有$A_{ij}(t)>0$。更进一步，称节点$j$是节点$i$的入邻居，节点$i$是节点$j$的出邻居。此外，用符号$\mathcal{N}_i^{\text{in}}(t)$和$\mathcal{N}_i^{\text{out}}(t)$分别表示节点$i$的入邻居集合和出邻居集合，并特别规定$i=1,2,\cdots,N,(i,j)\in\mathcal{E}(t)$。同时，用$d_i^+(t)$和$d_i^-(t)$分别表示节点$i$入邻居的个数和出邻居的个数。若节点$i$不能直接接收节点$j$传递过来的信息，则$(i,j)\notin\mathcal{E}(t)$且相应地有$A_{ij}(t)=0$。对于任意的$i,j$，若$(i,j)\in\mathcal{E}(t)$，有$(j,i)\in\mathcal{E}(t)$，则称$\mathcal{G}(t)$是无向图(若$\{A(t)\}$是对称矩阵序列，则称$\{\mathcal{G}(t)\}$是无向图序列)，对应的邻居集合可直接用$\mathcal{N}_i(t)$表示。相应的拉普拉斯矩阵$L(t)=[l_{ij}(t)]\in\mathbb{R}^{N\times N}$定义为

$$\begin{cases}l_{ii}(t)=\sum\limits_{j=1,j\neq i}^{N}a_{ij}(t),\\ l_{ij}(t)=-a_{ij}(t),\quad i\neq j.\end{cases}$$

同时，用有向边序列$(i_0,i_1),(i_1,i_2),\cdots,(i_{m-1},i_m)$来定义有向图$\{\mathcal{G}(t)\}$中从节点$i_m$到节点$i_0$的有向路径。若图$\mathcal{G}(t)$中的任意两个不同的节点间都有一个有向路径连接，则称图$\mathcal{G}(t)$是强连通的(如果是无向图，则称为连通)。特别地，H_0(H_0为正整数)个有向图$\mathcal{G}(t),\mathcal{G}(t+1),\cdots,\mathcal{G}(t+H_0-1)$的联合图$\bigcup_{h=0}^{H_0-1}\mathcal{G}(t+h)$可以用点集$\mathcal{N}=\{1,2,\cdots,N\}$和有向边集$\bigcup_{h=0}^{H_0-1}\mathcal{E}(t+h)$刻画。进一步地，若存在一个正整数$H_0$使得对于任意的$t\geqslant 0$，联合图$\bigcup_{h=0}^{H_0-1}\mathcal{G}(t+h)$都强连通，则称有向图序列$\{\mathcal{G}(t)\}$一致联合强连通。

下面给出图的几个重要的代数性质。

引理 9.1.1-4[4]　令$\mathcal{G}$为一个无向连通图，记L为相关的拉普拉斯矩阵，则L有一个重数为1的0特征值，且其他特征值均为正实数。进一步地，矩阵L第二小的特征值λ_2定义为

$$\lambda_2=\min_{x\neq 0,\mathbf{1}^{\mathrm{T}}x=0}\frac{x^{\mathrm{T}}Lx}{x^{\mathrm{T}}x}.$$

考虑一个时变无向连通图序列$\mathcal{G}(t)$，类似于引理9.1.1-4中的结果，对任意的$t\geqslant 0$，定义第二小的特征值序列$\lambda_2(t)$为

$$\lambda_2(t)=\min_{x\neq 0,\mathbf{1}^{\mathrm{T}}x=0}\frac{x^{\mathrm{T}}L(t)x}{x^{\mathrm{T}}x}.$$

以下图的代数性质均与非负随机矩阵有关，因此先对非负随机矩阵进行介绍，再通过相关的邻接矩阵性质给出图的代数性质。

定义 9.1.1-1　令 $A\in\mathbb{R}^{N\times N}$ 为一个非负矩阵，如果 $\sum_{j=1}^{N}A_{ij}=1$，亦即 $A\mathbf{1}=\mathbf{1}$，则称 A 为一个非负随机矩阵。此外，若非负矩阵 A 是随机矩阵且 $\sum_{i=1}^{N}A_{ij}=1$，亦即 $A\mathbf{1}=\mathbf{1}$ 且 $\mathbf{1}^{\mathrm{T}}A=\mathbf{1}^{\mathrm{T}}$，则称矩阵 A 是一个非负双随机矩阵。通常为了区分，若 A 行和为 1，称 A 为行随机矩阵；若 A 列和为 1，称 A 为列随机矩阵。

容易验证 1 是非负行随机矩阵的一个特征值。由下面的引理可以揭示随机矩阵关于特征值 1 的左特征向量的一些性质。

引理 9.1.1-5[5]　对于任意的非负行随机矩阵 $A\in\mathbb{R}^{N\times N}$，都存在一个关于特征值 1 的非负左特征向量 $\pi\in\mathbb{R}^{N}$ 满足元 $\pi^{\mathrm{T}}\mathbf{1}=N$。特别地，如果 A 为双随机矩阵，则 $\pi=[1,1,\cdots,1]^{\mathrm{T}}$。

引理 9.1.1-6[5]　令 $\mathcal{G}$ 为一个强连通有向图且定义它的邻接矩阵 $A\in\mathbb{R}^{N\times N}$ 为一个非负行随机矩阵，则引理 9.1.1-5 中的左特征向量 $\pi>0$，同时矩阵 $\left(A-\frac{1}{N}\mathbf{1}\pi^{\mathrm{T}}\right)$ 的谱半径严格小于 1。

引理 9.1.1-7[5]　令 $\mathcal{G}$ 为一个强连通有向图且定义它的邻接矩阵 $A\in\mathbb{R}^{N\times N}$ 为一个非负行随机矩阵，则有 $\lim\limits_{t\to+\infty}A^{t}=\frac{1}{N}\mathbf{1}\pi^{\mathrm{T}}$，其中 π 为引理 9.1.1-5 中的左特征向量。更进一步可以得到，对于所有的 $t\geqslant0$ 和 $i,j\in\mathcal{N}$，有

$$\left\|[A^{t}]_{ij}-\frac{1}{N}\pi^{j}\right\|\leqslant\Gamma\beta^{t},\tag{9.1.1-15}$$

其中 $\Gamma>0,0<\beta<1$。

引理 9.1.1-8[6]　令 $\{\mathcal{G}(t)\}$ 为一个一致联合强联通的有向图序列且 $\{A(t)\}$ 为它的一个非负行随机矩阵序列。取非负整数 t 和 s 满足 $t\geqslant s\geqslant0$，定义

$$A(t:s)=A(t)\cdots A(s),\ t>s;\quad A(t:s)=A(t),\ t=s.$$

此外，假设存在一个正整数 a_0，使得对所有的 $i=1,2,\cdots,N$ 和 $t\geqslant0$ 有 $A_{ii}(t)\geqslant a_0$，则对所有的 $t\geqslant0$，存在一个正向量序列 $\{\pi(t)\}$ 满足 $[\pi(k)]^{\mathrm{T}}\mathbf{1}=1$ 及以下性质：

(1) 对于所有的 $i,j\in\mathcal{N}$ 和 $t\geqslant s$，存在两个正常数 $C_1>0$ 和 $0<\lambda_1<1$，使得

$$|A_{ij}(t:s)-\pi^{j}(s)|\leqslant C_1\lambda_1^{t-s};$$

(2) 对于所有的 $i\in\mathcal{N}$ 和 $t\geqslant0$，存在一个严格正的常数 θ_1，使得 $\pi^{i}(t)\geqslant\theta_1$；

(3) 对于所有的 $t\geqslant0$，$[\pi(t)]^{\mathrm{T}}=[\pi(t+1)]^{\mathrm{T}}A(t)$.

引理 9.1.1-9[6]　令$\{\mathcal{G}(t)\}$为一个一致联合强联通的有向图序列且$\{B(t)\}$为它的一个非负列随机矩阵序列。取非负整数t和s满足$t\geqslant s\geqslant 0$,定义

$$B(t:s)=B(t)\cdots B(s),\ t>s;\quad B(t:s)=B(t),\ t=s.$$

此外,假设存在一个正整数b_0,使得对所有的$i=1,2,\cdots,N$和$t\geqslant 0$有$B_{ii}(t)\geqslant b_0$,则对所有的$t\geqslant 0$,存在一个正向量序列$\{\mu(t)\}$满足$[\mu(t)]^{\mathrm{T}}\mathbf{1}=1$及以下性质:

(1) 对于所有的$i,j\in\mathcal{N}$和$t\geqslant s$,存在两个正常数$C_2>0$和$0<\lambda_2<1$使得

$$|B_{ij}(t:s)-\mu^i(t)|\leqslant C_2\lambda_2^{t-s};$$

(2) 对于所有的$i\in\mathcal{N}$和$t\geqslant 0$,存在一个严格正的常数θ_2,使得$\mu^i(t)\geqslant\theta_2$.

4) 非负序列理论

这里给出涉及算法收敛性分析的两个重要引理。

引理 9.1.1-10[7]　令$\{\theta(t)\}$为一个数列,$0<\rho<1$为一个实数。

(1) 若$\lim\limits_{t\to\infty}\theta(t)=\theta$,则$\lim\limits_{t\to\infty}\sum\limits_{l=0}^{t}\rho^{t-l}\theta(l)=\dfrac{\theta}{1-\rho}$;

(2) 若$t\geqslant 0$时,$\theta(t)$非负且$\sum\limits_{t=0}^{\infty}\theta(t)<\infty$,则$\sum\limits_{t=0}^{\infty}\left(\sum\limits_{l=0}^{t}\rho^{t-1}\theta(l)\right)<\infty$。

引理 9.1.1-11[7]　令$\{a(t)\}$,$\{b(t)\}$,$\{c(t)\}$和$\{d(t)\}$为非负数列,且

$$\sum_{t=0}^{\infty}b(t)<\infty,\quad \sum_{t=0}^{\infty}c(t)<\infty,$$

若

$$a(t+1)\leqslant(1+b(t))a(t)-d(t)+c(t),\quad \forall t\geqslant 0,$$

则数列$\{a(t)\}$收敛到一个非负常数a且$\sum\limits_{t=0}^{\infty}d(t)<\infty$。

9.1.1.3　研究现状

近年来,多智能体理论被广泛研究[8-12],分布式凸优化作为多智能体系统理论的重要组成部分也被深入研究。特别地,分布式凸优化研究不可避免地会涉及优化问题(是否含有约束)、依托网络图(是否平衡及是否时变)和算法的收敛速率(是否可以指数/线性/有限时间/固定时间/预定时间收敛)三个重要因素,其中优化问题和算法依托网络图主要影响分布式优化算法构建的难易,而算法的收敛速率是衡量算法性能的重要指标。一般来说,分布式优化算法主要分为连续时间算法和离散时间算法两类。因此,下面分别对于连续时间算法和离散时间算法,从算法构建和分布式算法的收敛速率两个主线出发,针对优化问题、依托网络图和收敛速率三个要素来介绍分布式优化的国内外研究现状。

1）离散时间算法

近年来，在国内外学者的不断努力下，用分布式离散时间算法解决各种大规模凸优化问题取得了众多优秀成果。

首先介绍次线性收敛的分布式优化算法相关工作。文献[13]和[14]针对无约束凸优化问题，设计了多种不同的分布式离散时间算法。文献[1]基于投影次梯度方法设计的分布式离散时间算法，解决了带有全局闭凸集约束的凸优化问题。文献[15]和[16]考虑了带有全局不等式约束的凸优化问题，设计出相应的分布式算法。基于文献[17]和[18]的结果，文献[19]设计的分布式算法解决了带有不等式约束和闭凸集约束的凸优化问题，文献[20]则分布式地解决了带有全局一般约束的凸优化问题，包括等式约束、不等式约束和闭凸集约束。此外，针对含有多个不同闭凸集约束的凸优化问题，文献[21][22]和[23]给出了多种不同的分布式离散时间算法。特别地，在文献[24]中，对偶投影梯度方法被用到了算法的构建中，离散时间的 Lyapunov 稳定性理论也被相应地用到了算法的收敛性分析中。在上述文献的基础上，文献[25]设计的分布式算法解决了同时带有多个等式约束和多个闭凸集约束的凸优化问题。

值得注意的是，上述分布式优化算法只在无向图或者平衡的有向图上有效。为了把分布式优化结果推广到涉及固定非平衡图的情况，文献[26]基于剩余一致性协议在非平衡图上解决了无约束的凸优化问题。文献[3]和[27]分别考虑了带有一个全局闭凸集约束和多个闭凸集约束的情况，基于左特征向量估计方法和投影次梯度方法，在非平衡图上设计出了相应的分布式离散时间算法。此外，基于左特征向量估计方法、投影次梯度方法和类梯度下降方法，文献[28]在非平衡图上成功解决了带有多个不同不等式约束、多个不同等式约束和多个不同闭凸集约束的凸优化问题。

基于上述文献不难看出，当仅考虑平衡图和固定非平衡的网络图时，相关的分布式离散时间优化理论已经十分完善。当涉及一列时变的非平衡图时，文献[7]和[29]基于 Push-Sum 框架给出的分布式离散时间算法解决了无约束的优化问题。基于文献[7]和[29]，文献[30]和[31]分别设计了可以处理含有一个闭凸集约束和含有多个闭凸集约束的分布式离散时间算法。

值得注意的是，在一列时变非平衡图上解决带有更复杂约束的优化问题还相当困难。

接下来介绍线性收敛的分布式优化算法相关工作。为了加快收敛，使获得的算法具有线性收敛速率，在所有局部成本函数都强凸或全局目标函数强凸的假设下，对于无约束的优化问题，文献[32]和[33]基于梯度追踪方法设计出具有线性收敛速率的分布式离散时间算法。此外，分别基于Push-Sum框架和左特征向量估计框架，文献[34]和[35]将结果推广到考虑固定非平衡网络图的情况。更进一步地，文献[6]和[36]分别基于Push-Sum和Push-Pull框架在时变非平衡网络图上设计了线性收敛的分布式优化算法。

值得注意的是，上述文献中设计的分布式优化算法仅可以解决无约束的优化问题。在考虑具有一个闭凸集约束的优化问题时，文献[5]基于双时间标度迭代的方式，在固定的非平衡网络图上设计出线性收敛的分布式优化算法。当考虑时变非平衡网络图时，文献[37]分别基于Push-Sum和Push-Pull框架设计出两种不同的分布式优化算法，线性地解决了带有一个闭凸集约束的凸优化问题。此外，各种离散时间分布式优化算法也在相应的情况下用来处理各种资源调配问题[38-41]。

基于上述文献不难看出，针对带有更加复杂约束（等式约束和不等式约束）的优化问题，拥有线性收敛速率的分布式离散时间优化理论还十分匮乏。

2) 连续时间算法

近年来，Lyapunov稳定性的成熟应用使得分布式连续时间算法的收敛分析变得日益方便，设计分布式连续时间算法解决各种优化问题逐渐成为分布式优化的一个热门研究方向。

首先介绍渐近收敛的分布式算法相关工作。文献[42]和[43]最早从控制的角度设计了分布式连续时间算法来解决无约束凸优化问题。随后文献[4]和[44]对无约束优化问题进行了更加深入的研究，提出了多种不同的分布式连续时间算法。此外，文献[45][46]和[47]基于多种不同的方法处理闭凸集约束，给出了带有闭凸集约束凸优化问题的多种分布式求解算法。对于带其他种类约束的凸优化问题，文献[48]使用分布式算法解决了带有全局不等式约束的凸优化问题，而在文献[49]和[50]中，同时带有多个等式约束和多个不等式约束的凸优化问题被分布式地解决。特别地，基于文献[51]，文献[2][52]和[53]成功地用分布式连续时间算法解决了带有多个一般约束（同时包括等式约束、不等式约束和闭凸集约束）的凸优化问题。此外，文献[54]和[55]设计了分布式优化算法来解决一类资源调度问题。

需要注意的是，上述结果都是在只考虑无向网络图的情况下得到的。另一方面，考虑到信息交互的不对称性及信息的隐私保护，有向网络图上的分布式优化也受到了广泛关注。文献[56]在平衡有向图上设计了一种连续时间算法来处理无约束的凸优化问题。此外，文献[57]把结果推广到带有多个闭凸集约束的凸优化问题。在考虑平衡有向图的情况下，文献[58]进一步考虑了资源调配问题。对于涉及非平衡图的情况，文献[59]基于左特征向量估计的方法，借助扰动理论解决了无约束的凸优化问题。同时，文献[60]基于 Push-Sum 框架，也在非平衡图上设计出分布式连续时间算法来处理无约束的优化问题。此外，文献[61]在非平衡图上解决了一类资源调配问题。必须指出的是，当前有向图上分布式连续时间算法的研究尚不完善。

接下来介绍加速收敛的分布式算法相关工作。为了加速收敛，一般都需要考虑强凸的目标函数。文献[62]引入了一种次规格化条件来代替强凸条件，在不要求强凸性假设的情况下得到了算法的指数收敛性。随后，基于有限时间和固定时间稳定性理论，文献[63]和[64]首先给出了有限时间或固定时间一致但渐近收敛到最优解的分布式连续时间算法。更进一步地，文献[65][66]和[67]给出了有限时间收敛到最优解的分布式优化算法。值得注意的是，上述结果仅考虑了无约束凸优化问题的情况。为了推广上述结果到约束优化问题的情况，文献[68]考虑了带有一个全局闭凸集约束的优化问题，设计出可以有限时间收敛的分布式优化算法。文献[69]考虑了带有不等式约束的优化问题，文献[70]考虑了同时带有等式、不等式和闭凸集约束的优化问题，但给出的算法只能在有限时间内收敛到一致，渐近收敛到最优解。文献[71][72][73]和[74]还把加速收敛的分布式优化算法应用到经济调度问题中，值得注意的是，文献[73]和[74]中的算法分别可以达到固定时间收敛和预定时间收敛，从而使得算法的收敛时间不依赖于初始值的选择。上述加速算法均是在网络图无向连通的假设下构建的，文献[75]则在有向平衡图上设计出具有指数收敛性的连续时间算法。

综上所述，完全实现有限时间、固定时间和预设时间收敛的分布式约束优化收敛算法尚十分匮乏。此外，在有向图上的加速收敛算法也非常稀缺。

9.1.2　离散时间分布式凸优化算法

离散时间分布式优化算法是指基于差分方程的分布式优化求解方法，以离散迭代的形式进行优化问题最优解的探索。下面从算法依托网络图(平衡图、固定非平衡图、时变非平衡图等)、优化问题(无约束、闭凸集约束、等式及不等式约束等)以及算法收敛速率(渐近收敛、线性收敛等)三个方面对离散时间分布式优化算法进行详细介绍。

9.1.2.1　平衡图上渐近收敛的无约束优化算法

作为最简单和经典的分布式优化算法，平衡图上渐近收敛的无约束优化算法由 Nedić等人[13]在 2009 年提出。文献[13]开创性地给出了渐近收敛(亦即带有衰减步长)的离散时间分布式优化算法的一般框架,同时给出了算法收敛性和收敛速率分析的通用性框架,被认为是分布式优化的开山之作。下面从考虑的优化问题模型、构建的分布式优化算法和算法收敛性及收敛速率分析三个方面对该算法进行介绍。

1) 优化模型

该算法考虑无约束的优化问题,具体模型为

$$\min_x f(x)=\sum_{i=1}^{N} f_i(x), \tag{9.1.2-1}$$

其中,$x\in\mathbb{R}^n$ 为待求决策变量,$f_i(x)$为$\mathbb{R}^n$ 上的凸函数(除特别说明,第 9.1.2 节中 n 取 1)。这里首先假设问题的最优值为有限值。此项研究的目的是在时变平衡图序列$\{\mathcal{G}(t)\}$上构建分布式优化算法,并完成算法收敛到最优值点的分析及收敛速率的分析。为了后续构建分布式算法和进行收敛性分析的需要,对问题模型和算法依托通信图做以下假设:

假设 9.1.2-1 存在一个正常数 M,使得对于所有目标函数 $f_i(x)$,均成立

$$\|\partial f_i(x)\|\leqslant M, \quad \forall x\in\mathbb{R}^n.$$

假设 9.1.2-2 存在正整数 H,使得通信图序列$\{\mathcal{G}(t)\}$在任意 H 个时刻联合强连通。

2) 分布式优化算法

针对上述无约束的优化问题,此项研究拟在通信图序列$\{\mathcal{G}(t)\}$上构建分布式优化算法,并实现算法的收敛性和收敛速率分析。设计的算法如下:

$$x_i(t+1)=\sum_{j=1}^{N} A_{ij}(t)x_j(t)-\alpha(t)g_i(t), \tag{9.1.2-2}$$

其中,$x_i(t)\in\mathbb{R}^n$ 表示节点 i 在时刻 t 对于问题(9.1.2-1)的最优解 x^* 的估计;$A(t)\in\mathbb{R}^{N\times N}$ 为关联于通信图序列$\{\mathcal{G}(t)\}$的非负权重矩阵,这里要求其为非负双随机矩阵序列,即存在一个正整数 a_0,使得对于所有的 $i=1,2,\cdots,N$ 和 $t\geqslant 0$,有 $A_{ii}(t)\geqslant a_0$;$\alpha(t)$为在时刻 t 的步长;$g_i(t)\in\partial f_i(x_i(t))$为 $f_i(x)$在点 $x_i(t)$处的梯度。此外,需对步长序列$\{\alpha(t)\}$做以下假设:

假设 9.1.2-3 步长序列$\{\alpha(t)\}$为非负衰减参数序列,且满足

$$\sum_{t=0}^{\infty}\alpha(t)=\infty, \quad \sum_{t=0}^{\infty}\alpha^2(t)<\infty.$$

3) 算法收敛性及收敛速率分析

针对带有衰减步长的分布式优化算法,文献[13]给出了收敛性证明和收敛速

率分析的一般框架。

对于上述优化问题的任意一个最优解 x^*，根据式(9.1.2-2)可知

$$
\begin{aligned}
&\|x_i(t+1)-x^*\|^2\\
=&\left\|\sum_{j=1}^{N}A_{ij}(t)x_j(t)-\alpha(t)g_i(t)-x^*\right\|^2\\
=&\left\|\sum_{j=1}^{N}A_{ij}(t)x_j(t)-x^*\right\|^2-2\alpha(t)[g^i(t)]^{\mathrm{T}}\left(\sum_{j=1}^{N}A_{ij}(t)x_j(t)-x^*\right)\\
&+\|\alpha(t)g_i(t)\|^2.
\end{aligned}
$$

(1) 对于等式右侧的第一项，由于 $A(t)$ 为非负行随机矩阵，根据范数平方函数的凸性可得

$$
\left\|\sum_{j=1}^{N}A_{ij}(t)x_j(t)-x^*\right\|^2\leqslant\sum_{j=1}^{N}A_{ij}(t)\|x_j(t)-x^*\|^2,
$$

又因为 $A(t)$ 为非负列随机矩阵，所以

$$
\sum_{i=1}^{N}\sum_{j=1}^{N}A_{ij}(t)\|x_j(t)-x^*\|^2=\sum_{i=1}^{N}\|x_i(t)-x^*\|^2,
$$

从而可得

$$
\sum_{i=1}^{N}\left\|\sum_{j=1}^{N}A_{ij}(t)x_j(t)-x^*\right\|^2\leqslant\sum_{i=1}^{N}\|x_i(t)-x^*\|^2.
$$

(2) 对于等式右侧的第二项，令 $\bar{x}(t)=\dfrac{1}{N}\sum\limits_{i=1}^{N}x_i(t)$，由于

$$
\sum_{j=1}^{N}A_{ij}(t)x_j(t)-x^*=\sum_{j=1}^{N}A_{ij}(t)x_j(t)-x_i(t)+x_i(t)-x^*,
$$

所以由假设 9.1.2-1 及 $g_i(t)\in\partial f_i(x_i(t))$ 可得

$$
\begin{aligned}
&-2\alpha(t)[g_i(t)]^{\mathrm{T}}\left(\sum_{j=1}^{N}A_{ij}(t)x_j(t)-x^*\right)\\
\leqslant&\,2\alpha(t)M\left\|\sum_{j=1}^{N}A_{ij}(t)x_j(t)-x_i(t)\right\|-2\alpha(t)[g_i(t)]^{\mathrm{T}}(x_i(t)-x^*)\\
\leqslant&\,2\alpha(t)M\left\|\sum_{j=1}^{N}A_{ij}(t)x_j(t)-x_i(t)\right\|-2\alpha(t)(f_i(x_i(t))-f_i(x^*))\\
=&\,2\alpha(t)M\left\|\sum_{j=1}^{N}A_{ij}(t)x_j(t)-\bar{x}(t)+\bar{x}(t)-x_i(t)\right\|\\
&-2\alpha(t)(f_i(\bar{x}(t))-f_i(x^*))-2\alpha(t)(f_i(x_i(t))-f_i(\bar{x}(t))),
\end{aligned}
$$

进而可得

$$
\begin{aligned}
&-2\alpha(t)[g_i(t)]^{\mathrm{T}}\Big(\sum_{j=1}^{N}A_{ij}(t)x_j(t)-x^*\Big)\\
\leqslant\ &2\alpha(t)M\sum_{j=1}^{N}A_{ij}(t)\|x_j(t)-\bar{x}(t)\|+2\alpha(t)M\|\bar{x}(t)-x_i(t)\|\\
&-2\alpha(t)(f_i(\bar{x}(t))-f_i(x^*))+2\alpha(t)M\|\bar{x}(t)-x_i(t)\|.
\end{aligned}
$$

因为 $A(t)$ 为非负行随机矩阵,所以对于任意的 $t\geqslant 0$ 有$0\leqslant A_{ij}(t)\leqslant 1$,从而得

$$
\begin{aligned}
&-2\alpha(t)[g_i(t)]^{\mathrm{T}}\Big(\sum_{j=1}^{N}A_{ij}(t)x_j(t)-x^*\Big)\\
\leqslant\ &2\alpha(t)M\sum_{i=1}^{N}\|x_i(t)-\bar{x}(t)\|+4\alpha(t)M\|x_i(t)-\bar{x}(t)\|\\
&-2\alpha(t)(f_i(\bar{x}(t))-f_i(x^*))\\
\leqslant\ &6\alpha(t)M\sum_{i=1}^{N}\|x_i(t)-\bar{x}(t)\|-2\alpha(t)(f_i(\bar{x}(t))-f_i(x^*)).
\end{aligned}
$$

最终可得

$$
\begin{aligned}
&\sum_{i=1}^{N}-2\alpha(t)[g_i(t)]^{\mathrm{T}}\Big(\sum_{j=1}^{N}A_{ij}(t)x_j(t)-x^*\Big)\\
\leqslant\ &6\alpha(t)MN\sum_{i=1}^{N}\|x_i(t)-\bar{x}(t)\|-2\alpha(t)(f(\bar{x}(t))-f(x^*)).
\end{aligned}
$$

(3) 对于等式右侧的第三项,由假设 9.1.2-1 直接可得

$$
\sum_{i=1}^{N}\|\alpha(t)g_i(t)\|^2=NM^2\alpha^2(t).
$$

最终可得

$$
\begin{aligned}
&\sum_{i=1}^{N}\|x_i(t+1)-x^*\|^2\\
\leqslant\ &\sum_{i=1}^{N}\|x_i(t)-x^*\|^2-2\alpha(t)(f(\bar{x}(t))-f(x^*))\\
&+6\alpha(t)MN\sum_{i=1}^{N}\|x_i(t)-\bar{x}(t)\|+NM^2\alpha^2(t).
\end{aligned}
$$

由引理 9.1.1-8 及假设 9.1.2-3 可知

$$
\lim_{t\to\infty}\|x_i(t)-\bar{x}(t)\|=0,
$$

且

$$
6\alpha(t)MN\sum_{i=1}^{N}\|x_i(t)-\bar{x}(t)\|+NM^2\alpha^2(t)<\infty,
$$

所以由引理 9.1.1 - 11 可得，存在非负常数 c 使得

$$\lim_{t\to\infty}\sum_{i=1}^{N}\|x_i(t)-x^*\|^2=c,\quad \sum_{t=0}^{\infty}2\alpha(t)(f(\bar{x}(t))-f(x^*))<\infty.$$

下面证明存在一个 x^* 使得 $c=0$。

因为

$$\sum_{t=0}^{\infty}2\alpha(t)(f(\bar{x}(t))-f(x^*))<\infty,$$

所以可得

$$\lim_{t\to\infty}\inf f(\bar{x}(t))-f(x^*)=0,$$

从而存在子序列 $\{\bar{x}(t_k)\}$ 使得

$$\lim_{k\to\infty}f(\bar{x}(t_k))-f(x^*)=0.$$

又因为

$$\lim_{t\to\infty}\sum_{i=1}^{N}\|x_i(t)-x^*\|^2=c,\quad \lim_{t\to\infty}\|x_i(t)-\bar{x}(t)\|=0,$$

从而可知存在一个有界闭集 X 使得 $\{\bar{x}(t)\}\subseteq X$，从而存在子序列

$$\{\bar{x}(t_{k_l})\}\subseteq\{\bar{x}(t_k)\}\subseteq\{\bar{x}(t)\}\subseteq X,$$

使得存在 x_0，有

$$\lim_{l\to\infty}\bar{x}(t_{k_l})=x_0.$$

考虑到函数 $f(x)$ 连续，所以

$$f(x_0)=\lim_{l\to\infty}f(\bar{x}(t_{k_l}))=\lim_{k\to\infty}f(\bar{x}(t_k))=f(x^*),$$

从而可知 x_0 也为上述优化问题的最优解。由于上式中的 x^* 可以为任意的一个最优解，因此可将 x_0 替换 x^*，即

$$\lim_{t\to\infty}\sum_{i=1}^{N}\|x_i(t)-x_0\|^2=c=\lim_{t\to\infty}\inf\sum_{i=1}^{N}\|x_i(t)-x_0\|^2.$$

由于

$$\|x_i(t)-x_0\|^2\leqslant 2\|x_i(t)-\bar{x}(t)\|^2+2\|\bar{x}(t)-x_0\|^2,$$

从而

$$\begin{aligned}c&=\lim_{t\to\infty}\inf\sum_{i=1}^{N}\|x_i(t)-x_0\|^2\\&=\lim_{t\to\infty}\inf\sum_{i=1}^{N}2(\|x_i(t)-\bar{x}(t)\|^2+\|\bar{x}(t)-x_0\|^2)=0,\end{aligned}$$

得证。

下面对所设计的分布式优化算法可能的最快收敛速率做简要分析。对于带有衰减步长的分布式优化算法的收敛性分析,一般是计算满足步长假设的最大临界步长时算法的收敛速率。由假设 9.1.2-3 可知,满足假设的最大临界步长为

$$\alpha(t)=O\left(\frac{1}{\sqrt{t+1}}\right),$$

接下来分析此时分布式优化算法的收敛速率。

由上面的收敛分析过程可得

$$\sum_{t=0}^{\infty}2\alpha(t)(f(\bar{x}(t))-f(x^*))$$

$$\leqslant\|x_i(0)-x^*\|^2+6\sum_{t=0}^{\infty}\alpha(t)MN\sum_{i=1}^{N}\|x_i(t)-\bar{x}(t)\|+\sum_{t=0}^{\infty}NM^2\alpha^2(t).$$

由于

$$\sum_{t=0}^{\infty}\alpha(t)(f(\bar{x}(t))-f(x_i(t)))\leqslant\sum_{t=0}^{\infty}\alpha(t)L\|x_i(t)-\bar{x}(t)\|,$$

且有引理 9.1.1-8 和 9.1.1-10 可得

$$\sum_{t=0}^{\infty}\alpha(t)M\sum_{i=1}^{N}\|x_i(t)-\bar{x}(t)\|\leqslant M_1+M_2\sum_{t=0}^{\infty}\alpha^2(t),$$

其中 M_1 和 M_2 为正常数,从而可记

$$\sum_{t=0}^{\infty}\alpha(t)(f(x_i(t))-f(x^*))\leqslant M_0+M_0'\sum_{t=0}^{\infty}\alpha^2(t),$$

其中 M_0 及 M_0' 为正常数。令

$$\tilde{x}_i(t)=\frac{\sum_{k=0}^{t}\alpha(k)x_i(k)}{\sum_{k=0}^{t}\alpha(k)},$$

由于 $\tilde{x}_i(t)$ 是 $x_i(k)$ 的凸组合且 $f(x)$ 为凸函数,得

$$f(\tilde{x}_i(t))-f(x^*)\leqslant\frac{\sum_{k=0}^{t}\alpha(k)f(x_i(k))}{\sum_{k=0}^{t}\alpha(k)}-f(x^*)$$

$$=\frac{\sum_{k=0}^{t}\alpha(k)(f(x_i(k))-f(x^*))}{\sum_{k=0}^{t}\alpha(k)},$$

进而可得

$$f(\widetilde{x}_i(t))-f(x^*)\leqslant\frac{M_0+M_0'\sum_{k=0}^{t}\alpha^2(k)}{\sum_{k=0}^{t}\alpha(k)}.$$

考虑到 $\alpha(t)=O\left(\frac{1}{\sqrt{t+1}}\right)$，可以得到

$$\sum_{k=0}^{t}\alpha(k)\geqslant\int_0^t\frac{\mathrm{d}x}{(x+1)^{0.5}}=2((t+1)^{0.5}-1),$$

及

$$\sum_{k=0}^{t}\alpha^2(k)\leqslant 1+\int_0^t\frac{\mathrm{d}x}{x+1}=1+\ln(t+1),$$

从而可得

$$f(\widetilde{x}_i(t))-f(x^*)\sim O\left(\frac{\ln(t+1)}{\sqrt{t+1}}\right),$$

即分布式优化算法可能的最快收敛速率为 $O\left(\frac{\ln(t+1)}{\sqrt{t+1}}\right)$。

文献[13]奠定了带有衰减步长分布式优化算法设计、收敛性分析和收敛速率分析的基本框架，下面带有衰减步长分布式优化算法的收敛性分析和收敛速率分析均与此算法的分析相似，将不再重复详细描述。

9.1.2.2　平衡图上渐近收敛的约束(闭凸集)优化算法

基于上一小节无约束的分布式优化算法，通过引入投影方法处理闭凸集约束，Nedić 等人[1]又设计了平衡图上渐近收敛的约束(闭凸集)优化算法。下面从考虑的优化问题模型、构建的分布式优化算法和算法收敛性及收敛速率分析三个方面对该算法进行介绍。

1) 优化模型

该算法考虑带有闭凸集约束的优化问题，具体模型为

$$\min_{x\in X}f(x)=\sum_{i=1}^{N}f_i(x),\tag{9.1.2-3}$$

其中，x 为待求解的决策变量，$X\subseteq\mathbb{R}^n$ 为约束集合，$f_i(x)$ 为 $\mathbb{R}^n$ 上的凸函数。这里首先假设问题的最优值为有限值，再对问题模型和算法依托通信图做以下假设：

假设 9.1.2-4　集合 X 为闭凸集，且存在一个正常数 M，使得对于所有目标函数 $f_i(x)$ 均有

$$\|\partial f_i(x)\|\leqslant M,\quad\forall x\in X.$$

假设 9.1.2-5 存在正整数 H，使得通信图序列 $\{\mathcal{G}(t)\}$ 在任意 H 个时刻联合强连通。

2) 分布式优化算法

针对上述优化问题，在联合强连通的通信图序列 $\{\mathcal{G}(t)\}$ 上设计的算法如下：

$$x_i(t+1)=P_X\Big(\sum_{j=1}^{N}A_{ij}(t)x_j(t)-\alpha(t)g_i(t)\Big), \qquad (9.1.2-4)$$

其中，$x_i(t)\in\mathbb{R}^n$ 表示节点 i 在时刻 t 对于问题(9.1.2-3)的最优解 x^* 的估计；$A(t)\in\mathbb{R}^{N\times N}$ 为关联于通信图序列 $\{\mathcal{G}(t)\}$ 的非负权重矩阵，这里要求其为非负双随机矩阵序列，即存在一个正整数 a_0，使得对于所有的 $i=1,2,\cdots,N$ 和 $t\geqslant 0$，有 $A_{ii}(t)\geqslant a_0$；$\alpha(t)$ 为在时刻 t 的步长；$g_i(t)\in\partial f_i(x_i(t))$ 为 $f_i(x)$ 在点 $x_i(t)$ 处的梯度方向；$P_X(\cdot)$ 为在集合 X 上的投影算子。此外，需对步长序列 $\{\alpha(t)\}$ 做以下假设：

假设 9.1.2-6 步长序列 $\{\alpha(t)\}$ 为非负衰减参数序列，且满足

$$\sum_{t=0}^{\infty}\alpha(t)=\infty,\quad \sum_{t=0}^{\infty}\alpha^2(t)<\infty.$$

3) 算法收敛性和收敛速率分析

由于投影算子有非扩展性，对于上述优化问题的任意一个最优解 x^*，根据式(9.1.2-4)可知

$$\begin{aligned}
&\|x_i(t+1)-x^*\|^2\\
&=\Big\|P_X\Big(\sum_{j=1}^{N}A_{ij}(t)x_j(t)-\alpha(t)g_i(t)\Big)-x^*\Big\|^2\\
&\leqslant\Big\|\sum_{j=1}^{N}A_{ij}(t)x_j(t)-\alpha(t)g_i(t)-x^*\Big\|^2\\
&=\Big\|\sum_{j=1}^{N}A_{ij}(t)x_j(t)-x^*\Big\|^2-2\alpha(t)[g_i(t)]^{\mathrm{T}}\Big(\sum_{j=1}^{N}A_{ij}(t)x_j(t)-x^*\Big)\\
&\quad+\|\alpha(t)g_i(t)\|^2.
\end{aligned}$$

可以看出，上式与第 9.1.2.1 小节 3) 处的式子一致，因此后续的收敛性和收敛速率分析也和该小节一样，这里不再赘述。

9.1.2.3 平衡图上渐近收敛的约束(闭凸集、等式、不等式)优化算法

分布式优化领域考虑较多的一类复杂优化问题为带有多个不等式约束、多个等式约束和多个闭凸集约束的优化问题。因为考虑的是凸优化问题，为了保证约束的可行集是凸集，通常考虑的不等式约束为凸函数小于等于 0 的形式，等式约束

为仿射函数等于 0 的形式。文献[28]给出一种类梯度下降方法来处理不等式约束和等式约束，最终设计出渐近收敛的约束(闭凸集、等式、不等式)优化算法。下面从考虑的优化问题模型、构建的分布式优化算法和算法收敛性及收敛速率分析三个方面对该算法进行介绍。

1) 优化模型

考虑带有 N 个不等式约束、N 个等式约束和 N 个闭凸集约束的优化问题，具体模型为

$$\min_x f(x)=\sum_{i=1}^N f_i(x),$$
$$\text{s.t.}\begin{cases} g_i(x)\leqslant 0, \\ C_i x-b_i=0, \\ x\in X_i,\ i=1,2,\cdots,N, \end{cases} \tag{9.1.2-5}$$

其中，x 为待求解的决策变量，$g_i(x)$ 为 $\mathbb{R}^n$ 上的凸函数，$X_i\subseteq\mathbb{R}^n$ 为约束集合，$C_i\in\mathbb{R}^{m\times n}$ 为行满秩 的矩阵，$f_i(x)$ 为 $\mathbb{R}^n$ 上的凸函数。对问题模型和算法依托通信图做以下假设：

假设 9.1.2-7　存在一个向量 $\hat{x}\in\operatorname{relint}X$，使得对于所有 $i=1,2,\cdots,N$，有

$$C_i\hat{x}-b_i=0\quad 且\quad g_i(\hat{x})<0.$$

假设 9.1.2-8　对于所有 $i=1,2,\cdots,N$，函数 $f_i(x)$ 和 $g_i(x)$ 有连续的梯度。

假设 9.1.2-9　对于所有 $i=1,2,\cdots,N$，集合 X_i 均为有界闭凸集。

由假设 9.1.2-8 和 9.1.2-9 可知，存在一个正常数 M，使得对于所有 $f_i(x)$ 和 $g_i(x)$，均成立

$$\|\partial f_i(x)\|\leqslant M,\quad \|\partial g_i(x)\|\leqslant M,\quad \forall x\in X;$$

且存在一个正常数 R，使得

$$\operatorname{dist}(x,S)\leqslant R\max\left\{\max_{1\leqslant i\leqslant N}\operatorname{dist}(x,X_i),\ \max_{1\leqslant i\leqslant N}g_i^+(x),\ \max_{1\leqslant i\leqslant N}\|C_i x-b_i\|\right\},$$

其中 $g_i^+(x)=\max\{0,g_i(x)\}$ 且 $S=\bigcup_{i=1}^N X_i$。

需要指出的是，上面基于假设 9.1.2-8 和 9.1.2-9 得到的两个结论在后面的收敛分析中十分重要。

假设 9.1.2-10　存在正整数 H，使得通信图序列 $\{\mathcal{G}(t)\}$ 在任意 H 个时刻联合强连通。

2) 分布式优化算法

对于上述优化问题，我们将基于第 9.1.2.1 小节和第 9.1.2.2 小节中的算法来构建分布式优化算法。但相较于这两小节中的算法，还需要额外考虑等式约束

和不等式约束的处理方法。下面先给出两个引理，基于这两个引理来描述对于等式约束和不等式约束的处理方法。

引理 9.1.2-1[76] 假设 $g(x)$ 为 X 上的一个凸函数，X 为 $\mathbb{R}^n$ 中的一个闭凸集。对于任意的向量 $v\in\mathbb{R}^n$，令 $u\in\mathbb{R}^n$ 满足等式

$$u=P_X\left(v-\beta_1\frac{g^+(v)}{\|d_1\|^2}d_1\right),$$

其中，β_1 为一个正常数并且满足 $0<\beta_1<2$；$P_X(\cdot)$ 为集合 X 上的投影算子；当 $g^+(v)\neq 0$ 时，$d_1=\partial g(v)$，当 $g^+(v)=0$ 时，$d_1=d_0$（非零向量）。那么对于任意满足 $g(s)\leqslant 0$ 的 $s\in X$，成立

$$\|u-s\|^2\leqslant\|v-s\|^2-\beta_1(2-\beta_1)\frac{(g^+(v))^2}{\|d_1\|^2}.$$

根据引理 9.1.2-1 可知，若将上式中的 u 替换成 $x(t+1)$，将 v 替换成 $x(t)$，则当 $x(t)$ 不满足不等式约束亦即 $g^+(v)\neq 0$ 时，沿着方向 d_1 以步长 $\beta_1\frac{g^+(v)}{\|d_1\|^2}$ 进行下一步迭代得到 $x(t+1)$，则 $x(t+1)$ 将比 $x(t)$ 离集合 $\{x\mid g(x)\leqslant 0\}$ 近，而近的距离可近似看作 $\beta_1(2-\beta_1)\frac{(g^+(v))^2}{\|d_1\|^2}$。

类似地，针对等式约束的处理方法可得到下面的引理：

引理 9.1.2-2 假设 $C\in\mathbb{R}^{m\times n}$ 为行满秩的矩阵，X 为 $\mathbb{R}^n$ 中的一个闭凸集。对于任意的向量 $v\in\mathbb{R}^n$ 及 $b\in\mathbb{R}^m$，令 $u\in\mathbb{R}^n$ 满足 $Cu-b\neq 0$ 且满足等式

$$u=P_X\left(v-\beta_2\frac{\|Cu-b\|^2}{\|C^{\mathrm{T}}(Cu-b)\|^2}C^{\mathrm{T}}(Cu-b)\right),$$

其中，β_2 为一个正常数并且满足 $0<\beta_2<2$，$P_X(\cdot)$ 为集合 X 上的投影算子。那么对于任意满足 $Cs-b=0$ 的 $s\in X$，成立

$$\|u-s\|^2\leqslant\|v-s\|^2-\frac{\beta_2(2-\beta_2)}{\lambda_{\max}(C^{\mathrm{T}}C)}\|Cu-b\|^2,$$

其中 $\lambda_{\max}(C^{\mathrm{T}}C)$ 为矩阵 $C^{\mathrm{T}}C$ 的最大特征值。

类似地，根据引理 9.1.2-2 同样可以得到一个处理等式约束 $Cx-b=0$ 的方向 $C^{\mathrm{T}}(Cu-b)$ 以及相应的步长 $\beta_2\frac{\|Cu-b\|^2}{\|C^{\mathrm{T}}(Cu-b)\|^2}$。

下面根据引理 9.1.2-1 给出的处理不等式约束的方法和引理 9.1.2-2 给出的处理等式约束的方法设计分布式优化算法。分布式优化方法一个比较突出的优点就是针对多个可分的约束，可以平均分配给每个节点分别处理，而每个节点的状

态值最终会达到一致,因此相当于最后每个节点处理了所有的约束。根据以上分析,设计出如下分布式优化算法:

$$x_i(t+1)=P_{X_i}\Big(\sum_{j=1}^{N}A_{ij}(t)x_j(t)-\alpha(t)\partial f_i(x_i(t))-\beta(t)q_i(t)-\beta_0c_i(t)\Big),\tag{9.1.2-6}$$

其中,$x_i(t)\in\mathbb{R}^n$ 代表节点 i 在时刻 t 对于问题(9.1.2-5)的最优解 x^* 的估计;$A(t)\in\mathbb{R}^{N\times N}$ 为关联于通信图序列 $\{\mathcal{G}(t)\}$ 的非负权重矩阵,这里要求其为非负双随机矩阵序列,即存在一个正整数 a_0,使得对于所有的 $i=1,2,\cdots,N$ 和 $t\geqslant 0$,有 $A_{ii}(t)\geqslant a_0$;$\alpha(t)$,$\beta(t)$ 及 β_0 均为在时刻 t 的步长;$P_X(\cdot)$ 为在集合 X 上的投影算子。此外,有

$$q_i(t)=\frac{g_i^+(v_i(t))}{\|d_i(t)\|^2}d_i(t),\quad v_i(t)=\sum_{j=1}^{N}A_{ij}(t)x_j(t)-\alpha(t)\partial f_i(x_i(t)).$$

而对于 $d_i(t)$ 的定义为:当 $g_i^+(v_i(t))\neq 0$ 时,$d_i(t)=\partial g_i^+(v_i(t))$;否则,$d_i(t)=d_0$(非零常向量). 又当 $C_iu_i(t)-b_i\neq 0$ 时,有

$$c_i(t)=\frac{\|C_iu_i(t)-b_i\|^2}{\|C_i^{\mathrm{T}}(C_iu_i(t)-b_i)\|^2}C_i^{\mathrm{T}}(C_iu_i(t)-b_i);$$

否则,$c_i(t)=0$,$u_i(t)=v_i(t)-\beta(t)q_i(t)$。对于步长 $\alpha(t)$,$\beta(t)$ 及 β_0 做以下假设:

假设 9.1.2-11　步长序列 $\{\alpha(t)\}$,$\{\beta(t)\}$ 为非负衰减参数序列,β_0 为正常数步长,且满足

$$0<\beta_0<2,\quad \beta(0)\leqslant 1,\quad \sum_{t=0}^{\infty}\alpha(t)=\infty,\quad \sum_{t=0}^{\infty}\alpha^2(t)<\infty,$$
$$\sum_{t=0}^{\infty}\beta(t)=\infty,\quad \sum_{t=0}^{\infty}\beta^2(t)<\infty,\quad \sum_{t=0}^{\infty}\frac{\alpha^2(t)}{\beta(t)}<\infty.$$

3) 算法收敛性和收敛速率分析

算法的收敛性分析和第 9.1.2.1 小节 3) 处的收敛性分析类似,从放缩下面等式右边的项开始:

$$\begin{aligned}&\|x_i(t+1)-x^*\|^2\\&=\Big\|P_{X_i}\Big(\sum_{j=1}^{N}A_{ij}(t)x_j(t)-\alpha(t)\partial f_i(x_i(t))-\beta(t)q_i(t)-\beta_0c_i(t)\Big)-x^*\Big\|^2.\end{aligned}$$

可以看出,上面式子比第 9.1.2.1 小节 3) 处的式子多了 $-\beta(t)q_i(t)-\beta_0c_i(t)$ 两项,通过引理 9.1.2-1 和引理 9.1.2-2 可以对应处理上述两项,之后的放缩过程可以类似第 9.1.2.1 小节中的分析过程给出,这里不再赘述。

对于算法(9.1.2-6)的收敛速率,固定步长 β_0 从本质上讲是不影响收敛速率

的，满足假设 9.1.2-11 的最大步长为

$$\alpha(t)=O\left(\frac{1}{(t+1)^{0.75}}\right),\quad \beta(t)=O\left(\frac{1}{\sqrt{t+1}}\right).$$

类似第 9.1.2.1 小节中的分析可得该算法可能的最大收敛速率为 $O\left(\frac{1}{(t+1)^{0.25}}\right)$。

9.1.2.4 固定平衡图上线性收敛的无约束优化算法

收敛速率是衡量优化算法收敛性能好坏的一个重要标准，算法拥有更快的收敛速率意味着算法收敛到最优解所需的迭代次数更少。在前期的研究中，构建的分布式优化算法以渐近收敛(次线性收敛)的算法为主，近年来，具有线性收敛速率的分布式优化算法被逐渐深入研究。文献[33]较早针对无约束优化的问题，在固定平衡图上设计出了具有线性收敛速率的分布式优化算法。下面从考虑的优化问题模型、构建的分布式优化算法和算法收敛性及收敛速率分析三个方面对该算法进行介绍。

1) 优化模型

该算法考虑无约束的优化问题，具体模型为

$$\min_{x} f(x)=\sum_{i=1}^{N} f_i(x). \tag{9.1.2-7}$$

该问题模型与模型(9.1.2-1)一致，但是由于要得到线性收敛速率，这里对于问题模型的假设与第 9.1.2.1 小节 1)处的假设有所不同。为了后续构建分布式算法和进行收敛性分析的需要，我们对问题模型和算法依托拓扑做以下假设：

假设 9.1.2-12 对于所有的 i，目标函数 $f_i(x)$ 均 μ-强凸且 L-光滑。

假设 9.1.2-13 算法依托通信图 $\mathcal{G}$ 强连通。

2) 分布式优化算法

从已有的结果可以看出，目前分布式优化领域具有线性收敛速率的分布式优化算法一般都是正常数步长，同时目标函数是强凸且 L-光滑的。将算法(9.1.2-2)中的衰减步长 $\alpha(t)$ 直接替换为常数步长 α，同时只考虑固定的平衡图 $\mathcal{G}$ (权重矩阵 A 为非负双随机矩阵)，可以得到

$$x_i(t+1)=\sum_{j=1}^{N} A_{ij}x_j(t)-\alpha\partial f_i(x_i(t)).$$

根据分布式优化算法的目标(所有 $x_i(t)$ 都收敛到优化问题(9.1.2-1)的同一个最优解 x^*)，假设所有的 $x_i(t)$ 最后都收敛到 x^*，因 A 为双随机矩阵，从而得到

$$x^*=\sum_{j=1}^{N} A_{ij}x^*-\alpha\partial f_i(x^*)=x^*-\alpha\partial f_i(x^*),$$

最终对于所有的 i，都有

$$\alpha\partial f_i(x^*)=0,$$

从而可知 x^* 是所有 $f_i(x)$ 的最小值点。也就是说，若在算法(9.1.2-2)中直接使用常数步长，需要假设所有的 $f_i(x)$ 有一个共同的最小值点。此外，要达到线性收敛速率，通常还要假设目标函数具有强凸性质，也就是说，所有的 $f_i(x)$ 都有唯一一个共同的最小值点。这个假设条件较强，在这个假设下，问题就是完全可分的，可以直接对每个 $f_i(x)$ 求最小值，或对一个 $f_i(x)$ 求最小值即可。

为了在算法中使用常数步长来获得线性收敛速率并克服上述假设的严苛限制，通过对每个节点 i 引入一个局部变量 $y_i(t)$ 来估计全局目标函数的梯度，设计了如下的分布式优化算法：

$$x_i(t+1)=\sum_{j=1}^{N}A_{ij}x_j(t)-\alpha y_i(t), \tag{9.1.2-8a}$$

$$y_i(t+1)=\sum_{j=1}^{N}A_{ij}y_j(t)+\partial f_i(x_i(t+1))-\partial f_i(x_i(t)), \tag{9.1.2-8b}$$

其中，$x_i(t)\in\mathbb{R}^n$ 表示节点 i 在时刻 t 对于问题(9.1.2-7)的最优解 x^* 的估计；$y_i(t)\in\mathbb{R}^n$；$A\in\mathbb{R}^{N\times N}$ 为关联于拓扑 $\mathcal{G}$ 的非负权重矩阵，这里要求其为非负双随机矩阵；α 为正常数步长；$\partial f_i(x_i(t))$ 为函数 $f_i(x)$ 在点 $x_i(t)$ 处的梯度方向。$x_i(t)$ 的初值 $x_i(0)$ 可以任意选择，$y_i(t)$ 的初值为 $y_i(0)=\partial f_i(x_i(0))$。

3) 算法收敛性及收敛速率分析

下面对算法(9.1.2-8)的线性收敛性质做详细分析。这个算法中涉及两个变量，即 $x_i(t)$ 和 $y_i(t)$，其中 $x_i(t)$ 用来估计问题的最优解 x^*，$y_i(t)$ 用来估计全局目标函数的梯度。而 $x_i(t)$ 对最优解 x^* 的估计又分为两步，首先是 $x_i(t)$ 对于

$$\bar{x}(t)=\frac{1}{N}\sum_{i=1}^{N}x_i(t)$$

的估计，接着是 $\bar{x}(t)$ 对于最优值 x^* 的估计。下面先给出一个引理，然后基于这个引理来描述 $y_i(t)$ 对于全局目标函数梯度估计的性质。

引理 9.1.2-3　在上述的初值条件下，以下等式成立：

$$\bar{y}(t)=\frac{1}{N}\sum_{i=1}^{N}\partial f_i(x_i(t)),$$

其中 $\bar{y}(t)=\frac{1}{N}\sum_{i=1}^{N}y_i(t)$ 表示所有 $y_i(t)$ 的平均值。

从引理 9.1.2-3 可以看出，所有 $y_i(t)$的平均值可以近似看作是优化问题全

局目标函数的梯度。由假设 9.1.2-12 中目标函数 $f_i(x)$ 的 L-光滑性质可知，当 $x_i(t)$ 收敛时，$\partial f_i(x_i(x+1))-\partial f_i(x_i(t))$ 将收敛到 0。又由于拓扑 $\mathcal{G}$ 强连通且矩阵 A 为非负双随机矩阵，则由引理 9.1.1-7 可知每个 $y_i(t)$ 都将收敛到 $\bar{y}(t)$，即每个 $y_i(t)$ 都可看作是对全局目标函数梯度的估计。令

$$y(t)=[y_1(t),y_2(t),\cdots,y_N(t)]^{\mathrm{T}},\quad x(t)=[x_1(t),x_2(t),\cdots,x_N(t)]^{T},$$

最终我们可以得到 $\|y(t+1)-\mathbf{1}\cdot\bar{y}(t+1)\|$ 的上界可以写成 $\|y(t)-\mathbf{1}\cdot\bar{y}(t)\|$，$\|x(t)-\mathbf{1}\cdot\bar{x}(t)\|$ 及 $\|\bar{x}(t)-x^*\|$ 的线性组合。

由于拓扑 $\mathcal{G}$ 强连通且矩阵 A 为非负双随机矩阵，则由引理 9.1.1-7 可知，当 $y_i(t)$ 收敛到 0 时，所有 $x_i(t)$ 都将收敛到 $\bar{x}(t)$，最终我们可以得到 $\|x(t+1)-\mathbf{1}\cdot\bar{x}(t+1)\|$ 的上界也可以写成 $\|y(t)-\mathbf{1}\cdot\bar{y}(t)\|$，$\|x(t)-\mathbf{1}\cdot\bar{x}(t)\|$ 及 $\|\bar{x}(t)-x^*\|$ 的线性组合。

下面的引理给出了 $\bar{x}(t)$ 对于最优值 x^* 的估计误差的上界。

引理 9.1.2-4　令 $f(x)$ 为 $\mathbb{R}^n$ 上 μ-强凸且 L-光滑的函数，序列 $\{z(t)\}\in\mathbb{R}^n$ 满足迭代公式 $z(x+1)=z(t)-\alpha\partial f(z(t))$。若 $0<\alpha<\dfrac{2}{L}$，则

$$\|z(t+1)-x^*\|\leqslant\lambda\|z(t)-x^*\|,$$

其中 $\lambda=\max\{|1-\alpha\mu|,|1-\alpha L|\}$。

根据式(9.1.2-8)，可以得到 $\bar{x}(t)$ 的迭代公式为

$$\bar{x}(t+1)=\bar{x}(t)-\alpha\bar{y}(t),$$

再由引理 9.1.2-3 可得

$$\bar{x}(t+1)=\bar{x}(t)-\alpha\frac{1}{N}\sum_{i=1}^{N}\partial f_i(x_i(t)).$$

从而可知，若 $x_i(t)$ 全部达到一致性状态 $\bar{x}(t)$，则 $\bar{x}(t)$ 对于 x^* 的估计误差就可以根据引理 9.1.2-4 刻画出来。最终我们可以得到 $\|\bar{x}(t+1)-x^*\|$ 的上界也可以写成 $\|y(t)-\mathbf{1}\cdot\bar{y}(t)\|$，$\|x(t)-\mathbf{1}\cdot\bar{x}(t)\|$ 及 $\|\bar{x}(t)-x^*\|$ 的线性组合。

通过对

$$\|y(t+1)-\mathbf{1}\cdot\bar{y}(t+1)\|,\quad\|x(t+1)-\mathbf{1}\cdot\bar{x}(t+1)\|,\quad\|\bar{x}(t+1)-x^*\|$$

三个误差的刻画，我们可以得到以下的线性矩阵不等式：

$$\|w(t+1)\|\leqslant D\|w(t)\|,$$

其中 $w(t)=[\|y(t+1)-\mathbf{1}\cdot\bar{y}(t+1)\|,\|x(t+1)-\mathbf{1}\cdot\bar{x}(t+1)\|,\|\bar{x}(t+1)-x^*\|]^{\mathrm{T}}$，$D$ 为一个 3×3 的方阵。

通过上面的不等式可以看出，如果矩阵 D 的最大特征值严格小于 1，则可以得

到$\|w(t)\|$线性收敛到 0，即所有 $x_i(t)$线性收敛到 x^*。此外值得注意的是，矩阵 D 里的元素与步长 α 有关，因此需要选取合适的 α 来使矩阵 D 的最大特征值严格小于 1。又因为 D 是 3×3 的方阵，直接计算即可得到 α 的取值范围，一般 α 取得越小越满足条件。

9.1.2.5　固定平衡图上线性收敛的约束(闭凸集)优化算法

在这一小节，我们将考虑用具有线性收敛速率的分布式优化算法来求解带有闭凸集约束的优化问题。

1) 优化模型

该算法考虑带有闭凸集约束的优化问题，具体模型为

$$\min_{x\in X} f(x)=\sum_{i=1}^{N} f_i(x), \tag{9.1.2-9}$$

其中，x 为待求解的决策变量，$X\subseteq\mathbb{R}^n$ 为约束集合，$f_i(x)$为$\mathbb{R}^n$ 上的凸函数。这里首先假设问题的最优值为有限值，再对问题模型和算法依托通信图做以下假设：

假设 9.1.2-14　对于所有的 i，目标函数 $f_i(x)$均 μ-强凸且 L-光滑。

假设 9.1.2-15　算法依托通信图 $\mathcal{G}$ 强连通。

假设 9.1.2-16　集合 X 为闭凸集。

2) 分布式优化算法

由之前的介绍可知，一般采用投影方法来处理优化问题中含有的闭凸集约束。如果基于算法(9.1.2-8)直接采用投影方法，则算法的形式可以写为

$$x_i(t+1)=P_X\Big(\sum_{j=1}^{N}A_{ij}x_j(t)-\alpha y_i(t)\Big),$$

$$y_i(t+1)=\sum_{j=1}^{N}A_{ij}y_j(t)+\partial f_i(x_i(t+1))-\partial f_i(x_i(t)).$$

针对上面的算法，可以得到

$$\begin{aligned}x_i(t+1)&=P_X\Big(\sum_{j=1}^{N}A_{ij}x_j(t)-\alpha y_i(t)\Big)\\&=\sum_{j=1}^{N}A_{ij}x_j(t)+P_X\Big(\sum_{j=1}^{N}A_{ij}x_j(t)-\alpha y_i(t)\Big)-\sum_{j=1}^{N}A_{ij}x_j(t).\end{aligned}$$

而由第 9.1.2.4 小节的内容我们知道，处理上述形式的迭代算法要想得到$\|x(t+1)-\mathbf{1}\cdot\bar{x}(t+1)\|$的上界，$\sum_{j=1}^{N}A_{ij}x_j(t)$ 之外的项需要包含一个可以调整到足够小的参数系数以使最终得到的矩阵 D 的谱半径可以小于 1。但是对于上述

算法,里面包含的两项 $P_X(\sum_{j=1}^{N}A_{ij}x_j(t)-\alpha y_i(t))-\sum_{j=1}^{N}A_{ij}x_j(t)$ 是不包含完全可以调整整个项的参数系数的,因此,即使可以放缩得到矩阵 D,也没有办法仅通过选取很小的 α 来使矩阵 D 的谱半径小于 1。另一方面,整个算法收敛分析的证明需要借助 $\bar{x}(t)$ 的状态分析来完成,亦即需要分析出 $\bar{x}(t)$ 到最优值点的误差。但由于投影项和信息交互项的存在,一个易于分析的 $\bar{x}(t)$ 到最优值点的误差是很难获得的。因此,这里直接使用投影方法处理闭凸集约束以构建线性收敛的分布式优化算法是十分困难的。更具一般性来说,需要完全借助 $\bar{x}(t)$ 的状态分析来完成收敛性证明的算法都难以和投影方法相结合去处理带有闭凸集约束的优化问题。

针对这个难点,文献[37]引入了可行方向方法来处理闭凸集约束。但该文献中考虑的是时变非平衡图,这里我们做下简化,即在固定的平衡图上构建相应的分布式优化算法。构建的算法为

$$x_i(t+1)=\sum_{j=1}^{N}A_{ij}x_j(t)+\beta d_i(t), \tag{9.1.2-10a}$$

$$y_i(t+1)=\sum_{j=1}^{N}A_{ij}y_j(t)+\partial f_i(x_i(t+1))-\partial f_i(x_i(t)), \tag{9.1.2-10b}$$

其中

$$d_i(t)=P_X\left(x_i(t)-\frac{\alpha}{\beta}y_i(t)\right)-x_i(t).$$

从引入的这一项可以看出,除了信息交互项 $\sum_{j=1}^{N}A_{ij}x_j(t)$ 之外,处理闭凸集约束和最优性的项 $\beta d_i(t)$ 含有一个可以任意选择的系数 β,从而可使得矩阵 D 的谱半径小于 1。

3) 算法收敛性及收敛速率分析

算法(9.1.2-10)的线性收敛性质可以基于算法(9.1.2-8)的分析类似得到。首先,$\|y(t+1)-\mathbf{1}\cdot\bar{y}(t+1)\|$ 及 $\|x(t+1)-\mathbf{1}\cdot\bar{x}(t+1)\|$ 的上界可以类似地写成 $\|y(t)-\mathbf{1}\cdot\bar{y}(t)\|$,$\|x(t)-\mathbf{1}\cdot\bar{x}(t)\|$ 及 $\|\bar{x}(t)-x^*\|$ 的线性组合。

这是由于拓扑 $\mathcal{G}$ 强连通且矩阵 A 为非负双随机矩阵,因此由引理 9.1.1-7 可知,当 $y_i(t)$ 收敛到 0 时,所有的 $x_i(t)$ 都将收敛到 $\bar{x}(t)$,最终我们可以得到 $\|x(t+1)-\mathbf{1}\cdot\bar{x}(t+1)\|$ 的上界也可以写成 $\|y(t)-\mathbf{1}\cdot\bar{y}(t)\|$,$\|x(t)-\mathbf{1}\cdot\bar{x}(t)\|$ 及 $\|\bar{x}(t)-x^*\|$ 的线性组合。因为本小节考虑的是带有闭凸集约束的优化问题,最优解 x^* 的性质及对应的算法收敛到 x^* 的性质会相应有所不同,下面我们给出一个

引理来求取$\|\bar{x}(t+1)-x^*\|$的上界。

引理 9.1.2-5　对于问题(9.1.2-9)，令假设 9.1.2-14 成立，序列 $z(t)\in\mathbb{R}^n$且满足迭代公式

$$z(t+1)=z(t)+\beta\left[P_X\left(z(t)-\frac{\alpha}{\beta}\partial f(z(t))\right)-z(t)\right].$$

若 $0<\alpha<\frac{2}{L}$，$\beta\in(0,1]$，则

$$\|z(t+1)-x^*\|\leqslant\lambda\|z(t)-x^*\|,$$

其中，$\lambda=1-\beta(1-\lambda_0)$且 $\lambda_0=\max\left\{\left|1-\frac{\alpha}{\beta}\mu\right|,\left|1-\frac{\alpha}{\beta}L\right|\right\}$。

基于算法(9.1.2-8)得到 $\|\bar{x}(t+1)-x^*\|$的上界的过程及引理 9.1.2-5，我们可以针对算法(9.1.2-10)得到 $\|\bar{x}(t+1)-x^*\|$的上界，最终得到矩阵 D。再进一步选取合适的 α 值和 β 值，可以得到矩阵 D 的谱半径小于 1，从而完成证明。

9.1.2.6　固定非平衡图上渐近收敛的无约束优化算法

通信图的平衡性质是分布式优化研究的一个重要关注点。在很多实际应用场景下，为了隐私保护，节点间通信的等级有所不同，这也就意味着相邻的两个节点，其中一个节点可以接收到另一个节点的信息但却无法向其传递信息，导致智能体间的通信图是非对称的。针对非对称的通信图，想要构造上面小节所需要的非负双随机矩阵是非常困难的，但非负行随机矩阵和非负列随机矩阵一般是容易构造的，因此通常使用非负行随机矩阵或非负列随机矩阵来设计分布式优化算法。

对算法(9.1.2-2)而言，由引理 9.1.1-7 可知，当 $A(t)$为时不变非负双随机矩阵序列时，所有的 $x_i(t)$将收敛到其平均一致状态 $\bar{x}(t)=\frac{1}{N}\sum_{i=1}^{N}x_i(t)$，且其平均一致状态的迭代公式为

$$\bar{x}(t+1)=\bar{x}(t)-\alpha(t)\frac{1}{N}\sum_{i=1}^{N}g_i(t).\tag{9.1.2-11}$$

不难发现，上述迭代公式可近似看作是无约束优化问题经典的梯度下降迭代，因此可以收敛到无约束优化问题(9.1.2-1) 的解。

又由引理 9.1.1-7 可知，当 $A(t)$ 为时不变非负行随机矩阵序列即 $A(t)=A$ 时，所有的 $x_i(t)$ 将收敛到其加权平均一致状态 $\bar{x}(t)=\frac{1}{N}\sum_{i=1}^{N}\pi^i x_i(t)$，且其平均一致状态的迭代公式为

$$\bar{x}(t+1)=\bar{x}(t)-\alpha(t)\frac{1}{N}\sum_{i=1}^{N}\pi^{i}g_{i}(t). \tag{9.1.2-12}$$

不难发现，上述迭代公式可近似看作是目标函数为$\frac{1}{N}\sum_{i=1}^{N}\pi^{i}f_{i}(x)$ 的无约束优化问题经典的梯度下降迭代，因此无法收敛到问题(9.1.2-1) 的解。

由引理 9.1.1-9 可知，当 $A(t)$ 为时不变(变) 非负列随机矩阵序列时，$x_i(t)$ 将收敛到 $v^i(0)\bar{x}(t)=v^i(0)\frac{1}{N}\sum_{i=1}^{N}x_i(t)$，尽管平均一致状态的迭代公式

$$\bar{x}(t+1)=\bar{x}(t)-\alpha(t)\frac{1}{N}\sum_{i=1}^{N}g_{i}(t)$$

可以近似看作是无约束优化问题经典的梯度下降迭代，但所有 $x_i(t)$ 无法收敛到一致状态 $\bar{x}(t)$，因此也无法收敛到问题(9.1.2-1) 的解。

下面介绍在通信图非平衡的情况下，对于不同类型的矩阵 $A(t)$，如何设计算法获得想要的最优解。首先介绍矩阵 $A(t)$ 为时不变非平衡图的情况。由于本小节的优化模型与优化模型(9.1.2-1) 一致，这里不再给出。

1) 分布式优化算法

正如上面所讨论的，当 $A(t)$ 为时不变非负行随机矩阵序列即 $A(t)=A$ 时，如果可以精确获得 π 的信息，我们可以修正算法(9.1.2-2) 为

$$x_i(t+1)=\sum_{j=1}^{N}A_{ij}(t)x_j(t)-\alpha(t)\frac{g_i(t)}{\pi^i}. \tag{9.1.2-13a}$$

但是求取 π 时需要求解涉及矩阵 A 的方程，当问题规模很大时，求解相关方程会很困难，因此 π 的信息难以获得。由引理 9.1.1-7 可知，下述迭代中的 $z_i(t)\in\mathbb{R}^N$ 能以线性误差收敛到 π：

$$z_i(t+1)=\sum_{j=1}^{N}A_{ij}z_j(t), \tag{9.1.2-14}$$

其中 $z_i(t)$ 表示节点 i 在时刻 t 对于 π 的估计，且 $z_i(0)=[0,0,\cdots,1,\cdots,0]^{\mathrm{T}}$(第 i 个元素为 1，其他元素为 0)。这也就意味着 $z_i^i(t)$ 以线性误差收敛到 π^i，因此可以修正算法(9.1.2-13a) 为

$$x_i(t+1)=\sum_{j=1}^{N}A_{ij}(t)x_j(t)-\alpha(t)\frac{g_i(t)}{z_i^i(t)}. \tag{9.1.2-13b}$$

2) 算法收敛性及收敛速率分析

算法(9.1.2-13b) 的收敛性和收敛速率分析也在假设 9.1.2-1、假设 9.1.2-3 及假设 9.1.2-13 下进行。由引理 9.1.1-7 及引理 9.1.1-11 可知，$z_i^i(t)$ 估计 π^i 的

误差是线性(可加)的,所以在算法(9.1.2-13b)中,用 $z_i^i(t)$ 来估计 π^i 不会影响算法的收敛性分析。算法整体的收敛性分析和算法(9.1.2-1)的收敛性分析大体一致,这里不再赘述。

9.1.2.7 固定非平衡图上渐近收敛的约束优化算法

本小节考虑的问题模型与问题(9.1.2-5)一致,类似于上一小节处理非平衡图的思路,仅需对算法(9.1.2-6)中的项 $v_i(t)$ 做如下改进即可使得算法(9.1.2-6)在 A 仅为非负行随机矩阵时依然有效:

$$v_i(t)=\sum_{j=1}^{N}A_{ij}(t)x_j(t)-\alpha(t)\frac{\partial f_i(x_i(t))}{z_i^i(t)},$$

其中 $z_i^i(t)$ 由式(9.1.2-14)所产生。相关算法的收敛过程与算法(9.1.2-6)大体一致,这里不再赘述。

9.1.2.8 时变非平衡图上渐近收敛的无约束优化算法

从上面处理非平衡图的方法可以看出,这些估计左特征向量的做法仅仅适合处理固定非平衡图的情况,亦即 $A(t)$ 为时不变的矩阵序列。如果 $A(t)$ 为时变矩阵序列,由于矩阵是实时变化的,相关的特征向量将没有办法估计,因此这些估计左特征向量的做法将不适用涉及时变非平衡图的情况。

当涉及时变非平衡图时,可以在算法中使用时变非负列随机矩阵序列 $A(t)$。正如上面所讨论的,当 $A(t)$ 为时变非负列随机矩阵序列时,需对相关算法进行改进以使相关状态变量达到一致。下面考虑无约束优化问题(9.1.2-1),并基于文献[36]对相关算法做详细描述。

在时变非平衡图上构建的分布式优化算法为

$$w_i(t+1)=\sum_{j=1}^{N}A_{ij}x_j(t), \tag{9.1.2-15a}$$

$$y_i(t+1)=\sum_{j=1}^{N}A_{ij}y_j(t), \tag{9.1.2-15b}$$

$$z_i(t+1)=\frac{w_i(t+1)}{y_i(t+1)}, \tag{9.1.2-15c}$$

$$x_i(t+1)=w_i(t+1)-\alpha(t)\partial f_i(z_i(t+1)), \tag{9.1.2-15d}$$

其中 $y_i(t)\in\mathbb{R}$ 且所有的 $y_i(0)=1$。特别地,此算法也称为 Push-Sum 算法。

正如上文所分析的,$x_i(t)$ 及 $w_i(t+1)$ 将收敛到

$$v^i(0)\bar{x}(t)=v^i(0)\frac{1}{N}\sum_{i=1}^{N}x_i(t).$$

此外，由引理 9.1.1-9 可知 $y_i(t)$ 将以线性收敛速率收敛到 $v^i(0)$，因此 $z_i(t)$ 可收敛到 $\bar{x}(t)$。由(9.1.2-15d) 可知，$\bar{x}(t)$ 的迭代公式为

$$\bar{x}(t+1)=\bar{x}(t)-\alpha(t)\frac{1}{N}\sum_{i=1}^{N}\partial f_i(z_i(t+1)), \tag{9.1.2-16}$$

该公式可近似看作无约束优化问题(9.1.2-1) 的梯度下降迭代，因此 $\bar{x}(t)$ 能收敛到问题(9.1.2-1) 的最优解，亦即 $z_i(t)$ 能收敛到问题(9.1.2-1) 的最优解。

详细的收敛分析过程可以在文献[36] 中找到，这里就不再详细介绍。

9.1.2.9 时变非平衡图上渐近收敛的约束(闭凸集) 优化算法

在考虑时变非平衡图的情况下，当前可以处理约束的分布式优化算法还比较少。下面我们介绍 Push-Sum 算法框架下处理带有闭凸集约束优化问题的分布式优化算法。考虑优化问题

$$\begin{aligned}&\min_x f(x)=\sum_{i=1}^{N}f_i(x),\\&\text{s. t. } x\in X_i,\ i=1,2,\cdots,N.\end{aligned} \tag{9.1.2-17}$$

基于上一小节的介绍可知，Push-Sum 算法的收敛性分析也需要借助一致性状态 $\bar{x}(t)$ 与最优解的误差分析来完成。此外，在第 9.1.2.5 小节中，我们讨论过此类算法难以与投影方法融合来处理带有闭凸集约束的优化问题。针对上述难题，文献[31] 引入了类梯度下降方法来处理闭凸集约束。具体的算法设计如下：

$$w_i(t+1)=\sum_{j=1}^{N}A_{ij}x_j(t), \tag{9.1.2-18a}$$

$$y_i(t+1)=\sum_{j=1}^{N}A_{ij}y_j(t), \tag{9.1.2-18b}$$

$$z_i(t+1)=\frac{w_i(t+1)}{y_i(t+1)}, \tag{9.1.2-18c}$$

$$x_i(t+1)=w_i(t+1)+\beta d_i(t+1)-\alpha(t)\partial f_i(z_i(t+1)), \tag{9.1.2-18d}$$

其中 $d_i(t+1)=P_{X_i}(z_i(t+1))-z_i(t+1)$。这里 $d_i(t+1)$ 可以看作是

$$\frac{1}{2}\|z_i(t+1)-P_{X_i}(z_i(t+1))\|^2$$

的负梯度方向，因此 $x_i(t)$ 到闭凸集 X_i 的距离会一直减小，直至收敛到闭凸集内。引入 $\beta d_i(x+1)$ 来处理闭凸集约束可使投影算子与信息交互项分开，从而使得一致性状态 $\bar{x}(t)$ 与最优解的误差易于分析，最终可以完成整个算法的收敛

分析。

9.1.2.10 固定非平衡图上线性收敛的无约束及约束(闭凸集)优化算法

在仅考虑固定非平衡图的情况下,亦即矩阵 A 仅为非负行随机矩阵。我们在第9.1.2.6小节讨论过迭代公式(9.1.2-14)中的 $z_i^i(t)$ 能以线性收敛速率收敛到非负行随机矩阵 A 特征值1的左特征向量 π^i,若把算法(9.1.2-8)和(9.1.2-10)中 $y_i(t)$ 的迭代更新为

$$y_i(t+1)=\sum_{j=1}^{N}A_{ij}y_j(t)+\frac{\partial f_i(x_i(t+1))}{z_i^i(t+1)}-\frac{\partial f_i(x_i(t))}{z_i^i(t)}, \tag{9.1.2-19}$$

即可使算法(9.1.2-8)和(9.1.2-10)在固定非平衡图上依然有效。

9.1.3 连续时间分布式凸优化算法

近年来,由于Lyapunov稳定性理论和多智能体系统的发展,分布式连续时间算法的收敛性分析逐渐成熟,设计分布式连续时间算法解决各种优化问题也已成为分布式优化研究中的一个重要方向。下面介绍几种连续时间分布式优化算法。

9.1.3.1 无向图上渐近收敛的无约束优化算法

本小节考虑如下无约束分布式优化模型:

$$\min_{x\in\mathbb{R}^n} f(x)=\sum_{i=1}^{N}f_i(x). \tag{9.1.3-1}$$

对优化模型(9.1.3-1)进行如下等价转化,以便于分布式算法的设计:

$$\begin{aligned}&\min_{x_i\in\mathbb{R}^n}\sum_{i=1}^{N}f_i(x_i),\\&\text{s.t. } x_i=x_j,\quad i,j=1,\cdots,N.\end{aligned} \tag{9.1.3-2}$$

令 $F(x)=\sum_{i=1}^{N}f_i(x_i)$,其中 $x=(x_1^{\mathrm{T}},\cdots,x_N^{\mathrm{T}})^{\mathrm{T}}$。此外,设 $\mathcal{G}$ 为连接 N 个节点(智能体)无向连通网络的拓扑结构图,L 为其拉普拉斯矩阵。利用矩阵 L,优化模型(9.1.3-2)可以等价地表述为如下优化问题:

$$\begin{aligned}&\min_{x\in\mathbb{R}^{nN}} F(x)=\sum_{i=1}^{N}f_i(x_i),\\&\text{s.t. } (L\otimes I_n)x=\mathbf{0}_{nN},\end{aligned} \tag{9.1.3-3}$$

其中,$\otimes$ 为张量积符号,I_n 为 n 阶单位矩阵,$\mathbf{0}_{nN}$ 为 nN 维零向量。

Wang 等人[42] 结合控制理论，提出了如下连续时间分布式优化算法：

$$\dot{x}_i(t)=\sum_{j=1}^{N}a_{ij}(x_j(t)-x_i(t))+\sum_{j=1}^{N}a_{ij}(v_j(t)-v_i(t))-\partial f_i(x_i(t)), \tag{9.1.3-4a}$$

$$\dot{v}_i(t)=\sum_{j=1}^{N}a_{ij}(x_i(t)-x_j(t)), \tag{9.1.3-4b}$$

其中，$a_{ij}>0$ 是边(j,i) 的权重，否则 $a_{ij}=0$。

该算法由反馈控制机制驱动。更具体地说，式(9.1.3-4) 中 $-\partial f_i(x_i(t))$ 项保证了每一个智能体沿着其局部负梯度方向下降，同时 $\sum_{j=1}^{N}a_{ij}(x_j(t)-x_i(t))$ 项保证了智能体之间的一致性。但若只包含这两项，由于局部梯度一般不相同，智能体的状态不会收敛。因此，为了修正误差，增加了反馈项 $\sum_{j=1}^{N}a_{ij}(v_j(t)-v_i(t))$。

令 $v=(v_1^{\mathrm{T}},\cdots,v_N^{\mathrm{T}})^{\mathrm{T}}$，算法可以写成如下的紧格式：

$$\dot{x}(t)=-(L\otimes I_n)x(t)-(L\otimes I_n)v(t)-\partial F(x(t)), \tag{9.1.3-5a}$$

$$\dot{v}(t)=(L\otimes I_n)x(t). \tag{9.1.3-5b}$$

上述紧格式也可以被解释为原始对偶算法：优化问题(9.1.3-3) 的增广拉格朗日函数为

$$\mathcal{L}(x,v)=F(x)+v^{\mathrm{T}}(L\otimes I_n)x+\frac{1}{2}x^{\mathrm{T}}(L\otimes I_n)x, \tag{9.1.3-6}$$

算法的紧格式即为式(9.1.3-6) 的鞍点流[47]。

对于无向连通图，算法(9.1.3-4) 渐近地解决了无向连通网络协同优化控制问题[42]，即 $\lim_{t\to\infty}x(t)=\mathbf{1}_N\otimes x^*$。进一步，得到

$$(L\otimes I_n)(\mathbf{1}_N\otimes x^*)=\mathbf{0}_{nN}\quad 和\quad (L\otimes I_n)v^*=\partial F(\mathbf{1}_N\otimes x^*),$$

其中 $v^*=\lim_{t\to\infty}v(t)$。基于以上条件可得 $\partial f(x^*)=\mathbf{0}_n$，即算法(9.1.3-6) 收敛到优化模型(9.1.3-1) 的最优解。

9.1.3.2 无向图上渐近收敛的约束(闭凸集、等式和不等式) 优化算法

由于工程规定或者环境限制等实际情况，优化模型受到各种约束制约，如界限约束、不等式约束和等式约束等。早期的分布式优化研究只考虑局部闭凸集约束，即每个节点都受一个局部约束集的约束：

$$\begin{aligned}&\min_{x\in\mathbb{R}^n} f(x)=\sum_{i=1}^{N} f_i(x),\\&\text{s.t. } x\in\bigcap\nolimits_{i=1}^{N}\Omega_i.\end{aligned}\tag{9.1.3-7}$$

为了分布式求解该问题，Qiu 等人[47] 提出了一种包含局部平均、局部投影和增益递减的局部次梯度三个项的网络协同协议，即

$$\begin{aligned}\dot{x}_i(t)\in&\sum_{j=1}^{N}a_{ij}(t)(x_j(t)-x_i(t))-\alpha(t+\tau_i)\partial f_i(x_i(t))\\&+P_{\bigcap_{i=1}^{N}\Omega_i}(x_i(t))-x_i(t),\end{aligned}$$

其中，∂f_i 为次导数，$\alpha(t)$ 为递减连续增益且满足 $\lim_{t\to+\infty}\alpha(t)=0$，$P_\Omega$ 为闭凸集 Ω 上的投影函数，τ_i 表示智能体的异步变化。当无向图一致连通时，该算法收敛于优化模型(9.1.3-7)的最优解[47]。随后，Liu 和 Wang 在文献[45]中提出如下连续时间分布式优化算法：

$$\begin{aligned}\dot{x}_i(t)\in\ &2\Big(-x_i(t)+P_{\Omega_i}\Big(x_i(t)-\partial f_i(x_i(t))\\&-\sum_{j=1}^{N}a_{ij}(t)(x_i(t)+v_i(t)-x_j(t)-v_j(t))\Big)\Big),\\&\dot{v}_i(t)=x_i(t).\end{aligned}$$

需要注意的是，上述算法中的辅助变量 $v_i(t)$ 可能是渐近无界的，这使得该算法在实际中难以实现。后来，Zeng 等人[77] 消除了这个问题，他们提出的网络协同算法在求最优解时可以保持有界状态。该算法如下：

$$\begin{aligned}\dot{x}_i(t)\in\ &P_{T_{\Omega_i}(x_i(t))}\Big(-\partial f_i(x_i(t))-\alpha\sum_{j=1}^{N}a_{ij}(x_i(t)-x_j(t))\\&-\alpha\sum_{j=1}^{N}a_{ij}(v_i(t)-v_j(t))\Big),\\&\dot{v}_i(t)=\alpha\sum_{j=1}^{N}a_{ij}(x_i(t)-x_j(t)),\end{aligned}$$

其中，$T_\Omega(x)$ 是集合 Ω 在 x 点的切锥，α 为增益。

除了局部约束外，还存在局部等式约束和不等式约束的分布式凸优化模型：

$$\begin{aligned}&\min_{x\in\mathbb{R}^n} f(x)=\sum_{i=1}^{N} f_i(x),\\&\text{s.t. }\begin{cases}x\in\bigcap\nolimits_{i=1}^{N}\Omega_i,\\A_i x=b_i,\\g_i(x)\leqslant\mathbf{0}_{p_i},\end{cases}\end{aligned}\tag{9.1.3-8}$$

其中，$A_i \in \mathbb{R}^{m_i \times n}$，$b_i \in \mathbb{R}^{m_i}$，$g_i: \mathbb{R}^n \to \mathbb{R}^{p_i}$，$i=1,2,\cdots,N$。

针对这种情况，Yang 等人[2] 提出了基于比例积分控制策略和次梯度方法的网络协同算法：

$$\begin{cases}\dot{x}_i(t) \in -x_i(t)+y_i(t)-\partial f_i(y_i(t))-(\partial g_i(y_i(t)))^{\mathrm{T}}\tilde{\mu}_i-A_i^{\mathrm{T}}\tilde{v}_i+u_i, \\ \dot{\mu}_i(t)=-\mu_i(t)+(\mu_i(t)+g_i(y_i(t)))^+, \\ \dot{v}_i(t)=A_i y_i(t)-b_i, \\ \tilde{\mu}_i=(\mu_i(t)+g_i(y_i(t)))^+, \\ \tilde{v}_i=v_i+A_i y_i(t)-b_i, \\ u_i=\kappa_P \sum_{j=1}^{N} a_{ij}(y_j(t)-y_i(t))+\kappa_I \int_0^t \sum_{j=1}^{N} a_{ij}(y_j(t)-y_i(t))\mathrm{d}s, \\ y_i(t)=P_{\Omega_i}(x_i(t)),\end{cases}$$

其中 κ_P 和 κ_I 为增益。

此外，Zhu 等人[52] 也提出了基于次梯度方法求解(9.1.3-8)的连续时间算法：

$$\begin{cases}\dot{x}_i(t) \in 2\Big(-x_i(t)+P_{\Omega_i}\Big(x_i(t)-\partial f_i(x_i(t))-\sum_{j=1}^{N} a_{ij}(x_i(t)-x_j(t)) \\ \qquad -\sum_{j=1}^{N} a_{ij}(\lambda_i(t)-\lambda_j(t))+A_i^{\mathrm{T}}\mu_i(t)-A_i^{\mathrm{T}}(A_i x_i(t)-b_i) \\ \qquad -(\partial g_i(x_i(t)))^{\mathrm{T}}(\gamma_i(t)+g_i(x_i(t)))^+\Big)\Big), \\ \dot{\lambda}_i(t)=x_i(t), \\ \dot{\mu}_i(t)=-A_i x_i(t)+b_i, \\ \dot{\gamma}_i(t)=-\gamma_i(t)+(\gamma_i(t)+g_i(x_i(t)))^+.\end{cases}$$

以上两种方法都可以利用非光滑分析和 Lyapunov 稳定性理论，实现了无向连通图上渐近收敛性结果。

9.1.3.3 无向图上有限时间收敛的无约束优化算法

前两小节中介绍的网络协同优化控制算法都渐近收敛到优化模型的最优解，而在一些对收敛时间有要求的应用中，需要网络协同优化控制算法在有限的时间内解决问题。有限时间收敛的优势是总的计算和通信开销可大大减少。

目前，已经有多种有限时间协同优化算法被设计出来求解优化模型(9.1.3-1)。这些算法都基于不连续有限时间一致性协议，并利用有限时间 Lyapunov 理论[78] 来证明算法的收敛性。Lin 等人[68] 提出一种网络协同有限时间算法来求解优化模型(9.1.3-7)（令 $\Omega_i=\mathbb{R}^n$，则为无约束情况(9.1.3-1)），该算法基于网络协同跟

踪算法与网络协同约束优化问题的动态平均估计,其表达式如下:

$$\dot{x}_i(t)=\sum_{j=1}^{N}q_{ij}(t)\operatorname{sign}(x_j(t)-x_i(t))-\frac{\theta_i(t)}{\|\theta_i(t)\|}-gc_i(t),$$

(9.1.3-9)

其中 sign 为符号函数,且

$$\dot{\psi}_i(t)=\sum_{j=1}^{N}p_{ij}(t)\operatorname{sign}(\theta_j(t)-\theta_i(t)),\theta_i(t)=\psi_i(t)+\partial f_i(x_i(t)),\psi_i(0)=0,$$

$$\dot{p}_{ij}(t)=\begin{cases}\operatorname{sign}\left(\max\limits_{s\in[t-c_0,t]}\|\theta_j(s)-\theta_i(s)\|\right), & a_{ij}>0,\\ 0, & \text{其他}\end{cases}\quad(p_{ij}(0)=p_{ji}(0)=0),$$

$$\dot{q}_{ij}(t)=\begin{cases}\operatorname{sign}\left(\max\limits_{s\in[t-c_0,t]}\|x_j(s)-x_i(s)\|\right), & a_{ij}>0,\\ 0, & \text{其他}\end{cases}\quad(q_{ij}(0)=q_{ji}(0)=0),$$

$$gc_i(t)=\begin{cases}0, & \theta_j(t)=\theta_i(t),\ x_j(t)=x_i(t),\ \forall j\in\mathcal{N}_i(t),\\ x_i(t)-P_{\Omega_i}(x_i(t)), & \text{其他}\end{cases}$$

对于二次局部目标函数,Pilloni 等人[65] 在网络协同比例积分算法的基础上提出一种基于不连续符号函数的有限时间算法来解决优化模型(9.1.3-1)。该算法如下:

$$\begin{cases}\dot{x}_i(t)=-\alpha\partial f_i(x_i(t))-\alpha v_i(t)-\beta\sum\limits_{j\in\mathcal{N}_i}\operatorname{sign}(x_j(t)-x_i(t)),\\ \dot{v}_i(t)=\beta\sum\limits_{j\in\mathcal{N}_i}\operatorname{sign}(x_j(t)-x_i(t)),\ v_i(0)=\mathbf{0}_n.\end{cases}$$

(9.1.3-10)

受有限时间一致性协议[79] 的启发,Feng 和 Hu[80] 提出一种网络协同有限时间优化算法,能在通信和计算不确定性的情况下求解优化模型(9.1.3-1)。其由以下多智能体系统表示:

$$\begin{cases}\dot{x}_i(t)=u_i^o(t)+u_i^r(t),\\ u_i^o(t)=-\operatorname{sign}^{\alpha}\left(\partial f_i(x_i(t))+\gamma\sum\limits_{j=1}^{N}a_{ij}(x_i(t)-x_j(t))\right),\\ u_i^r(t)=-k_{1i}\operatorname{sign}^{1/2}(s_i)+\varphi_i(t),\\ \dot{\varphi}_i(t)=-k_{2i}\operatorname{sign}(s_i(t)),\\ s_i(t)=x_i(t)-x_i(0)-\int_0^t u_i^o(\tau)\mathrm{d}\tau,\end{cases}$$

(9.1.3-11)

其中 $\text{sign}^{\alpha}(x)=\text{sign}(x)\|x\|^{\alpha}$。

结合Wang等人提出的有限时间一致性协议[81]和网络协同算法，Song等人[82]设计了如下网络协同有限时间算法来求解优化模型(9.1.3－1)：

$$\begin{cases}\dot{x}_i(t)=-\gamma[\partial^2 f_i(x_i(t))]^{-1}\sum\limits_{j\in\mathcal{N}_i}a_{ij}\,\text{sign}^{\alpha}(x_j(t)-x_i(t)),\\ x_i(0)=x_i^*,\quad \forall i=1,\cdots,N,\end{cases}\tag{9.1.3－12}$$

其中，x_i^* 为$\min\limits_{x_i} f_i(x_i)$ 的最优解，$\alpha\in(0,1)$ 和 $\gamma>0$ 为需调节参数。

9.1.3.4　有向平衡图上渐近收敛的无约束优化算法

实践中，由于通信功率的不一致，信息交换可能是单向的。本小节重点讨论通信网络是有向的情况。Gharesifard等人在文献[56]中将算法(9.1.3-4)拓展到使用有向图建模的通信网络上，其算法如下：

$$\begin{cases}\dot{x}_i(t)=\alpha\sum\limits_{j=1}^{N}a_{ij}(x_j(t)-x_i(t))+\sum\limits_{j=1}^{N}a_{ij}(v_j(t)-v_i(t))-\partial f_i(x_i(t)),\\ \dot{v}_i(t)=\sum\limits_{j=1}^{N}a_{ij}(x_i(t)-x_j(t)),\end{cases}\tag{9.1.3－13}$$

其中，$\alpha>0$ 为设计参数。假设通信拓扑是强连通平衡(即每个节点的加权入度等于加权出度)有向图，局部目标函数是凸且光滑的，在适当选择增益参数 α 的情况下，以上算法渐近收敛到全局最优解。

算法(9.1.3－13)需要同时通信变量 x 和 v，为了减少整体的通信开销，Kia等人[44]提出如下算法：

$$\begin{cases}\dot{x}_i(t)=\alpha\sum\limits_{j=1}^{N}a_{ij}(x_j(t)-x_i(t))-v_i(t)-\alpha\partial f_i(x_i(t)),\\ \dot{v}_i(t)=\alpha\beta\sum\limits_{j=1}^{N}a_{ij}(x_i(t)-x_j(t)),\quad \sum\limits_{j=1}^{N}v_j(0)=\mathbf{0}_n,\end{cases}\tag{9.1.3－14}$$

其中，$\alpha,\beta>0$ 为增益参数。

与算法(9.1.3-13)相比，算法(9.1.3－14)只需要对变量 x 进行通信，而不需要对变量 v 进行通信。另一方面，为了消除变量 v 之间的通信，它需要对 $v(0)$ 进行特殊的初始化。在强连通平衡有向图、局部目标函数强凸且光滑的假设下，选取合适的增益参数，算法(9.1.3-14)可以收敛到全局最优解。

9.1.3.5　有向非平衡图上渐近收敛的无约束优化算法

上一小节有向图的工作都是基于平衡图的假设。为了解决非平衡有向图的网络协同优化控制问题，通常采用推和共识协议和剩余共识协议等共识策略作为网络协同优化控制算法的设计方法。

Touri 和 Gharesifard[60][83] 采用连续形式的推和协议，针对有向切换拓扑设计了连续时间网络协同优化控制算法，并证明了当具有类P^*指数遍历流且局部目标函数梯度有界时，该算法可以渐近收敛到全局最优解。其表达式如下：

$$\begin{cases}\dot{x}_i(t)=\alpha\sum_{j=1}^{N}a_{ij}(x_j(t)-x_i(t))+\sum_{j=1}^{N}a_{ij}(z_j(t)-z_i(t)) \\ \qquad -\beta(t)\partial f_i(y_i(t)), \\ \dot{z}_i(t)=\sum_{j=1}^{N}a_{ij}(x_i(t)-x_j(t)), \\ \dot{w}_i(t)=\sum_{j=1}^{N}a_{ij}(w_j(t)-w_i(t)), \\ y_i(t)=\dfrac{x_i(t)}{w_i(t)}.\end{cases}$$

在上述算法中，每个智能体需要知道它的外邻居分配给它的权重，而这在一般的有向非平衡网络中是不可行的。具体来说，智能体i向外连接到另一个智能体j，但是j到i没有连接，在这种情况下，智能体i是不知道智能体j分配给它的权重的。为了解决这一问题，Li 等人[84] 在拉普拉斯矩阵左特征向量已知的条件下，给出如下针对非平衡有向图一种新的连续时间网络协同优化控制算法：

$$\begin{cases}\dot{v}_i(t)=\gamma_1(\alpha_i(t)+\beta_i(t))\sum_{j=1}^{N}a_{ij}(x_i(t)-x_j(t)), \\ \dot{x}_i(t)=-\dfrac{\gamma_2}{r_i}\partial f_i(x_i(t))-\gamma_1(\alpha_i(t)+\beta_i(t))\sum_{j=1}^{N}a_{ij}(x_i(t)-x_j(t)) \\ \qquad -\sum_{j=1}^{N}a_{ij}(v_i(t)-v_j(t)), \\ \dot{\alpha}_i(t)=\beta_i(t),\quad \alpha_i(0)>0, \\ \beta_i(t)=\left(\sum_{j=1}^{N}a_{ij}(x_i(t)-x_j(t))\right)^{\mathrm{T}}\left(\sum_{j=1}^{N}a_{ij}(x_i(t)-x_j(t))\right),\end{cases}$$

其中，γ_1和γ_2是控制增益，$\alpha_i(t)$和$\beta_i(t)$是动态耦合增益，$r=(r_1,\cdots,r_N)^{\mathrm{T}}$是通信

拓扑图的拉普拉斯矩阵在零特征值的左特征向量。

9.2 分布式非凸优化

上一节我们详细讨论了几类分布式凸优化方法，可以发现优化模型的凸性在其收敛性和收敛速度的分析中起到关键作用。然而，当优化模型存在非凸性时，现有分布式凸优化方法的稳定性和优化能力可能难以保证，因此，需要建立面向非凸优化的分布式优化方法。本节将围绕分布式非凸优化展开，介绍非凸优化和分布式非凸优化的基本知识和相关方法。

9.2.1 预备知识

下面我们介绍一下非凸优化的基本概念以及分布式非凸优化的研究现状。

9.2.1.1 非凸优化简介

当优化问题中存在非凸性时，该问题称为非凸优化问题。许多重要领域中的关键问题和重要环节可以建模为非凸优化问题，例如模型预测控制问题[85]、非负矩阵分解问题[86]、稀疏学习中哈希位选择问题[87]、多车任务分配问题[88]、能源系统中的资源分配问题[89,90]等。大多数非凸优化问题存在多个最优解(称为局部最优解)，在局部最优解集合中使得优化目标最优的解称为全局最优解。针对非凸优化问题求解所应用的方法称为非凸优化方法。此外，当所建立的方法具备全局最优解搜索能力时，该方法称为全局优化方法。

非凸优化一直是最优化理论研究和优化算法设计的难点，同时面临着来自可行集的非凸性和目标函数的非凸性的挑战。由于非凸最优化问题存在多个局部最优解，因此难以在多项式的时间复杂度内找到全局解决方案。很多连续变量非凸优化模型的全局优化问题是 NP 问题，下面我们通过一个例子来说明。

考虑如下优化问题：

$$\min_{x\in\mathbb{R}^n}\left\{f(x):=\sum_{i=1}^{n}x_i^4-\frac{1}{n}\Big(\sum_{i=1}^{n}x_i^2\Big)^2+\Big(\sum_{i=1}^{n}a_ix_i\Big)^4+(1-x_1)^4\right\},\tag{9.2.1-1}$$

其中，x_i 是向量 x 的第 i 个元素。定义 $n\times n$ 维单位矩阵 I 和 n 维元素全为 1 的矢量 $\mathbf{1}$，并令 $A=I-\frac{1}{n}\mathbf{1}\mathbf{1}^{\mathrm{T}}$。此外，定义由元素$[x]_i^2=x_i^2$组成的向量$[x]^2$。基于以上定义，优化目标函数可以写成以下形式：

$$f(x)=\langle A[x]^2,[x]^2\rangle+\left(\sum_{i=1}^{n}a_i x_i\right)^4+(1-x_1)^4. \tag{9.2.1-2}$$

由于 A 是半正定的，所以 $f(x)\geqslant 0$。同时还能注意到 0 是 A 的特征值之一，其对应的特征向量为 **1**。因此，不难得出 $f(x)=0$ 当且仅当 x 满足

$$a_1+\sum_{i=2}^{n}a_i x_i=0. \tag{9.2.1-3}$$

验证该方程是否存在解的问题是子集求和问题的一种形式，已知该问题是完全 NP 的。由于当且仅当优化原问题的全局最小值恰好为零时该问题才有解，这表明，即使对于非凸目标函数，确定其全局最小值也是 NP 的。

9.2.1.2　研究现状

现有大多数的关于分布式优化的研究都是在凸性条件成立的情况下展开的。在优化问题有解和约束满足质量条件的前提下，目标函数和约束的凸性保证了优化问题的局部最优解都是全局最优解，且是保证优化方法收敛性的条件之一。当优化问题的凸性条件不成立时，现有的分布式凸优化方法难以有效地解决该问题。下面我们通过一个例子来说明。

考虑如下非凸优化问题[91]：

$$\begin{aligned}&\min_x f_1(x)+f_2(x)+f_3(x),\\&\text{s. t.}\begin{cases}2x_1+9x_2\leqslant 48,\\5x_1+3x_2\leqslant 35,\end{cases}\end{aligned} \tag{9.2.1-4}$$

其中 $x=(x_1,x_2)^{\mathrm{T}}$，且 x_1 和 x_2 在[2,6]中取值；又

$$f_1(x)=0.2x_1^2-x_1+\frac{1}{60}x_2^3,\quad f_2(x)=0.15x_1^2+x_1-3x_2,$$

$$f_3(x)=0.05x_1^2-0.2x_1+x_2.$$

该问题有一个全局最优解 $(4.3846,4.3590)^{\mathrm{T}}$。

使用如下分布式凸优化方法（神经动力学系统）解决非凸优化问题(9.2.1-4)：

$$\begin{cases}\varepsilon\dfrac{\mathrm{d}x}{\mathrm{d}t}=-x+P_\Omega(x-(\partial f(x)+[\partial g(x)]^{\mathrm{T}}\lambda+[\partial h(x)]^{\mathrm{T}}\mu+(L\otimes I_n)\omega)),\\\varepsilon\dfrac{\mathrm{d}\lambda}{\mathrm{d}t}=-\lambda+(\lambda+g(x))^+,\\\varepsilon\dfrac{\mathrm{d}\mu}{\mathrm{d}t}=h(x),\\\varepsilon\dfrac{\mathrm{d}\omega}{\mathrm{d}t}=(L\otimes I_n)x,\end{cases} \tag{9.2.1-5}$$

其中，ε 为时间调节常数，λ，μ，ω 为拉格朗日乘子，L 为通信网络拓扑结构图的拉普拉斯矩阵。

运行神经动力系统(9.2.1-5)得到图 9.2.1-1。观察图 9.2.1-1(a)可以发现，当凸性条件不满足的情况下，神经动力学系统(9.2.1-5)在全局最优解附近震荡，稳定性难以保证；观察图 9.2.1-1(b)可以发现，从某些初值出发，所设计的神经动力学系统(9.2.1-5)可能只能收敛到一个局部最优解并且难以跳出。

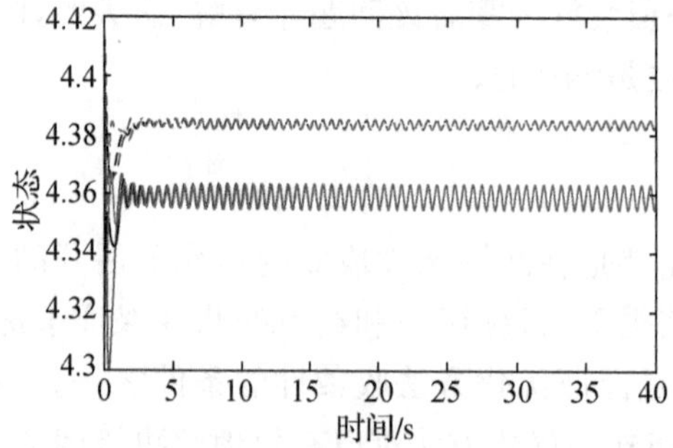

(a) 凸性条件不满足

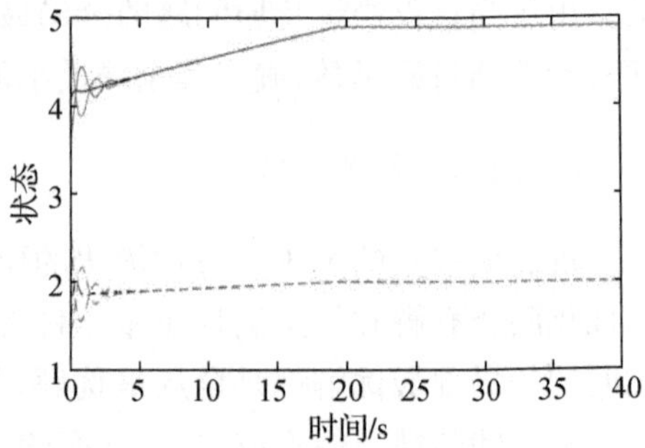

(b) 给定初值

图 9.2.1-1　神经动力学系统(9.2.1-5)瞬时状态

需要指出的是，现有分布式非凸优化的研究基本在特殊的非凸条件下进行的，例如 Polyak-Lojasiewicz 条件[92]、全局目标函数的凸性[93]、全局鞍点的存在性[94]、目标函数的非负性[95]。此外，有些非凸优化方法只能获得局部最优[96]。在 Polyak-Lojasiewicz 条件下，全局最优解和局部最优解等价，并且 Polyak-Lojasiewicz 不等式在算法收敛性证明中起到和凸性不等式类似的作用，但许多非凸问题不一定满足 Polyak-Lojasiewicz 条件。一般非凸条件下，分布式优化问题在局部最优解的收敛性和全局最优解求解还没有得到很好的研究。作为分布式优化的重要应用，最优资源分配问题在非凸存在的情况下同样没有得到分布式的解决。因此，分布式非凸优化是一个值得深入研究的问题。

9.2.2　非凸优化方法

9.2.2.1　增广拉格朗日方法

传统的拉格朗日方法是通过寻找所设计的拉格朗日函数的鞍点来求解最优化问题，但在带约束的非凸优化方法中，传统的拉格朗日函数的对偶间隙不为 0，所以(局部)鞍点往往不存在。因此，需要设计新的拉格朗日函数来构建优化方法，该拉格朗日函数的鞍点不仅是 KKT 点，而且对偶间隙为 0。

考虑如下优化问题：

$$\min_x f(x),\qquad (9.2.2-1)$$
$$\text{s.t. } g(x)\leqslant 0,\ h(x)=0,\ l\leqslant x\leqslant u,$$

其中，l 与 u 为决策变量给定的上下界。问题(9.2.2-1)的拉格朗日函数为

$$L(x,\lambda,v)=f(x)+\lambda^{\mathrm{T}}g(x)+v^{\mathrm{T}}h(x),\qquad (9.2.2-2)$$

其中，λ 和 μ 为拉格朗日乘子。在凸性不满足的情况下，传统的拉格朗日函数的对偶间隙可能不为 0。

可以基于传统拉格朗日函数(9.2.2-2)设计如下的增广拉格朗日函数：

$$\Psi(x,\lambda,v)=L(x,\lambda,v)+\frac{\alpha}{2}\sum_{j-1}^{m}(\lambda_j g_j(x))^2+\frac{\beta}{2}\sum_{i=1}^{q}(v_i h_i(x))^2.\qquad (9.2.2-3)$$

在满足最优二阶充分性条件且当增益 α 与 β 足够大时，上述增广拉格朗日函数的对偶间隙为 0，并根据拉格朗日函数和增广拉格朗日函数建立了优化算法。下面的图 9.2.2-1 显示了基于拉格朗日函数和增广拉格朗日函数的优化方法的效果。可以发现，基于传统拉格朗日函数的方法不能收敛，而基于增广拉格朗日函数的方法可以收敛。

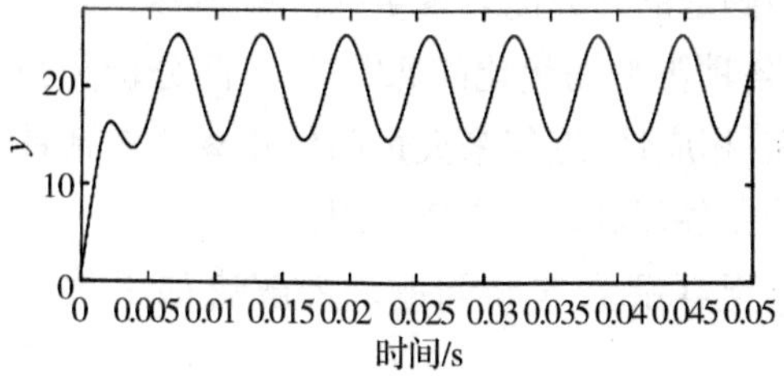

(a) 传统拉格朗日函数

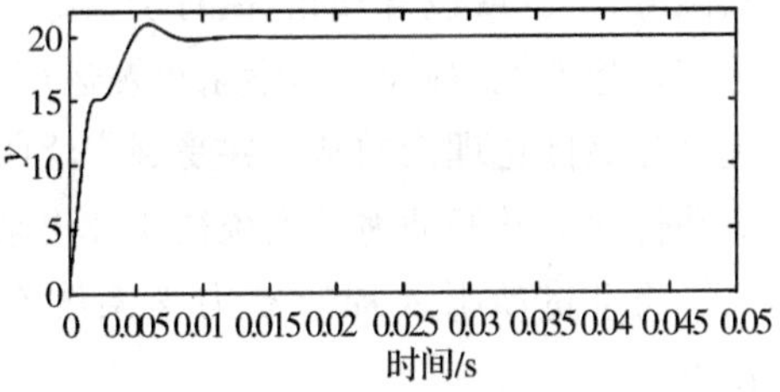

(b) 增广拉格朗日函数

图 9.2.2-1　基于拉格朗日函数和增广拉格朗日函数优化方法的效果

9.2.2.2　基于动量法的神经动力学方法

当问题变复杂时，传统的梯度下降法就会面临很多局限。传统的梯度下降法公式为

$$x(k+1)=x(k)-\alpha\partial_x f(x(k)),\qquad (9.2.2-4)$$

其中 α 表示学习率，含义是每一时间步上梯度调整的步长。当接近最优值时，由于梯度减小而学习率固定，传统的梯度下降法的收敛速度会变慢，有时甚至陷入局部最优。此时如果考虑历史梯度，将会引导参数朝着最优值更快收敛。这就是动量法的基本思想，其迭代规则如下：

$$\begin{cases} m_x(k+1)=\gamma m_x(k)-\alpha\partial_x f(x(k)), \\ x(k+1)=x(k)+m_x(k). \end{cases} \tag{9.2.2-5}$$

上式结合物理学上的动量思想，在梯度下降问题中引入动量项 m_x 和折扣因子γ。这里 γ 表示历史梯度的影响力，其取值范围为(0,1)。γ 越大，历史梯度对现在的影响也越大。直观上来说，如果当前时刻的梯度与历史梯度方向趋近，这种趋势会在当前时刻加强，否则当前时刻的梯度方向减弱。从另一个角度分析，当迭代次数足够大时，用 $m_x(\infty)$表示最终动量，可以得出

$$m_x(\infty)=\partial_x f(x(\infty))/(1-\gamma).$$

该式的含义是如果梯度保持不变，动量法最终的更新速度会是传统梯度下降法的梯度项乘以 $1/(1-\gamma)$，因为 γ 的取值范围为(0,1)，动量法的梯度项会大于梯度下降法。例如，当取 $\gamma=0.9$ 时，动量算法最终更新速度是传统梯度下降法的 10 倍，意味着在穿越“平原”和“平缓山谷”从而摆脱局部最小值时，动量法更有优势。

神经动力学系统是通过电路实现的一种人工神经网络，可以建模为带有激活函数的微分方程(或微分包含)。神经动力学优化方法指的是基于优化问题设计神经动力学系统并利用其演化求解优化问题的方法。神经动力学优化方法具备一些理想特性，如更好的收敛性和大规模并行计算能力。此外，相比于其他迭代算法，其微分方程(或包含)的建模对步长等不易确定的参数能表现更强的鲁棒性。因为这些理想特性，神经动力学系统被运用于各种类型的优化问题[97-101]。凸分析和凸优化是最优化理论的基础并受到广泛研究，相应地，近年来大量凸优化算法包括针对凸优化的神经动力学系统被研究出来并在各领域得到广泛应用。

将动量项引入神经动力学系统有助于其解决非凸问题。为解决如下优化模型：

$$\begin{aligned} &\min_x f(x), \\ &\text{s.t. } g(x)\leqslant \mathbf{0}_q,\ h(x)=\mathbf{0}_d, \end{aligned} \tag{9.2.2-6}$$

提出如下基于动量法的神经动力学系统：

$$\begin{cases} \varepsilon_1\dfrac{\mathrm{d}m_x}{\mathrm{d}t}=-\eta m_x-\partial_x f(x)-[\partial_x g(x)]^{\mathrm{T}}\lambda-[\partial_x h(x)]^{\mathrm{T}}\mu, \\ \varepsilon_2\dfrac{\mathrm{d}x}{\mathrm{d}t}=m_x, \\ \varepsilon_1\dfrac{\mathrm{d}\lambda}{\mathrm{d}t}=-\lambda+(\lambda+[\partial_x g(x)]^{\mathrm{T}}m_x+g(x))^+, \\ \varepsilon_1\dfrac{\mathrm{d}\mu}{\mathrm{d}t}=[\partial_x h(x)]^{\mathrm{T}}m_x+h(x), \end{cases} \tag{9.2.2-7}$$

其中，ε_1 和 ε_2 为时间调节常数，$\eta \in (0,1)$为折扣因子。

求解如下非凸优化问题：

$$\min_{x} -\frac{1}{10}x_1^2+\frac{1}{60}x_2^3-\frac{1}{5}x_1-4x_2,$$
$$\text{s. t.}\begin{cases}2x_1+9x_2\leqslant 48,\\5x_1+3x_2\leqslant 35,\\2\leqslant x_i\leqslant 6,\ i=1,2.\end{cases} \tag{9.2.2-8}$$

图 9.2.2-2 可以表明，基于凸条件的神经动力学系统不能收敛，而基于动量法的神经动力学系统可以收敛。

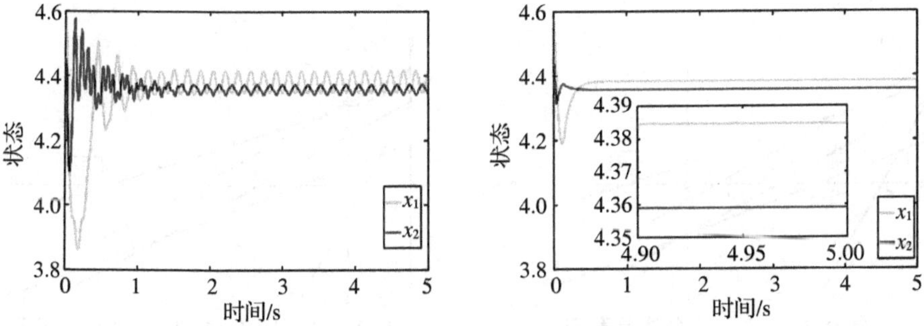

(a) 基于凸条件　　(b) 基于动量法

图 9.2.2-2　基于凸条件和动量法的神经动力学系统比较

9.2.2.3　二分法和 Dinkelbach 算法

在处理通信中能耗优化问题时，往往可以将模型建立为 0-1 分数规划问题。该问题可以具体描述如下：假设共有 N 个物体，要在这 N 个物体中选取 K 个物体，使得选出来的 K 个物体的总利益除以总代价达到最大值。将第 i 个物体的利益用 $\nu(i)$表示，代价用 $c(i)$表示，物体 i 是否被选取用 $x(i)$表示，其中 $x(i)\in\{0,1\}$，则上述问题可以表示为

$$r=\frac{\sum \nu(i)x(i)}{\sum c(i)x(i)}\quad (i=1,2,\cdots,N), \tag{9.2.2-9}$$

进一步对上式进行处理，得到

$$0=\sum \nu(i)x(i)-r\sum c(i)x(i). \tag{9.2.2-10}$$

构造函数

$$F(r)=\sum \nu(i)x(i)-r\sum c(i)x(i), \tag{9.2.2-11}$$

由式(9.2.2-11)可知,每组 $x(i)$ 都分别唯一地对应一条直线,并且这些直线的截距均大于等于0,斜率均小于等于0。因此,最优的 r 即为直线簇中的最大横截距。

为解决上述问题,二分法是一个非常通用的方法。如图9.2.2-3所示,取左界为0,右界足够大,找到中间值(左+右)/2,若此时 $\max_x F(r) > 0$,那么继续将左界移向(左+右)/2,循环二分直到找到 R 为止。

与二分法中仅仅判断 $\max_x F(r)$ 与0的关系不同,Dinkelbach 算法是充分利用 $\max_x F(r)$。如图9.2.2-4所示,首先找到 $\max_x F(r)$ 所在的那条直线,然后根据更优解不断更新 r,直至达到最优解。一般情况下,Dinkelbach 算法能够更快速地收敛。

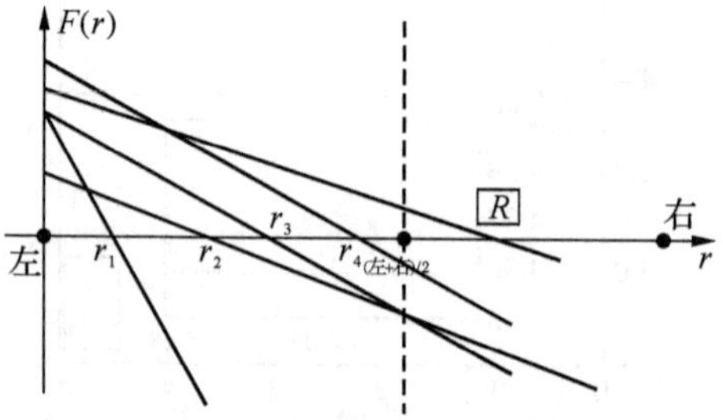

图9.2.2-3　二分法示意图

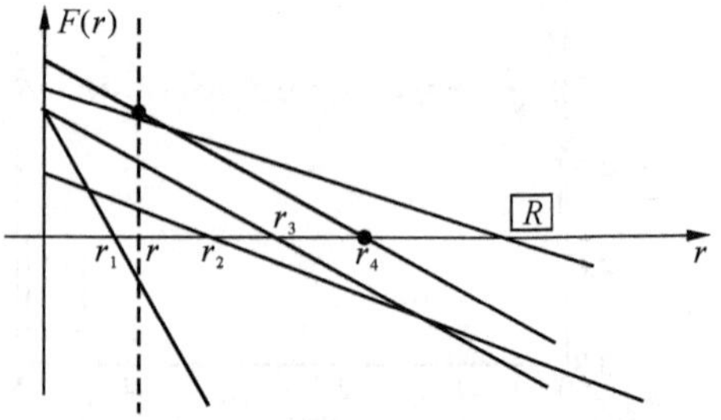

图9.2.2-4　Dinkelbach 算法示意图

文献[102]针对上行设备到设备通信(Device-to-Device,D2D)网络,旨在最大化网络中D2D用户能量效率的同时考虑蜂窝用户的服务质量。文中假设有 N 对D2D用户与单蜂窝用户共享频谱,能效最大化问题建模为

$$\max_{P} \frac{\sum_{n=1}^{N} \log_2\left(1+\dfrac{p_n g_{n,n}}{\sum_{m\neq n}^{N} p_m g_{m,n} + P_0 g_n + \sigma^2}\right)}{\sum_{n=1}^{N}(2p_c + p_n)}, \tag{9.2.2-12}$$

$$\text{s. t.} \begin{cases} \text{SINR}_0 \geqslant r_{\min}, \\ 0 \leqslant p_n \leqslant p_{\max},\ \forall n \in \mathcal{N} = \{1,\cdots,N\}, \end{cases}$$

其中,$P=[p_1,\cdots,p_N]$,p_n 表示第 n 对D2D的发射功率,$g_{n,n}$ 表示第 n 对D2D发射器到接收器之间的信道增益,$g_{m,n}$ 表示第 m 个D2D发射器到第 n 个D2D接收器的干扰信道增益,P_0 表示蜂窝用户的发射功率,SINR_0 表示基站处的信干噪比,σ^2 表示高斯白噪声功率,p_c 为电路消耗功率,$r_{\min}$ 为基站接收的最小信干噪比,$p_{\max}$ 为D2D用户最大发射功率。

考虑到原始问题的非凸性,经过一系列代数变换并借助拉格朗日对偶理论,可将原问题转换为如下问题：

$$\min_{\alpha\geqslant 0}\max_{P} L(P,r,\beta,\alpha), \tag{9.2.2-13}$$
$$\text{s.t. } 0\leqslant p_n\leqslant p_{\max},\ \forall n\in\mathcal{N}.$$

对于该问题，可以利用二分法对外层拉格朗日乘子 α 进行求解。

9.2.2.4 交替迭代法

交替迭代法主要针对半凸优化问题，为讨论方便，定义 C 和 D 为有界闭凸集，并且假定 $f(x;\theta,\varphi)$ 为 $C\times D$ 上的连续函数。其中，x 为给定参数；任意取定参变量 $\theta\in C$，$f(x;\theta,\cdot)$ 为 D 上的严格凸函数；任意取定参变量 $\varphi\in D$，$f(x;\cdot,\varphi)$ 为 C 上的严格凸函数。

考虑下述优化问题：

$$\min_{\theta,\varphi} f(x;\theta,\varphi), \tag{9.2.2-14}$$
$$\text{s.t. } \theta\in C,\ \varphi\in D.$$

交替迭代法的计算流程如下：

第$(n,1)$步：在 C 中求 $f(x;\theta,\varphi^{(n-1)})$ 的最小值点 $\theta^{(n)}$；

第$(n,2)$步：在 D 中求 $f(x;\theta^{(n)},\varphi)$ 的最小值点 $\varphi^{(n)}$。

如此迭代下去，将得到序列 $\{\theta^{(n)}\}\subset C$，$\{\varphi^{(n)}\}\subset D$。当 $n\geqslant 1$，显然有

$$f(x;\theta^{(n)},\varphi^{(n)})\geqslant f(x;\theta^{(n+1)},\varphi^{(n)})\geqslant f(x;\theta^{(n+1)},\varphi^{(n+1)}). \tag{9.2.2-15}$$

由于上述过程中序列 $\{\theta^{(n)}\}$ 和 $\{\varphi^{(n)}\}$ 是交替得到的，因此称为交替迭代法。

文献[103]研究了 MIMO 系统下具有多个侦听者的通信环境，为了提高网络的保密性能，引入人工噪声优化变量。对于构建的能效分式优化问题，首先利用 Dinkelbach 算法将其转换为减式形式，然后利用交替迭代法最大化网络的安全能量效率。

考虑下行通信，在合法用户与第 k 个侦听用户处接收到的信号分别如下：

$$y_b=H_b x_c+H_b x_a+n_b, \tag{9.2.2-16a}$$
$$y_{e,k}=G_{e,k}x_c+G_{e,k}x_a+n_{e,k},\quad \forall k\in\mathcal{K}, \tag{9.2.2-16b}$$

其中，$n_b\sim\mathcal{CN}(0,\sigma_b^2 I)$，$n_{e,k}\sim\mathcal{CN}(0,\sigma_{e,k}^2 I)$ 是独立同分布的复高斯噪声；$x_c\in\mathbb{C}^{N_t}$ 和 $x_a\in\mathbb{C}^{N_t}$ 分别是信息承载信号和人工噪声信号，且 $x_a\sim\mathcal{CN}(0,Q_a)$，$x_c\sim\mathcal{CN}(0,Q_c)$，其中 Q_a 和 Q_c 分别是人工噪声协方差矩阵和传输信号协方差矩阵；$H_b\in\mathbb{C}^{N_b\times N_t}$ $(G_{e,k}\in\mathbb{C}^{N_{e,k}\times N_t})$ 是发射端和合法用户（窃听者 k）间的信道系数，其中 N_t 是

发射端的天线个数，N_b 是合法用户的天线个数，$N_{e,k}$ 是窃听者 k 的天线个数。

由于引入了能量接收比率，因此合法用户在收到信号后对一部分信号进行信息解码，另一部分信号作为能量存储。信息解码和能量存储接收信号分别如下：

$$y_b^{\mathrm{ID}}=\sqrt{\rho}(H_b x_c+H_b x_a+n_b)+n_{sp}, \tag{9.2.2-17}$$

$$y_b^{\mathrm{EH}}=\sqrt{1-\rho}(H_b x_c+H_b x_a+n_b), \tag{9.2.2-18}$$

其中，$n_{sp}\sim\mathcal{CN}(0,\sigma_{s,p}^2 I)$ 为合法用户端的信号处理噪声。安全信息传输速率为

$$R_s(Q_c,Q_a,\rho)=C_b(Q_c,Q_a,\rho)-\max_{k\in\mathcal{K}}C_{e,k}(Q_c,Q_a), \tag{9.2.2-19}$$

其中

$$\begin{aligned}C_b(Q_c,Q_a,\rho)\triangleq&\log|\sigma_{sp}^2 I+\rho(H_b(Q_a+Q_c)H_b^{\mathrm{H}}+\sigma_b^2 I)|\\&-\log|\sigma_{sp}^2 I+\rho(H_b Q_a H_b^{\mathrm{H}}+\sigma_b^2 I)|,\end{aligned} \tag{9.2.2-20a}$$

$$\begin{aligned}C_{e,k}(Q_c,Q_a)\triangleq&\log|\sigma_{e,k}^2 I+G_{e,k}(Q_c+Q_a)G_{e,k}^{\mathrm{H}}|\\&-\log|\sigma_{e,k}^2 I+G_{e,k}Q_a G_{e,k}^{\mathrm{H}}|.\end{aligned} \tag{9.2.2-20b}$$

网络能耗模型表示如下：

$$P_t(Q_c,Q_a,\rho)=\xi\mathrm{Tr}(Q_c+Q_a)+P_c-E_b, \tag{9.2.2-21}$$

其中，ξ 为功率放大器效率的倒数，P_c 为常数电路功率消耗，合法用户接收到的能量 E_b 为

$$E_b=\eta_b(1-\rho)(\mathrm{Tr}[H_b(Q_c+Q_a)H_b^{\mathrm{H}}]+\sigma_b^2 N_b). \tag{9.2.2-22}$$

基于上述安全信息传输速率和网络能耗表达式，能够构建如下能效优化问题：

$$\begin{aligned}&\max_{Q_c,Q_a,\rho}\frac{R_s(Q_c,Q_a,\rho)}{P_t(Q_c,Q_a,\rho)},\\&\text{s. t.}\begin{cases}(1-\rho)(\mathrm{Tr}[H_b(Q_c+Q_a)H_b^{\mathrm{H}}]+\sigma_b^2 N_b)\geqslant E_{\min},\\\mathrm{Tr}(Q_0+Q_c)\leqslant P,\ 0\leqslant\rho\leqslant 1,\ Q_0\succeq 0,\ Q_c\succeq 0.\end{cases}\end{aligned} \tag{9.2.2-23}$$

对于上述分数规划问题，首先将其转换为

$$F(\lambda)=\max_{(Q_c,Q_a,\rho)\in\mathcal{F}}R_s(Q_c,Q_a,\rho)-\lambda P_t(Q_c,Q_a,\rho), \tag{9.2.2-24}$$

通过引入松弛变量 U_k，定义函数

$$\begin{aligned}\varphi_b(Q_c,Q_a,\rho,U_0)=&-\mathrm{Tr}[U_0(\sigma_{s,p}^2 I+\rho(H_b Q_a H_b^{\mathrm{H}}+\sigma_b^2 I))]+\log|U_0|\\&+\log|\sigma_{s,p}^2 I+\rho(H_b(Q_c+Q_a)H_b^{\mathrm{H}}+\sigma_b^2 I)|+N_b,\end{aligned}$$

$$\begin{aligned}\varphi_{e,k}(Q_c,Q_a,U_k)=&-\log|U_k|-\log|\sigma_{e,k}^2 I+G_{e,k}Q_a G_{e,k}^{\mathrm{H}}|\\&+\mathrm{Tr}[U_k(\sigma_{e,k}^2 I+G_{e,k}(Q_c+Q_a)G_{e,k}^{\mathrm{H}})]-N_{e,k},\end{aligned}$$

原问题被转换为

$$F(\lambda)=\max_{Q_c,Q_a,\rho,\{U_k\}_{k=0}^{K}} f(Q_c,Q_a,\rho,\{U_k\}_{k=0}^{K}),\quad \text{s. t. } (Q_c,Q_a,\rho)\in\mathcal{F},\ U_k\succeq 0,\ k=0,1,\cdots,K, \tag{9.2.2-25}$$

其中

$$f=\varphi_b(Q_c,Q_a,\rho,U_0)-\max_{k\in\mathcal{K}}\varphi_{e,k}(Q_c,Q_a,U_k) -\lambda[\mathrm{Tr}(Q_c+Q_a)+P_c-(1-\rho)(\mathrm{Tr}(H_b(Q_c+Q_a)H_b^{\mathrm{H}})+\sigma_b^2N_b)]. \tag{9.2.2-26}$$

可以证明，当分别固定(Q_c,Q_a,ρ)，$(Q_c,Q_a,\{U_k\}_{k=0}^{K})$和$(\{U_k\}_{k=0}^{K},\rho)$，$F$ 函数是关于其他变量的凸函数。因此，可以利用交替迭代方法将非凸问题转换为多个凸优化问题，然后借助凸优化理论进行求解。

9.2.2.5　连续凸逼近算法

连续凸逼近（Successive Convex Approximation，SCA）算法的思想就是使用一个凸函数对原非凸函数不断地逼近，并且用迭代的方法来解决原问题。

图 9.2.2-5 解释了连续凸逼近算法的工作原理。图中，函数 $f(x)$是一个非凸函数，x_t 是第 t 次的迭代点，在迭代点 x_t 处用一个凸函数 $g(x|x_t)$近似原非凸函数 $f(x)$，求解凸函数 $g(x|x_t)$，得到其最优解 x_{t+1}；接着在新的迭代点 x_{t+1} 处构建新的凸函数 $g(x|x_{t+1})$，求解得到最优解为 x_{t+2}。经过多次迭代，将会得到满足原问题 Karush-Kuhn-Tucker（KKT）条件的最终解。

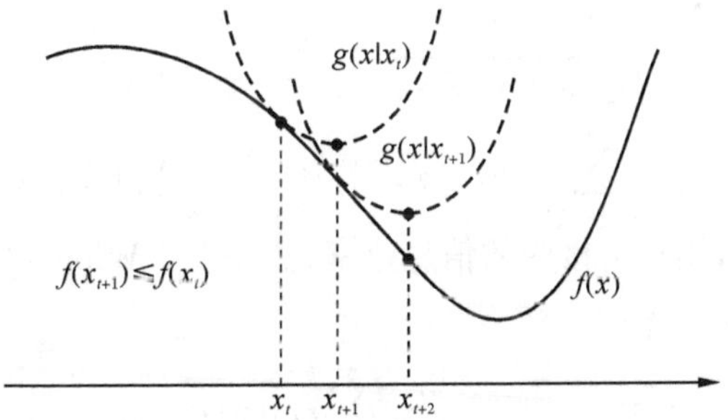

图 9.2.2-5　连续凸逼近算法原理

下面通过数学形式进一步解释 SCA 算法。考虑如下形式的非凸优化问题：

$$\min_x h_0(x)\triangleq f_0(x)+g_0(x),\quad \text{s. t. } h_i(x)\triangleq f_i(x)+g_i(x)\leqslant 0,\ \forall i=1,\cdots,m, \tag{9.2.2-27}$$

其中，对于所有的 $i=1,\cdots,m$，函数 $f_i(x)$是光滑的（可能是非凸的），函数 $g_i(x)$是凸的（可能是不光滑的）。针对上述优化问题，SCA 算法流程如下：

(1) 寻找原非凸问题可行初始点 x^0，选择步长 $\gamma\in(0,1]$，并且设置 $r=0$；

(2) 更新 $r=r+1$；

(3) 求解下列凸优化问题，并定义其最优解为 $\hat{x}^r$：

$$\begin{aligned}&\min_x \tilde{h}_0(x,x^r),\\&\text{s.t. } \tilde{h}_i(x)\leqslant 0,\ \forall i=1,\cdots,m;\end{aligned} \tag{9.2.2-28}$$

(4) 更新 $x^{r+1}=\gamma\hat{x}^r+(1-\gamma)x^r$；

(5) 若收敛，则停止，否则返回第(2)步继续执行。

需要指出的是，连续凸逼近算法中的逼近函数需要满足以下条件：

(1) $\tilde{h}_i(x,y)$是关于 x 和 y 的连续函数；

(2) $\tilde{h}_i(x,y)$是关于 x 的凸函数；

(3) $\tilde{h}_i(x,y)=\tilde{f}_i(x,y)+g_i(x),\forall x,y$；

(4) 函数值一致性：$\tilde{f}_i(x,x)=f_i(x),\forall x$；

(5) 梯度一致性：$\partial\tilde{f}_i(\cdot,x)(x)=\partial f_i(x),\forall x$；

(6) 上界条件：$\tilde{f}_i(x,y)\geqslant f_i(x),\forall x,y$。

文献[104]研究了多蜂窝网络的能量效率最大化问题，利用 max-min 函数保证了基站间能量效率的公平性，用户 b_k 接收到的信号为

$$y_{b_k}=h_{b,b_k}w_{b_k}s_{b_k}+\sum_{j=1,j\neq k}^{K}h_{b,b_k}w_{b_j}s_{b_j}. \tag{9.2.2-29}$$

易知用户接收信号信干噪比(SINR) 公式为

$$\gamma_{b_k}(w)=\frac{|h_{b,b_k}w_{b_k}|^2}{I_{b_k}(w)+WN_0}+\sum_{i=1,i\neq b}^{B}\sum_{j=1}^{K}h_{i,b_k}w_{i_j}s_{i_j}+n_{b_k}, \tag{9.2.2-30}$$

其中，干扰项 $I_{b_k}(w)\triangleq\sum_{j=1,j\neq k}^{K}|h_{b,b_k}w_{b_j}|^2+\sum_{i=1,i\neq b}^{B}\sum_{j=1}^{K}|h_{i,b_k}w_{i_j}|^2$。

根据香农定理，用户可接受的信息速率 $r_{b_k}(w)\triangleq W\log_2(1+\gamma_{b_k}(w))$。因此，能效表达式为

$$f_b(w)=\frac{\sum_{k=1}^{K}r_{b_k}(w)}{\frac{1}{\varepsilon}\sum_{k=1}^{K}\|w_{b_k}\|_2^2+NP_{dp}+P_{sp}}. \tag{9.2.2-31}$$

依据上述能效形式，整个网络的最大化能效优化问题被构建如下：

$$\begin{aligned}&\max_w\min_{1\leqslant b\leqslant B}f_b(w),\\&\text{s.t. } \sum_{k=1}^{K}\|w_{b_k}\|_2^2\leqslant P_b,\ \forall b\in\mathcal{B},\end{aligned} \tag{9.2.2-32}$$

通过引入松弛变量，上述问题能被等价转换为

$$\max_{w,\eta,z,t,q,g} \ \eta,$$

$$\text{s.t.}\begin{cases}\dfrac{z_b^2}{t_b} \geqslant \eta,\ \forall b \in \mathcal{B}, \\ \displaystyle\sum_{k=1}^{K} \log(1+g_{b_k}) \geqslant z_b^2,\ \forall b \in \mathcal{B}, \\ \dfrac{|h_{b,b_k} w_{b_k}|^2}{q_{b_k}} \geqslant g_{b_k},\ \forall b \in \mathcal{B},\ k=1,\cdots,K, \\ I_{b_k}(w) + WN_0 \leqslant q_{b_k},\ \forall b \in \mathcal{B},\ k=1,\cdots,K, \\ \dfrac{\sum_{k=1}^{K} \|w_{b_k}\|_2^2}{\varepsilon} + P_0 \leqslant t_b,\ \forall b \in \mathcal{B}, \\ \displaystyle\sum_{k=1}^{K} \|w_{b_k}\|_2^2 \leqslant P_b,\ \forall b \in \mathcal{B}.\end{cases} \tag{9.2.2-33}$$

对于约束条件中的非凸约束，能够利用凸函数进行替换，从而利用凸优化理论进一步求解。相应的非凸约束替换如下：

$$\varphi_b^n(z_b, t_b) \geqslant \eta,\quad b \in \mathcal{B}, \tag{9.2.2-34}$$

$$\psi_{b_k}^n(w_{b_k}, q_{b_k}) \geqslant g_{b_k},\quad b \in \mathcal{B},\ k=1,\cdots,K, \tag{9.2.2-35}$$

其中

$$\varphi_b^n(z_b, t_b) \triangleq \frac{2z_b^n}{t_b^n} z_b - \frac{(z_b^n)^2}{(t_b^n)^2} t_b,$$

$$\psi_{b_k}^n(w_{b_k}, q_{b_k}) \triangleq \frac{2\mathcal{R}(h_{b,b_k}^n w_{b_k})}{q_{b_h}^n} - \frac{|h_{b,b_k} w_{b_k}^n|^2 q_{b_k}}{(q_{b_k}^n)^2}.$$

9.2.3　分布式非凸优化算法

本小节介绍几种分布式非凸算法。

1）基于增广拉格朗日的分布式非凸优化算法（一致约束）

在第 9.2.2.1 小节，我们介绍了集中式的增广拉格朗日方法，该方法同样可以拓展到分布式非凸优化问题中。考虑如下分布式非凸优化模型（一致约束、非凸目标函数、有界约束和非凸不等式约束）：

$$\min \sum_{i=1}^{N} f_i(x_i),$$
$$\text{s. t.} \begin{cases} g_i(x_i) \leqslant \mathbf{0}_{m_i}, \forall i=1,\cdots,N, \\ x_i \in \Omega, \forall i=1,\cdots,N, \\ x_i = x_j \in \mathbb{R}^n, \forall i,j=1,\cdots,N. \end{cases} \tag{9.2.3-1}$$

该问题的拉格朗日函数为

$$L(x,\lambda,\mu) = f(x) + \lambda^{\mathrm{T}} g(x) + \mu^{\mathrm{T}} \mathbb{L} x, \tag{9.2.3-2}$$

其中，$x=(x_1^{\mathrm{T}},\cdots,x_N^{\mathrm{T}})^{\mathrm{T}}$，$\lambda$ 和 μ 为拉格朗日乘子。基于拉格朗日函数设计如下增广拉格朗日函数：

$$\Phi(x,\lambda,\mu) = L(x,\lambda,\mu) + \frac{\alpha}{2}\sum_{i=1}^{N}\sum_{j=1}^{m_i}(\lambda_{ij} g_{ij}(x_i))^2, \tag{9.2.3-3}$$

其中 α 为增益参数。基于增广拉格朗日函数设计如下神经动力学系统：

$$\begin{cases} \varepsilon \dfrac{\mathrm{d}x_i}{\mathrm{d}t} = -x_i + P_{\Omega}\Big(x_i - \partial_{x_i} f_i(x_i) - \Big([\partial_{x_i} g_i(x_i)]^{\mathrm{T}}\lambda_i + \\ \qquad \displaystyle\sum_{j=1}^{N} A(i,j)(x_i+\mu_i-x_j-\mu_j) + \alpha[\partial_{x_i} g_i(x_i)]^{\mathrm{T}}\mathrm{diag}(\lambda_i^2) g_i(x_i)\Big)\Big), \\ \varepsilon \dfrac{\mathrm{d}\lambda_i}{\mathrm{d}t} = -\lambda_i + (\lambda_i + g_i(x_i))^+, \\ \varepsilon \dfrac{\mathrm{d}\mu_i}{\mathrm{d}t} = \displaystyle\sum_{j=1}^{N} A(i,j)(x_i - x_j), \end{cases} \tag{9.2.3-4}$$

其中，ε 为时间调节常数，A 为通信网络拓扑结构图的邻接矩阵，$A(i,j)$ 为矩阵 A 的第 (i,j) 个元素，$\mathrm{diag}(x)$ 为构成以向量 x 为主对角线矩阵的函数。

在满足最优二阶充分性条件的情况下，神经动力学系统(9.2.3-4)在局部最优解的稳定性可以通过 Lyapunov 稳定性方法证明，对应的 Lyapunov 函数为

$$V(y) = -[V_1(y)]^{\mathrm{T}} V_2(y) + \frac{1}{2}\|y-y^*\|^2 - \frac{1}{2}\|V_2(y)\|^2,$$

其中，$y=(x,\lambda,\mu)$，且

$$V_1(y) = \begin{bmatrix} \partial_x \Phi(y) + \mathbb{L}x \\ -g(x) \\ -\mathbb{L}x \end{bmatrix}, \quad V_2(y) = \begin{bmatrix} P_{\hat{\Omega}}(x - \partial_x \Phi(y) - \mathbb{L}x) - x \\ \max\{\lambda + g(x), \mathbf{0}_{m_1+\cdots+m_N}\} - \lambda \\ \mathbb{L}x \end{bmatrix}.$$

具体地，L 为通信网络拓扑结构图的拉普拉斯矩阵，$\mathbb{L} = L \otimes I_n$，且 $\hat{\Omega} = \prod_{i=1}^{N} \Omega$.

通过求解第 9.2.1.2 小节中的问题(9.2.1-4)，当增益参数足够大时，基于增广拉格朗日的神经动力学系统(9.2.3-4)可稳定得到(局部)最优解(见图 9.2.3-1)。

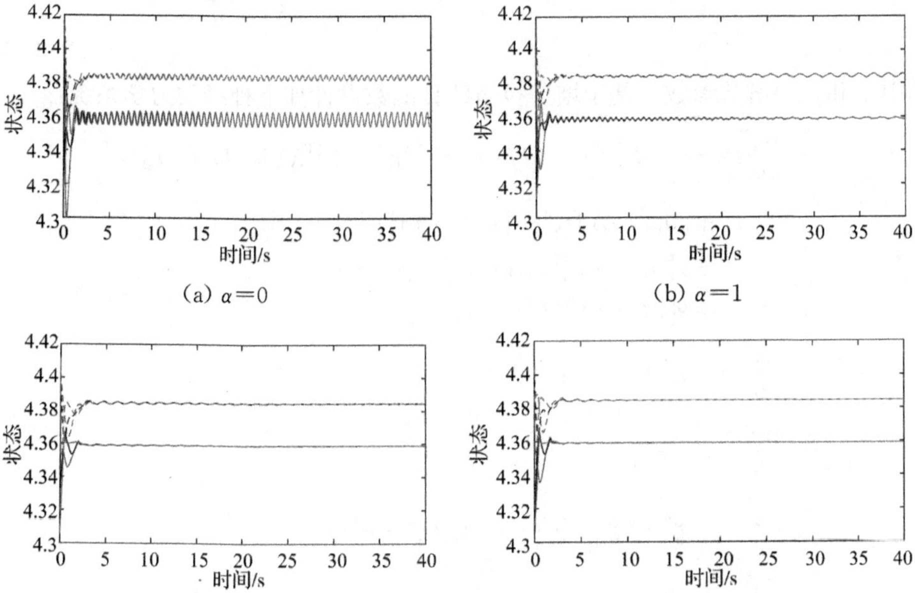

(a) $\alpha=0$　(b) $\alpha=1$　(c) $\alpha=5$　(d) $\alpha=10$

图 9.2.3-1　神经动力学系统(9.2.3-4)的瞬时状态

2) 基于增广拉格朗日的分布式非凸优化算法(全局耦合约束)

增广拉格朗日方法同样可以推广到求解带全局耦合约束的分布式非凸优化问题上。考虑如下分布式非凸优化模型(非凸目标函数、局部有界约束、局部非仿射等式约束、局部非凸不等式约束、全局耦合非仿射等式约束和全局耦合非凸不等式约束)：

$$\begin{aligned}&\min f(x)=\sum_{i=1}^{N} f_i(x_i),\\&\text{s.t.}\begin{cases}g_i'(x_i)\leqslant 0,\ h_i'(x_i)=0,\ x_i\in\Omega_i,\\ \sum_{i=1}^{N} g_i''(x_i)\leqslant 0,\ \sum_{i=1}^{N} h_i''(x_i)=0.\end{cases}\end{aligned}\tag{9.2.3-5}$$

该问题的拉格朗日函数为

$$\begin{aligned}L(x,\lambda',v',\lambda'',v'')=&f(x)+(\lambda')^{\mathrm{T}}g'(x)+(v')^{\mathrm{T}}h'(x)\\&+(\lambda'')^{\mathrm{T}}g''(x)+(v'')^{\mathrm{T}}h''(x),\end{aligned}\tag{9.2.3-6}$$

其中，$x=(x_1^{\mathrm{T}},\cdots,x_N^{\mathrm{T}})^{\mathrm{T}}$，$\lambda'$，$\lambda''$，$v'$ 和 v'' 为拉格朗日乘子。基于拉格朗日函数设计如下增广拉格朗日函数：

$$L_a(x,\lambda',v',\lambda'',v'')=L(x,\lambda',v',\lambda'',v'')+\frac{\alpha}{2}\sum_{i=1}^{N}\sum_{j=1}^{m_i}(\lambda'_{ij}g'_{ij}(x_i))^2+\frac{\beta}{2}\sum_{i=1}^{N}\sum_{j=1}^{r_i}(h'_{ij}(x_i))^2, \tag{9.2.3-7}$$

其中 α 和 β 为增益参数。基于增广拉格朗日函数设计如下神经动力学系统：

$$\begin{cases}\varepsilon\dfrac{\mathrm{d}x}{\mathrm{d}t}=-x+P_\Omega(x-(\partial f(x)+[\partial g'(x)]^{\mathrm{T}}\lambda'+[\partial h'(x)]^{\mathrm{T}}v' \\ \qquad +[\partial\hat{g}''(x)]^{\mathrm{T}}\zeta''+[\partial\hat{h}''(x)]^{\mathrm{T}}\mu'' \\ \qquad +\alpha[\partial g'(x)]^{\mathrm{T}}\mathrm{diag}((\lambda')^2)g'(x) \\ \qquad +\beta[\partial h'(x)]^{\mathrm{T}}h'(x))), \\ \varepsilon\dfrac{\mathrm{d}\lambda'}{\mathrm{d}t}=-\lambda'+(\lambda'+g'(x))^{+}, \\ \varepsilon\dfrac{\mathrm{d}v'}{\mathrm{d}t}=h'(x), \\ \varepsilon\dfrac{\mathrm{d}\zeta''}{\mathrm{d}t}=-\zeta''+(\zeta''+\hat{g}''(x)-\mathbb{L}_s(\zeta''+\rho''))^{+}, \\ \varepsilon\dfrac{\mathrm{d}\rho''}{\mathrm{d}t}=\mathbb{L}_s\zeta'', \\ \varepsilon\dfrac{\mathrm{d}\mu''}{\mathrm{d}t}=\hat{h}''(x)-\mathbb{L}_q(\mu''+\omega''), \\ \varepsilon\dfrac{\mathrm{d}\mu''}{\mathrm{d}t}=\mathbb{L}_q\mu''.\end{cases} \tag{9.2.3-8}$$

类似神经动力学系统(9.2.3-4)的收敛性证明，神经动力学系统(9.2.3-8)同样可以通过 Lyapunov 稳定性方法进行证明。

考虑一个暖通系统功率分配的例子[90]：

$$\begin{aligned}&\min_{y,\,PLR}\sum_{i=1}^{N}P_i(PLR_i),\\ &\text{s. t.}\begin{cases}\displaystyle\sum_{i=1}^{N}\overline{P}_i(PLR_i)=P_D,\\ \underline{PLR}_i y_i\leqslant PLR_i\leqslant\overline{PLR}_i y_i,\\ y_i(y_i-1)=0,\ i=1,\cdots,N,\end{cases}\end{aligned} \tag{9.2.3-9}$$

其中，$N=8$ 表示冷水机的数量；y_i 表示第 i 台冷水机的开关；PLR_i 表示第 i 台冷水机的荷载比($PLR_i\in[\underline{PLR}_i,\ \overline{PLR}_i]$)，$\underline{PLR}_i=0.5$ 和 $\overline{PLR}_i=1$ 分别表示第 i

台冷水机的荷载比的下界和上界；$\bar{P}_i$ 表示第 i 台冷水机的最大功率（见表 9.2.3-1）；P_i 的表达式为

$$P_i(PLR_i)=a_iPLR_i^3+b_iPLR_i^2+c_iPLR_i+d_i, \tag{9.2.3-10}$$

其中 a_i，b_i，c_i 和 d_i 为冷水机参数（见表 9.2.3-1）。

表 9.2.3-1　冷水机相关参数[105]

#i	$\bar{P}_i$	a_i	b_i	c_i	d_i
#1	1250	252.91	−543.63	840.18	−13.17
#2	1250	1265.94	−1602.73	1006.97	150.06
#3	1250	2105.48	−2341.48	1339.36	171.91
#4	1250	701.45	−222.59	568.12	202.08
#5	1250	3.12	343.24	142.53	195.03
#6	1250	757.47	−1192.59	1339.29	−21.21
#7	1250	347.75	−358.39	418.92	139.03
#8	1250	678.46	−715.28	980.13	45.61

图 9.2.3-2 显示，当增益足够大时，神经动力学系统（9.2.3-8）可以稳定收敛到该问题的局部最优解。

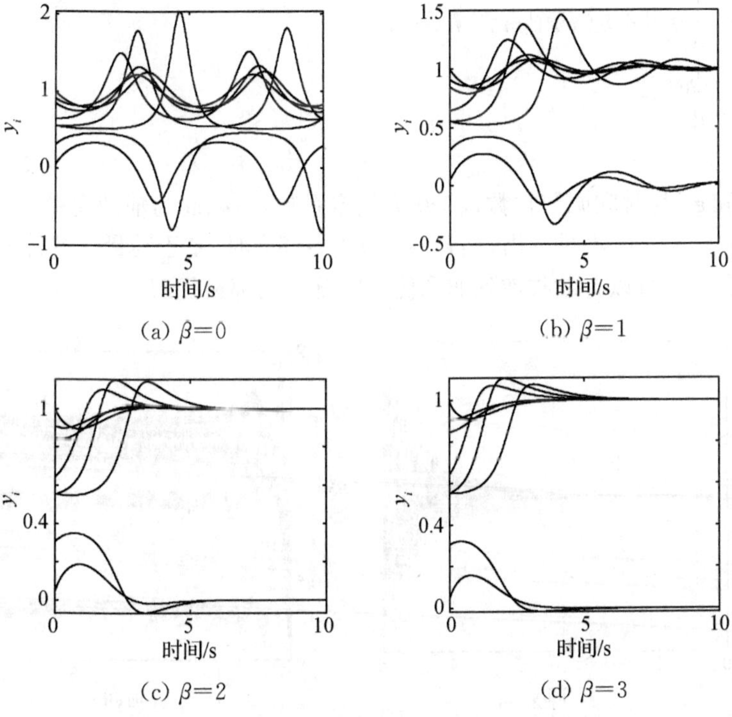

图 9.2.3-2　神经动力学系统(9.2.3-8)的瞬时状态

3）基于动量法的分布式非凸优化算法

动量法的思想同样可以用到分布式非凸优化算法中。考虑如下分布式非凸优化模型（一致约束、非凸目标函数、非仿射等式约束和非凸不等式约束）：

$$\min_{x} f(x)=\sum_{i=1}^{N} f_i(x_i),$$
$$\text{s.t.}\begin{cases} g_i(x_i)\leqslant \mathbf{0}_{q_i}, \\ h_i(x_i)=\mathbf{0}_{d_i}, \\ x_i=x_j, \forall i,j=1,\cdots,N, \end{cases} \tag{9.2.3-11}$$

引入动量项 m_x，提出如下基于动量法的分布式非凸优化算法：

$$\begin{cases} \varepsilon_1 \dfrac{\mathrm{d}m_x}{\mathrm{d}t}=-\eta m_x-\partial_x f(x)-[\partial_x g(x)]^{\mathrm{T}}\lambda-[\partial_x h(x)]^{\mathrm{T}}\mu-\mathbb{L}\omega-\mathbb{L}x, \\ \varepsilon_2 \dfrac{\mathrm{d}x}{\mathrm{d}t}=m_x, \\ \varepsilon_1 \dfrac{\mathrm{d}\lambda}{\mathrm{d}t}=-\lambda+(\lambda+[\partial_x g(x)]^{\mathrm{T}}m_x+g(x))^{+}, \\ \varepsilon_1 \dfrac{\mathrm{d}\mu}{\mathrm{d}t}=[\partial_x h(x)]^{\mathrm{T}}m_x+h(x), \\ \varepsilon_1 \dfrac{\mathrm{d}\omega}{\mathrm{d}t}=\mathbb{L}m_x+\mathbb{L}x, \end{cases} \tag{9.2.3-12}$$

其中，ε_1 和 ε_2 为时间调节常数，$\eta>0$ 为负定系数，λ,μ,ω 为辅助变量。

由图 9.2.3-3 不难看出，当 $\varepsilon_2/\varepsilon_1$ 的值足够大时，基于动量法的神经动力学系统(9.2.3-12)可以有效收敛到非凸优化问题的局部最优解。

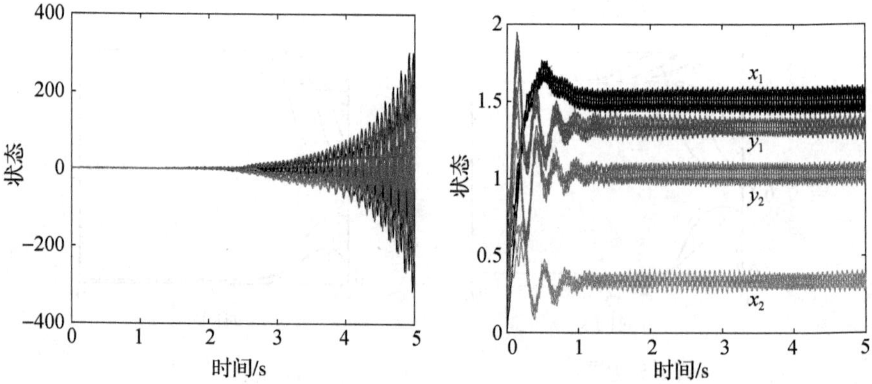

(a) $\varepsilon_2/\varepsilon_1=5$　　(b) $\varepsilon_2/\varepsilon_1=8.5$

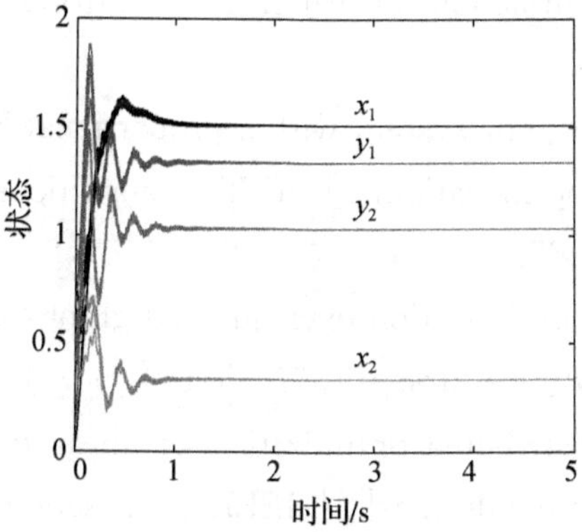

(c) $\varepsilon_2/\varepsilon_1=12$

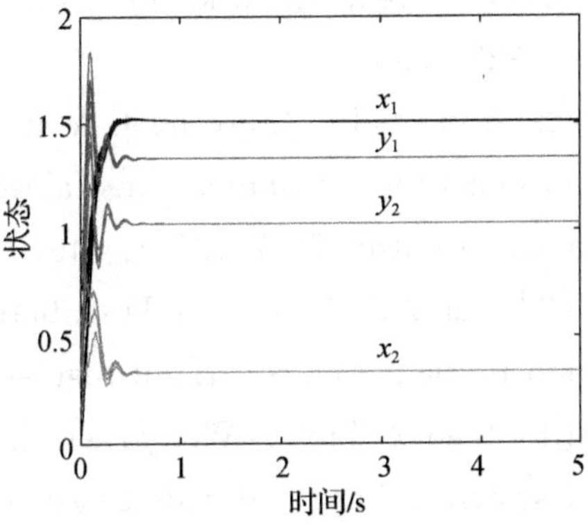

(d) $\varepsilon_2/\varepsilon_1=20$

图 9.2.3-3　神经动力学系统(9.2.3-12)的瞬时状态

9.3　总结与展望

本章我们系统介绍了如何用分布式方法处理各类优化问题，详细介绍了分布式凸优化和分布式非凸优化的相关背景、基础知识和经典算法，并重点介绍了多个经典分布式算法的构建思路及收敛性分析过程。

分布式优化的研究主要涉及问题模型、算法依托图及算法收敛速率三个方面。当前，针对凸优化问题的分布式优化算法相关理论较为完善，针对非凸优化问题尤其带有复杂约束的非凸优化问题的分布式优化算法相关理论较为匮乏。在分布式凸优化理论中，收敛速率较慢(渐近收敛、次线性收敛)的分布式优化算法相关理论较为完善，收敛速率较快(指数收敛、有限时间收敛、固定时间收敛、线性收敛)与存在非凸性的分布式优化算法相关理论较为匮乏。

需要指出的是，本章所考虑的优化问题不随时间的变化而变化，而机器学习、智能电网等领域的很多任务所涉及的目标函数都是时变的，此时如何利用分布式优化算法协同的思想实现优化问题的高效精确求解还需进一步深入研究。特别在智能通信、智能电网等领域，优化问题不可避免会涉及整数变量以及多个目标，此类问题的求解复杂度均随问题规模的增大而指数级增长，利用分布式协同思想降低此类问题的求解复杂度也是未来值得关注的重要研究方向之一。

参考文献

[1] Nedić A, Ozdaglar A, Parrilo P A. Constrained consensus and optimiza-

tion in multi-agent networks[J]. IEEE Transactions on Automatic Control, 2010, 55(4): 922 - 938.

[2] Yang S, Liu Q, Wang J. A multi-agent system with a proportional-integral protocol for distributed constrained optimization[J]. IEEE Transactions on Automatic Control, 2017, 62(7): 3461 - 3467.

[3] Mai V S, Abed E H. Distributed optimization over directed graphs with row stochasticity and constraint regularity[J]. Automatica, 2019, 102: 94 - 104.

[4] Zhao Y, Liu Y, Wen G, et al. Distributed optimization of linear multi-agent systems: Edge-and node-based adaptive designs[J]. IEEE Transactions on Automatic Control, 2017, 62(7): 3602 - 3609.

[5] Liu H, Yu W, Chen G. Discrete-time algorithms for distributed constrained convex optimization with linear convergence rates[J]. IEEE Transactions on Cybernetics, 2022, 52(6): 4874 - 4885.

[6] Saadatniaki F, Xin R, Khan U A. Decentralized optimization over time-varying directed graphs with row and column-stochastic matrices [J]. IEEE Transactions on Automatic Control, 2020, 65(11): 4769 - 4780.

[7] Nedić A, Olshevsky A. Distributed optimization over time-varying directed graphs[J]. IEEE Transactions on Automatic Control, 2015, 60(3): 601 - 615.

[8] Ren W, Beard R W. Distributed Consensus in Multi-Vehicle Cooperative Control[M]. London: Springer, 2008.

[9] Yu W, Wen G, Chen G, et al. Distributed Cooperative Control of Multi-Agent Systems[M]. Hoboken: Wiley, 2016.

[10] Yu W, Wang H, Hong H, et al. Distributed cooperative anti-disturbance control of multi-agent systems: An overview[J]. Science China Information Sciences, 2017, 60(11).

[11] 衣鹏,洪奕光. 分布式合作优化及其应用[J]. 中国科学:数学, 2016, 46(10): 1547 - 1564.

[12] 杨涛,柴天佑. 分布式协同优化的研究现状与展望[J]. 中国科学:技术科学, 2020, 50(11): 1414 - 1425.

[13] Nedić A, Ozdaglar A. Distributed subgradient methods for multi-agent optimization[J]. IEEE Transactions on Automatic Control, 2009, 54(1): 48 - 61.

[14] Yi P, Hong Y. Quantized subgradient algorithm and data-rate analysis

for distributed optimization[J]. IEEE Transactions on Control of Network Systems，2014，1(4)：380－392.

[15] Badiei M，Li N. Distributed regularized primal-dual method[C]. IEEE Global Conference on Signal and Information Processing，2016.

[16] Yuan D，Ho D W C，Xu S. Regularized primal-dual subgradient method for distributed constrained optimization[J]. IEEE Transactions on Cybernetics，2016，46(9)：2109－2118.

[17] Nedić A，Ozdaglar A. Approximate primal solutions and rate analysis for dual subgradient methods[J]. SIAM Journal on Optimization，2009，19(4)：1757－1780.

[18] Nedić A，Ozdaglar A. Subgradient methods for saddle-point problems[J]. Journal of Optimization Theory and Applications，2009，142(1)：205－228.

[19] Yuan D，Xu S，Zhao H. Distributed primal-dual subgradient method for multiagent optimization via consensus algorithms[J]. IEEE Transactions on Systems，Man，and Cybernetics：Part B (Cybernetics)，2011，41(6)：1715－1724.

[20] Zhu M，Martinez S. On distributed convex optimization under inequality and equality constraints[J]. IEEE Transactions on Automatic Control，2012，57(1)：151－164.

[21] Lin P，Ren W，Song Y. Distributed multi-agent optimization subject to nonidentical constraints and communication delays[J]. Automatica，2016，65：120－131.

[22] Margellos K，Falsone A，Garatti S，et al. Distributed constrained optimization and consensus in uncertain networks via proximal minimization[J]. IEEE Transactions on Automatic Control，2018，63(5)：1372－1387.

[23] Wu X，Lu J. Fenchel dual gradient methods for distributed convex optimization over time-varying networks[J]. IEEE Transactions on Automatic Control，2019，64(12)：5148－5155.

[24] Lei J，Chen H，Fang H. Primal-dual algorithm for distributed constrained optimization[J]. Systems and Control Letters，2016，96：110－117.

[25] Liu Q，Yang S，Hong Y. Constrained consensus algorithms with fixed step size for distributed convex optimization over multiagent networks[J]. IEEE Transactions on Automatic Control，2017，62(8)：4259－4265.

[26] Xi C，Wu Q，Khan U A. On the distributed optimization over directed

networks[J]. Neurocomputing, 2017, 267: 508 - 515.

[27] Mai V S, Abed E H. Distributed optimization over weighted directed graphs using row stochastic matrix[C]. The American Control Conference, 2016.

[28] Liu H, Zheng W, Yu W. Distributed discrete-time algorithms for convex optimization with general local constraints on weight-unbalanced digraph[J]. IEEE Transactions on Control of Network Systems, 2021, 8: 51 - 64.

[29] Nedić A, Olshevsky A. Stochastic gradient-push for strongly convex functions on time-varying directed graphs[J]. IEEE Transactions on Automatic Control, 2016, 61(12): 3936 - 3947.

[30] Liang S, Wang L, Yin G. Dual averaging push for distributed convex optimization over time-varying directed graphs[J]. IEEE Transactions on Automatic Control, 2020, 65(4): 1785 - 1791.

[31] Yu W, Liu H, Zheng W, et al. Distributed discrete-time convex optimization with nonidentical local constraints over time-varying unbalanced directed graphs[J]. Automatica, 2021, 134.

[32] Shi W, Ling Q, Wu G, et al. Extra: An exact first-order algorithm for decentralized consensus optimization[J]. SIAM Journal on Optimization, 2015, 27(4): 944 - 966.

[33] Qu G, Li N. Harnessing smoothness to accelerate distributed optimization [J]. IEEE Transactions on Control of Network Systems, 2018, 5(3): 1245 - 1260.

[34] Xi C, Xin R, Khan U A. ADD-OPT: Accelerated distributed directed optimization[J]. IEEE Transactions on Automatic Control, 2018, 63(5): 1329 - 1339.

[35] Xi C, Mai V S, Xin R, et al. Linear convergence in optimization over directed graphs with row-stochastic matrices[J]. IEEE Transactions on Automatic Control, 2018, 63(10): 3558 - 3565.

[36] Nedić A, Ozdaglar A, Shi W. Achieving geometric convergence for distributed optimization over time-varying graphs[J]. SIAM Journal on Optimization, 2017, 27(4): 2597 - 2633.

[37] Liu H, Yu W, Zheng W X, et al. Distributed constrained optimization algorithms with linear convergence rate over time-varying unbalanced topologies [J]. Automatica, 2024, 159.

[38] Li H, Li Q, Huang T. Convergence analysis of a distributed optimization

algorithm with a general unbalanced directed communication network[J]. IEEE Transactions on Network Science and Engineering, 2019, 6(3): 237 - 248.

[39] Li H, Wang Z, Chen G, et al. Distributed robust algorithm for economic dispatch in smart grids over general unbalanced directed networks[J]. IEEE Transactions on Industrial Informatics, 2020, 16(7): 4322 - 4332.

[40] Chen G, Zhao Z, Li Z. Distributed finite-step iterative algorithm for economic dispatch of generation[J]. IEEE Transactions on Industrial Informatics, 2018, 14(12): 5221 - 5232.

[41] Iduka H. Distributed optimization for network resource allocation with nonsmooth utility functions[J]. IEEE Transactions on Control of Network Systems, 2018, 6(4): 1354 - 1365.

[42] Wang J, Elia N. Control approach to distributed optimization[C]. The 48th Annual Allerton Conference on Communication, Control, and Computing, 2011.

[43] Wang J, Elia N. A control perspective for centralized and distributed convex optimization[C]. The 50th IEEE Conference on Decision and Control, 2011.

[44] Kia S S, Cortes J, Martinez S. Distributed convex optimization via continuous-time coordination algorithms with discrete-time communication[J]. Automatica, 2015, 55: 254 - 264.

[45] Liu Q, Wang J. A second-order multi-agent network for bound-constrained distributed optimization[J]. IEEE Transactions on Automatic Control, 2015, 60(12): 3310 - 3315.

[46] Shi G, Johansson K H, Hong Y. Reaching an optimal consensus: Dynamical systems that compute intersections of convex sets[J]. IEEE Transactions on Automatic Control, 2013, 58(3): 610 - 622.

[47] Qiu Z, Liu S, Xie L. Distributed constrained optimal consensus of multi-agent systems[J]. Automatica, 2016, 68: 209 - 215.

[48] Yi P, Hong Y. Distributed continuous-time gradient-based algorithm for constrained optimization[C]. The 33rd Chinese Control Conference, 2014.

[49] Liu Q, Yang S, Wang J. A collective neurodynamic approach to distributed constrained optimization[J]. IEEE Transactions on Neural Networks and Learning Systems, 2017, 28(8): 1747 - 1758.

[50] Sheng R, Ni W. Distributed constrained optimization via continuous-

time mirror design[J]. Advances in Difference Equations,2018(1): 1 - 15.

[51] Gao X. A novel neural network for nonlinear convex programming[J]. IEEE Transactions on Neural Networks,2004,15(3): 613 - 621.

[52] Zhu Y,Yu W,Wen G,et al. Continuous-time distributed subgradient algorithm for convex optimization with general constraints[J]. IEEE Transactions on Automatic Control,2018,64(4): 1694 - 1701.

[53] Zhu Y,Yu W,Wen G. Projected primal-dual dynamics for distributed constrained nonsmooth convex optimization[J]. IEEE Transactions on Cybernetics,2020,50(4): 1776 - 1782.

[54] Yi P,Hong Y,Liu F. Initialization-free distributed algorithms for optimal resource allocation with feasibility constraints and application to economic dispatch of power systems[J]. Automatica,2016,74: 259 - 269.

[55] Yi P,Hong Y,Liu F. Distributed gradient algorithm for constrained optimization with application to load sharing in power systems[J]. Systems and Control Letters,2015,83: 45 - 52.

[56] Gharesifard B,Cortés J. Distributed continuous-time convex optimization on weight-balanced digraphs[J]. IEEE Transactions on Automatic Control, 2014,59(3): 781 - 786.

[57] Lin P,Ren W,Yang C,et al. Distributed continuous-time and discrete-time optimization with nonuniform unbounded convex constraint sets and nonuniform stepsizes[J]. IEEE Transactions on Automatic Control,2019,64(12): 5148 - 5155.

[58] Deng Z,Liang S,Hong Y. Distributed continuous-time algorithms for resource allocation problems over weight-balanced digraphs[J]. IEEE Transactions on Cybernetics,2018,48(11): 3116 - 3125.

[59] Zhu Y,Yu W,Wen G,et al. Continuous-time coordination algorithm for distributed convex optimization over weight-unbalanced directed networks[J]. IEEE Transactions on Circuits and Systems II: Express Briefs,2019,66(7): 1202 - 1206.

[60] Touri B,Gharesifard B. Continuous-time distributed convex optimization on time-varying directed networks[C]. The 54th IEEE Conference on Decision and Control,2015.

[61] Zhu Y,Ren W,Yu W,et al. Distributed resource allocation over directed graphs via continuous-time algorithms[J]. IEEE Transactions on Systems,Man,

and Cybernetics：Systems，2021，51(2)：1097－1106.

[62] Liang S，Wang L，Yin G. Exponential convergence of distributed primal-dual convex optimization algorithm without strong convexity[J]. Automatica，2019，105：298－306.

[63] Ning B，Han Q，Zuo Z. Distributed optimization for multiagent systems：An edge-based fixed-time consensus approach[J]. IEEE Transactions on Cybernetics，2019，49(1)：122－132.

[64] Hong H，Yu X，Yu W，et al. Distributed convex optimization on state-dependent undirected graphs：Homogeneity technique[J]. IEEE Transactions on Control of Network Systems，2020，7(1)：42－52.

[65] Pilloni A，Pisano A，Franceschelli M，et al. A discontinuous algorithm for distributed convex optimization[C]. The 14th International Workshop on Variable Structure Systems，2016.

[66] Hu Z，Yang J. Distributed finite-time optimization for second order continuous-time multiple agents systems with time-varying cost function[J]. Neurocomputing，2018，287：173－184.

[67] Feng Z，Hu G，Cassandras C G. Finite-time distributed convex optimization for continuous-time multi-agent systems with disturbance rejection[J]. IEEE Transactions on Control of Network Systems，2020，7(2)：686－698.

[68] Lin P，Ren W，Farrell J. Distributed continuous-time optimization：Nonuniform gradient gains，finite-time convergence，and convex constraint set[J]. IEEE Transactions on Automatic Control，2017，62(5)，2239－2253.

[69] Tian F，Yu W，Fu J，et al. Distributed optimization of multiagent systems subject to inequality constraints[J]. IEEE Transactions on Cybernetics，2019，51(4)：2232－2241.

[70] Liu H，Zheng W，Yu W. Continuous-time algorithm based on finite-time consensus for distributed constrained convex optimization[J]. IEEE Transactions on Automatic Control，2022，67(5)：2552－2559.

[71] Mao S，Dong Z，Schultz P，et al. A finite-time distributed optimization algorithm for economic dispatch in smart grids[J]. IEEE Transactions on Systems，Man，and Cybernetics：Systems，2021，51(4)：2068－2079.

[72] Chen G，Ren J，Feng E. Distributed finite-time economic dispatch of a

network of energy resources[J]. IEEE Transactions on Smart Grid, 2017, 8(2): 822 - 832.

[73] Chen G, Li Z. A fixed-time convergent algorithm for distributed convex optimization in multi-agent systems[J]. Automatica, 2018, 95: 539 - 543.

[74] Lin W, Wang Y, Li C, et al. Predefined-time optimization for distributed resource allocation[J]. Journal of The Franklin Institute, 2020, 357(16): 11323 - 11348.

[75] Mateos-Núñez D, Cortés J. Noise-to-state exponentially stable distributed convex optimization on weight-balanced digraphs[J]. SIAM Journal on Control and Optimization, 2016, 54(1): 266 - 290.

[76] Polyak B T. Minimization of nonsmooth functionals[J]. USSR Computational Mathematics and Mathematical Physics, 1969, 9(3): 509 - 521.

[77] Zeng X, Yi P, Hong Y. Distributed continuous-time algorithm for constrained convex optimizations via nonsmooth analysis approach[J]. IEEE Transactions on Automatic Control, 2017, 62(10), 5227 - 5233.

[78] Bhat S, Bernstein D. Finite-time stability of continuous autonomous systems [J]. SIAM Journal on Control and Optimization, 2000, 38(3): 751 - 766.

[79] Yu S, Long X. Finite-time consensus for second-order multi-agent systems with disturbances by integral sliding mode[J]. Automatica, 2015, 54: 158 - 165.

[80] Feng Z, Hu G. Finite-time distributed optimization with quadratic objective functions under uncertain information[C]. The 56th IEEE Conference on Decision and Control, 2017.

[81] Wang L, Xiao F. Finite-time consensus problems for networks of dynamic agents[J]. IEEE Transactions on Automatic Control, 2010, 55(4): 950 - 955.

[82] Song Y, Chen W. Finite-time convergent distributed consensus optimization over networks[J]. IEEE Control Theory and Applications, 2016, 10(11): 1314 - 1318.

[83] Touri B, Gharesifard B. Saddle-point dynamics for distributed convex optimization on general directed graphs[C]. IEEE 55th Annual Conference on Decision and Control, 2016.

[84] Li Z, Ding Z, Sun J, et al. Distributed adaptive convex optimization on directed graphs via continuous-time algorithms[J]. IEEE Transactions on Automatic Control, 2018, 63(5): 1434 - 1441.

[85] Yan Z, Wang J. Nonlinear model predictive control based on collective neurodynamic optimization[J]. IEEE Transactions on Neural Networks and Learning Systems, 2015, 26(4): 840 - 850.

[86] Fan J, Wang J. A collective neurodynamic optimization approach to nonnegative matrix factorization[J]. IEEE Transactions on Neural Networks and Learning Systems, 2017, 28(10): 2344 - 2356.

[87] Li X, Wang J, Kwong S. Hash bit selection based on collaborative neurodynamic optimization[J]. IEEE Transactions on Cybernetics, 2022, 52(10): 11144 - 11155.

[88] Wang J, Han Q. Multivehicle task assignment based on collaborative neurodynamic optimization with discrete Hopfield networks[J]. IEEE Transactions on Neural Networks and Learning Systems, 2021, 32(12): 5274 - 5286.

[89] Chen Z, Wang J, Han Q. Event-triggered cardinality-constrained cooling and electrical load dispatch based on collaborative neurodynamic optimization[J]. IEEE Transactions on Neural Networks and Learning Systems, 2022, 34(9): 5464 - 5475.

[90] Chen Z, Wang J, Han Q. Optimal chiller loading based on collaborative neurodynamic optimization[J]. IEEE Transactions on Industrial Informatics, 2022, 19(3): 3057 - 3067.

[91] Che H, Wang J. A collaborative neurodynamic approach to global and combinatorial optimization[J]. Neural Networks, 2019, 114: 15 - 27.

[92] Tang Y, Zhang J, Li N. Distributed zero-order algorithms for nonconvex multiagent optimization[J]. IEEE Transactions on Control of Network Systems, 2021, 8(1): 269 - 281.

[93] Li D, Li N, Lewis F. Projection-free distributed optimization with nonconvex local objective functions and resource allocation constraint[J]. IEEE Transactions on Control of Network Systems, 2021, 8(1): 413 - 422.

[94] Tatarenko T, Touri B. Non-convex distributed optimization[J]. IEEE Transactions on Automatic Control, 2017, 62(8): 3744 - 3757.

[95] Welikala S, Cassandras C. Distributed nonconvex optimization of multiagent systems using boosting functions to escape local optima[J]. IEEE Transactions on Automatic Control, 2021, 66(11): 5175 - 5190.

[96] Houska B, Frasch J, Diehl M. An augmented Lagrangian based algo-

rithm for distributed nonconvex optimization[J]. SIAM Journal on Optimization, 2016,26(2): 1101-1127.

[97] Xia Y, Wang J. A recurrent neural network for solving nonlinear convex programs subject to linear constraints[J]. IEEE Transactions on Neural Networks, 2005, 16(2): 379-386.

[98] Liu Q, Wang J. A one-layer projection neural network for nonsmooth optimization subject to linear equalities and bound constraints[J]. IEEE Transactions on Neural Networks and Learning Systems, 2013, 24(5): 812-824.

[99] Liu Q, Wang J. A projection neural network for constrained quadratic mini-max optimization[J]. IEEE Transactions on Neural Networks and Learning Systems, 2015, 26(11): 2891-2900.

[100] Le X, Wang J. A two-time-scale neurodynamic approach to constrained minimax optimization[J]. IEEE Transactions on Neural Networks and Learning Systems, 2017, 28(3): 620-629.

[101] Liu Q, Yang S, Wang J. A collective neurodynamic approach to distributed constrained optimization[J]. IEEE Transactions on Neural Networks and Learning Systems, 2017, 28(8): 1747-1758.

[102] Chen R, Shi F, Zhao C. A novel energy-efficient power allocation for D2D communications underlaying cellular network[C]. International Conference on Wireless Communications and Signal Processing, 2019.

[103] Mei W, Chen Z, Fang J. Artificial noise aided energy efficiency optimization in MIMOME system with SWIPT[J]. IEEE Communications Letters, 2017, 21(8):1795-1798.

[104] Nguyen K, Vu Q, Juntti M, et al. Distributed solutions for energy efficiency fairness in multicell MISO downlink[J]. IEEE Transactions on Wireless Communications, 2017, 16(9):6232-6247.

[105] Chang y, Tu h. An effective method for reducing power consumption-optimal chiller load distribution[C]. International Conference on Power System Technology, 2002.

第 10 章　大规模整数规划

整数规划属于数学优化的范畴，处理的是包含整数变量的优化问题。这些整数变量可以代表现实世界中的各种离散实体，比如人数或机器的数量，也可以用来表示“是否选择”之类的逻辑判断。根据变量的类型，整数规划可以分为纯整数规划、混合整数规划以及 0－1 整数规划，其中 0－1 整数规划是变量仅能取 0 或 1 的特殊形式。整数规划问题的目标函数和约束既可以是线性的，也可以是非线性的，但通常线性整数规划的求解难度较低。得益于整数规划理论和算法的进步，整数规划已经成为最优化方法中应用最为广泛的核心组成部分之一。特别是在算法和软件日益成熟的背景下，整数规划在生产制造、服务与运营管理、交通运输、通信等行业显示出强大的应用价值和发展前景。

本章使用的数学符号如表 10－1 所示。

表 10－1　数学符号

符号	含义
$\mathbb{Z}$	整数集
$\mathbb{Z}^{+}$	正整数集
$\mathbb{Z}^{+n}$	n 维正整数列向量集
$\mathbb{R}^{n}$	n 维实数列向量集
$\mathrm{Conv}(X)$	集合 X 的凸包
x^{T}	向量 x 的转置
A^{T}	矩阵 A 的转置

10.1　整数规划简介

本节主要介绍与整数规划相关的基础知识，包括模型介绍、整数规划问题实例、基本求解方法与主流求解器、整数规划问题的难度和挑战。下面先对整数规划模型做简单介绍。

10.1.1 模型介绍

整数规划的发展历程始于20世纪50年代，当时Dantzig意识到可以使用0－1变量来表示优化模型中的一些特殊情况，例如固定成本、变量上限、非凸分段线性函数等。他与Fulkerson和Johnson合作研究了旅行商问题(TSP)，为后续的分支定界法和现代混合整数规划算法的发展奠定了基础。1958年，Gomory提出了第一个用于求解一般线性整数规划的收敛算法，即割平面法，这使得整数规划成为最优化领域的一个重要分支。Dantzig-Wolfe分解算法和列生成算法的出现，使得交通规划调度等领域中的大规模整数规划问题能够被求解或近似求解，并在各种应用软件和系统中得到应用。

一个一般形式的整数规划问题具有如下的形式：

$$\min_{x} f(x),\quad \text{s.t.}\begin{cases} g_i(x)\leqslant b_i,\ i=1,\cdots,m, \\ h_k(x)=c_k,\ k=1,\cdots,l, \\ x\in X, \end{cases} \tag{10.1.1-1}$$

其中，f，g_i 和 h_k 是 $\mathbb{R}^n$ 中的实值函数，$X\subseteq \mathbb{R}^p\times\mathbb{Z}^q(p+q=n)$ 是一个混合整数集合。通常，当去除 x 的部分变量为整数的限制，得到的连续优化问题为原问题的松弛问题。当目标函数与约束函数为线性时，该问题就是线性整数规划问题，其标准形式如下：

$$\min_{x,y} cx+hy,\quad \text{s. t } Ax+Gy\leqslant b,\ x\geqslant 0,\ y\geqslant 0, \tag{10.1.1-2}$$

其中，行向量 $c=(c_1,\cdots,c_n)$，$h=(h_1,\cdots,h_p)$，$m\times n$ 矩阵 $A=(a_{ij})$，$m\times p$ 矩阵 $G=(g_{ij})$，列向量 $b=(b_1,\cdots,b_m)^{\mathrm{T}}$。

10.1.2 整数规划问题实例

下面通过一个二维线性整数规划问题直观感受一下这类特殊的优化问题。考虑如下的线性整数规划问题：

$$\min_{x_1,x_2} 5.5x_1+2.1x_2,\quad \text{s.t.}\begin{cases} -x_1+x_2\leqslant 2, \\ 8x_1+2x_2\leqslant 17, \\ x_1,x_2\geqslant 0 \text{ 且为整数}, \end{cases}$$

其定义域如图 10.1.2-1 所示。

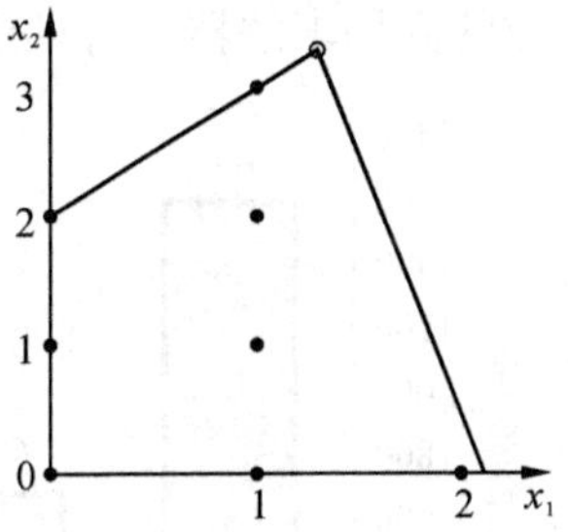

图 10.1.2-1　定义域图

该问题的可行解用实心圆点表示。可以看到，最优解为(0,0)，恰好也是松弛问题的最优解。但是一般的整数规划问题不具有上面的性质，无法通过求解松弛问题得到可行解。而枚举所有的可行解并一一判断目标函数值显然是低效的，所以需要考虑该问题对应的求解算法，加速求解时间进而获得最优解。

在实际生产中，整数规划问题也有着重要应用，比如电力市场中的机组组合优化问题就是一个大规模的整数规划问题。一个典型规模的电力市场机组组合优化问题中包含 80 万个连续变量，16 万个 0-1 变量，其中连续变量代表机组的出力，0-1 变量代表机组的停开机状态，其约束规模为 60 万行、100 万列、450 万个非零项。具体的优化问题的具有如下的形式：

$$\min_{\{P_{i,t},I_{i,t}\}} \sum_{i=1}^{N}\sum_{t=1}^{T} C_{i,t}(P_{i,t}),$$

$$\text{s. t.}\begin{cases}\sum_{i=1}^{N} P_{i,t}=D_t,\\ \sum_{i=1}^{N} I_{i,t}P_{i,t}^{\max}\geqslant D_t+R_t^U,\\ \sum_{i=1}^{N} I_{i,t}P_{i,t}^{\min}\leqslant D_t-R_t^D,\\ I_{i,t}P_{i,t}^{\min}\leqslant P_{i,t}\leqslant I_{i,t}P_{i,t}^{\max},\\ P_{i,t}-P_{i,t-1}\leqslant \Delta P_i^U I_{i,t-1}+P_{i,t}^{\min}(I_{i,t}-I_{i,t-1})+P_{i,t}^{\max}(1-I_{i,t}),\\ P_{i,t-1}-P_{i,t}\leqslant \Delta P_t^D I_{i,t}-P_{t,t}^{\min}(I_{i,t}-I_{i,t-1})+P_{i,t}^{\max}(1-I_{i,t-1}),\end{cases}$$

其中，$I_{i,t}$ 是机组 i 在时段 t 的停开机状态，$P_{i,t}$ 是机组 i 在时段 t 的出力，其余变量为系统常数。该问题是一个典型的混合整数规划问题。

10.1.3　基本求解方法与主流求解器

整数规划的主流求解方法分为以下三类：

(1) 局部优化法，如简化梯度法、牛顿法、内点法、启发式算法；

(2) 近似约束法，即将非凸非线性部分近似为线性部分；

(3) 凸松弛技术，如半正定规划、二阶锥规划、二次凸松弛技术。

主流求解器主要有 CPLEX，Gurobi，Xpress 三种，其中 Gurobi 是公认的最高效的商用求解器。各种求解器的性能比较如图 10.1.3-1 所示。

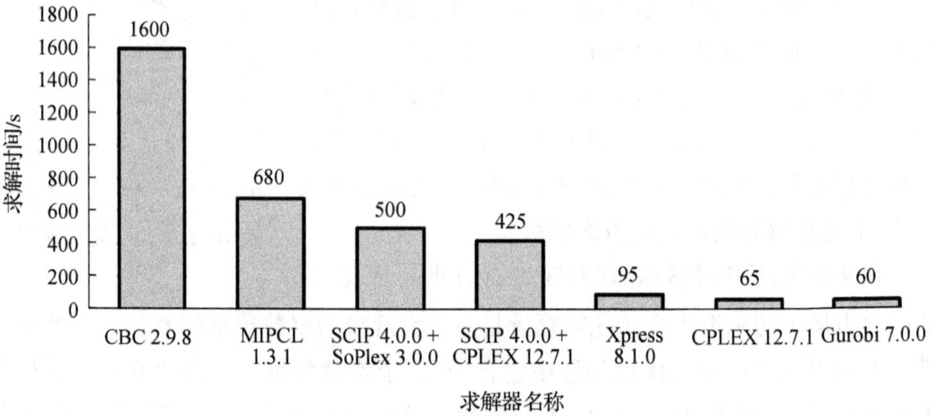

图 10.1.3-1　求解器性能比较

10.1.4　整数规划问题的难度和挑战

整数规划问题的难度主要体现在以下两个方面：

其一，绝大多数整数规划问题都属于 NP 难问题，这意味着不存在一种能够高效解决所有整数规划问题的通用算法。整数规划算法的效率和性能与问题的具体结构紧密相关，因此需要仔细分析并充分利用问题的特殊性质来设计相应的算法。

其二，对于整数点集合及整数变量函数的相关理论（如多面体格点理论和全单模理论），目前的认识还比较有限，在数学上缺乏有效的理论支撑和工具。尤其是在整数点上定义的凸分析理论，与连续变量凸分析相比还处于非常初级的阶段。以最优性条件的刻画为例，除了少数特例之外，很难给出可计算的最优性必要条件。

整数规划在研究和应用上的另一个困难之处在于，实际问题的规模通常会超出当前算法的求解能力。虽然现有的整数规划软件（如 CPLEX 和 Gurobi）可以处理各种线性、二次和非线性整数规划问题，但往往无法有效解决源自实际应用的大规模整数规划模型，例如运输和交通领域中的大规模 0-1 混合线性整数规划问题，以及金融优化中的离散约束问题等。

10.2　基础求解算法

整数规划的基础求解算法主要分为两类，即分支定界算法和割平面算法。这两类算法具有思想简明、操作便捷的特点，并在解决实际问题时展现出较高的效率与精确性，因此成为现今所有主流求解器的核心算法。下文将详细介绍这两类算法的基本思想及操作流程。

10.2.1　分支定界算法

分支定界算法通过在问题的解空间树上进行系统搜索，找到最优解或者接近最优解的可行解。其基本思想如下：

(1) 分支：将原问题分解为若干个子问题，形成一棵解空间树。

(2) 定界：对每个子问题计算一个上界或下界，用于剪枝。

(3) 剪枝：如果某个子问题的界限不比当前最优解更好，就舍弃该子问题，不再搜索；如果该子问题不可行，就舍弃该子问题，不再搜索。

(4) 选择：按照某种策略选择一个子问题继续分支，直到找到最优解或者解空间树为空。

分支定界算法是一种隐枚举算法，该算法提供了系统搜索最优解的过程，并在搜索中利用上下界与已知最优解进行积极判断，加速求解过程。考虑整数规划问题(10.1.1-1)，记该问题为 $P(X)$，并令 x^* 为当前得到的最优解，v^* 为对应的最优值，$\bar{v}$ 为最优值的上界。具体的分支定界算法步骤如下：

(1) 初始化：令 $L=\{P(X)\}$，利用启发式算法求得问题的一个初始可行点 x^*，则 $v^*=f(x^*)$。若无初始可行解，令 $v^*=+\infty$，$\bar{v}=+\infty$。

(2) 选择节点：若 $L=\varnothing$，停止，x^* 是原问题的最优解；否则从 L 中选择一个节点，记为 $P(X_i)$。

(3) 定界：求解子问题 $P(X_i)$ 的松弛问题 $\hat{P}(X_i)$，若 $\hat{P}(X_i)$ 不可解，转步骤(2)；否则，记 $\hat{P}(X_i)$ 的最优解为 x_i，相应的最优值为 v_i，转步骤(4)。

(4) 剪枝：若 $v_i>\bar{v}$，转步骤(2)；若 $v_i<\bar{v}$ 且 x_i 是 $P(X_i)$ 的可行解，令 $x^*=x_i$，$\bar{v}=v_i$，转步骤(1)；若 $v_i<\bar{v}$ 且 x_i 不是 $P(X_i)$ 的可行解，转步骤(3)。

(5) 分支：选择节点 $P(X_i)$ 及精细化剖分，将 X_i 划分为若干子集 $\{X_i^1,\cdots,X_i^k\}$，该划分包含除点 x_i 外的 $P(X_i)$ 的所有可行解，将对应的子问题 $\{P(X_i^1),\cdots,P(X_i^k)\}$ 加入 L，转步骤(1)。

下面通过一个具体的例子说明分支定界算法的求解过程。考虑如下线性整数规划问题：

$$\min_{x_1,x_2} -5.5x_1-2.1x_2,$$

$$\text{s. t.} \begin{cases} -x_1+x_2\leqslant 2, \\ 8x_1+2x_2\leqslant 17, \\ x_1,x_2\geqslant 0 \text{ 且为整数}, \end{cases}$$

该问题的松弛形式为

$$\min_{x_1,x_2} -5.5x_1-2.1x_2,$$

$$\text{s. t.} \begin{cases} -x_1+x_2\leqslant 2, \\ 8x_1+2x_2\leqslant 17, \\ x_1,x_2\geqslant 0. \end{cases}$$

该问题的最优解为 $x_1=1.3, x_2=3.3$，最优值为 -14.08。由于松弛问题的最优解不是整数，所以需要采用后续步骤来求一个整数最优解。开始“分支”步骤，分别增加约束 $x_1\leqslant 1$ 及 $x_1\geqslant 2$。

增加约束 $x_1\leqslant 1$，所得子问题为

$$\min_{x_1,x_2} -5.5x_1-2.1x_2,$$

$$\text{s. t.} \begin{cases} -x_1+x_2\leqslant 2, \\ 8x_1+2x_2\leqslant 17, \\ x_1\leqslant 1, \\ x_1,x_2\geqslant 0. \end{cases}$$

该问题的最优解为 $x_1=1, x_2=3$，最优值为 -11.8。

增加约束 $x_1\geqslant 2$，所得子问题为

$$\min_{x_1,x_2} -5.5x_1-2.1x_2,$$

$$\text{s. t.} \begin{cases} -x_1+x_2\leqslant 2, \\ 8x_1+2x_2\leqslant 17, \\ x_1\geqslant 2, \\ x_1,x_2\geqslant 0. \end{cases}$$

该问题的最优解为 $x_1=2, x_2=0.5$，最优值为 -12.05。由于存在非整数解，且其最优值优于已知的整数最优解 $x_1=1, x_2=3$ 的最优值，所以继续对子问题求解，并与历史最优值比较(剪枝)。

增加约束 $x_2\leqslant 0$，所得子问题为

$$\min_{x_1,x_2} -5.5x_1-2.1x_2,$$

$$\text{s.t.}\begin{cases}-x_1+x_2\leqslant 2,\\8x_1+2x_2\leqslant 17,\\x_1\geqslant 2,\\x_2\leqslant 0,\\x_1,x_2\geqslant 0.\end{cases}$$

该问题的最优解为 $x_1=2.125$，$x_2=0$，最优值为 -11.6875。该最优值大于已知的整数最优解的最优值，因此舍弃。增加约束 $x_2\geqslant 1$，所得子问题为

$$\min_{x_1,x_2} -5.5x_1-2.1x_2,$$

$$\text{s.t.}\begin{cases}-x_1+x_2\leqslant 2,\\8x_1+2x_2\leqslant 17,\\x_1\geqslant 2,\\x_2\geqslant 1,\\x_1,x_2\geqslant 0.\end{cases}$$

该问题不可解，因此舍弃。

综上，根据分支定界算法流程，可得最优解为 $x_1=1$，$x_2=3$，最优值为 -11.8。

10.2.2　割平面算法

求解整数规划的另一个重要方法是割平面方法。首先是定义有效不等式与切平面。如果对于集合 $X\subseteq\mathbb{R}^d$ 中任意点 x，不等式 $\alpha x\leqslant\beta$ 成立，则称不等式 $\alpha x\leqslant\beta$ 对集合 X 是有效的；不等式 $\alpha x\leqslant\beta$ 被 X 中除了 $x^0\in X$ 的其他点满足，则称它为分割 x^0 与 X 的切平面。下面重点介绍 Gomony 分数割平面及其应用。

考虑等式 $\sum_{i=1}^{n}a_ix_i=b$，其中 $x_i\in\mathbb{Z}^+$，b 非整数。利用 x_i 的正整数性，可以得到如下的等式关系：

$$\sum_{i=1}^{n}\lfloor a_i\rfloor x_i\leqslant\lfloor\sum_{i=1}^{n}a_ix_i\rfloor=\lfloor b\rfloor,\tag{10.2.2-1}$$

其中 $\lfloor\cdot\rfloor$ 代表下取整函数。进而将不等式 $\sum_{i=1}^{n}\lfloor a_i\rfloor x_i\leqslant\lfloor b\rfloor$ 与 $\sum_{i=1}^{n}a_ix_i=b$ 结合，可以得到不等式

$$\sum_{i=1}^{n}(a_i-\lfloor a_i\rfloor)x_i\geqslant b-\lfloor b\rfloor.$$

特别地，该不等式对满足等式约束 $\sum_{i=1}^{n}a_ix_i=b$ 的正整数解是恒成立的。该不等式

称为 Gomony 分数割平面。下面我们将具体介绍该割平面在求解整数线性规划问题中的应用。

考虑如下的整数线性规划问题：

$$\min_{x} cx$$

$$\text{s.t. } Ax=b,\ x\geqslant 0 \text{ 且 } x\in\mathbb{Z}^{+n},$$

其中矩阵 $A=(B,N)$ 且是行满秩矩阵，B 是一个可逆方阵，并令

$$\bar{x}=\begin{bmatrix}\bar{x}_B\\ \bar{x}_N\end{bmatrix}=\begin{bmatrix}B^{-1}b\\ 0\end{bmatrix}.$$

根据线性规划的基本理论，形如 $\bar{x}$ 的可行解中存在松弛问题的最优解。不妨设 $\bar{x}$ 不是整数解，则其满足等式

$$x_B+B^{-1}Nx_N=B^{-1}b.$$

假设 $\bar{x}$ 的第 i 个元素不是整数，所以考虑等式的第 i 行：$x_i+\sum_{j=1}^{m}\bar{a}_j x_j=\bar{b}_i$，其中 $\bar{a}_j$ 与 $\bar{b}_i$ 分别代表矩阵 $B^{-1}N$ 与矩阵 $B^{-1}b$ 第 i 行的元素。利用不等式

$$x_i+\sum_{j=1}^{m}\lfloor\bar{a}_j\rfloor x_j\leqslant\lfloor\bar{b}\rfloor$$

构造 Gomony 分数割平面

$$\sum_{j=1}^{m}(\bar{a}_j-\lfloor\bar{a}_j\rfloor)x_j\geqslant\bar{b}_i-\lfloor\bar{b}_i\rfloor>0,$$

可以验证，原非整数 $\bar{x}$ 可行解不满足该不等式，所以该割平面将非整数解 $\bar{x}$ 割除了。通过不断地增加割平面，最终可以得到一个整数最优解。

下面通过一个具体的实例进一步解释该过程。考虑如下线性整数规划问题：

$$\min_{x_1,x_2,x_3} -5x_1-8x_2,$$

$$\text{s.t. }\begin{cases}x_1+x_2+x_3=6,\\ 5x_1+9x_2+0.5x_3\geqslant 45,\\ x_1,x_2,x_3\in\mathbb{Z}^{+},\end{cases}$$

该问题的松弛形式为

$$\min_{x_1,x_2,x_3} -5x_1-8x_2,$$

$$\text{s.t}\begin{cases}x_1+x_2+x_3=6,\\ 5x_1+9x_2+0.5x_3\geqslant 45,\\ x_1,x_2,x_3\geqslant 0.\end{cases}$$

令 $B=\begin{bmatrix}1 & 1\\5 & 9\end{bmatrix}$，则可以得到 $\bar{x}=\left(\frac{9}{4},\frac{15}{4},0\right)^{\mathrm{T}}$，且 $B^{-1}N=\begin{bmatrix}2.125\\-1.125\end{bmatrix}$，于是就有等式 $x_1+2.125x_3=\frac{9}{4}$ 与不等式 $x_1+2x_3\leqslant 2$，进而可以得到割平面 $0.125x_3\geqslant 0.25$。该割平面割除了非整数可行解 $\left(\frac{9}{4},\frac{15}{4},0\right)^{\mathrm{T}}$。

10.3　大规模线性整数规划

大规模线性整数规划广泛存在于电力系统、交通运输等领域。下面我们从求解算法综述、基础知识介绍、集中式求解算法和分布式求解算法四个方面来详细介绍大规模线性整数规划的相关内容。

10.3.1　大规模线性整数规划求解算法综述

经典的大规模线性整数规划求解算法包括列生成算法和 Dantzig-Wolfe 分解算法，它们均为集中式求解方法，在实际应用中表现出高度成熟性。然而，随着问题规模的不断扩大，集中式求解方法在计算资源的利用上逐渐面临瓶颈。分布式优化算法通过将计算任务分配至多个节点，有效提高了计算效率，在求解大规模线性整数规划问题时逐渐引起了人们的广泛关注。文献[1]首先提出利用拉格朗日对偶对大规模线性整数规划问题进行解耦。基于这一思想，文献[2]设计了一种类分布式算法，该算法对局部混合整数规划进行分布式计算，同时对乘子进行集中计算。除了拉格朗日对偶的应用外，还有研究人员基于约束分配设计出了完全分布式的算法[3]。下面将对上述算法进行详细介绍。

10.3.2　基础知识介绍

首先介绍线性规划中的一些基本定义。

定义 10.3.2-1　设 $S\subseteq\mathbb{R}^n$ 是非空凸集，$x\in S$。若对于任意的 $\lambda\in(0,1)$ 和 $x_1,x_2\in S$，由 $x=\lambda x_1+(1-\lambda)x_2$ 可推出 $x_1=x_2=x$，则称 x 为 S 的顶点。

考虑多面体 $S=\{x\in\mathbb{R}^n\mid Ax=b,x\geqslant 0\}$，其中 $A=(B,N)$，且 $B\in\mathbb{R}^{m\times m}$ 非奇异，$N\in\mathbb{R}^{m\times(n-m)}$。把 x 对应分解为 $x^{\mathrm{T}}=(x_B^{\mathrm{T}},x_N^{\mathrm{T}})$，则 $x\in S$ 可以表示为

$$Bx_B+Nx_N=b,\quad x_B\geqslant 0,x_N\geqslant 0,$$

从而 $x_B=B^{-1}(b-Nx_N)$。再令 $x_N=0$，即可得到 $x_B=B^{-1}b$。如果 $B^{-1}b\geqslant 0$，则

$x=\begin{bmatrix}B^{-1}b\\0\end{bmatrix}$是 S 的一个顶点。事实上,S 的所有顶点都可以写成$\begin{bmatrix}B^{-1}b\\0\end{bmatrix}$的形式。下面的定理进一步说明了该形式的充要性。

定理 10.3.2-1 设 $S=\{x\in\mathbb{R}^n \mid Ax=b,x\geqslant 0\}$，其中 A 行满秩,则 $x\in S$ 是 S 的顶点的充要条件是 $x=\begin{bmatrix}B^{-1}b\\0\end{bmatrix}$，其中 $A=(B,N)$,B 可逆且 $B^{-1}b\geqslant 0$。

对于非空凸集,极方向也具有重要的意义。极方向的定义如下：

定义 10.3.2-2 设 $S\subseteq\mathbb{R}^n$ 是非空凸集,$d\in\mathbb{R}^n$。若对任意 $x\in S$ 和 $\lambda\geqslant 0$ 都有 $x+\lambda d\in S$,则称 d 为 S 的一个方向;若对任意 $\lambda_1,\lambda_2>0$ 和 S 的方向 d_1,d_2,由 $d=\lambda_1 d_1+\lambda_2 d_2$ 可推出 $d_1=\alpha d_2$,其中 $\alpha>0$,则称 d 为 S 的极方向。

利用顶点与极方向,可以考虑将多面体 S 进行完整的表示。下面的多面体表示定理精细刻画了 S 的表现形式。

定理 10.3.2-2 设 $S=\{x\in\mathbb{R}^n \mid Ax=b,x\geqslant 0\}$ 非空，其中 A 行满秩。若 S 的顶点为 $x_1,\cdots,x_k$，极方向为 $d_1,\cdots,d_l$，则

$$S=\left\{\sum_{i=1}^{k}\lambda_i x_i+\sum_{i=1}^{l}\mu_i d_i \,\middle|\, \sum_{i=1}^{k}\lambda_i=1,\lambda_i\geqslant 0,i=1,\cdots,k;\mu_i\geqslant 0,i=1,\cdots,l\right\}.$$

考虑如下标准线性规划问题：

$$\min_x cx,$$
$$\text{s. t } Ax=b,\ x\geqslant 0.$$

设 $S=\{x\in\mathbb{R}^n \mid Ax=b,x\geqslant 0\}$非空，其中 A 行满秩。利用多面体的表示定理,将 S 表示成

$$\left\{\sum_{i=1}^{k}\lambda_i x_i+\sum_{i=1}^{l}\mu_i d_i \,\middle|\, \sum_{i=1}^{k}\lambda_i=1,\lambda_i\geqslant 0,i=1,\cdots,k;\mu_i\geqslant 0,i=1,\cdots,l\right\}$$

的形式,并带入目标函数可得

$$c^{\mathrm{T}}x=c^{\mathrm{T}}\left(\sum_{i=1}^{k}\lambda_i x_i+\sum_{i=1}^{l}\mu_i d_i\right)=\sum_{i=1}^{k}\lambda_i(c^{\mathrm{T}}x_i)+\sum_{i=1}^{l}\mu_i(c^{\mathrm{T}}d_i).$$

设该优化问题存在有限最优解,若 $c^{\mathrm{T}}d_i<0$,则由 μ_i 可取任意大可得$c^{\mathrm{T}}x\to-\infty$,与存在有限最优解矛盾。若 $c^{\mathrm{T}}d_i\geqslant 0,i=1,\cdots,l$，则

$$c^{\mathrm{T}}x\geqslant\sum_{i=1}^{k}\lambda_i(c^{\mathrm{T}}x_i)\geqslant\min_{i=1,\cdots,k}c^{\mathrm{T}}x_i=c^{\mathrm{T}}x_j,$$

所以顶点 x_j 是 LP 最优解。

进一步,利用顶点表示定理可以得到该问题的最优解具有$\begin{bmatrix}B^{-1}b\\0\end{bmatrix}$的形式。任意可行解为 $x=\begin{bmatrix}x_B\\x_N\end{bmatrix}$,基本可行解为 $\bar{x}=\begin{bmatrix}B^{-1}b\\0\end{bmatrix}$,则对应 x 的目标函数为

$$c^{\mathrm{T}}x=c_B^{\mathrm{T}}x_B+c_N^{\mathrm{T}}x_N=c^{\mathrm{T}}\bar{x}+(c_N^{\mathrm{T}}-c_B^{\mathrm{T}}B^{-1}N)x_N.$$

令 $c_N^{\mathrm{T}}-c_B^{\mathrm{T}}B^{-1}N\equiv(\lambda_{m+1},\cdots,\lambda_N)$，显然

$$(\lambda_{m+1},\cdots,\lambda_N)\geqslant 0 \Rightarrow \bar{x} \text{ 为最优解},$$

类似可得

$$c_N^{\mathrm{T}}-c_B^{\mathrm{T}}B^{-1}N\equiv(\lambda_{m+1},\cdots,\lambda_N)\geqslant 0 \Rightarrow \bar{x} \text{ 为最优解}.$$

10.3.3　集中式求解算法

较为常用的集中式求解算法主要包含列生成算法与 Dantzig-Wolfe 分解算法，这两种方法可将原问题转化为易于求解的多个求解子问题。

10.3.3.1　列生成算法

列生成算法通过求解子问题(Sub Problem)找到可以进基的非基变量，该非基变量在模型中并没有显性写出来(可以看作生成了一个变量，而每个变量其实等价于一列，所以该方法被称为列生成算法)。如果找不到一个可以进基的非基变量，那么就意味着所有的非基变量的检验数(Reduced Cost，RC)都满足最优解的条件，也就是说，该线性规划的最优解已被找到。

考虑如下的线性规划问题：

$$\min_x cx,$$
$$\text{s. t. } Ax=b,\ x\geqslant 0.$$

其基本可行解为 $\bar{x}=\begin{bmatrix}B^{-1}b\\0\end{bmatrix}$，将其带入优化问题可得

$$\min_x c\bar{x}+\sum_{i=m+1}^{n}\lambda_i x_i,$$
$$\text{s. t. } B^{-1}b-B^{-1}Nx_N=x_B,\ x\geqslant 0.$$

不妨设 $\lambda_{m+1}<0$，则对于原问题，在满足约束的条件下，将 $(x_1,\cdots,x_m)$ 中的某个元素用 x_{m+1} 替换，可以得到目标函数值更小的解。为此，考虑约束

$$x_B=B^{-1}b-B^{-1}Nx_N,$$

并将其展开为如下的约束：

$$x_1=\tilde{b}_1-\beta_{1,m+1}x_{m+1}-\cdots-\beta_{1,n}x_n,$$
$$\vdots$$
$$x_m=\tilde{b}_m-\beta_{m,m+1}x_{m+1}-\cdots-\beta_{m,n}x_n.$$

显然，为了保证 $x \geqslant 0$ 成立，$x_{m+1} = \min\left\{\frac{b_i}{\beta_{i,m+1}} \middle| \beta_{i,m+1} > 0\right\}$。最终，$(x_1, \cdots, x_m)$ 中的某个元素被 x_{m+1} 替代，目标函数下降。

参考上面的推理步骤，列生成算法思路如下：

(1) 先把原问题转换为一个规模更小（即变量数比原问题少）的问题，这个只使用部分变量的模型称为原问题的限制主问题（Restricted Master Problem，RMP）。在 RMP 上用单纯形法求最优解，注意此时求得的最优解只是 RMP 的最优解，并不是 MP 的最优解。

(2) 然后通过一个子问题去检测那些没有被考虑的变量中是否存在 RC 小于零的情况。如果有，就把这个变量的相关系数列加入到 RMP 的系数矩阵中，返回上一步。

10.3.3.2 Dantzig-Wolfe 分解算法

Dantzig-Wolfe 分解算法主要适用于拥有对角结构的大规模线性整数规划模型。考虑如下对角结构问题：

$$\min_x c^1 x^1 + \cdots + c^K x^K,$$

$$\text{s.t.} \begin{cases} A^1 x^1 + \cdots + A^K x^K = b, \\ D^1 x^1 \leqslant d^1, \\ \quad \vdots \\ D^K x^K \leqslant d^K, \\ x^1 \in X^1, \cdots, x^K \in X^K. \end{cases}$$

由于给定多面体 P，由多面体的表示定理，多面体中任意一点 $x \in P$ 可以写作

$$x = \sum_i \lambda_i u^i + \sum_j \mu_j v^j$$

其中，u^i 是 X 的极点，$\lambda_i \geqslant 0$ 且 $\sum_i \lambda_i = 1$，v^j 是 X 的极方向（X 无界），$\mu_j \geqslant 0$。带入 x 的表达式，原问题可以写作

$$\min_x c^1 \sum_t \lambda_{1t} x^{1t} + \cdots + c^K \sum_t \lambda_{Kt} x^{Kt},$$

$$\text{s.t.} \begin{cases} A^1 \sum_t \lambda_{1t} x^{1t} + \cdots + A^K \sum_t \lambda_{Kt} x^{Kt} = b, \\ \sum_t \lambda_{kt} = 1,\ k = 1, \cdots, K, \\ \lambda_{kt} \geqslant 0 \text{ 或 } \lambda_{kt} \in \{0,1\},\ \forall k, t. \end{cases}$$

可以看到,转化后的问题有如下特点:

(1) x^{kt} 是固定的,但数量可能呈指数级增加;

(2) λ_{kt} 是变量,数量也可能呈指数级增长;

(3) 块结构仍然通过"$=b$"等式耦合;

(4) 具有比原来问题更少的等式约束,大多数 $\lambda_{kt}=0$。

该方法利用多面体表示定理对问题进行分解,转化后的问题仍然是关于 λ_{kt} 的线性规划问题,可采用线性规划的相关算法进行求解。

10.3.4　分布式求解算法

在求解大规模线性整数规划问题时,集中式算法通常依赖于全局视图,通过统一的决策过程解决问题。虽然这种方法能够提供全局最优解,但也存在一些局限性,尤其在处理极大规模问题时,其计算复杂度和资源需求往往急剧增加。相对而言,分布式算法通过将计算任务分散至多个节点,不仅减少了每个计算节点的负担,还能够充分利用并行计算资源,从而显著提高了求解效率以及系统的可靠性和容错性,在求解具有特殊结构的大规模优化问题中发挥出重要作用。本节主要介绍两类分布式求解算法,即 Lagrange 对偶分解算法与约束分配分解算法。

10.3.4.1　Lagrange 对偶分解算法

考虑如下的线性整数规划问题:

$$\begin{aligned}&\min_{x}\sum_{n=1}^{N}c_nx_n,\\ &\text{s. t. }\ \sum_{n}A_nx_n=b,\ x_n\in X_n,\ n=1,\cdots,N,\end{aligned}\tag{10.3.4-1}$$

其中 $b\in\mathbb{R}^M$, $X_n=\mathbb{R}^{p_n}\times\mathbb{Z}^{q_n}$。特别地,该问题的松弛问题形式如下:

$$\begin{aligned}&\min_{x}\sum_{n=1}^{N}c_nx_n,\\ &\text{s. t. }\ \sum_{n}A_nx_n=b,\ x_n\in\operatorname{conv}(X_n),\ n=1,\cdots,N.\end{aligned}\tag{10.3.4-2}$$

假设约束维度远远小于变量维度,即 $M\ll N$。首先引入问题(10.3.4-2)的 Lagrange 函数,即

$$L(\lambda,x)=-\lambda^{\mathrm T}b+\sum_{n=1}^{N}c_nx_n+\lambda^{\mathrm T}\Big(\sum_{n}A_nx_n\Big),$$

相应的,对偶函数定义为

$$d(\lambda)=-\lambda^{\mathrm{T}}b+\sum_{n=1}^{N}\min_{x_n\in X_n}\{c_nx_n+\lambda_*^{\mathrm{T}}A_nx_n\},$$

对偶问题定义为$\max\limits_{\lambda} d(\lambda)$。

可以看到，在乘子 λ 给定的前提下，对偶函数 $d(\lambda)$ 可以转化为求解 N 个独立的线性规划问题：$\min\limits_{x_n\in X_n}\{c_nx_n+\lambda^{\mathrm{T}}A_nx_n\}$。记 $x(\lambda)$ 为

$$\sum_{n=1}^{N}\min_{x_n\in X_n}\{c_nx_n+\lambda_*^{\mathrm{T}}A_nx_n\}$$

的最优解，下述论断阐明了 $x(\lambda)$ 与最优解的关系：

假设对偶问题的最优解与原问题的松弛问题的最优解存在唯一。令对偶问题的最优解为 λ_*，那么子问题$\sum\limits_{n=1}^{N}\min\limits_{x_n\in X_n}\{c_nx_n+\lambda_*^{\mathrm{T}}A_nx_n\}$的最优解与原问题的最优解至多有 M 个值不同。进一步，可通过缩减约束值 b 得到原问题的可行解。

该论断说明：在最优乘子 λ_* 存在唯一的前提下，子问题

$$\sum_{n=1}^{N}\min_{x_n\in X_n}\{c_nx_n+\lambda_*^{\mathrm{T}}A_nx_n\}$$

的最优解与原问题的最优解大部分保持一致。但是 $x(\lambda_*)$ 可能不可行，因此需要通过缩减约束值 b 获得可行解。

考虑缩减约束后的整数规划问题

$$\min_{x}\sum_{n=1}^{N}c_nx_n,$$

$$\text{s. t. }\sum\nolimits_{n}A_nx_n=b-\rho,\ x_n\in X_n,\ n=1,\cdots,N.$$

通常 ρ 的每个分量 $[\rho]_k$ 可以按照如下的方式进行取值：

$$[\rho]_k=M\cdot\max_{i\in I}(\max_{x_i\in X_i}A_i^kx_i-\min_{x_i\in X_i}A_i^kx_i),\qquad(10.3.4-3)$$

其中 A_i^k 表示矩阵 A_i 的第 k 行。

该方法只能得到原问题的可行解，但该可行解对应的目标函数值与最优值是有上界保证的。记原问题最优值为 J^*，可行解对应的目标函数值为 $J(x(\lambda^*))$，则可行解与最优解的误差估计满足

$$J(x(\lambda^*))-J^*\leqslant(m+\|\rho\|_\infty/\zeta)\cdot\max_{i\in I}\gamma_i,$$

其中 $\gamma_i=\max\limits_{x_i\in X_i}c_i^{\mathrm{T}}x_i-\min\limits_{x_i\in X_i}c_i^{\mathrm{T}}x_i$，其衡量的是在定义域内部目标函数值的最大值与最小值的差异。

该方法需要预先知道最优 Lagrange 乘子 λ_*，而最优 Lagrange 乘子 λ_* 往往无法直接得到。Lagrange 解耦-交替迭代算法考虑到了这一问题，该算法通过交替迭代方式更新乘子与最优值，最终得到一个质量不错的可行解。Lagrange 解耦

-交替迭代算法具体设计如下：

Lagrange 解耦-交替迭代算法

(1) $\lambda(0)=0$

(2) $\bar{s}_i(0)=-\infty,\ i=1,\cdots,m$

(3) $\underline{s}_i(0)=+\infty,\ i=1,\cdots,m$

(4) $k=0$

(5) for $i=1$ to m do

(6) 　　$x_i(k+1)\leftarrow \text{argmin}_{x_i\in \text{vert}(X_i)}(c_i^{\mathrm{T}}+\lambda(k)^{\mathrm{T}}A_i)x_i$

(7) end for

(8) $\bar{s}_i(k+1)=\max\{\bar{s}_i(k),A_ix_i(k+1)\},\ i=1,\cdots,m$

(9) $\underline{s}_i(k+1)=\min\{\underline{s}_i(k),A_ix_i(k+1)\},\ i=1,\cdots,m$

(10) $\rho_i(k+1)=\bar{s}_i(k+1)-\underline{s}_i(k+1),\ i=1,\cdots,m$

(11) $\rho(k+1)=\max\{\rho_1(k+1),\cdots,\rho_m(k+1)\}$

(12) $\lambda(k+1)=\left[\lambda(k)+\alpha(k)\left(\sum_{i=1}^{m}A_ix_i(k+1)-b+\rho(k+1)\right)\right]_+$

(13) $k\leftarrow k+1$

(14) 直到达到收敛条件

10.3.4.2　约束分配分解算法

除了传统的 Lagrange 对偶分解，还可以通过约束分配的方式进行解耦。针对问题(10.3.4-1)，考虑如下的转化方式：

$$\begin{aligned}&\min_y \sum_{n=1}^{N} p(y_n),\\&\text{s. t. } \sum_{n=1}^{N} y_n=b,\end{aligned}\qquad(10.3.4-4)$$

其中 $p(y_i)$ 为下述优化问题的最优值：

$$\begin{aligned}&p(y_i)=\min_{x_i} c_ix_i\\&\text{s. t. } A_ix_i\leqslant y_i,\ x_i\in X_i,\end{aligned}\qquad(10.3.4-5)$$

则原问题转化为一个连续优化主问题和多个整数规划子问题，这样最终完成了问题的解耦。进一步地，考虑问题(10.3.4-1) 的松弛问题

$$\begin{aligned}&\min_x \sum_{n=1}^{N} c_nx_n,\\&\text{s. t. } \sum_{n} A_nx_n\leqslant b,\ x_n\in \text{conv}(X_n),n=1,\cdots,N.\end{aligned}\qquad(10.3.4-6)$$

由于松弛问题是一个连续的线性规划问题，因此有非常成熟的解法。同时，原问题与其松弛子问题的解有着密切联系，下面的定理则详细刻画了这种联系。

定理 10.3.4－1 假设问题(10.3.4－6)可行，令$(\bar{z}_1,\cdots,\bar{z}_N)$是松弛问题一个位于顶点的可行解，则存在一个指标集$I_{\mathbb{Z}}\subseteq\{1,\cdots,N\}$，其满足$|I_{\mathbb{Z}}|\geqslant N-M$，使得

$$\bar{z}_i\in\mathbb{R}^{p_n}\times\mathbb{Z}^{q_n},\quad \forall i\in I_{\mathbb{Z}}。$$

进一步地，采用类似(10.3.4－4)与(10.3.4－5)的约束分配方式对松弛问题(10.3.4－6)进行解耦，得到解耦子问题

$$\begin{aligned}&\min_{x_i} c_i x_i,\\ &\text{s. t. } A_i x_i\leqslant y_i,\ x_i\in\operatorname{conv}(X_n).\end{aligned}$$

这样子问题就转化为一个线性规划问题。由于子问题是松弛问题，当子问题的变量有取值整数限制时可能无可行解，所以需要对定义域进行适当放大，为此将约束进一步放松。考虑如下的约束松弛子问题：

$$\begin{aligned}&\min_{x_i} c_i x_i+Tv_i,\\ &\text{s. t. } A_i x_i\leqslant y_i+v_i\mathbf{1},\ x_i\in\operatorname{conv}(X_n),\ v_i\geqslant 0,\end{aligned}\tag{10.3.4－7}$$

通过引入辅助变量v_i，可保证求得一个满足整数要求的可行解。但由于放大了定义域，为了得到一个满足原问题的可行解，需要预先对原问题的定义域适当缩小，为此我们引入正数σ，令$\sum_{i=1}^{N}y_i=b-\sigma$。下面给出分布式对偶分解算法：

分布式对偶分解算法

(1) 初始化：令$T_f>0$，初始化y_i^0使得$\sum_{i=1}^{N}y_i^0=b-\sigma$

(2) 评估：for $t=0,1,\cdots,T_f$ do

求解问题(10.3.4－7)，得到 Lagrange 乘子μ_i^t

得到$\mu_j^t(j\in\mathcal{N}_i)$，$y_i^{t+1}=y_i^t+\alpha^t\sum_{j\in\mathcal{N}_i}(\mu_i^t-\mu_j^t)$

(3) 返回$y_i^{T_f}$作为最优值

(4) 根据所得的$y_i^{T_f}$，计算如下的整数规划问题：

$$\begin{aligned}&\min_{x_i} c_i x_i+Tv_i,\\ &\text{s. t. } A_i x_i\leqslant y_i+\rho_i\mathbf{1}_i,\ x_i\in\operatorname{conv}(X_n),\ v_i\geqslant 0\end{aligned}$$

10.4　大规模非线性整数规划

与线性整数规划相比，非线性整数规划通用的求解算法较少，需要具体问题具体分析。一般而言，非线性整数规划的求解算法往往是先利用逼近、转化等方式将非线性问题转化为线性问题或者易于求解的凸问题，之后通过多次迭代逐渐求得原问题的最优解或可行解。本节主要介绍广义 Benders 分解算法与广义切平面方法的算法。

10.4.1　广义 Benders 分解算法

广义 Benders 分解算法主要针对如下的混合整数规划问题：

$$\begin{aligned}&\min_{x,y} f(x,y),\\&\text{s.t. }\ g(x,y)\leqslant 0,\ x\in X,\ y\in Y,\end{aligned}\tag{10.4.1-1}$$

其中，$X\in\mathbb{R}^N$ 是一个闭凸集，$Y\in\mathbb{Z}^M$ 是整数集；相应地，x 是连续变量，y 是离散变量；在变量 y 给定的条件下，函数 $f(x,y)$ 与 $g(x,y)$ 都是凸函数。

考虑如下的两个子问题：

$$L^*(y,u)=\inf_x\{f(x,y)+u^t g(x,y)\},\quad y\in Y,u\geqslant 0,\tag{10.4.1-2}$$

$$L_*(y,\lambda)=\inf_x\{\lambda^t g(x,y)\},\quad y\in Y,\lambda\geqslant 0.\tag{10.4.1-3}$$

在变量 y 给定的前提下，$L^*(y,u)$ 求得的是对偶函数，$L_*(y,\lambda)$ 表示的是可行域。有了这种理解，广义的 Benders 分解过程由以下步骤表示：

(1) 令 $\bar{y}\in Y\cap V$ 为初始点，求解子问题

$$\begin{aligned}&\min_u L^*(\bar{y},u),\\&\text{s.t. }\ u\geqslant 0,\ u\in U,\end{aligned}\tag{10.4.1-4}$$

得到最优乘子 $\bar{u}$ 及最优函数值 $v(\bar{y})=L^*(\bar{y},\bar{u})$。令 $p=1,q=0,u^1=\bar{u}$，$\text{Low}=v(\bar{y})$，收敛误差参数 $\varepsilon>0$。

(2) 解决关于 y 的优化问题

$$\begin{aligned}&\min_{y,y_0} y_0,\\&\text{s.t. }\begin{cases}y_0\geqslant L^*(y;u^i),\ i=1,\cdots,p,\\L_*(y;\lambda^j)\leqslant 0,\ j=1,\cdots,q.\end{cases}\end{aligned}\tag{10.4.1-5}$$

令 (y^*,y_0^*) 为最优值，其中 y_0^* 是优化问题的上界。如果 $\text{Low}\leqslant y_0^*+\varepsilon$，终止。

(3) 将 y^* 带入(10.4.1-4)，求解修正的子问题。根据如下两种不同情况选

择不同算法：

① $v(y^*)$有界：如果 $v(y^*)+\varepsilon\geqslant y_0^*$，算法终止。否则，得到最优乘子 $\bar{u}$ 以及最优值 $v(y^*)=L^*(y^*,\bar{u})$，且 p 增加 1，并令 $u^p=\bar{u}$。如果 $v(y^*)<\text{Low}$，令 $\text{Low}=v(y^*)$。返回步骤(2)。

② 问题(10.4.1-4)不可行：存在极方向 $\hat{\lambda}$，使得 $L_*(y,\hat{\lambda})\geqslant 0$，且 q 增加 1，并令 $\lambda^q=\hat{\lambda}$。返回步骤(2)。

这种方法高度依赖于拉格朗日函数或约束满足函数，因此更适合于那些函数形式较为简单的问题。在处理离散变量时，该算法从一个相对简单的离散优化问题开始，通过逐步增加问题(10.4.1-5)的最优值约束条件，从而不断逼近最优解。在实际应用中，该算法的收敛速度通常较快，并且需要求解的离散优化问题的规模也比较小。

10.4.2 广义切平面算法

考虑如下的混合整数规划问题：

$$\begin{aligned}&\min_x cx,\\&\text{s.t. } g(x)\leqslant 0,\ x\in X\in\mathbb{R}^n\times\mathbb{Z}^m,\end{aligned}\tag{10.4.2-1}$$

其中，$g(x)$是定义在 $\operatorname{conv}\{X\}$上的凸函数。显然，$g(x)$在给定点 x^* 的前提下满足如下的不等式关系：

$$l(x)=g(x^*)+\left(\frac{\partial g}{\partial x}\right)_{x^*}(x-x^*)\leqslant g(x).$$

因此，如果 $g(x)\leqslant 0$，可以推出 $l(x)\leqslant 0$，这说明$\{x\mid g(x)\leqslant 0\}\subseteq\{\mid l(x)\leqslant 0\}$，所以该线性不等式可以看作一个特殊的切平面。接下来给定点序列$\{x^t\mid t=0,1,\cdots,\overline{T}\}$，并令

$$l_t(x)=g(x^t)+\left(\frac{\partial g}{\partial x}\right)_{x^t}(x-x^t)\leqslant g(x),\tag{10.4.2-2}$$

所以当采用 $g(x)$在 x^k 的一阶 Taylor 展开式 $l(x)$时，可行域进行了放大。

给定点集序列$\{\Omega_t\mid t=0,1,\cdots,T\}$，其定义为

$$\Omega_T=\{x\mid l_t(x)\leqslant 0,t=0,1,\cdots,\overline{T}\},$$

进而有 $\Omega_t=\Omega_{t-1}\cap\{x\mid l_t(x)\leqslant 0\}$。

定义序列 x^t 为如下整数规划问题的最优解：

$$\begin{aligned}&\min_x cx,\\&\text{s.t. } x\in\Omega_t.\end{aligned}$$

如果 $g(x^t)\leqslant 0$，则根据前面的讨论可知，x^k 一定是原问题(10.4.2-1)的最优解。如果 $g(x^t)>0$，则增加约束(10.4.2-2)到约束集中。通过 Ω_t 的定义，可以得到 $\Omega_t\subseteq\Omega_{\bar{T}-1}\subseteq\Omega_{\bar{T}-2}\subseteq\cdots\subseteq\Omega_1$。同时，也可以得到最优值序列 $Z_t=c^{\mathrm{T}}x^t$ 是一个单调增加的序列，即 $Z_{\bar{T}}\geqslant Z_{\bar{T}-1}\geqslant Z_{\bar{T}-2}\geqslant\cdots\geqslant Z_1$。

广义切平面算法以一个不可行解作为算法的初始值，最终收敛至原问题的最优解。该算法从一个简单的线性约束开始逐渐增加线性不等式约束，特别适合可行域较宽松的情况。

10.5　总结与展望

本章主要阐述整数规划的基本知识和求解算法。整数规划问题的基本求解算法主要有分支定界法和割平面法，这两种方法是大多数商业求解器的基石，在整数规划问题的求解过程中发挥着至关重要的作用。针对大规模线性整数规划问题的求解算法可以分为集中式和分布式两种主要类型，其中集中式算法包括列生成算法和 Dantzig-Wolfe 分解算法等方法，分布式算法则主要通过拉格朗日解耦合约束分配等手段来实现问题的分解。对于大规模非线性整数规划问题，常见的求解算法包括广义 Benders 分解算法、广义切平面算法等。未来的重要研究方向是充分利用问题的特殊结构和性质设计更为高效的精确算法，通过分布式求解或解耦策略加速收敛过程，提升最优解的质量和可靠性。

参考文献

[1] Vujanic R, Esfahani P M, Goulart P J, et al. A decomposition method for large scale MILPs, with performance guarantees and a power system application[J]. Automatica, 2016, 67: 144 - 156.

[2] Camisa A, Notarnicola I, Notarstefano G. Distributed primal decomposition for large-scale MILPs[J]. IEEE Transactions on Automatic Control, 2022, 67(1): 413 - 420.

[3] Falsone A, Margellos K, Prandini M. A decentralized approach to multi-agent MILPs: Finite-time feasibility and performance guarantees[J]. Automatica, 2019, 103: 141 - 150.

第 11 章　多目标优化

多目标优化是指在优化问题中存在多个相互竞争的目标函数情况下，寻找一组解，使得这些目标函数能够在满足约束条件的前提下取得最优的平衡或折中。在传统的单目标优化问题中，只有一个目标函数需要被最小化或最大化。多目标优化面对的是具有多个冲突目标的情况，改善其中一个目标可能会对其他目标产生不利影响。由于现实世界中存在大量的多目标优化问题，研究多目标优化能够帮助决策者在多个冲突目标之间做出平衡或折中，从而获得最优的决策结果。因此，多目标优化具有重要的研究意义和应用价值。

本章使用的数学符号如表 11－1 所示。

表 11－1　数学符号

符号	含义
$\mathbb{R}^n$	n 维实数列向量集
$\mathbb{R}_+^n$	n 维非负实数列向量集
x^{T}	向量 x 的转置
A^{T}	矩阵 A 的转置
$\|x\|$	向量 x 的欧几里得范数
$\mathrm{sign}(x)$	向量 x 处符号函数值
$\nabla_x f(x)$	函数 $f(x)$在点 x 处的梯度
$x \sim p(x)$	服从概率分布 $p(x)$的样本
$\lceil\cdot\rceil$	向上取整运算符号
$\lfloor\cdot\rfloor$	向下取整运算符号
C_n^m	从 n 个元素任选 m 个元素的组合数目

11.1　多目标优化基础

本节介绍有关多目标优化的基础知识，包括多目标优化的一些实际问题、数学模型以及最优解概念，熟悉这些内容是深入理解多目标优化问题及其算法的基本前提。通过学习这些基本知识，读者也可以更清楚地发现多目标优化与单目标优化之间的共性与差异。

11.1.1　背景介绍

在一般的优化问题中，我们常常仅考虑一个目标函数，这样的问题称为单目标最优化问题。而在实际的工程技术、生产管理以及国防建设中所遇到的问题往往需要同时考虑多个目标在某种意义下的最优化，我们称这种含有多个目标的最优化问题为多目标优化问题。下面我们给出几个粗略的例子。

例 11.1.1－1(物资调运问题)　某物资部门拟将几个仓库里的物资调拨到若干个销售点去，在制订调拨计划时一般要考虑这样两个目标：一是运输过程中少走冤枉路，即总的吨千米数要最小；二是节省运费，即总的运输费用要最低。这是一个含有两个目标的最优化问题。

例 11.1.1－2(配方问题)　橡胶产品通常是由好几种原料混合制成的，在考虑各种原料的比例应该是多少才合适即在确定一种橡胶产品的配方时，一般需要同时考虑强力、硬度、变形、伸长等性能指标。这是一个至少含有四个目标的最优化问题。

例 11.1.1－3(人才培养问题)　教育部门应推行哪些改革措施才能做到为社会建设培养出尽可能多的人才，以及早出人才、出好人才，这是教育界的一个十分重要的课题。显然，这是一个含有三个目标的最优化问题。

通过上面三个简单的例子可以发现，所谓的多目标优化问题在各种实际问题中是大量存在的。相比于仅考虑单个目标函数的最优化问题，多目标优化问题可以说在问题建模方面考虑得更全面，这是因为在研究一个大项目时，所考虑得因素和指标显然不会那么单一，相反是十分庞杂的。从理论上来看，因素和指标自然是考虑的越全面越好，但实际情况告诉我们，这样会使问题变得过于复杂和庞大，给问题的最终求解带来技术上的巨大挑战。因此，如何抓住主要矛盾，舍弃次要因素，使问题尽可能地简化就显得十分重要。在条件允许的情况下，能用单目标优化解决的问题，就尽量不要设计成多目标问题；在非得考虑多个目标不可的情况下，也要设法把目标减少到最少。

11.1.2　数学模型

用现代的方法解决实际问题，最为基础的一步就是建立数学模型。多目标优化问题也是一样。下面我们以上一小节的物资调运问题为例来研究它的数学模型。首先需要确定问题中所涉及的已知量,并设出未知量(也叫决策变量,简称变量);然后按要求建立目标函数,以及各量之间所满足的限制条件即约束函数。

首先建立如下单目标最优化问题的数学模型:

$$\min_{x} f(x),\quad \text{s. t.} \begin{cases} g_i(x)\leqslant 0\ (i=1,2,\cdots,m), \\ h_j(x)=0\ (j=1,2,\cdots,s), \end{cases} \tag{11.1.2-1}$$

其中 $x=(x_1,x_2,\cdots,x_n)\in\mathbb{R}^n$,$\mathbb{R}^n$ 是 n 维欧氏空间/实向量空间。那么多目标优化问题的问题模型就可以类似给出:

$$\min\ (f_1(x),f_2(x),\cdots,f_p(x))^{\mathrm{T}},\quad \text{s. t.} \begin{cases} g_i(x)\leqslant 0\ (i=1,2,\cdots,m), \\ h_j(x)=0\ (j=1,2,\cdots,s). \end{cases} \tag{11.1.2-2}$$

若记

$$f(x)=(f_1(x),f_2(x),\cdots,f_p(x))^{\mathrm{T}}, \tag{11.1.2-3}$$

$$g(x)=(g_1(x),g_2(x),\cdots,g_m(x))^{\mathrm{T}}, \tag{11.1.2-4}$$

$$h(x)=(h_1(x),h_2(x),\cdots,h_s(x))^{\mathrm{T}}, \tag{11.1.2-5}$$

$$U=\{x\in\mathbb{R}^n\,|\,g(x)\leqslant 0,h(x)=0\}, \tag{11.1.2-6}$$

则上述模型可简记为

$$(\mathrm{VP})\ \min_{x\in U} f(x), \tag{11.1.2-7}$$

当 $p=1$ 时,(VP)就是通常的单目标最优化问题。在本章内容中,总假定 $p\geqslant 2$。

需要指出的是,在实际问题中,除了上述那种对所有目标函数都求最小值之外,还可能遇到以下三种情况:一是对所有目标函数都求最大值;二是对一部分目标函数求最小值,而对其余目标函数求最大值;三是对一部分目标函数求最小值,对一部分目标函数求最大值,其余目标函数值则被限制在一定范围内。

对于第一种情况,只需注意求一个函数 $f(x)$ 的最大值可以转化为求这个函数的负函数 $-f(x)$ 的最小值,便知道这时的数学模型可以转化为

$$\min_{x\in U}(-f_1(x),-f_2(x),\cdots,-f_p(x))^{\mathrm{T}}, \tag{11.1.2-8}$$

这还是(VP)的形式。

类似地,对于第二种情况,不失一般性,假定前 r 个目标函数 $f_1(x),f_2(x),\cdots,f_r(x)$ 都是求最小值,其余 $p-r$ 个目标函数 $f_{r+1}(x),f_{r+2}(x),\cdots,f_p(x)$ 都是求最大值,而约束集合都是 U,此时数学模型便可转化为

$$\min_{x\in U}(f_1(x),f_2(x),\cdots,f_r(x),-f_{r+1}(x),\cdots-f_p(x))^{\mathrm{T}}, \tag{11.1.2-9}$$

这也是(VP)的形式。

至于第三种情况,不失一般性,假定前 r 个目标函数 $f_1(x), f_2(x), \cdots, f_r(x)$ 都是求最小值,后面 s 个目标函数 $f_{r+1}(x), f_{r+2}(x), \cdots, f_{r+s}(x)$ 都是求最大值,其余目标函数 $f_{r+s+1}(x), \cdots, f_p(x)$ 限制为 $\alpha_i \leqslant f_i(x) \leqslant \beta_i (i=r+s+1, \cdots, p)$,其中 α_i 和 β_i 均为常数,而约束集合仍为 U,此时只需要添加如下约束:

$$U' = \{x \in U \mid \alpha_i \leqslant f_i(x) \leqslant \beta_i, i=r+s+1, \cdots, p\}, \quad (11.1.2-10)$$

便知这种情形的数学模型可以转化为

$$\min_{x \in U'} (f_1(x), f_2(x), \cdots, f_r(x), -f_{r+1}(x), \cdots, -f_{r+s}(x))^{\mathrm{T}}, \quad (11.1.2-11)$$

不难看出,这仍是(VP)的形式。

以上说明任何一个多目标优化问题总可以用(VP)来描述,因此我们称(VP)为多目标优化问题的标准数学模型,简称标准形式。

11.1.3　最优解

首先引入几个向量不等式记号。令

$$y = (y_1, y_2, \cdots, y_n)^{\mathrm{T}} \in \mathbb{R}, \quad z = (z_1, z_2, \cdots, z_n)^{\mathrm{T}} \in \mathbb{R}^n, \quad (11.1.3-1)$$

规定:(1) $y = z \Leftrightarrow y_i = z_i (i=1,2,\cdots,n)$;

(2) $y > z \Leftrightarrow y_i > z_i (i=1,2,\cdots,n)$;

(3) $y \geqslant z \Leftrightarrow y_i \geqslant z_i (i=1,2,\cdots,n)$;

(4) $y \succeq z \Leftrightarrow y_i \geqslant z_i (i=1,2,\cdots,n)$,并且至少存在 $1 \leqslant j_0 \leqslant n$ 使 $y_{j_0} > z_{j_0}$,即 $y \neq z$。

类似地,可以定义 $y < z$, $y \leqslant z$ 和 $y \preceq z$。显然,记号"$=$""$<$""$\leqslant$"就是实数分析中常用的符号,"$\preceq$"则是多目标优化问题里常用的特有符号,也被叫作 Pareto 支配,$y \preceq z$ 称为 y **Pareto 支配** z。读者需要加以区分。

在多目标优化问题中,多个目标函数往往是冲突的,不能同时达到最优,通常需要有所取舍,最后获得的是一个解集。为了刻画多目标优化问题中"最优"的概念,下面介绍几种解——绝对最优解、有效解就弱有效解,其中有效解就是我们通常所说的 Pareto 最优解。

对于多目标优化问题的解,最自然的想法就是每一个目标函数都取得了严格最优,即下面定义所说的绝对最优解。

定义 11.1.3-1　设 $x^* \in U$,如果对任意的 $x \in U$,均有

$$f(x^*) \leqslant f(x), \quad (11.1.3-2)$$

即对任意 $j=1,2,\cdots,p$，均有 $f_j(x^*)\leqslant f_j(x)$，则说 x^* 是(VP)的**绝对最优解**，其全体记作集合 R_{ab}。

绝对最优解概念显然是单目标规划最优解概念的直接推广，它的几何解释如图 11.1.3－1 和图 11.1.3－2 所示。绝对最优解当然是最理想的一种解，但这种解并不是在所有问题中都存在，例如图 11.1.3－3 所示的双目标最优化问题中就不存在绝对最优解，这就需要我们把条件适当放宽，探讨其他意义下更具可行性的最优解。

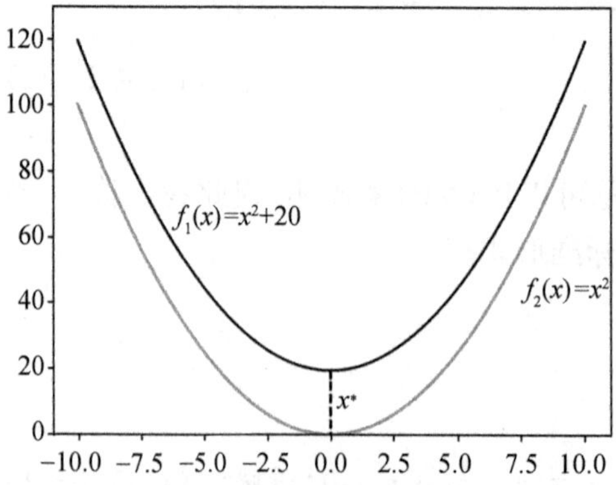

图 11.1.3－1　变量/决策空间中的绝对最优解示意图 1

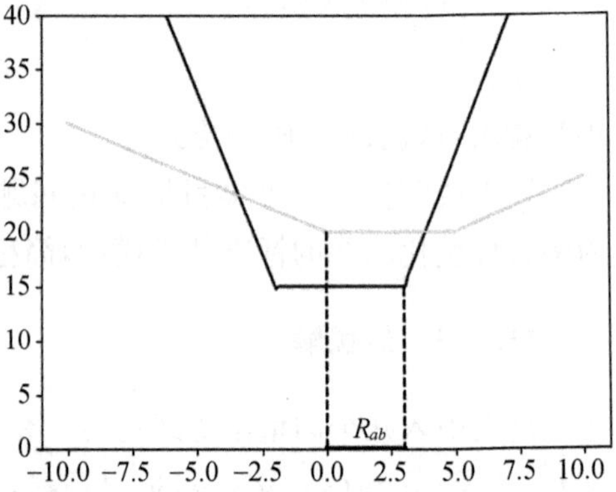

图 11.1.3－2　变量/决策空间中的绝对最优解示意图 2

定义 11.1.3－2　设 $x^*\in U$，如果不存在 $x\in U$，使

$$f(x)\leq f(x^*),\tag{11.1.3-3}$$

则说 x^* 是(VP)的**有效解**，其全体记作集合 R_{pa}。

这也就是我们通常意义上所说的 **Pareto 最优解**，所有 Pareto 最优解构成的集合称为 **Pareto 最优解集**，简称 **Pareto 解集**(Pareto-Optimal Solutions，PS)。PS 在目标空间形成的图形称为 **Pareto 前沿**(Pareto-Optimal Fronts，PF)。这种最优解的含义是：若 $x^*\in R_{pa}$，则找不到其他的可行解 $x\in U$，使得 $f(x)$ 的每个目标值都不劣于 $f(x^*)$ 的相应目标值，并且 $f(x)$ 至少有一个目标值优于 $f(x^*)$ 的相应目标值。换句话说，在"$\leq$"意义下 x^* 是最好的，不能再改进了。它的几何解释如图 11.1.3－3 所示。

另一方面，如果将定义 11.1.3－2 中的 $f(x)\leq f(x^*)$ 继续放宽到 $f(x)<f(x^*)$，那么我们就有下面的定义。

定义 11.1.3－3　设 $x^*\in U$，如果不存在 $x\in U$，使

$$f(x)<f(x^*),\tag{11.1.3-4}$$

则说 x^* 是(VP)的**弱有效解**，其全体记作集合 R_{wp}。

它的含义是：若 $x \in R_{wp}$，则找不到一个可行解 $x \in U$，使得 $f(x)$ 的每个目标值都优于 $f(x^*)$ 的相应目标值。也就是说，在"<"意义下，再也找不到比 x^* 更好的可行解了。关于弱有效解的几何解释如图 11.1.3－3 和图 11.1.3－4 所示。

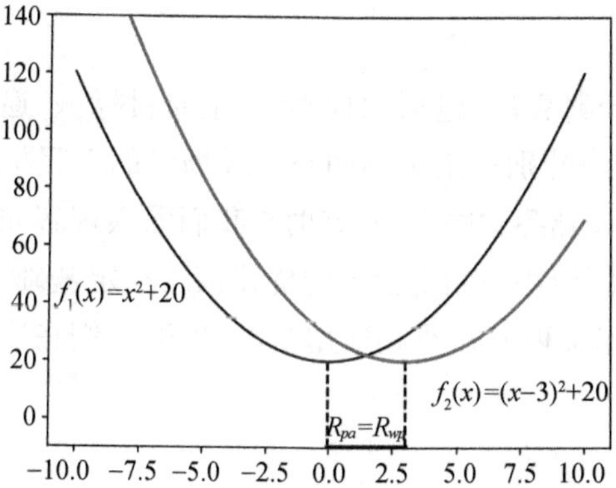

图 11.1.3－3　变量/决策空间中的(弱)有效解示意图 1

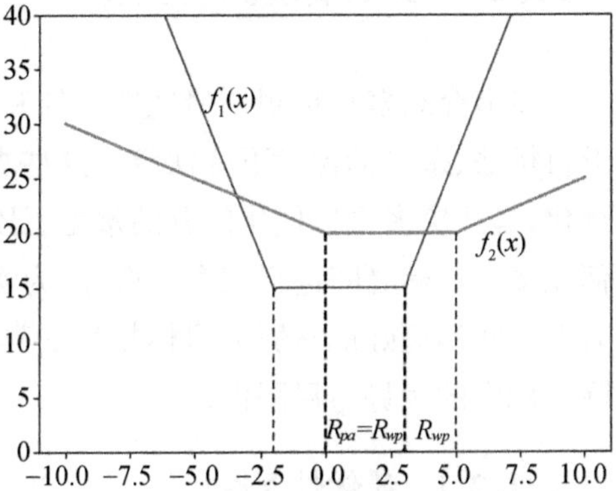

图 11.1.3－4　变量/决策空间中的(弱)有效解示意图 2

11.1.4　发展路线

多目标优化方法经历了从数学规划到演化计算再到机器学习的逐步发展过程，其中的每一阶段都引入了新的思路和技术手段，以应对多目标优化问题的不同挑战。最初的多目标优化方法主要基于数学规划的思想，典型方法包括加权和法、ε-约束法、理想点法等标量化方法，通过将多个目标函数转化为单一目标来求解。此外，还有许多方法将单目标规划推广到多目标规划，例如线性规划的单纯形法、非线性规划的拉格朗日乘子法、多目标梯度下降法等数值近似算法。随着对求解效率要求的提升以及各类多样化需求的增加，传统数学规划方法在处理强非线性、离散、动态、大规模、高维多目标问题时逐渐显现出局限性。演化计算方法应运而生，这类方法受自然选择和进化理论的启发，使用遗传算法、粒子群优化和差分进化等技术，通过启发式规则和群体搜索在目标空间中寻找 PF。演化计算在处理复杂多模态、动态、大规模多目标优化问题上展现出较强的灵活性和鲁棒性，但其求解精度、收敛速度及可扩展性仍然无法满足现实要求。近年来，机器学习特别是深度学习逐渐被引入多目标优化领域。结合演化计算，机器学习通过数据驱动的方式能够进一步提高搜索效率和解的质量。机器学习方法还可以辅助建模和优化过程，如使用神经网络构建代理模型以代替高成本的目标/约束函数，或通过元学习加速解的收敛，以及利用多任务学习和迁移学习提高算法的可扩展性等。

下面我们将详细介绍其中的一些代表性方法，包括经典的多目标规划方法，以及大规模多目标优化、超多目标优化中所采用的演化学习方法与机器学习方法。

11.2 多目标规划方法

本节介绍多目标规划最优性条件和经典算法，包括加权和法、主要目标法、逼近目标法、多目标梯度下降法等。这些方法分别适用于不同类型或场景的多目标优化，是解决多目标优化问题的常见手段。熟悉这些方法，有助于我们深入理解如何在多个目标之间进行权衡与选择，为实际应用中制定合理的优化策略奠定基础；有助于我们更好地掌握多目标规划的具体实现方式及其适用范围，理解它们在实际问题中的优势与局限性。

11.2.1 最优性条件

为了更好地判别最优解，先介绍一下多目标优化中几类常见的最优性条件。

1) 最优性必要条件

考虑(VP)的 Lagrange 函数：

$$L(x,\lambda,u,v)=\lambda^{\mathrm{T}}f(x)+u^{\mathrm{T}}g(x)+v^{\mathrm{T}}h(x), \qquad (11.2.1-1)$$

其中 $\lambda\in\mathbb{R}^p, u\in\mathbb{R}^m, v\in\mathbb{R}^l$。

我们先介绍 Fritz John 必要条件，再讨论 Kuhn-Tucker 必要条件。

定理 11.2.1-1(Fritz John 必要条件) 假设 $f(x)$, $g(x)$和 $h(x)$在 $\bar{x}\in U$ 处可微，若 $\bar{x}$ 是(VP)的有效解或弱有效解，则存在 $\bar{\lambda}\in\mathbb{R}^p, \bar{u}\in\mathbb{R}^m, \bar{v}\in\mathbb{R}^s$，使

$$\begin{cases}\nabla_x L(\bar{x},\bar{\lambda},\bar{u},\bar{v})=\bar{\lambda}\nabla f(\bar{x})+\bar{u}^{\mathrm{T}}\nabla g(\bar{x})+\bar{v}\nabla h(\bar{x})=0,\\ \bar{u}^{\mathrm{T}}g(\bar{x})=0,\\ \bar{\lambda}\geqslant 0,\ \bar{u}\geqslant 0,\ (\bar{\lambda},\bar{u},\bar{v})\neq 0,\\ \bar{x}\in U=\{x\in\mathbb{R}^n\mid g(x)\leqslant 0, h(x)=0\}.\end{cases} \qquad (11.2.1-2)$$

Fritz John 必要条件中的 $\bar{\lambda}\geqslant 0$ 有可能出现 $\bar{\lambda}=0$，但若附加某种约束规格，也可保证 $\bar{\lambda}>0$ 或 $\bar{\lambda}\geq 0$，这便是 K-T 必要条件。为此，我们引入如下的单目标规划：

$$(\mathrm{SP})(\bar{x})\ \min_{x\in U'}\varphi(x)=\sum_{i=1}^{p}f_i(x), \qquad (11.2.1-3)$$

其中 $U'=\{x\in U\mid f(x)\leqslant f(\bar{x})\}$。

定理 11.2.1-2(K-T 必要条件) 假设 $f(x)$和 $g(x)$在 $\bar{x}\in U$ 处可微，且对

应于 $\bar{x}$ 的单目标问题(SP)($\bar{x}$)的约束集合 U' 满足 K-T 约束规格,即

$$D(U',\bar{x})=\{d\in\mathbb{R}^n \mid \exists\delta>0,\forall\alpha\in[0,\delta],\bar{x}+\alpha d\in U'\}$$

$$=\left\{d\in\mathbb{R}^n \left| \begin{array}{l} d^{\mathrm{T}}\nabla g_i(\bar{x})\leqslant 0, i\in I(\bar{x})=\{i\in\{1,\cdots,m\}\mid g_i(\bar{x})=0\}; \\ d^{\mathrm{T}}\nabla h_j(\bar{x})=0, j=1,\cdots,s \end{array}\right.\right\}, \tag{11.2.1-4}$$

若 $\bar{x}$ 是(VP)的有效解,则存在 $\bar{\lambda}\in\mathbb{R}^p,\bar{u}\in\mathbb{R}^m,\bar{v}\in\mathbb{R}^s$,使

$$\begin{cases} \nabla_x L(\bar{x},\bar{\lambda},\bar{u},\bar{v})=\bar{\lambda}\nabla f(\bar{x})+\bar{u}^{\mathrm{T}}\nabla g(\bar{x})+\bar{v}\nabla h(\bar{x})=0, \\ \bar{u}^{\mathrm{T}}g(\bar{x})=0, \\ \bar{\lambda}>0,\ \bar{u}\geqslant 0, \\ \bar{x}\in U=\{x\in\mathbb{R}^n \mid g(x)\leqslant 0, h(x)=0\}. \end{cases} \tag{11.2.1-5}$$

证明　记(SP)($\bar{x}$)的 Lagrange 函数为

$$l(x,\lambda,u,v)=\sum_{i=1}^{p}f_i(x)+\sum_{i=1}^{p}\lambda_i[f_i(x)-f_i(\bar{x})] + \sum_{j=1}^{m}u_j g_j(x)+\sum_{k=1}^{s}v_k h_k(x), \tag{11.2.1-6}$$

易知 l 对 x 的梯度为

$$\nabla_x l(x,\lambda,u,v)=\sum_{i=1}^{p}(1+\lambda_i)\nabla f_i(x)+\sum_{j=1}^{m}u_j\nabla g_j(x) + \sum_{k=1}^{s}v_k\nabla h_k(x). \tag{11.2.1-7}$$

因为 $\bar{x}$ 是(VP)的有效解,由此不难证明 $\bar{x}$ 必是(SP)($\bar{x}$)的最优解。又(SP)($\bar{x}$)的约束集合 U' 满足 K-T 约束规格,于是由单目标优化的 K-T 必要条件可知,必存在 $\lambda_i^o\geqslant 0, u_j^o\geqslant 0, v_k^o$ 使得

$$\begin{cases} \nabla_x l(\bar{x},\lambda^o,u^o,v^o) \\ \quad =\sum_{i=1}^{p}(1+\lambda_i^o)\nabla f_i(\bar{x})+\sum_{j=1}^{m}u_j^o\nabla g_j(\bar{x})+\sum_{k=1}^{s}v_k^o\nabla h_k(\bar{x})=0, \\ \sum_{j=1}^{m}u_j^o g_j(\bar{x})=0, \\ \lambda_i^o\geqslant 0,\ u_j^o\geqslant 0,\ i=1,2,\cdots,p,\ j=1,2,\cdots,m. \end{cases} \tag{11.2.1-8}$$

令

$$\bar{\lambda}_i=1+\lambda_i^o(i=1,2,\cdots,p),\quad \bar{\lambda}=(\bar{\lambda}_1,\bar{\lambda}_2,\cdots,\bar{\lambda}_p)^{\mathrm{T}}, \tag{11.2.1-9}$$

$$\bar{u}_j = u_j^o (j=1,2,\cdots,m),\quad \bar{u}=(\bar{u}_1,\bar{u}_2,\cdots,\bar{u}_m)^{\mathrm{T}},\tag{11.2.1-10}$$

$$\bar{v}_k = 1+v_k^o (i=1,2,\cdots,s),\quad \bar{v}=(\bar{v}_1,\bar{v}_2,\cdots,\bar{v}_s)^{\mathrm{T}},\tag{11.2.1-11}$$

显然$\bar{\lambda}>0$,$\bar{u}\geqslant 0$,由此及(11.2.1-1)即知所选取的$\bar{\lambda}$,$\bar{u}$,$\bar{v}$满足(11.2.1-8)。

证毕。

如果(VP)是无约束问题,即$U=\mathbb{R}^n$,则由上面的两个定理可分别得到如下的结论:

推论 11.2.1-1　设$U=\mathbb{R}^n$,且$f(x)$在$\bar{x}\in U$处可微,若$\bar{x}$是(VP)的有效解或弱有效解,则存在$\bar{\lambda}\geqslant 0$,使$\bar{\lambda}^{\mathrm{T}}\nabla f(x)=0$。

推论 11.2.1-2　设$U=\mathbb{R}^n$,且$f(x)$在$\bar{x}\in U$处可微,若对应于$\bar{x}$的单目标问题(SP)($\bar{x}$)的约束集合U'满足K-T约束规格,则存在$\bar{\lambda}>0$,使$\bar{\lambda}^{\mathrm{T}}\nabla f(x)=0$。

2) 最优性充分条件

仍考虑上面的一般多目标优化问题(VP)。

定义 11.2.1-1　对给定的$\bar{\lambda}\geqslant 0$,如果存在($\bar{x}$,$\bar{u}$,$\bar{v}$),使得对一切$x\in\mathbb{R}^n$,$u\in\mathbb{R}^m$,$v\in\mathbb{R}^s$,有

$$L(\bar{x},\bar{\lambda},u,v)\leqslant L(\bar{x},\bar{\lambda},\bar{u},\bar{v})\leqslant L(x,\bar{\lambda},\bar{u},\bar{v}),\tag{11.2.1-12}$$

则说($\bar{x}$,$\bar{u}$,$\bar{v}$)是$L(x,\lambda,u,v)$对应于给定$\bar{\lambda}$的Fritz John鞍点,简称F.J鞍点。

如果将$\bar{\lambda}\geqslant 0$换成$\bar{\lambda}\geq 0$或$\bar{\lambda}>0$,则称此时的F.J鞍点为K-T鞍点。

定理 11.2.1-3(鞍点充分条件)　设$\bar{\lambda}\geq 0$(或$\bar{\lambda}>0$),如果($\bar{x}$,$\bar{u}$,$\bar{v}$)是$L(x,\lambda,u,v)$对应于$\bar{\lambda}$的F.J鞍点,则$\bar{x}$是(VP)的弱有效解(有效解)。

证明　对给定的(VP)和$\bar{\lambda}$,作单目标规划:

$$(\mathrm{SP})_{\bar{\lambda}}\quad \min_{x\in U}\lambda^{\mathrm{T}}f(x),\tag{11.2.1-13}$$

显然$(\mathrm{SP})_{\bar{\lambda}}$的Lagrange函数就是$L(x,u,v)=L(x,1,u,v)$。因为($\bar{x}$,$\bar{u}$,$\bar{v}$)是$L(x,\lambda,u,v)$相应于$\bar{\lambda}$的K-T鞍点,故由单目标规划知识可知$\bar{x}$是$(\mathrm{SP})_{\bar{\lambda}}$的最优解。又注意到$\bar{\lambda}\geq 0$(或$\bar{\lambda}>0$),于是$(\mathrm{SP})_{\bar{\lambda}}$便可视为加权和问题,假设$\bar{x}$不是(VP)的弱有效解,则必存在某个$\bar{x}'\in U$,使

$$f(\bar{x}')<f(\bar{x}),\tag{11.2.1-14}$$

因此

$$\bar{\lambda}^{\mathrm{T}}f(\bar{x}')<\bar{\lambda}^{\mathrm{T}}f(\bar{x}),\tag{11.2.1-15}$$

这与$\bar{x}$是$(\mathrm{SP})_{\bar{\lambda}}$的最优解矛盾。

有效解类似可证。

因此,$\bar{x}$是(VP)的弱有效解(有效解)。证毕。

3）最优性充要条件

这里我们考虑凸多目标优化问题。该问题是指(VP) 的目标函数为凸向量函数，约束集合 U 为凸集，其中 U 为凸集的一个充分条件是构成$\mathbb{R}$ 的约束函数 $g(x)$ 为凸向量函数，$h(x)$ 为线性向量函数。

定理 11.2.1－4(K-T 必要条件的充分性)　假设 $f(x)$，$g(x)$ 为凸函数，且在 $\bar{x}\in U$ 处可微，$h(x)$ 为线性函数。如果存在 $u\in\mathbb{R}^m$，$v\in\mathbb{R}^s$，$\bar{\lambda}>0$(或 $\bar{\lambda}\geq 0$)，使$(\bar{x},\bar{\lambda},\bar{u},\bar{v})$ 满足 K-T 必要条件：

$$\begin{cases}\nabla_x L(\bar{x},\bar{\lambda},\bar{u},\bar{v})=\bar{\lambda}\nabla f(\bar{x})+\bar{u}^{\mathrm{T}}\nabla g(\bar{x})+\bar{v}\nabla h(\bar{x})=0,\\ \bar{u}^{\mathrm{T}}g(\bar{x})=0,\\ \bar{u}\geqslant 0,\\ \bar{x}\in U=\{x\in\mathbb{R}^n \mid g(x)\leqslant 0,h(x)=0\},\end{cases}\tag{11.2.1-16}$$

则 $\bar{x}$ 必是(VP) 的(弱) 有效解。

证明　作单目标规划

$$(\mathrm{SP})_{\bar{\lambda}}\quad \min_{x\in U}\bar{\lambda}^{\mathrm{T}}f(x),\tag{11.2.1-17}$$

因为 $f(x)$ 是凸向量函数，$\bar{\lambda}>0$(或 $\bar{\lambda}\geq 0$)，故知 $\bar{\lambda}^{\mathrm{T}}f(x)$ 也是凸函数，因此$(\mathrm{SP})_{\bar{\lambda}}$ 是凸单目标规划，那么 $\bar{x}$ 是$(\mathrm{SP})_{\bar{\lambda}}$ 的最优解。再类似定理 11.2.1－3 中的讨论即得 $\bar{x}$ 是(VP) 的(弱) 有效解。证毕。

由定理 11.2.1－2 和定理 11.2.1－4 可得如下推论：

推论 11.2.1－3(充要条件)　假设 $f(x)$，$g(x)$ 为凸函数，且在 $\bar{x}\in U$ 处可微，$h(x)$ 为线性函数，若 $U'=\{x\in U \mid f(x)\leqslant f(\bar{x})\}$ 满足 K-T 约束规格，则 $\bar{x}$ 是(VP) 的有效解当且仅当存在 $\bar{\lambda}\in\mathbb{R}^p$，$\bar{u}\in\mathbb{R}^m$，$\bar{v}\in\mathbb{R}^s$，使

$$\begin{cases}\nabla_x L(\bar{x},\bar{\lambda},\bar{u},\bar{v})=\bar{\lambda}\nabla f(\bar{x})+\bar{u}^{\mathrm{T}}\nabla g(\bar{x})+\bar{v}\nabla h(\bar{x})=0,\\ \bar{u}^{\mathrm{T}}g(\bar{x})=0,\\ \bar{\lambda}>0,\ \bar{u}\geqslant 0,\\ \bar{x}\in U=\{x\in\mathbb{R}^n \mid g(x)\leqslant 0,h(x)=0\}.\end{cases}\tag{11.2.1-18}$$

对于凸多目标规划和加权和之间的关系，我们在上面的证明过程中给出了其中一边的对应关系，下面将给出另外一边的对应关系。在此之前，先给出下面两个引理。

引理 11.2.1－1　令 $f_i(x)(i=1,2,\cdots,p)$ 是凸集 $X\subset\mathbb{R}^n$ 上的凸函数，那么

不等式组

$$f_i(x)<0,\quad i=1,2,\cdots,p \tag{11.2.1-19}$$

不相容，即

$$\{x\in X \mid f_i(x)<0, i=1,2,\cdots,p\}=\varnothing$$

的充要条件是存在一组不全为 0 的常数 $\lambda_i\geqslant 0$，使得对一切 $x\in X$，有

$$\sum_{i=1}^{k}\lambda_i f_i(x)\geqslant 0. \tag{11.2.1-20}$$

引理 11.2.1-2 如果(VP)是凸目标规划，那么对(VP)的任一弱有效解(或有效解)$\bar{x}$，都必存在一个 $\bar{\lambda}\in\left\{\lambda=(\lambda_1,\cdots,\lambda_p)^{\mathrm{T}} \,\middle|\, \forall\lambda_i\geqslant 0 \text{ 且} \sum_{i=1}^{p}\lambda_i=1\right\}$，使 $\bar{x}$ 是单目标规划 $(\mathrm{SP})_{\bar{\lambda}}$ 的最优解。

证明 因 $\bar{x}$ 是(VP)的弱有效解，故不存在 $x\in U$，使

$$f(x)<f(\bar{x}), \tag{11.2.1-21}$$

即不存在 $x\in U$，使

$$f_j(x)<f_j(\bar{x}),\quad j=1,2,\cdots,p. \tag{11.2.1-22}$$

换言之，不等式组

$$f_j(x)-f_j(\bar{x})<0,\quad j=1,2,\cdots,p \tag{11.2.1-23}$$

在 U 上不相容。由于(VP)的目标函数为凸向量函数，约束集合 U 为凸集，因此由引理 11.2.1-1 可知，必存在 p 个不全为零的数 $\bar{\lambda}_j\geqslant 0(j=1,2,\cdots,p)$，使得对任意 $x\in U$，有

$$\sum_{j=1}^{p}\bar{\lambda}_j[f_j(x)-f_j(\bar{x})]\geqslant 0, \tag{11.2.1-24}$$

即

$$\bar{\lambda}^{\mathrm{T}}f(x)\geqslant\bar{\lambda}^{\mathrm{T}}f(\bar{x}), \tag{11.2.1-25}$$

其中 $\bar{\lambda}=(\bar{\lambda}_1,\bar{\lambda}_2,\cdots,\bar{\lambda}_p)^{\mathrm{T}}$，注意到 $\bar{\lambda}_i\geqslant 0$ 且不全为 0，故通过归一化可使 $\sum_{i=1}^{p}\bar{\lambda}_i=1$，即存在 $\bar{\lambda}$ 满足条件。证毕。

定理 11.2.1-5(鞍点充分条件的必要性) 假设 $f(x),g(x)$ 为凸函数，$h(x)$ 为线性函数，$\bar{x}\in U$，且 U 满足 K-T 约束规格。如果 $\bar{x}$ 是(VP)的弱有效解(或有效解)，则必存在 $\bar{\lambda}\geq 0,\bar{u}\geqslant 0,\bar{v}\in\mathbb{R}^s$，使 $(\bar{x},\bar{u},\bar{v})$ 是 $L(x,\bar{\lambda},u,v)$ 的 K-T 鞍点。

证明 因为(VP)是凸规划，$\bar{x}$ 是(VP)的弱有效解(或有效解)，所以由引理 11.2.1-2 可知，存在 $\bar{\lambda}\in\left\{\lambda=(\lambda_1,\cdots,\lambda_p)^{\mathrm{T}} \,\middle|\, \forall\lambda_i\geq 0 \text{ 且} \sum_{i=1}^{p}\lambda_i=1\right\}$，使 $\bar{x}$ 是单目

标规划

$$(\mathrm{SP})_{\bar{\lambda}}\quad \min_{x\in U} \bar{\lambda}^{\mathrm{T}} f(x) \tag{11.2.1-26}$$

的最优解。再由单目标凸规划的知识可得，存在 $\bar{u}\geqslant 0$ 和 $\bar{v}\in\mathbb{R}^s$，使$(\bar{x},\bar{u},\bar{v})$是 $L(x,\bar{\lambda},u,v)$的 K-T 鞍点。证毕。

由定理 11.2.1－3 和定理 11.2.1－5 可得下面的推论：

推论 11.2.1－4(充要条件)　假设 $f(x)$，$g(x)$为凸函数，$h(x)$为线性函数，$\bar{x}\in U$，且 U 满足 K-T 约束规格，则 $\bar{x}$ 是(VP)的弱有效解(或有效解)当且仅当存在 $\bar{\lambda}\geq 0$，$\bar{u}\geqslant 0$，$\bar{v}\in\mathbb{R}^s$，使$(\bar{x},\bar{u},\bar{v})$是 $L(x,\bar{\lambda},u,v)$的 K-T 鞍点。

为进一步理解最优性条件，下面我们给出一个凸多目标优化问题的例子，并利用最优性条件求解其有效解/Pareto 最优解。

考虑如下含有两个凸目标函数、两个决策变量以及一个线性不等式与线性等式的双目标凸优化问题：

$$\min_{x=[x_1,x_2]\in\mathbb{R}^2} f(x)=f(x_1,x_2)=[x_1^2+x_2^2,(x_1-1)^2+(2x_2-3)^2],$$

$$\text{s.t.}\ \begin{cases} g(x)=x_1+x_2-4\leqslant 0, \\ h(x)=2x_1-x_2-2=0. \end{cases}$$

首先，构造其 Lagrange 函数

$$\begin{aligned} L(x,\lambda,u,v)=&\lambda(x_1^2+x_2^2)+(1-\lambda)[(x_1-1)^2+(2x_2-3)^2] \\ &+u(x_1+x_2-4)+v(2x_1-x_2-2), \end{aligned}$$

并对 x_1，x_2 求偏导且置为 0 可得

$$\frac{\partial L}{\partial x_1}=2\lambda x_1+2(1-\lambda)(x_1-1)+u+2v=0,$$

$$\frac{\partial L}{\partial x_2}=2\lambda x_2+4(1-\lambda)(2x_2-3)+u-v=0.$$

然后，根据互补松弛条件有 $u(x_1+x_2-4)=0$，并联合等式约束 $2x_1-x_2-2=0$ 可得

$$x_2=2x_1-2,\quad u(3x_1-6)=0.$$

最后，根据非负性条件 $u\geqslant 0$ 做如下分析：

(1) 当 $u>0$ 时，根据 $u(3x_1-6)=0$ 可得 $x_1=2$，$x_2=2$，再由梯度为 0 的两个等式可得 $v=\frac{2}{3}(1-\lambda)$，由正性条件 $\lambda>0$ 可得 $\lambda\in(0,1)$，此时的目标向量值为

$$f(x)=[8,2].$$

(2) 当 $u=0$ 时，将 $x_2=2x_1-2$ 代入梯度为 0 的两个等式可得

$$x_1=\frac{29-25\lambda}{17-12\lambda},\quad x_2=\frac{24-26\lambda}{17-12\lambda},\quad v=\frac{12\lambda^2-4\lambda-12}{17-12\lambda},$$

此时的目标向量值为

$$f(x)=\left[\frac{(29-25\lambda)^2+(24-26\lambda)^2}{(17-12\lambda)^2},\frac{(12-13\lambda)^2+(3+16\lambda)^2}{(17-12\lambda)^2}\right],\quad \lambda\in(0,1).$$

例如 $\lambda=0.5$ 时,$x_1=1.5$,$x_2=1$,$f(x)=[3.25,1.25]$,该解 Pareto 支配 $u>0$ 时的解 $x_1=2$,$x_2=2$。因此,$x=[2,2]$处的

$$U'=\{x\in\mathbb{R}^2\,|\,x_1+x_2-4\leqslant 0,2x_1-x_2-2=0,f(x)\leqslant[8,2]\}$$

不满足 K-T 约束规格。

11.2.2 经典算法

多目标优化问题在过去几十年中得到了广泛研究,许多经典算法被开发出来解决这类问题。典型的多目标优化方法主要涉及将多目标转化为单目标优化的标量化方法,如加权和法、逼近目标法等,将多目标转化为约束条件的主要目标法,以及一些基于数值计算的梯度类方法,如多目标梯度下降法等。本小节简要介绍这些经典多目标优化方法的主要思想及优缺点,详细内容读者可参考相应文献。

1) 加权和法

加权和法是多目标优化中使用比较广泛的方法,根据 $f_k(x)$的重要程度设定权重进行加权和。它将多个目标表示成

$$\min_{x\in U}\sum_{i=1}^{p}\lambda_i f_i(x),\tag{11.2.2-1}$$

从而转换为单目标的优化问题。

问题(11.2.2-1)存在有效解的条件:若给定的 $\lambda\in\Lambda^{++}$,其中

$$\Lambda^{++}=\left\{\lambda\,\middle|\,\lambda_i>0,i=1,\cdots,p\ 且\ \sum_{i=1}^{p}\lambda_i=1\right\},\tag{11.2.2-2}$$

则上述问题的最优解是多目标优化问题的有效解。

加权和法的优缺点如下:

(1) 优点:实现简单,单目标优化问题有成熟的求解算法[1];

(2) 缺点:权重 λ_i 难以确定,无法获取到 PF 上的所有点。

2) 主要目标法

主要目标法也称 ε-约束方法,是一个应用广泛的算法。其数学形式为

$$\begin{aligned}&\min_{x\in U}f_i(x),\\ &\text{s.t. } f_j(x)\leqslant\varepsilon_j,j=1,\cdots,p\ 且\ j\neq i.\end{aligned}\tag{11.2.2-3}$$

即 ε-约束方法是从 p 个目标中选择最重要的子目标 i 作为优化目标，其余的子目标作为约束条件。每个子目标通过上界 ε_j 来约束，一般情况下上界 ε_j 满足

$$\min\{f_j \mid f_j(x), j=1,\cdots,p \text{ 且 } j\neq i\}\leqslant \varepsilon_j,$$

这种取法可以使得某些 $f_j(x)$ 留在可行域内，并且可行域内有较多的点靠近 $f_j(x)$ 的最优解。ε-约束方法最优解都是多目标优化问题的弱有效解，如果主要目标函数 $f_i(x)$ 为严格凸函数且可行域为凸集（此时有效解集和弱有效解集一致），则 ε-约束方法最优解是多目标优化问题的有效解。

主要目标法的优缺点如下：

（1）优点：简单易行，能在保证其他子目标取值允许的条件下求出主要目标尽可能好的目标值；

（2）缺点：ε_j 值难以选择，并且不合适的取值可能导致可行域为空。

3）逼近目标法

逼近目标法是让决策者提供一个理想目标值 $f^*=(f_1^*,\cdots,f_p^*)$，使得每个目标函数 $f_i(x)$ 都尽可能地逼近对应的目标值：

$$\min_{x\in U} L(f,f^*)=\|f(x)-f^*\|_2^\lambda=\sum_{i=1}^{p}\lambda_i(f_i(x)-f_i^*)^2. \tag{11.2.2-4}$$

逼近目标法和机器学习中的损失函数优化类似，均可归纳为一个单目标优化问题，并能通过经典算法进行求解。这里求解的最优解和有效解及弱有效解没有直接的联系，逼近目标法反映的是决策者希望的目标值。

逼近目标法的优缺点如下：

（1）优点：可以更有效地根据决策者偏好进行优化；

（2）缺点：决策者偏好可能事先难以确定或者对于复杂的优化问题无法确定，并且该方法最优解不一定是多目标优化的 Pareto 最优解。

4）多目标梯度下降法

多目标优化问题的梯度下降法是单目标优化问题的最速梯度法的推广[2]，目标函数 $f_i(x)$ 在点 x 处沿方向 d 的变化率可以用方向导数

$$DF_i(x,d)=[\nabla f_i(x)]^{\mathrm{T}}d$$

来描述，定义所有目标的最大方向导数

$$MDF(x,d)=\max\{[\nabla f_i(x)]^{\mathrm{T}}d \mid i=1,\cdots,p\},$$

那么多目标优化问题的下降方向可以归结于求解如下的最优化问题：

$$\min_{d} MDF(x,d)+\frac{1}{2}\|d\|^2. \tag{11.2.2-5}$$

该优化问题是闭且强凸优化问题，一定存在着最优解。我们令 $MDF(x,d)=\alpha$，则可以将一阶偏导项消去，有

$$\min_{\alpha,d} \alpha+\frac{1}{2}\|d\|^2, \tag{11.2.2-6}$$
$$\text{s.t.}\ [\nabla f_i(x)]^{\mathrm{T}} d \leqslant \alpha,\ i=1,\cdots,p.$$

上述优化问题是带线性不等式约束的凸二次规划问题，可以通过拉格朗日乘子法[3]进行求解。令 α^*，d^* 为上述优化问题的最优解：

(1) 如果 x 为 Pareto 最优解，则 $\alpha^*=d^*=0$；

(2) 如果 x 不为 Pareto 最优解，则

$$\alpha^*=MDF(x,d)=\max\{[\nabla f_i(x)]^{\mathrm{T}} d \mid i=1,\cdots,p\}<0,$$

即 d^* 为多目标梯度下降方向，那么可以通过公式 $x=x+\beta d^*$（$\beta>0$ 为步长）进行迭代，直到收敛。

多目标梯度下降法的优缺点如下：

(1) 优点：简单高效，易于求解；

(2) 缺点：只能得到 Pareto 稳定点（目标函数梯度为 0 的点），无法保证 Pareto 最优性。

11.3 大规模多目标优化

大规模多目标优化是多目标优化的一个重要分支，是指在涉及大量决策变量情况下进行多目标优化的研究，面临着解空间维度高、计算复杂度高和搜索效率低等挑战。大规模多目标优化要求开发高效的搜索算法、并行计算和存储技术，并结合问题分解和协同优化的方法来应对高维决策空间带来的挑战，该领域的研究对于解决现实世界中具有网络级规模的复杂优化任务具有重要意义。

11.3.1 背景介绍

本小节将详细介绍大规模多目标优化的相关背景和研究现状，这些基础知识能让我们更清晰地了解大规模多目标优化问题及其算法的一个全貌，有助于对后续大规模多目标优化相关算法的深入理解。

大规模多目标优化问题（Large-Scale Multi-Objective Optimization Problem，LSMOP）一般指决策变量的数目超过 100 的多目标优化问题。现实中存在大量的 LSMOP，例如投资组合优化问题、车辆路径问题、资源分配问题等，这些应用问题通常具有大量的决策变量，而且决策变量之间尚存在依赖性，这些特征对传统的多

目标优化算法提出了巨大的挑战,而有关 LSMOP 的研究也已成为当前多目标优化领域研究的热点之一[3]。随着决策变量数目的增加,LSMOP 面临的主要困难在于问题的搜索空间呈指数级增长,维数灾难的问题难以避免。而搜索空间的地貌特征也可能发生改变,如单峰地貌变成多峰地貌等,从而加大搜索的难度。此外,多目标优化问题所特有的多个目标之间的冲突性也可能加大 LSMOP 的求解难度,这使得传统算法的性能随着问题规模的增大而急剧下降,并且其所需的计算时间也呈现超多项式的增长[4]。

LSMOP 中每个目标的决策变量之间的依赖性决定了问题的复杂度,决策变量间的依赖性越高,问题的复杂性也就越高。特别地,当目标函数为可分离函数时,LSMOP 可通过并行优化的方式进行高效求解。下面给出可分离函数的定义。

定义 11.3.1-1(可分离函数)　如果每一个决策变量 $x_i(i-1,\cdots,n)$ 均可独立优化,即

$$\underset{x}{\operatorname{argmin}} f(x)=[\underset{x_1}{\operatorname{argmin}} f(x),\cdots,\underset{x_n}{\operatorname{argmin}} f(x)], \quad (11.3.1-1)$$

则称 $f(x)$ 为可分离函数;否则,称 $f(x)$ 为不可分离函数。

可分离函数中每个决策变量的优化过程互不依赖,因此极大地简化了优化过程。然而,对于不可分离函数,决策变量之间的依赖性会显著影响多个目标的优化。下面进一步给出变量依赖性的定义。

定义 11.3.1-2(变量依赖性)　若存在决策向量 x,a_1,a_2,b_1 和 b_2 满足:

$$f(x)|_{x_i=a_2,x_j=b_1}<f(x)|_{x_i=a_1,x_j=b_1}, \quad (11.3.1-2a)$$

$$f(x)|_{x_i=a_2,x_j=b_2}>f(x)|_{x_i=a_1,x_j=b_2}, \quad (11.3.1-2b)$$

则称 x_i 和 x_j 是相互依赖的决策变量,这里

$$f(x)|_{x_i=a_2,x_j=b_1}\triangleq f(x_1,\cdots,x_{i-1},a_2,\cdots,x_{j-1},b_1,\cdots,x_n).$$

可见,相互依赖的决策变量的不同取值会导致目标函数的大小发生改变,因此需要放到一起进行考虑。

目前,LSMOP 的求解算法以演化计算为代表,该类算法受到自然界中进化原理的启发,通过模拟生物进化的过程,以逐代迭代的方式随机搜索最优解。求解 LSMOP 的演化计算算法主要分为两大类,即基于分治的方法和基于降维的方法。

(1) 基于分治的方法

基于分治的方法是将 LSMOP 分解为多个小规模优化子问题[5-9],再由各个子问题协同实现对原问题的求解。这类方法主要分为三步:第一步是问题的分解,即将 LSMOP 分解为子问题;第二步是子问题的优化;第三步是子问题的合并,即根

据子问题所得解集导出原问题的解。

(2) 基于降维的方法

基于降维的方法旨在通过决策空间的变换,将搜索专注于一个重要的低维空间[10-11]。和基于分治的方法类似,其性能的一个关键点是要了解变量间的关系。在多目标优化中,不仅决策变量之间存在一定关系,决策变量与目标函数之间也存在一定关系。

综上可知,大规模多目标优化算法的核心思想是通过拆分或降维的方式减少所处理的决策变量维度,避免“维数灾难”。

11.3.2 经典算法

本小节介绍大规模多目标优化方法中两个代表性算法,一个是基于分治的演化计算算法(Multi-Objective Evolutionary Algorithm Based on Decomposition, MOEA/D),另一个是基于降维的机器学习算法(Multi-Objective Evolutionary Algorithm Based on Pareto-Optimal Subspace Learning, MOEA/PSL)。通过这两个代表性算法,读者可以更深入地理解大规模多目标优化方法处理大量决策变量问题的核心思想与主要手段。

1) MOEA/D 算法

基于分治的演化计算算法 MOEA/D[12]是在给定权重偏好或者参考点信息的情况下,通过线性或者非线性方式将原多目标问题的各个目标进行聚合,得到单目标优化问题,并利用单目标优化方法求得单个 Pareto 最优解的一种分治算法。近年来 MOEA/D 算法得到广泛应用,成为最具影响力的多目标演化计算算法之一。下面给出 MOEA/D 算法中三类常用的聚合函数。

(1) 线性权重聚合函数

线性权重聚合函数是多目标聚合最常用的一种聚合函数,其定义如下:

$$\min g^{ws}(x|\lambda)=\sum_{i=1}^{p}\lambda_i f_i(x), \tag{11.3.2-1}$$

其中 $\lambda=(\lambda_1,\cdots,\lambda_p)$ 为权重向量,满足 $\sum\limits_{i=1}^{p}\lambda_i=1,\lambda_i\geqslant 0,i=1,\cdots,p$。

如图 11.3.2-1 所示,线性权重聚合函数的等值线为一族与方向向量垂直的平行直线。当多目标优化问题的真实 PF 面形状为凸时,单个最优等值线与 PF 面相交于一个切点,即如上式中描述问题的最优解。因此,MOEA/D 算法同时考虑优化多个权重聚合函数,所获得的最优解集能很好地逼近真实 PF。

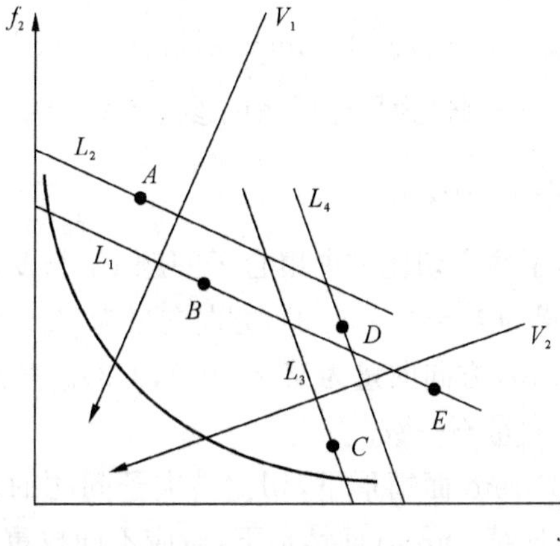

图 11.3.2-1　线性权重聚合函数等值线分布示意图(双目标凸 Pareto 面情形)[①]

然而,当最小化问题的真实 Pareto 面为凹状时,所有的线性权重聚合函数的最优解位于 PF 的边缘区域。这是因为位于 PF 中间部分的解具有较差的聚合值,也即相比 PF 边缘的解具有更大的 $g^{ws}(x|\lambda)$值。如图 11.3.2-2 所示,个体 E,F 与 B 互不支配,但在 V_1 所对应的方向向量上的子问题中,个体 B 具有最好的适应值;同样,个体 C,D 与 A 互不支配,针对 V_2 子问题,个体 A 具有最好的适应值。因此,线性权重聚合函数不能很好地处理真实 Pareto 面为凹状的问题。

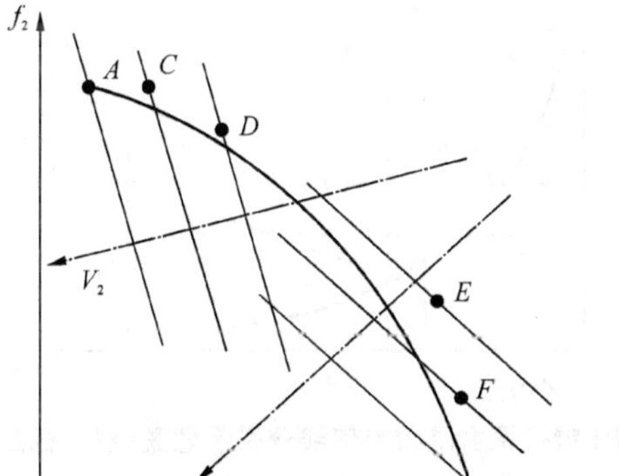

图 11.3.2-2　线性权重聚合函数等值线分布示意图(双目标凹 Pareto 面情形)

(2) 切比雪夫聚合函数

切比雪夫聚合函数是一种非线性多目标聚合函数,其聚合函数定义如下:

① 图中,V_1 和 V_2 为两个子问题对应的方向向量,L_1 和 L_2 为 V_1 所对应的子问题上的等值线,L_3 和 L_4 为 V_2 所对应的子问题上的等值线.

$$\min g^{tche}(x|\lambda,z^*)=\max_{1\leqslant i\leqslant p}\{\lambda_i|f_i(x)-z_i^*|\},\qquad(11.3.2-2)$$

其中，$z_i^*=\min\{f_i(x)|x\in\mathbb{R}\}$为目标函数的参考点；$\lambda=(\lambda_1,\cdots,\lambda_p)$为权重向量，满足$\sum_{i=1}^{p}\lambda_i=1,\lambda_i\geqslant 0,i=1,\cdots,p$。

图 11.3.2-3 展示了两个切比雪夫聚合子问题 V_1 与 V_2 的等值线分布情况，其中 V_1 对应的权重向量为 $\lambda=(0.7,0.3)$，方向向量为 $V_1=(0.3,0.7)$，V_2 对应的权重向量为 $\lambda=(0.3,0.7)$，方向向量为 $V_2=(0.7,0.3)$。显而易见，切比雪夫聚合子问题权重向量与方向向量不一致。

直观上看，在连续 Pareto 面情形下，切比雪夫子问题的最优解为方向向量与 Pareto 面的交点。在非连续 Pareto 面情形下，对应不同权重向量的子问题可能具有相同最优解，这是因为方向向量与 Pareto 面可能没有交点。不同于权重聚合子问题，切比雪夫子问题的等值线沿方向向量呈直角锯齿状，因此具有“更窄”的收敛接收区域。在处理高维问题时，由于切比雪夫方法限制收敛接收区域，因而能更好地保证种群的收敛性。

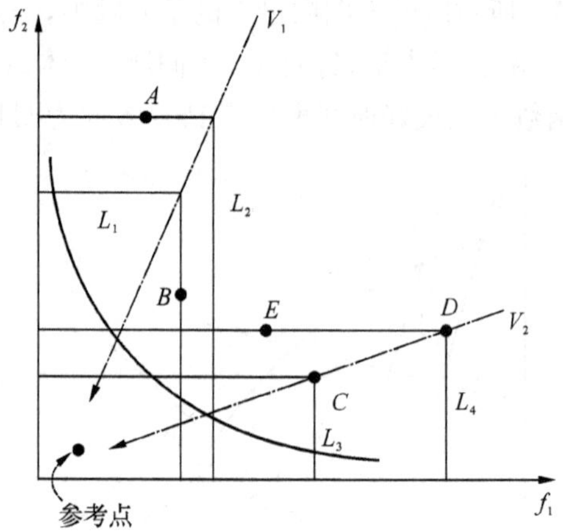

图 11.3.2-3 切比雪夫聚合函数等值线分布示意图(双目标凸 Pareto 面情形)①

另外，容易证明切比雪夫方法既可以处理 Pareto 面为凸状的问题，也可以处理 Pareto 面为非凸状的问题。

(3) 基于惩罚的边界交叉聚合函数

基于惩罚的边界交叉聚合函数是一种含有超参数的多目标聚合函数，其定义如下：

① 图中，V_1 和 V_2 为两个子问题对应的方向向量，L_1 和 L_2 为 V_1 所对应的子问题上的等值线，L_3 和 L_4 为 V_2 所对应的子问题上的等值线.

$$\min g^{pbi}(x|\lambda,z^*)=d_1+\theta d_2, \tag{11.3.2-3}$$

其中，$d_1=\dfrac{\|\lambda^{\mathrm{T}}(f(x)-z^*)\|}{\|\lambda\|}$，$d_2=\|f(x)-(z^*+d_1\lambda)\|$，$\theta\geqslant 0$ 为超参数。

观察图 11.3.2－4 中等值线分布情况，针对 V_1 子问题，个体 B 优于个体 A；同样地，针对 V_2 子问题，个体 E 优于个体 C 和 D。

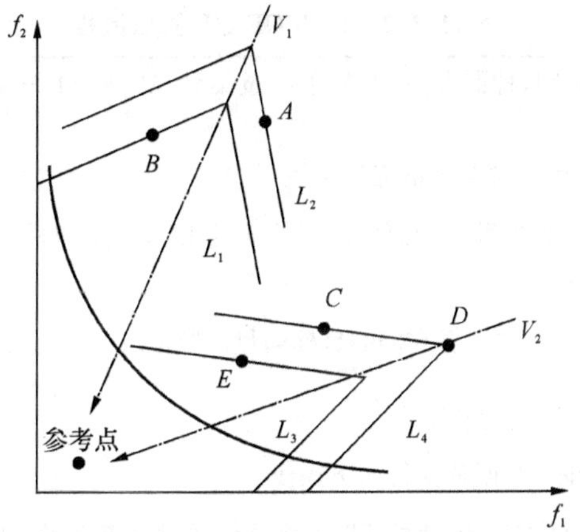

图 11.3.2－4　基于边界交叉聚合函数等值线分布示意图(双目标凸 Pareto 面情形)[①]

基于惩罚的边界交叉聚合函数需要计算两个距离，即 d_1 和 d_2，它们分别用于控制种群的分布性和收敛性。需要注意的是，两者之间的平衡关系是通过调节超参数 θ 来实现的，特别地，当 $\theta=0$ 且 $z^*=0$ 时，$g^{pbi}(x|\lambda,z^*)$ 等价于 $g^{ws}(x|\lambda)$。正是由于这个特点，基于惩罚的边界交叉聚合函数在处理高维目标问题时具有很大的优势。另一方面，超参数 θ 的设置对于 MOEA/D 的性能表现有着重要的影响，这也是基于惩罚的边界交叉聚合函数的缺点之一。

MOEA/D 算法的核心思想是将多目标优化问题分解为一组单目标子问题或多个多目标子问题，利用子问题之间的邻域关系，通过分治协作的方式同时优化所有子问题，从而找到整个 PF 的逼近。通常子问题的定义由权重向量确定，子问题之间的邻域关系通过计算权重向量之间的欧式距离确定。与其他演化算法不同，MOEA/D 算法强调从邻域中选择父个体，通过交叉操作产生新个体，并在邻域中按照一定的规则进行种群更新。因此，基于邻域的优化策略是保证 MOEA/D 搜索效率的关键。在优化过程中，针对某个子问题的高质量解一旦被搜索到，其好的

① 图中，V_1 和 V_2 为两个子问题对应的方向向量，L_1 和 L_2 为 V_1 所对应的子问题上的等值线，L_3 和 L_4 为 V_2 所对应的子问题上的等值线.

基因信息就会迅速扩散至邻域内其他个体，从而加快种群的收敛速度。

MOEA/D 算法提供了一个基于分治策略的基本框架，其最大特点是分治与合作。当前，MOEA/D 算法已经开发出很多不同的版本以解决具有不同难度特征的多目标优化问题。本小节只介绍了一种基于切比雪夫方法的 MOEA/D 算法，其基本算法流程如表 11.3.2－1 所示。

表 11.3.2－1　MOEA/D 算法流程

(1) 输入：多目标优化问题，种群大小 N，权重向量集合 $\{\lambda^k \mid k=1,\cdots,N\}$，邻域数目 T，参考点 z.
(2) 设用于保存 Pareto 解的精英种群 $EP=\varnothing$.
(3) 对每个权重向量 λ^k，根据欧式距离确定它的 T 个相邻权重向量 $\lambda^{k_1},\cdots,\lambda^{k_T}$，标记其邻域 $NS_k=\{k_1,\cdots,k_T\}$.
(4) 初始化种群 $x^1,\cdots,x^N$ 并计算它们的目标向量函数值.
(5) 初始化当前参考点 $z_i=\min\limits_{k\in\{1,\cdots,N\}} f_i(x^k)$.
(6) 对每个种群中的个体 x^k 循环执行如下操作：
(7) 　从个体 x^k 的邻域 NS_k 中随机选取两个个体通过重组算子产生新的个体 $\hat{x}^k$；
(8) 　根据约束修正个体 $\hat{x}^k$ 使得 $\hat{x}^k\in U$；
(9) 　更新参考点 $z_i=\min\limits_{k\in\{1,\cdots,N\}}(z_i,f_i(\hat{x}^k))$；
(10) 　对邻域 NS_k 中每个索引 k_j，若 $g^{tche}(\hat{x}^k \mid \lambda^{k_j},z)\leqslant g^{tche}(x^{k_j}\mid\lambda^{k_j},z)$，则替换 $x^{k_j}=\hat{x}^k$；
(11) 　按照 Pareto 解定义更新精英种群 EP；
(12) 　若终止条件满足，则输出精英种群 EP，否则继续进行步骤(6)-(11).

表 11.3.2－1 中，步骤(3)通过计算权重向量之间的欧氏距离确定子问题的邻域关系。事实上，输入的权重向量均匀性对于输出种群 EP 的均匀性有着重要影响。步骤(7)中的重组算子为交叉算子和变异算子，这可以根据问题选择恰当的算子，如模拟二进制变异算子或者差分进化算子等。步骤(10)在邻域中比较修正解与种群当前个体，值得说明的是，该步骤中的邻域大小及替换个体的次数将会影响种群的收敛性与多样性。步骤(11)在 EP 中保存搜索过程中所有可能的 Pareto 有效解，为保存有限个解，一些已有的密度估计方法可用于控制 EP 的大小。

与其他演化计算的算法不同，MOEA/D 代表了一类基于分治的开放式算法。在 MOEA/D 的基础上，我们可以方便地结合已有的优化技术来设计处理各种问题的高效算法[13-15]。MOEA/D 考虑同时优化多个单目标子问题，不同子问题负责逼近 Pareto 面的不同部分，因此 MOEA/D 也很容易被并行化[16]。

2) MOEA/PSL 算法

在 LSMOP 中,并不是每一维变量都会对目标函数产生影响。也就是说,虽然决策变量的维度很高,但是有意义的维度却很少。这种类型的 LSMOP 称为大规模稀疏多目标优化问题(Large-Scale Sparse Multi-Objective Optimization Problem, LSSMOP)。

MOEA/PSL 是一种通过学习 Pareto 最优子空间来求解稀疏 LSSMOP 的进化算法[17]。该算法使用两个无监督神经网络、一个受限玻尔兹曼机(Restricted Boltzmann Machine, RBM)和一个去噪自动编码器(Denoising Autoencoder, DAE)来学习决策变量的稀疏分布和紧致表示,其中学习的稀疏分布和紧致表示的组合被视为 Pareto 最优子空间的近似,遗传算子在学习到的子空间中进行搜索,然后通过两个神经网络将得到的子代解映射回原始搜索空间。

MOEA/PSL 算法最重要的技术是 Pareto 最优子空间学习。对于一个二进制向量 x_b,MOEA/PSL 旨在从大量候选集合中选择或删除少量元素,以优化特定目标实向量 x_r,从而找到一组参数的最佳值。假设 x_{b_i} 为第 i 个二元(0-1)决策变量,x_{r_i} 为第 i 个决策变量的实际值,那么两者的乘积 $x_{b_i}x_{r_i}$ 代表每一个决策变量。从图 11.3.2-5 中可以看出,如果 $x_{b_i}=0$,则整体为 0,此时就可以表示稀疏分布;如果 $x_{b_i}=1$,此时实向量为最佳值,那么也就能够表示紧凑分布。

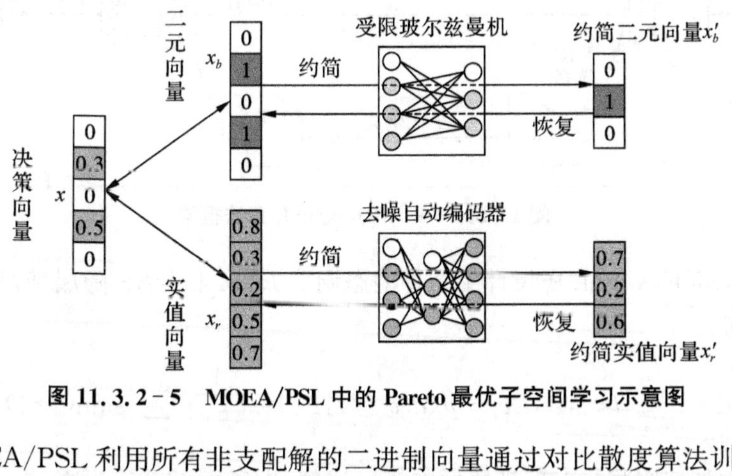

图 11.3.2-5 MOEA/PSL 中的 Pareto 最优子空间学习示意图

MOEA/PSL 利用所有非支配解的二进制向量通过对比散度算法训练 RBM,利用所有非支配解的实向量通过梯度下降法训练 DAE,使 RBM 和 DAE 能够分别学习稀疏分布和紧凑表示。MOEA/PSL 的算法框架如图 11.3.2-6 所示,该算法根据一个自适应调控参数选择两条不同的执行路径。其中,上面的路径与下面的路径所需要执行的共同操作都是交配选择操作，用于选择参与学习或演化的个体；不同之处在于上面的路径有一个 Pareto 最优子空间生成，该子空间利用机器学习模型 RBM 和 DAE 进行 Pareto 流形子空间的学习并生成子代，下面的路径的子代生成则是通过经典的交叉变异操作完成。至于这两条路径的选择，MOEA/PSL 通过计算所学习的子空间中生成解占所有保留到下一代解的数目比例 ρ 来选择不同的执行路径，如果 ρ 大于某一个随机阈值或者小于某一个随机阈值，则选择执行上面或者下面路径中的步骤。对于 ρ 的更新，MOEA/PSL 采用了一种自适应的策略，即

$$\rho_{t+1}=0.5\left(\rho_t+\frac{s_{1,t}}{s_{1,t}+s_{2,t}}\right),$$

其中，$s_{1,t}$ 表示下一代种群中来自 Pareto 最优子空间中的子代数目，$s_{2,t}$ 表示下一代种群中来自上一代种群中的个体数目。该公式表明：如果从 Pareto 最优子空间中生成的个体保留到下一代的数量越多，代表这些生成的子代较好，则相应地增加选择上面路径的概率。

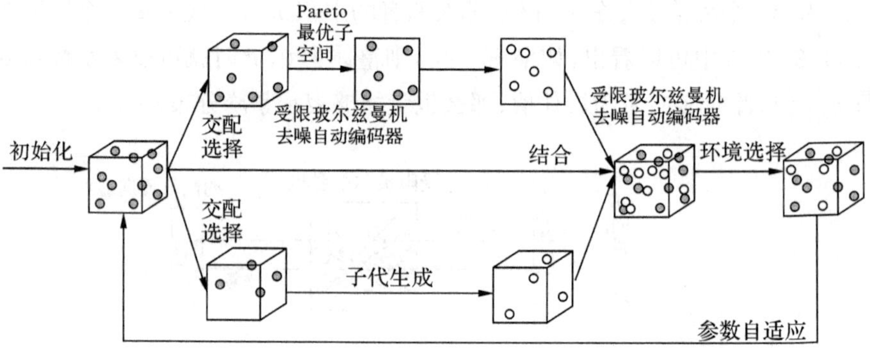

图 11.3.2-6　MOEA/PSL 算法框架

此外，MOEA/PSL 还设计了一种动态调节 RBM 和 DAE 隐层神经元数目 K 的策略，即

$$K=\sum_{i=1}^{D} dec_i,\quad dec_i\sim p(dec_i=1|F_1)=\frac{1}{\lceil F_1\rceil}\sum_{x\in F_1}\operatorname{sign}(|x|),$$

其中 F_1 为种群按照非支配排序后的第一层解，即种群的非支配解集。该策略表明：如果解的稀疏性越高，代表有效维度越低，则应该适当减少隐层神经元数目以匹配有效的低维空间。

MOEA/PSL 算法流程如表 11.3.2-2 所示：

表 11.3.2-2　MOEA/PSL 算法流程

(1) 输入:多目标优化问题,种群大小 N;
(2) 随机初始化 N 个解点的种群 P_0,初始化保留比例 $\rho_0=0.5$,$t=0$;
(3) 对 P_t 进行非支配排序得到非支配点集 F_1;
(4) 利用 F_1 中的数据训练 RBM 和 DAE;
(5) 如果 ρ 小于随机数 rnd,则通过训练好的 RBM 和 DAE 生成 $x_b x_r$ 作为新点集 O_t,否则按照交叉变异算子生成新点集 O_t;
(6) 对 $P_t \cup O_t$ 按照非支配排序,获取前 N 个点作为新的种群 P_{t+1},并计算 $s_{1,t}$ 与 $s_{2,t}$;
(7) $\rho_{t+1}=0.5\left(\rho_t+\dfrac{s_{1,t}}{s_{1,t}+s_{2,t}}\right)$, $K=\sum_{i=1}^{D} dec_i$;
(8) $t=t+1$;
(9) 若达到终止条件,输出 P_{t+1},否则进入第(3)步继续迭代.

11.4　超多目标优化

随着智能系统与网络的日益复杂,决策者对于系统的要求越来越高,进而使得超多目标优化问题(Many-Objective Optimization Problem, MaOP)应运而生。MaOP 是多目标优化的一个扩展,指涉及更多目标函数的多目标优化问题。传统的多目标优化通常处理两个或三个目标函数,而 MaOP 面临的是处理四个甚至更多个目标函数的问题,其在一些生物医疗工程、高精密数字化系统、多业务网络任务中经常出现。

11.4.1　背景介绍

MaOP 是指含有多于 3 个目标函数的优化问题,广泛存在于许多应用领域中,例如无人机群路径规划和混合动力汽车控制。对于两个具有 p 个目标的随机解,其中一个支配另一个的期望概率是 0.5^{p-1}。对于 p 较大($p>3$)的 MaOP 来说,因为进化算法的种群中个体大多互相非支配,即 Pareto 支配关系无法区分大多数的解,从而无法判别谁优谁劣。这一现象称为 Pareto 支配受阻[18]。通常情况下,有限计算资源内传统的数学规划算法很难准确找到所有的 Pareto 最优解,特别是对 MaOP。我们通常希望某种算法在以下两个方面能够具有较好的性能:

(1) 收敛性:真实的 PF 与算法求解出的 PF 之间的距离应该尽可能的小。

(2) 多样性:尽管搜索到的解点只是部分解,但最后求得的解点在 Pareto 最优解集中应该均匀分布,在 PF 上的点也应尽量呈现均匀分布。即在整个前沿上应该能够找出大量的解点，并且前沿上的各区域都应该有解点来代表，从而能够覆盖大多数的目标偏好。

为了量化算法的收敛性与多样性，在 MaOP 中通常采用下面两个指标：

(1) 反向世代距离(Inverted Generational Distance, IGD)。令 P^* 为 PF 上均匀分布的 PS 的某个子集，P 为算法得到的近似 PS，P 到 P^* 的 IGD 值计算如下：

$$\mathrm{IGD}(P^*,P)=\frac{\sum_{x\in P^*} d(x,P)}{|P^*|}, \tag{11.4.1-1}$$

其中，$d(x,P)$是从点 x 到 P 的最小欧几里得距离，$|P^*|$为 P^* 中的 Pareto 解数目。一般而言，IGD 值越小，表示近似 PS 越接近 PF，分布越均匀，即算法的收敛性与多样性越好。

(2) 超体积(Hypervolume, HV)。设 P 是由算法得到的近似 PS，$r=(r_1,r_2,\cdots,r_m)^{\mathrm{T}}$ 是目标空间中的一个参考点，它被解集 P 中的所有目标向量支配，那么关于参考点 r 的 HV 指的是被解集 P 所支配且以参考点 r 为边界的目标空间的体积，即

$$\mathrm{HV}(P,r)=\mathrm{Volume}\big(\bigcup_{p\in P}[p_1,r_1]\times\cdots\times[p_m,r_m]\big). \tag{11.4.1-2}$$

HV 通常适用于未知 PS 的情况，能够在某种程度上综合反映解集的收敛程度与分布情况，HV 值越大，表示算法所得到的解集的收敛性与多样性越好。

在求解 MaOP 时，Pareto 支配关系的失效会直接导致进化算法无法收敛。为此，一些超多目标优化进化算法被相继提出[19]。这些算法大体可以分为三类，即基于 Pareto 支配关系的算法、基于改进支配关系的算法和基于性能指标的算法。

(1) 基于 Pareto 支配关系的算法

该类算法仍采用 Pareto 支配关系作为基本的解选择策略，用以剔除种群中少量的被支配解。对于剩余的大部分非支配解，该类算法则采用一种或多种特殊的选择策略同时保证所选择的解的收敛性与多样性，例如基于 Knee 点的优先选择策略区分非支配解、同时优化解的收敛性和多样性的双目标优化问题转化方法、PF 的建模与估计方法等。这些算法的研究重点在于如何评价高维目标空间中每个解的收敛性与多样性，但对高维目标空间中的解来说，较好的多样性可能对应着较差的收敛性，因此，如何在选择策略中平衡收敛性与多样性是该类算法的关键所在[20]。

(2) 基于改进支配关系的算法

由于 Pareto 支配关系无法区分超多目标优化问题的大部分解，一些研究工作

尝试通过改进 Pareto 支配关系使其具有区分超多目标优化问题解的能力。例如，通过修改解的目标函数值和 Pareto 支配定义来扩大每个解的支配区域，利用模糊逻辑来提升一个解支配其他解的程度，利用小生境技术来判断解之间的支配关系等。基于改进支配关系的算法的本质在于设计新型的支配关系来松弛 Pareto 支配关系，以减少高维目标空间中局部非支配点的数目[21]。

(3) 基于性能指标的算法

为了对比多目标进化算法的性能，一些性能指标也被用于定量地评价算法得到的种群质量。例如 HV，IGD 等，这些指标被用于进化算法的选择策略中，即选出种群中具有最好指标值的子集。性能指标通常可以同时评价种群的收敛性与多样性，因此算法无需额外考虑收敛性与多样性之间的平衡问题。必须指出的是，虽然使用性能指标可以大大简化对解的收敛性和多样性的处理过程，但性能指标的计算本身就存在两大难题[22]。一是性能指标值一般对选取的参考点极为敏感，而如何选取合适的参考点及参考点的合理选取方式还有待深入研究；二是基于性能指标的算法需要反复计算种群的性能指标值，而这些指标值往往需要大量的运算，导致该类算法的运行效率较低，如何在保证性能评估准确性的前提下提高性能指标的运行效率也是一大难题。

11.4.2　经典算法

本小节主要介绍三类具有代表性的超多目标优化算法，即基于 Pareto 支配关系的第三代非支配排序遗传算法(Nondominated Sort Genetic Algorithm Version III，NSGA-Ⅲ)、基于 ε 松弛支配关系的多目标演化计算算法(Multi-Objective Evolutionary Algorithm Based on ε Relaxation Dominance，ε-MOEA)和基于性能指标的演化计算算法(Indicator-Based Evolutionary Algorithm，IBEA)，这些算法基本涵盖了目前解决 MaOP 的主要几种处理手段。

1) NSGA-Ⅲ算法

NSGA-Ⅲ算法是一类基于 Pareto 支配关系的算法[23]，该算法是经典的第二代非支配排序遗传算法(NSGA-Ⅱ)在超多目标情形中的推广。

首先介绍一下 NSGA-Ⅱ算法中的非支配排序。非支配排序是一种按照 Pareto 支配关系对种群进行逐层排序的方法。如图 11.4.2 - 1 所示，非支配排序方法将进化群体按支配关系分为若干层，第一层为进化群体的非支配个体集合 S_1，第二层为在进化群体中去掉第一层个体后所求得的非支配个体集合 S_2，第三层为在进化群体中去掉第一层和第二层个体后所求得的非支配个体集合 S_3，以此类推。

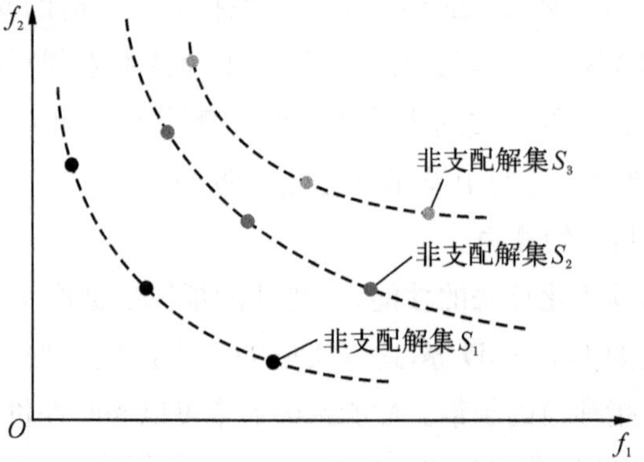

图 11.4.2-1　非支配排序示意图

在 NSGA-Ⅲ算法中，首先随机产生大小为 N 的父代种群 P_t，然后父代种群通过交叉变异产生大小相同的子代种群 Q_t，最后采用某种选择机制从 $R_t = P_t \cup Q_t$ 中(种群大小为 $2N$)选择出 N 个优秀个体构成新一代进化群体。在选择过程中，先是采用非支配排序方法将 R_t 分成不同的非支配层($F_1, F_2, \cdots$)，然后将优先级高的非支配集保留到下一代 S_t 中。当 $|F_1 \cup \cdots \cup F_{l-1}| < N$ 但 $|F_1 \cup \cdots \cup F_l| > N$ 时，NSGA-Ⅲ定义 F_l 为临界层，采用临界层选择方法选择个体进入下一代，直到子代种群大小等于 N。与 NSGA-Ⅱ不同，NSGA-Ⅲ的临界层选择方法是利用参考点来选择种群中的个体，以使种群在高维目标空间中具有良好的多样性。下面我们详细介绍一下 NSGA-Ⅲ的临界层选择方法。

首先是设置参考点。参考点的设置方法有很多种，在没有任何偏好信息的情况下，任何一种构造参考点的方法都可以运用。NSGA-Ⅲ算法采用的是由 Das 和 Dennis 在 1998 年提出的边界交叉构造权重的方法[24]。该方法在标准化超平面/单位单纯形上均匀产生参考点，如果每一维目标被均匀分割成 D 份，那么所产生的参考点个数为 $H = C_{p+D-1}^{D}$。例如，在 3 个目标的优化问题中($p=3$)，需要在由(1,0,0)，(0,1,0)，(0,0,1)三个顶点构成的三角形内构造参考点。如图 11.4.2-2 所示，将每一个坐标轴均匀分割成 $D=4$ 时，通过 $H = C_{p+D-1}^{D}$ 可知参考点的数目为 15。在选择过程中，NSGA-Ⅲ除了强调支配关系外，还强调各个参考点所关联的个体数目。当参考点广泛均匀地分布在整个标准化的超平面时，所选择的种群将会广泛均匀地分布在真实 PF 上。

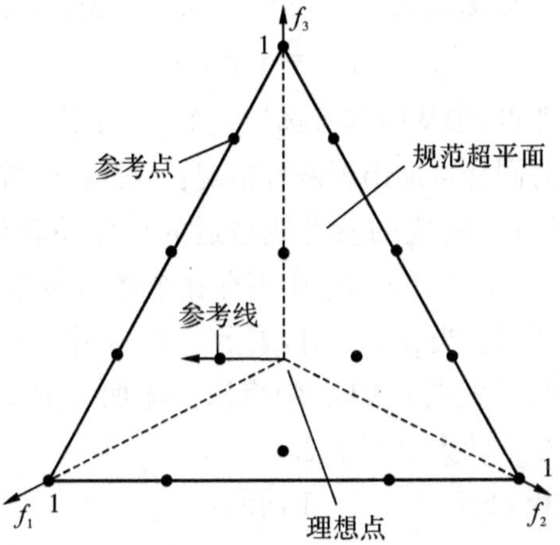

图 11.4.2-2　在 3 个目标下的 15 个参考点示意图

参考点设置完成后将进行关联操作，即让种群中的个体分别关联到相应的参考点。首先是将原点与参考点的连线作为该参考点在目标空间中的参考线（如图 11.4.2-3 中虚线所示），然后计算 S_t 中的个体到各条参考线的距离，最后将每一个体与其最近邻参考线所对应的参考点相关联。图 11.4.2-3 给出了三维目标的个体与参考点关联示例，其中空心点代表参考点，实心点代表目标空间中的个体，个体分别找到离它最近的参考线（虚线），然后将它与对应的参考点通过实线关联起来（如图中实线所示）。

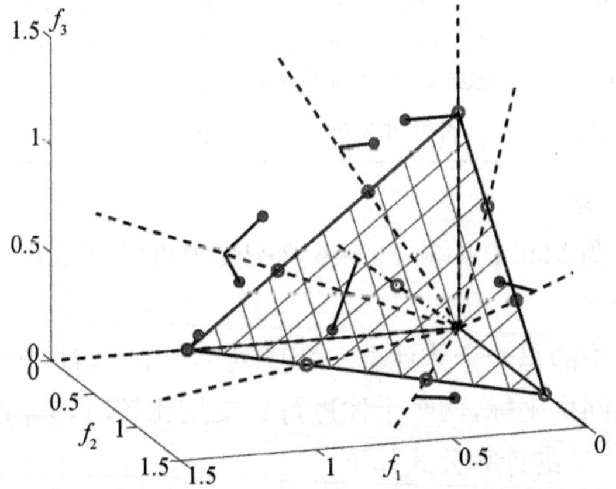

图 11.4.2-3　个体与参考点的关联操作

通过关联操作后，每个参考点会出现以下两种情况：一是关联一个或多个个体；二是没有与任何一个个体关联。NSGA-Ⅲ记录了参考点 j 在集合 $P_{t+1}=S_t$ 中

所关联的个体数目 ρ_j。在保留操作中,NSGA-Ⅲ首先选择关联数目最少的参考点

$$J_{\min}=\{j\mid j=\underset{j}{\operatorname{argmin}}(\rho_j)\},$$

如果有多个这样的参考点,则从中随机选择一个 j。如果 $\rho_j=0$,表示在 P_{t+1} 中没有个体与之关联。这时同样可能出现两种情况:一是在 F_l 中存在一个或多个个体与之关联,则将离参考点 j 对应的参考线最近的个体关联起来,并将该个体加入 P_{t+1} 中,同时令 $\rho_j=\rho_j+1$;二是在 F_l 中不存在个体与参考点 j 关联,那么在余下操作中不再考虑该参考点。当 $\rho_j\geqslant 1$ 时,表示在 P_{t+1} 中有一个或多个个体与之关联,如果 F_l 中有个体与参考点 j 关联,则将该个体加入 P_{t+1} 中,并令 $\rho_j=\rho_j+1$。重复以上操作,直到 P_{t+1} 的大小等于 N。

NSGA-Ⅲ算法流程如表 11.4.2-1 所示:

表 11.4.2-1　NSGA-Ⅲ算法流程

(1) 输入:多目标优化问题,种群大小 N,父代种群 P_t,参考点 z;
(2) 设置归档集 $S_t=\varnothing$,$i=1$;
(3) 通过交叉变异算子获得子代种群 Q_t;
(4) 合并父代种群 P_t 与子代种群 Q_t,构成种群 R_t;
(5) 对 R_t 进行非支配排序,划分成若干非支配层 $F_1,F_2,\cdots$;
(6) 如果 $\lvert S_t\rvert<N$,那么将优先级高的非支配层逐层存入 S_t 中,$i=i+1$;
(7) 将临界层设置为 $F_l=F_i$;
(8) 如果 $\lvert S_t\rvert=N$,那么 $P_{t+1}=S_t$,否则令 $P_{t+1}=S_t$,并从 F_l 中选择 $k=N-\lvert P_{t+1}\rvert$ 个个体,标准化目标空间并更新参考向量 z,再进行种群与参考点的关联操作,计算参考向量所关联个体的数目,并从 F_l 中选择 k 个个体进入 P_{t+1};
(9) 若达到终止条件,输出 P_{t+1},否则进入第(3)步继续迭代.

2) ε-MOEA 算法

为有效地解决题 MaOP 中的 Pareto 支配受阻难题,Laumanns 等人于 2002 年提出 ε-支配的概念[25]。

该算法对种群中的每个个体计算一个序列 $B=(B_1,B_2,\cdots,B_p)^{\mathrm{T}}$。该序列表示个体所在网格的网格坐标,两个个体进行 ε-支配比较时,只需要比较它们对应的序列 B 的值。序列 B 的计算公式如下:

$$B_i(f)=\begin{cases}\left\lfloor\dfrac{f_i-f_i^{\min}}{\varepsilon_i}\right\rfloor, & \text{对于最小化 } f_i,\\ \left\lceil\dfrac{f_i^{\max}-f_i}{\varepsilon_i}\right\rceil, & \text{对于最大化 } f_i,\end{cases}$$

其中，$f_i^{\min}$ 和 $f_i^{\max}$ 分别是种群中的个体在第 i 维目标上的最小值和最大值，ε_i 是在第 i 维目标上允许容忍的偏差/网格边长。

定义 11.4.2-1（ε-支配）　对最小化问题，给定 $f, g \in \mathbb{R}_+^p$，$\varepsilon_i > 0$，$\forall i \in \{1, \cdots, p\}$，称 f ε-支配 g 当且仅当

$$f_i \leqslant g_i + \varepsilon_i,\ \forall i \in \{1, \cdots, p\},$$

记为 $f \succ_\varepsilon g$。

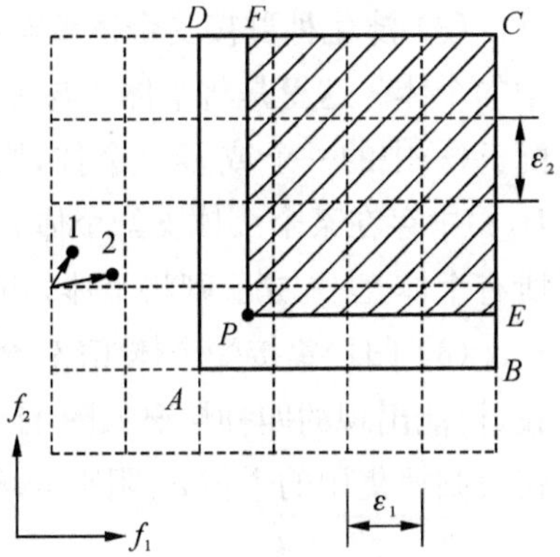

图 11.4.2-4　目标空间网格划分

如图 11.4.2-4 所示，序列 B 将目标空间划分为若干个网格，其大小由每一维的 ε_i 确定。按 Pareto 支配关系，个体 P 所支配的区域为由 P, E, C, F 四个点围成的矩形区域。按照 ε-支配的定义，个体 P 支配的区域为由 A, B, C, D 四个点围成的矩形区域。这里，点 A 是个体 P 的确定序列 B。

Deb 等人[26]于 2005 年提出一种稳态 ε-MOEA 算法，该算法采用有效的父代种群及归档集更新来快速地维持解集的多样性和收敛性。

在 ε-MOEA 中，演化种群和归档集同时独立优化。首先是从演化种群和归档集中分别挑选一个个体并产生一个子代个体，然后用子代个体更新演化种群和归档集。不同之处在于，归档集中采用的是基于 ε-支配的选择方法，而演化种群中采用的是传统的 Pareto 支配的选择方法。

ε-MOEA 算法流程如表 11.4.2-2 所示：

表 11.4.2-2　ε-MOEA 算法流程

(1) 随机初始化演化种群 $P(0)$（规模为 N），同时使归档集 $Q(0)$ 为空（规模为 M），将 $P(0)$ 中的非 ε-支配解集复制到归档集 $Q(0)$ 中，$t=0$（预定的进化代数为 T）；
(2) 从演化种群 $P(t)$ 中选择一个个体 p；
(3) 从归档集中选择一个个体 e；
(4) 由父代个体 p 和 e 产生一个子代个体 c；
(5) 判断演化种群 $P(t)$ 是否接收个体 c；
(6) 判断归档集 $Q(t)$ 是否接收个体 c；
(7) 如果终止条件不满足，则返回步骤(2)，否则算法终止.

ε-MOEA 算法中选择个体和接受个体的策略如下：

(1) 从演化种群中选择个体策略：为了从种群 $P(t)$ 中选择一个个体，首先是从 $P(t)$ 中随机选择两个个体并判断它们的 Pareto 支配关系。如果一个个体支配另一个个体，则前者被选中；如果两个个体互不支配，则随机选取一个个体。

(2) 从归档集中选择个体策略：从 $Q(t)$ 中随机选择一个个体。

(3) 演化种群接受个体策略：可以采取不同的方法决定个体 c 是否替换 $P(t)$ 中的个体。这里是将个体 c 与种群 $P(t)$ 中的每个个体进行比较。如果个体 c 支配 $P(t)$ 中的一个或多个个体，则将个体 c 随机替换一个被它支配的个体；如果 $P(t)$ 中存在某个个体支配个体 c，则个体 c 不被 $P(t)$ 接受；如果个体 c 与 $P(t)$ 中所有个体互不支配，则将个体 c 随机替换 $P(t)$ 中一个个体。

(4) 归档集接受个体策略：个体 c 与归档集中的每个个体按ε-支配关系进行比较，可能出现的四种情况如图 11.4.2-5 所示，其中实心点代表子代个体 c，空心点代表归档集中的个体 a，阴影区域代表可行域。

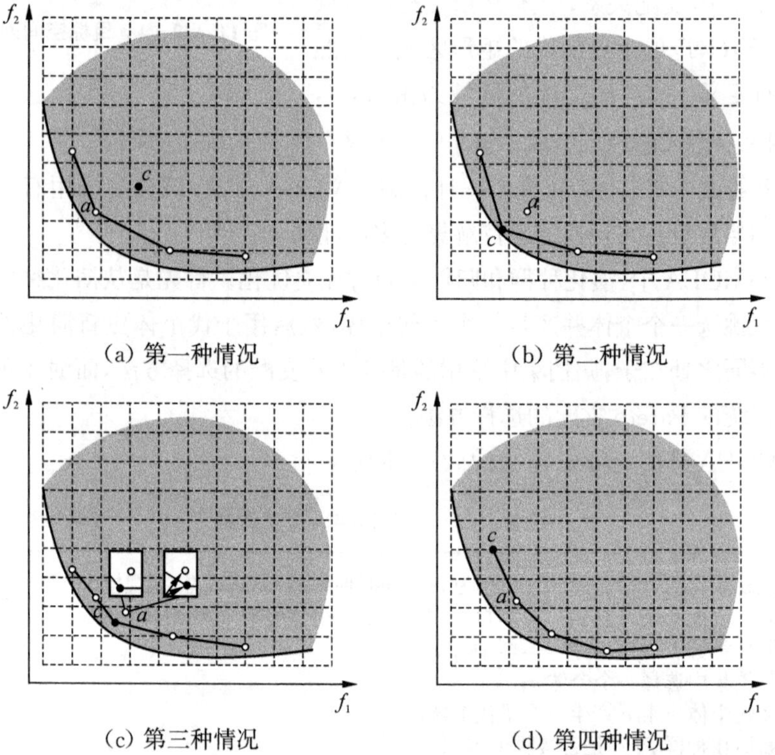

图 11.4.2-5 归档集接受个体策略示意图

第一种情况：如图 11.4.2-5(a)所示，$\forall a \in Q(t)$，若 a ε-支配 c，则个体 c 将不被 $Q(t)$ 接收。

第二种情况：如图 11.4.2-5(b)所示，$\exists a \in Q(t)$，若 c ε-支配 a，则将个体 c 加入到 $Q(t)$ 中，同时删除 $Q(t)$ 中被 c 支配的所有个体。

第三种情况：如图 11.4.2-5(c)所示，$\forall a \in Q(t)$，若 c 与 a 互不ε-支配，且个

体 c 与 a 在同一个网格中，即它们的确定序列 B 相同，则首先检测 Pareto 支配关系。如果个体 c Pareto 支配 a，则将个体 c 加入到 $Q(t)$ 中，同时删除个体 a；如果个体 c 和 a 互不 Pareto 支配，但是 c 更靠近网格原点（根据欧几里得距离），则将个体 c 加入到 $Q(t)$ 中，同时删除个体 a，否则个体 c 将不被 $Q(t)$ 接收。

第四种情况：如图 11.4.2－5(d)所示，$\forall a \in Q(t)$，若 c 与 a 互不 ε-支配，且个体 c 与 a 不在同一个网格中，将个体 c 加入到 $Q(t)$ 中。

通过以上操作，在 PF 上 ε-MOEA 通过控制每个网格中个体的数目来维持种群的分布性。

3）IBEA 算法

IBEA 算法是 Zitzler 等人于 2004 年提出的一种基于指标的演化计算算法，该算法首次将评价指标函数作为个体适应度嵌入到 MOEA 中[27]。

评价指标函数是从向量空间 Π 到实数集 $\mathbb{R}$ 的一种映射 $I:\Pi \rightarrow \mathbb{R}$，利用实数集上的全序关系可以比较向量空间 Π 中的不同元素之间的优劣。在 IBEA 中定义了如下一种简单的分配适应度的方法：

$$F(x^1)=\sum_{x^2 \in P\backslash\{x^1\}} -\mathrm{e}^{-I(\{x^2\},\{x^1\})/k},$$

其中，P 为种群，$x^1 \in P$，$k>0$ 为比例缩放因子，而 I 是评价指标函数，可以将目标空间中的 Pareto 近似解映射到一个实数集。在 IBEA 中，I 通过超体积 HV 按照如下方式进行构造：

$$I_{\mathrm{HD}}(A,B)=\begin{cases}\mathrm{HV}(B)-\mathrm{HV}(A), & \forall x^2 \in B,\ \exists x^1 \in A: x^1 \succ x^2,\\ \mathrm{HV}(A \cup B)-\mathrm{HV}(A), & \text{否则}.\end{cases}$$

假设 A，B 分别为只包含一个个体的两个解集。在图 11.4.2－6(a)中，当集合 A 中的个体和集合 B 中的个体都互不支配时，有

$$I_{\mathrm{HD}}(A,B)=\mathrm{HV}(A \cup B)-\mathrm{HV}(A)>0,$$
$$I_{\mathrm{HD}}(B,A)=\mathrm{HV}(A \cup B)-\mathrm{HV}(B)>0.$$

因为图中阴影部分表示集合的独立支配区域面积，所以 $I_{\mathrm{HD}}(A,B)>I_{\mathrm{HD}}(B,A)$。此时，集合 B 中的个体适应度高于集合 A 中的个体。

在图 11.4.2－6(b)中，当集合 B 中的个体支配集合 A 中的个体时，有

$$I_{\mathrm{HD}}(A,B)=\mathrm{HV}(A \cup B)-\mathrm{HV}(A)=\mathrm{HV}(B)-\mathrm{HV}(A)>0,$$
$$I_{\mathrm{HD}}(B,A)=\mathrm{HV}(A)-\mathrm{HV}(B)<0,$$

可得 $I_{\mathrm{HD}}(A,B)=-I_{\mathrm{HD}}(B,A)$。此时，集合 B 中的个体适应度也还是高于集合 A 中的个体。可以看出，适应度随着评价指标的增加而提高，代表了个体更好的收敛性和多样性。

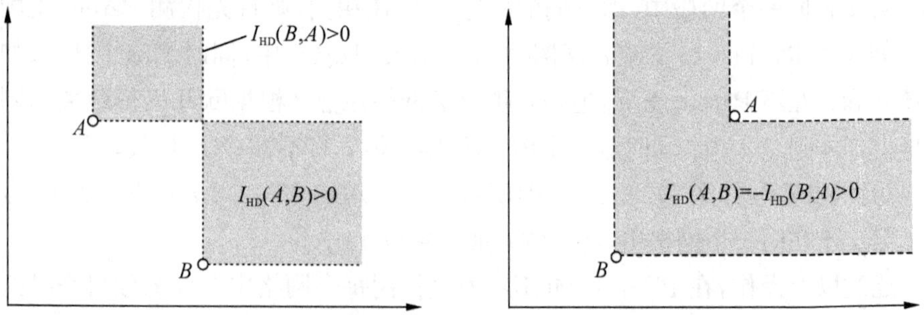

(a) A 和 B 中个体互不支配　　(b) B 中个体支配 A 中个体

图 11.4.2-6　独立支配区域示意图

IBEA 算法流程如表 11.4.2-3 所示：

表 11.4.2-3　IBEA 算法流程

(1) 初始化种群 P(规模为 N)，进化代数 $t=0$(终止条件为 T)，初始化参数 k.
(2) 计算种群 P 中个体 x^1 的适应度值，即 $F(x^1)=\sum_{x^2\in P/\{x^1\}} -e^{-I(\{x^2\},\{x^1\})/k}$.
(3) 当 $\|P\|>N$ 时，执行如下程序：　//环境选择
(4) 　从种群 P 中选择适应值最小的 $x^*\in P$，即 $F(x^*)\leqslant F(x)$，$\forall x\in P$，将 x^* 移出种群 P；
(5) 　重新计算种群 P 中个体的适应度值：$F(x)=F(x)+e^{-\frac{I(\{x^2\},\{x^1\})}{k}}$，$x\in P$.
(6) 如果 $t>T$ 或满足其他终止条件，则结束.
(7) 利用二元锦标选择从种群 P 中选择个体到交配池 Q 中，对 Q 进行交叉和变异操作，产生新种群 Q'.
(8) 将 Q' 并入 P 中，$P=P\cup Q$.
(9) $t=t+1$，转步骤(2).

11.5　总结与展望

多目标优化是优化问题中的一个重要分支，其目标是在多个冲突的目标函数之间找到一组最佳权衡的解，这些解被称为有效解或 Pareto 最优解。多目标优化的研究旨在解决现实世界中许多复杂的问题，决策者需要在多个相互竞争的目标之间进行权衡和选择。在过去的几十年里，多目标优化已经得到了广泛研究，并产生了许多新理论和有效的解决方法。当前多目标优化的研究热点与未来发展趋势主要分为以下五个方面：

(1) 多目标优化算法的改进。研究人员一直致力于改进多目标优化算法的性能和效率，特别是大规模多目标优化以及超多目标优化。一些研究关注如何提高算法的收敛效率，以便更快、更准确地找到 Pareto 最优解。特别地，利用分布式并行计算、群体智能等技术加速大规模多目标优化算法的求解以及更多样化地捕获 PF 将是未来多目标优化算法的一个重要的研究方向。

（2）混合算法和多目标优化的融合。混合算法是将多目标优化与其他优化技术相结合，以获得更好的性能和鲁棒性。例如，将进化算法与模拟退火、粒子群优化等元启发式算法相结合，充分利用各自的优点，弥补自身的不足。

（3）多目标优化与机器学习的融合。近年来，多目标优化和机器学习的结合受到了广泛关注。机器学习技术可以用于算法的性能改进、问题建模和决策支持等方面。例如，使用机器学习方法预测 PF、加速搜索过程，或者通过自适应学习调整算法参数。

（4）多目标优化应用领域的拓展。多目标优化已经在许多领域得到了广泛应用，并不断拓展到新的领域。例如，智能交通系统中的路径规划、机器学习模型选择和调优、能源系统优化、供应链管理等领域都涉及多目标优化/决策问题。随着问题复杂性的增加和实际需求的推动，多目标优化在实际应用中的价值日益凸显。

（5）可视化和决策支持工具的发展。为了帮助决策者理解和选择 Pareto 最优解集，可视化和决策支持工具得到了广泛开发。这些工具可以将多目标优化结果以可视化形式展示，帮助决策者直观地分析不同的解决方案及进行权衡和取舍。

多目标优化仍然是一个活跃且具有挑战性的研究领域，未来还需要更多的科研学者投入精力来解决其中的重大难题。

参考文献

［1］Adby P R. Introduction to Optimization Methods［M］. Berlin：Springer，2013.

［2］Désidéri Jean-Antoine. Multiple-gradient descent algorithm（MGDA）for multiobjective optimization［J］. Comptes Rendus Mathematique，2012，350(5－6)：313－318.

［3］Hong W，Yang P，Tang K. Evolutionary computation for large scale multi-objective optimization：A decade of progresses［J］. International Journal of Automation and Computing，2021，18(2)：155－169.

［4］Bertsekas D P. Constrained Optimization and Lagrange Multiplier Methods［M］. Salt Lake：Academic Press，2014.

［5］Potter M A，De Jong K A. A cooperative coevolutionary approach to function optimization［C］. Parallel Problem Solving from Nature—PPSN III：International Conference on Evolutionary Computation，1994.

[6] Omidvar M N, Li X, Yang Z, et al. Cooperative co-evolution for large scale optimization through more frequent random grouping[C]. IEEE Congress on Evolutionary Computation, 2010.

[7] Van Aelst S, Wang X, Zamar R H, et al. Linear grouping using orthogonal regression[J]. Computational Statistics & Data Analysis, 2006, 50(5): 1287 - 1312.

[8] Chen W, Weise T, Yang Z, et al. Large-scale global optimization using co-operative coevolution with variable interaction learning[C]. Parallel Problem Solving from Nature, PPSN XI: 11th International Conference, 2010.

[9] Omidvar M N, Li X, Mei Y, et al. Cooperative co-evolution with differential grouping for large scale optimization[J]. IEEE Transactions on Evolutionary Computation, 2013, 18(3): 378 - 393.

[10] Wang P, Tang K, Weise T, et al. Multiobjective genetic programming for maximizing ROC performance[J]. Neurocomputing, 2014, 125: 102 - 118.

[11] Wang P, Emmerich M, Li R, et al. Convex hull-based multiobjective genetic programming for maximizing receiver operating characteristic performance[J]. IEEE Transactions on Evolutionary Computation, 2014, 19(2): 188 - 200.

[12] Zhang Q, Li H. MOEA/D: A multiobjective evolutionary algorithm based on decomposition[J]. IEEE Transactions on Evolutionary Computation, 2007, 11(6): 712 - 731.

[13] Zhou A, Zhang Q, Jin Y. Approximating the set of pareto-optimal solutions in both the decision and objective spaces by an estimation of distribution algorithm[J]. IEEE Transactions on Evolutionary Computation, 2009, 13(5): 1167 - 1189.

[14] Ishibuchi H, Nakashima Y, Nojima Y. Performance evaluation of evolutionary multiobjective optimization algorithms for multiobjective fuzzy genetics-based machine learning[J]. Soft Computing, 2011, 15(12): 2415 - 2434.

[15] Ke L, Zhang Q, Battiti R. MOEA/D-ACO: A multiobjective evolutionary algorithm using decomposition and antcolony[J]. IEEE Transactions on Cybernetics, 2013, 43(6): 1845 - 1859.

[16] Nebro A J, Durillo J J. A study of the parallelization of the multi-objective metaheuristic MOEA/D[C]. The 4th International Conference on Learning and Intelligent Optimization, 2010.

[17] Tian Y, Lu C, Zhang X, et al. Solving large-scale multiobjective optimization problems with sparse optimal solutions via unsupervised neural networks

[J]. IEEE Transactions on Cybernetics, 2020, 51(6): 3115 - 3128.

[18] Tian Y, Wang H, Zhang X, et al. Effectiveness and efficiency of non-dominated sorting for evolutionary multi-and many-objective optimization [J]. Complex & Intelligent Systems, 2017, 3(4): 247 - 263.

[19] Li B, Li J, Tang K, et al. Many-objective evolutionary algorithms: A survey[J]. ACM Computing Surveys, 2015, 48(1): 1 - 35.

[20] Li M, Yang S, Liu X. Shift-based density estimation for pareto-based algorithms in many-objective optimization[J]. IEEE Transactions on Evolutionary Computation, 2013, 18(3): 348 - 365.

[21] Zhu C, Xu L, Goodman E D. Generalization of pareto-optimality for many-objective evolutionary optimization[J]. IEEE Transactions on Evolutionary Computation, 2015, 20(2): 299 - 315.

[22] Ishibuchi H, Imada R, Setoguchi Y, et al. Reference point specification in hypervolume calculation for fair comparison and efficient search[C]. The Genetic and Evolutionary Computation Conference, 2017.

[23] Deb K, Jain H. An evolutionary many-objective optimization algorithm using reference-point-based nondominated sorting approach, part I: Solving problems with box constraints[J]. IEEE Transactions on Evolutionary Computation, 2013, 18(4): 577 - 601.

[24] Das I, Dennis J E. Normal-boundary intersection: A new method for generating the Pareto surface in nonlinear multicriteria optimization problems[J]. SIAM Journal on Optimization, 1998, 8(3): 631 - 657.

[25] Laumanns M, Thiele L, Deb K, et al. Combining convergence and diversity in evolutionary multiobjective optimization[J]. Evolutionary Computation, 2002, 10(3): 263 - 282.

[26] Deb K, Mohan M N, Mishra S. Evaluating the ε-domination based multi objective evolutionary algorithm for a quick computation of Pareto-optimal solutions[J]. Evolutionary Computation, 2005, 13(4): 501 - 525.

[27] Zitzler E, Künzli S. Indicator-based selection in multiobjective search[C]. The International Conference on Parallel Problem Solving from Nature, 2004.

第 12 章　多智能体博弈

关于多智能体系统的最优决策问题，第 9 章介绍的大多数协同优化方法均基于协作假设，即通过局部计算和局部通信共同计算全局目标下的最优决策。此类协同决策问题通常称为分布式优化问题，在分布式机器学习、分布式参数估计、智能电网中的分布式调度、多机器人路径规划等诸多领域具有广泛的应用。

在协作多智能体网络中，分布式优化通常要求所有智能体都遵循管理者的安排，并能忠实地执行协作优化的决策。然而，在实际工程应用中，智能体之间普遍存在异质性以及利益冲突，这导致网络决策必须在个体利益的驱动下进行。例如，在涉及分布式发电（光伏、风力涡轮机等）的电网中存在利益不同的发电方和电力消耗方，所有参与者都需要独立决定自己的动态发电量/消耗量，同时确保电力系统的稳定性；在由物理通信渠道和应用程序组成的计算机网络中，攻击者试图破坏网络系统或窃听通信信息，防御者则采取相应措施增强系统安全性，保护用户隐私；在深度学习领域，生成性对抗网络（GAN）涉及两个机器玩家，生成器和鉴别器之间存在零和博弈；在民用安防和军事防御领域，管理者通常会部署大量智能体（如无人车）来监视和保护周边，追踪机器人负责保护特定区域/目标免受逃逸者的攻击，而逃逸者不仅要逃离追踪者，还要试图接近保护区域。

12.1　博弈简介

博弈论的现代理论框架形成于第二次世界大战之后，其建立主要基于对国际关系与战略互动行为的系统性研究。1928 年，John von Neumann 提出博弈论的基本原理[1]，通过最大最小定理解决了最基本的零和博弈问题，标志着博弈论的诞生。1944 年，John von Neumann 与 Oskar Morgenstern 合作出版的划时代著作《博弈论与经济行为》[2]，不仅将二人博弈推广到多人博弈，而且将博弈引入经济领域，标志着现代系统博弈理论的初步形成。

在博弈论发展的初期阶段，研究者们主要关注的是合作博弈，即参与者之间可以互相沟通来达成具有法律约束力的协议，从而形成联盟。然而，随着时间的推移，合作博弈理论逐渐显现出一定的局限性，尤其是在处理多人博弈或非零和博弈的情形时，其理论的应用受到了限制。20 世纪 50 年代，非合作博弈理论逐渐兴起，其核心在于强调个体理性及个体最优决策，并关注策略互动中的均衡状态。

1950 年，Nash 针对非合作博弈提出纳什均衡(Nash Equilibrium)[3,4]概念，即在一个给定的情况下，任何参与者都无法通过单独改变自己的策略来获得更好的结果，这一概念成为非合作博弈的核心。同时，Nash 还证明了纳什均衡的存在性，这一成果标志着博弈论的研究进入了新的发展阶段。随后，学术界重拾对博弈论的兴趣，众多学者从不同维度对纳什均衡理论展开了系统而深入的探索与研究。

近年来，博弈论的应用范畴正逐步从传统经济领域向跨学科方向拓展，已广泛渗透至生物学、电气工程、交通工程、人工智能等多个学科领域；与此同时，博弈的参与主体也从早期的自然人、企业等经济学实体延伸至智能体(Agent)这类更具普适性的概念。此外，关于纳什均衡的研究也取得了显著进展，尤其在克服早期方法的局限性方面。传统的纳什均衡搜索方法如最佳响应策略、假设检验、虚拟博弈、后悔测试等，普遍依赖完备的模型信息，且仅适用于静态环境下的纳什均衡求解问题。为了降低对完整模型信息的依赖，极值搜索控制方法被引入纳什均衡的寻找过程中。然而，此类方法仍要求参与者获取其他参与者的行为信息或历史数据，这在缺乏集中控制和全局信息的分布式系统中是一个难题。

随着网络规模的持续扩大，分布式纳什均衡搜索算法因能在参与者仅掌握局部信息的情况下运用，并在没有完全了解全局状况的前提下实现自我优化，而受到越来越多的关注和应用。这类算法在智能电网、通信网络以及电力市场和热力市场的能源管理系统等多个领域展现出显著的应用价值。

基于以上所述，本章将重点讨论合作博弈与非合作博弈。首先介绍合作博弈的基本概念及其在多智能体强化学习中的应用；接着介绍非合作博弈的一些基本概念和分布式纳什均衡搜索算法；最后总结合作博弈和非合作博弈相应的特点及适用场景，并展望它们未来的发展方向。

木章使用的数学符号如表 12.1-1 所示。

表 12.1-1　数学符号

符号	含义
$\mathbb{R}^n$	n 维实数列向量集
$\mathbb{R}^n_+$	n 维非负实数列向量集
$\mathbf{0}_n$	n 维全 0 列向量
x^{T}	向量 x 的转置

续表12.1-1

符号	含义
A^{T}	矩阵 A 的转置
$\|x\|$	向量 x 的欧几里得范数
$\sup f(x)$	函数 $f(x)$的上确界
$\nabla_x f(x)$	函数 $f(x)$在点 x 处的梯度
$\mathcal{G}$	通信图
$\mathcal{V}$	通信图中节点集
$\mathcal{E}$	通信图中边集
$\otimes$	张量积符号

12.2 合作博弈

12.2.1 引言

在合作博弈理论中,冯·诺伊曼和摩根斯坦提出的期望效用理论通过单一数值概括了每个决策个体的策略选择。然而,他们在衡量联盟选择时提出的稳定集(冯·诺伊曼-摩根斯坦解)存在多重性问题——每个解都反映了理性参与者可能采取的不同行为标准,因此难以对联盟的形成和稳定性进行简洁的评价。相比之下,沙普利提出的沙普利值[5]给出唯一一种分配方案,成功解决了该问题,为联盟的评估提供了一个清晰且一致的衡量标准。

合作博弈论最重要的两个概念是联盟和分配,其中,联盟是指多个博弈参与者形成联盟获得合作剩余,分配是指如何分配这种合作剩余。合作博弈论领域主要研究以下两个关键科学问题:其一是最优联盟结构问题,即如何将博弈参与者划分为子组,以使总的合作剩余最大化;其二是联盟的收益分配问题,即如何分配联盟的合作剩余,以使该联盟的合作得以维系。合作剩余的分配既是合作的结果,也是达成合作的条件,因此能够推动合作存在、巩固和发展的一个关键因素就是寻找某种分配原则,使得联盟内部参与者之间可以有效地分配资源或利益,达到帕累托最优(Pareto Optimality)。

定义 12.2.1-1(联盟)[6]　在 n 个智能体参与的合作博弈中,参与者的集合用 $N=\{1,2,\cdots,n\}$表示,N 的任意子集 $S\subseteq N$ 称为参与者之间的一个联盟。空集

$\varnothing$、全集 N 以及单点集 $\{i\}(i \in N)$ 都可以看成联盟，且通常用大写字母（比如 N，S）表示联盟，对应的小写字母（比如 n, s）或者模（比如 $|N|, |S|$）表示联盟中智能体的数量。

定义 12.2.1-2（合作博弈）[6]　给定一个 n 个智能体参与的博弈，$S \subseteq N$ 是任意联盟，定义一个实函数 $v(S)$，该函数满足条件：

(1) $v(\cdot)=0$；

(2) 当 $S_1 \cap S_2=\varnothing, S_1 \subset N, S_2 \subset N$ 时，$v(S_1 \cup S_2) \geqslant v(S_1)+v(S_2)$，

则可用 (N, v) 表示参与者集为 N、特征函数为 v 的合作博弈。

定义 12.2.1-3（分配解）[6]　合作博弈 (N, v) 的一个分配指对 n 个参与者而言，存在一个 n 维向量 $x=(x_1, x_2, \cdots, x_n)$ 满足：

(1) $\sum_{i=1}^{n} x_i=v(N)$；

(2) $\forall i \in N, x_i \geqslant v(\{i\})$，

则称 $x=(x_1, x_2, \cdots, x_n)$ 是该博弈的一个分配解，也称支付向量。

合作博弈各种类型的解或属于基于稳定性的解，或属于基于公平性的解。核属于基于稳定性的解，沙普利值属于基于公平性的解；同时，核属于集值解，而沙普利值属于单点解。

12.2.2　基于稳定性的解

定义 12.2.2-1（核）[7]　n 个智能体参与的合作博弈 (N, v) 的核由所有满足以下条件的 n 维向量 $x=(x_1, x_2, \cdots, x_n)$ 组成：

(1) $\sum_{i=1}^{n} x_i=v(N)$；

(2) $\forall S \subset N, \sum_{i \in S} x_i \geqslant v(S)$。

例 12.2.2-1　用 $N=\{1,2,3\}$ 代表三人社会合作的集合。如果三人合作组成一个三人大联盟，那么能创造出 30 个单位的总收益；如果其中两人合作并组成联盟（另外一个人独自为政），那么这两个人能创造出 a 个单位的收益仅供二人分享（$a \in (12,30)$，且 $a \in \mathbb{N}$），而剩下的独自为政的人只能创造出 6 个单位的获益。求该合作博弈的核。

解　由题设知特征函数 v 满足：(1) $v(\cdot)=0$；(2) $v(\{i\})=6, i \in N$；(3) 当 $|S|=2$ 时，$v(S)=a$；(4) 当 $|S|=3$ 时，$v(S)=30$。

由于这个博弈共有三个参与者，因而核是一个由三维非负支付向量 $(x_1, x_2,$

x_3)所组成的集合,且满足:(1) $x(N)=30$;(2) $x(S)\geqslant a$,$|S|=2$;(3) $x(S)\geqslant 6$,$|S|=1$.

当 $a<20$ 时,核由无数个支付向量所组成,即

$$(6+a_1,6+a_2,6+a_3),\quad 其中 a_i\in(0,24-a),\ i\in N,\ \sum_{i\in N}a_i=12;$$

当 $a=20$ 时,核只包括一个支付向量(10,10,10);

当 $a>20$ 时,核为空,即这个社会不存在稳定的合作方案。

12.2.3 基于公平性的解

定义 12.2.3-1(沙普利值)[5] 对每个 n 个智能体参与的合作博弈(N,v),存在唯一的沙普利值 $\varphi(v)=(\varphi_1(v),\varphi_2(v),\cdots,\varphi_n(v))$,其中

$$\varphi_i(v)=\sum_{S\subseteq N,i\in S}\frac{(s-1)!(n-s)!}{n!}(v(S)-v(S\backslash\{i\})).\tag{12.2.3-1}$$

例 12.2.3-1 已知公司 1,2,3 单独投资可盈利

$$v(\{1\})=100,\quad v(\{2\})=200,\quad v(\{3\})=300.$$

如果公司 1 和公司 2 联合,可获利 $v(\{1,2\})=500$;公司 2 和公司 3 联合,可获利 $v(\{2,3\})=600$;公司 1 和公司 3 联合,可获利 $v(\{1,3\})=700$;公司 1、公司 2 和公司 3 联合,可获利 $v(\{1,2,3\})=1000$。那么三家公司一起合作,按沙普利值分配,每家公司应各获利多少?

解 公司 1 可以组成的联盟有 4 种情况:{1},{1,2},{1,3},{1,2,3}。由表 12.2.3-1 可知,公司 1 的获利为 850/3。

表 12.2.3-1 公司 1 获利情况

S	{1}	{1,2}	{1,3}	{1,2,3}
$v(S)$	100	500	700	1000
$v(S\backslash\{1\})$	0	200	300	600
$v(S)-(S\backslash\{1\})$	100	300	400	400
$\|S\|$	1	2	2	3
$W(\|S\|)$	1/3	1/6	1/6	1/3
$\varphi_1(v)$		850/3		

公司 2 可以组成的联盟有 4 种情况:{2},{2,1},{2,3},{2,1,3}。由表 12.2.3-2 可知,公司 2 的获利为 850/3。

表 12.2.3-2　公司 2 获利情况

S	$\{2\}$	$\{2,1\}$	$\{2,3\}$	$\{2,1,3\}$
$v(S)$	200	500	600	1000
$v(S\backslash\{2\})$	0	100	300	700
$v(S)-(S\backslash\{2\})$	200	400	300	300
$\|S\|$	1	2	2	3
$W(\|S\|)$	1/3	1/6	1/6	1/3
$\varphi_2(v)$		850/3		

公司 3 可以组成的联盟有 4 种情况：$\{3\}$，$\{3,1\}$，$\{3,2\}$，$\{3,1,2\}$。由表 12.2.3-3 可知，公司 3 的获利为 1300/3。

表 12.2.3-3　公司 3 获利情况

S	$\{3\}$	$\{3,1\}$	$\{3,2\}$	$\{3,1,2\}$
$v(S)$	300	700	600	1000
$v(S\backslash\{3\})$	0	100	200	500
$v(S)-(S\backslash\{3\})$	300	600	400	500
$\|S\|$	1	2	2	3
$W(\|S\|)$	1/3	1/6	1/6	1/3
$\varphi_3(v)$		1300/3		

三家公司获利总和为

$$(850/3+850/3+1300/3)=1000,$$

因此支付向量(850/3，850/3，1300/3)满足符合题目要求。

12.2.4　合作博弈解在多智能体深度强化学习中的应用

合作博弈是多智能体深度强化学习中的一个关键研究领域。基于合作博弈理论的多智能体强化学习框架主要致力于解决智能体间的协同合作问题，并广泛应用于多智能体协作的多个应用场景中，比如多人游戏[6-8]、自动驾驶[9-11]。近些年，这一研究方向逐渐拓展至具有显著博弈特征的社会困境问题，并获得了学术界的广泛关注[12,13]。

考虑一个部分可观测的合作多智能体系统，与第 8 章一致，其马尔可夫决策问题可被描述为

$$\langle \mathcal{N}, \mathcal{S}, \{\mathcal{A}^i\}_{i=1}^N, \{\mathcal{O}^i\}_{i=1}^N, \mathcal{P}, \varepsilon, \{\mathcal{R}^i\}_{i=1}^N \rangle,$$

其中,$\mathcal{N}$是总数为 N 的智能体集合,$\mathcal{S}$表示状态空间集合,$\mathcal{A}=\{\mathcal{A}^i\}_{i=1}^N$ 是联合动作空间,$\mathcal{O}=\{\mathcal{O}^i\}_{i=1}^N$ 是在马尔可夫观测发射概率函数 $\varepsilon(\mathcal{O}|\mathcal{S})$下所有智能体可能的局部观测,$\mathcal{R}=\{\mathcal{R}^i\}_{i=1}^N$是联合动作的即时奖赏。整个系统的目标是极大化期望累计奖赏之和:

$$\max_{\theta}\left\{f(\theta):=\sum_{i=1}^{N} f_i(\theta)\right\}, \quad f_i(\theta):=\sum_{t=0}^{T-1}\mathbb{E}_{s\sim d, o\sim\varepsilon, a\sim\pi_\theta}[\gamma^t \mathcal{R}_{t+1}^i | \pi(\cdot|s;\theta)].$$

全局奖励博弈是合作博弈的一个子类,即所有智能体都以最大化全局奖励为目标。信用分配是全局奖励博弈中研究的一个重要问题。SQDDPG[14] 基于沙普利值分配全局奖励,反映每个智能体自己的贡献,每个智能体以极大化自身贡献为目标:

$$\nabla_{\theta_a}\mathcal{J}(\theta_a)=\mathbb{E}_D[\nabla_{\theta_a}\mu_{\theta_a}(s)\nabla_{a_i}Q^{\Phi_i}(s,a_i)|_{a_i=\mu_{\theta_i}(s)}],$$

在算法收敛速度以及收敛效果上有显著提高(其中 $Q^{\Phi_i}(s,a_i)$为智能体 i 在状态 s 下采取动作 a_i 时以沙普利值表征的个体贡献)。沙普利值的真值计算时间复杂度为 $O(2^n)$,即需要访问全体 2^n 个联盟的值,这在强化学习算法的训练中是难以实现的。因此,在实际应用中通常采用蒙特卡洛采样方法对其进行近似估计[15]:

$$\begin{aligned} Q^{\Phi_i}(s,a_i) &= \mathbb{E}_{\mathcal{C}\sim \Pr(\mathcal{C}|\mathcal{N}\backslash\{i\})}[\Phi_i(\mathcal{C})] \\ &\approx \frac{1}{M}\sum_{k=1}^{M}\hat{\Phi}_i(s,a_{\mathcal{C}_k\cup\{i\}}), \quad \forall \mathcal{C}_k\sim\Pr(\mathcal{C}|\mathcal{N}\backslash\{i\}). \end{aligned}$$

12.3 非合作博弈

12.3.1 基础知识

本小节首先介绍非合作博弈模型,然后介绍非合作博弈模型的解,即纳什均衡的概念及其存在性和唯一性,最后介绍当前主流的分布式纳什均衡搜索算法。

12.3.1.1 非合作博弈模型

考虑有 N 个智能体参与的网络,并令$\mathcal{V}=\{1,2,\cdots,N\}$。智能体 $i\in\mathcal{V}$ 的可行动作集 $X_i\subset\mathbb{R}^{n_i}$ 可以是连续集也可以是离散集;$x=\mathrm{col}(x_1,x_2,\cdots,x_N)$ 表示所有智能体的联合动作,$x_{-i}=\mathrm{col}(x_1,x_2,\cdots,x_{i-1},x_{i+1},\cdots,x_N)$ 表示除智能体 i 以外的所有智能体的联合动作,其中 $x_i\in X_i$ 表示智能体i 的动作;$X=\prod_{i\in\mathcal{V}}X_i\subset\mathbb{R}^n$ 表

示所有智能体的可行动作集，其中 $n=\sum_{i=1}^{N} n_i$，$X_{-i}=\prod_{j\neq i} X_j$ 表示除智能体 i 外的所有智能体的可行动作集。每个智能体最小化(最大化) 自身的成本(收益) 函数，其不仅依赖于自己的动作，而且依赖于其他智能体的动作。为了方便，后文均假设每个智能体的目标是使其成本函数最小化。具体而言，就是每个智能体选择一个动作，使其成本函数对于任何给定的 $x_{-i}\in X_{-i}$ 都是最小的，即求解以下最优化问题：

$$\min_{x_i\in\mathbb{R}^{n_i}} J_i(x_i,x_{-i}),\ \text{s.t.}\ x_i\in X_i. \tag{12.3.1-1}$$

通常情况下，对于上述博弈问题有如下假设：

假设 12.3.1-1　$J_i(x_i,x_{-i})$ 关于整体变量(x_i,x_{-i}) 是连续可微的，同时给定任意的 $x_{-i}\in X_{-i}$，$J_i(x_i,x_{-i})$ 关于 x_i 是凸函数。此外，假设 X_i 是闭凸集。

不加特殊说明，下面的博弈问题都满足假设 12.3.1-1。

在假设 12.3.1-1 下，可以定义非合作博弈问题(12.3.1-1) 的伪梯度。类似于优化问题中的梯度，伪梯度是博弈问题中的关键概念，其定义如下：

$$F(x)\triangleq \mathrm{col}(\nabla_{x_1}J_1(x),\nabla_{x_2}J_2(x),\cdots,\nabla_{x_N}J_N(x)), \tag{12.3.1-2}$$

其中，$\nabla_{x_i}J_i(x)$ 表示J_i 相对于 x_i 的梯度。通常需要假设 $F(x)$ 是严格单调的，即

$$(x-y)^{\mathrm{T}}(F(x)-F(y))>0,\quad \forall x,y\in X,$$

或者假设 $F(x)$ 是 μ-强单调的，即存在一个正常数 μ，使得

$$(x-y)^{\mathrm{T}}(F(x)-F(y))\geqslant \mu\|x-y\|^2,\quad \forall x,y\in X.$$

在分布式场景下，往往还需要定义非合作博弈问题的扩展伪梯度 $F_e(z)$。给定 $z=\mathrm{col}(z_1,z_2,\cdots,z_N)$，$z_i\in\mathbb{R}^n$，博弈问题的扩展伪梯度为

$$F_e(z)\triangleq \mathrm{col}(\nabla_{x_1}J_1(z_1),\nabla_{x_2}J_1(z_2),\cdots,\nabla_{x_N}J_N(z_N)),$$

注意到 $F_e(\mathbf{1}_N\otimes x)=F(x)$，此时扩展伪梯度退化成标准的伪梯度(12.3.1-2)。此外，扩展伪梯度 $F_e(z)$ 满足如下性质。

引理 12.3.1-1[16]　如果非合作博弈问题的伪梯度 $F(x)$ 是 μ-强单调的，同时还是 θ_0-Lipschitz 连续的，则存在 $\theta\in[\mu,\theta_0]$，使得非合作博弈问题的扩展伪梯度 F_e 是 θ-Lipschitz 连续的。

在上述博弈问题中，每个智能体的可行动作集独立于其他智能体的动作。在某些情况下，可行动作集可以依赖于网络中其他智能体的行为，从而导致动作集之间相互耦合。例如，在电力市场中，所有市场参与者都必须满足全局电力供应-负荷平衡约束，这意味着每个智能体的可行动作集受到其他智能体动作的影响。如果 X_i 是与其他智能体的动作相关的，则进一步表示为 $X_i(x_{-i})$。在这种情形下，每个智能

体的目标是选择一个动作,使其成本函数对于任何给定的 x_{-i} 都是最小的,即

$$\min_{x_i \in \mathbb{R}^{n_i}} J_i(x_i, x_{-i}),\ \text{s.t. } x_i \in X_i(x_{-i}). \tag{12.3.1-3}$$

我们称这种博弈问题为广义博弈问题。

在广义博弈中,一些常见的耦合约束如下:

(1) 耦合线性等式约束:

$$\sum_{i=1}^{N} A_i x_i = \sum_{i=1}^{N} b_i, \quad \text{其中 } A_i \in \mathbb{R}^{m \times n_i}, b_i \in \mathbb{R}^m. \tag{12.3.1-4}$$

(2) 耦合线性不等式约束:

$$\sum_{i=1}^{N} A_i x_i \leqslant \sum_{i=1}^{N} b_i, \quad \text{其中 } A_i \in \mathbb{R}^{m \times n_i}, b_i \in \mathbb{R}^m. \tag{12.3.1-5}$$

(3) 耦合凸不等式约束:

$$\sum_{i=1}^{N} g_i(x_i) \leqslant 0, \quad \text{其中 } g_i(x_i): \mathbb{R}^{n_i} \to \mathbb{R}^m \text{ 为凸函数}. \tag{12.3.1-6}$$

一般假设 A_i,b_i 和 $g_i(x_i)$ 仅被智能体 i 所知,这也是多智能体分布式设置下耦合约束较难处理的主要原因。

在非合作博弈中,通常每个智能体的成本函数能以任意形式依赖于其他智能体的动作。而在一些实际问题中,成本函数可以具有特定的结构,如成本函数除了依赖各个智能体的局部决策外,还可能依赖所有智能体决策的聚合函数。例如,在古诺(Cournot)博弈模型中,市场价格取决于所有参与者动作的总和,而每个智能体的收入仅取决于其局部动作和市场价格。这种类型的博弈称为聚合博弈(Aggregative Game),它由诺贝尔奖获得者 Reinhard Selten 在 20 世纪 70 年代总结并提出。聚合博弈在电力市场、交通网络、舆论动力学和形成控制等实际多智能体系统中得到了广泛的研究。由于聚合博弈成本函数的特殊结构,其纳什均衡的定义、存在性和唯一性可以通过具体结构进一步研究。此外,当多智能体系统中的参与者数量趋于大规模时,聚合博弈可以进一步被描述为 Mean-Field Game,即平均场博弈。

在聚合博弈中,每个智能体 $i \in \mathcal{V}$ 都有一个函数 $\varphi_i: \mathbb{R}^{n_i} \to \mathbb{R}^l$ 使得聚合函数的形式为 $l(x) = \frac{1}{N}\sum_{j=1}^{N}\varphi_j(x_j)$。智能体 i 的成本函数 $J_i(x_i, x_{-i})$ 可进一步写成

$$J_i(x_i, x_{-i}) = \tilde{J}_i(x_i, l(x)) = \tilde{J}_i\Big(x_i, \frac{1}{N}\sum_{j=1}^{N}\varphi_j(x_j)\Big), \quad \forall x \in X. \tag{12.3.1-7}$$

由此可见,在聚合博弈中,智能体的成本函数通过聚合信息 $l(x)$ 耦合在一起。对

于聚合博弈，$\nabla_{x_i} J_i(x)$ 可以进一步写成如下形式：

$$\nabla_{x_i} J_i(x) = \left(\nabla_{x_i} \tilde{J}_i(x_i, z) + \frac{1}{N} \nabla \varphi_i(x_i) \nabla_z \tilde{J}_i(x_i, z)\right)\Big|_{z=l(x)}.$$

在多智能体网络场景下，也需要定义聚合博弈的扩展伪梯度 $G(x, y)$，其形式为

$$G(x, y) = \mathrm{col}(G_1(x_1, y_1), G_2(x_2, y_2), \cdots, G_N(x_N, y_N)), \tag{12.3.1-8}$$

其中 $y_i \in \mathbb{R}^l$，$G_i(x_i, y_i) = \nabla_{x_i} \tilde{J}_i(x_i, y_i) + \frac{1}{N} \nabla \varphi_i(x_i) \nabla_{y_i} \tilde{J}_i(x_i, y_i)$。注意到

$$G(x, \mathbf{1}_N \otimes l(x)) = F(x),$$

此时扩展伪梯度 G 退化为标准的伪梯度(12.3.1-2)。

同样地，聚合博弈中也可以考虑动作集合之间的耦合约束，这种聚合博弈称为广义聚合博弈。

在分布式场景下，智能体 i 仅知道自己的可行集 X_i 和成本函数 J_i，而无法直接获取所有竞争对手的动作 x_{-i}（或者聚合信息 $l(x)$），此外每个智能体只能依赖于通信网络 $\mathcal{G}(\mathcal{V}, \mathcal{E}, W)$ 与邻居智能体进行局部交换信息。其中，$\mathcal{V} = \{1, 2, \cdots, N\}$ 表示有 N 个智能体。有序对(i, j) 属于边集$\mathcal{E}$当且仅当智能体 i 可以接收到 j 的信息。$W \in \mathbb{R}^{N \times N}$ 表示 $\mathcal{G}$的加权邻接矩阵，若$(j, i) \in \mathcal{E}$，则 $W_{ij} > 0$；否则，$W_{ij} = 0$。此外，假设智能体 i 都存在到自己的边（自环），即 $W_{ii} > 0$。$\mathcal{N}_i^{\mathrm{in}} \triangleq \{j \mid (j, i) \in \mathcal{E}\}$ 表示智能体 i 的入邻居组成的集合，$\mathcal{N}_i^{\mathrm{out}} \triangleq \{j \mid (i, j) \in \mathcal{E}\}$ 表示智能体 i 的出邻居组成的集合。$\sum_{j \in \mathcal{N}_i^{\mathrm{in}}} W_{ij}$ 为智能体 i 的入度，$\sum_{j \in \mathcal{N}_i^{\mathrm{out}}} W_{ji}$ 为智能体 i 的出度。如果图中每一个智能体的出度等于其入度，则称此通信网络是平衡的，否则为非平衡的。如果通信网络的边集 $\mathcal{E}$ 随着时间改变，则称其为时变的，否则称其为静态的或者时不变的。如果$(i, j) \in \mathcal{E}$当且仅当$(j, i) \in \mathcal{E}$，即网络中的通信为双向的，此时的通信拓扑可以视为一个无向图。对于无向图，如果图中任意两个节点之间都存在路径，则称其是连通的。L 表示 $\mathcal{G}$的 Laplacian 矩阵。下面给出一个有关通信拓扑的标准假设。

假设 12.3.1-2　智能体之间的通信拓扑是静态无向连通图。

如果不加特殊说明，后文所考虑的博弈问题均满足假设 12.3.1-2。

12.3.1.2　纳什均衡

在为多智能体系统的实际应用建立博弈模型之后，需明确定义博弈问题的解概念，并深入分析其理论性质。而由 Nash 提出的纳什均衡作为博弈问题中一种最

常用的解[3]，得到了最广泛的应用和讨论。

定义 12.3.1-1 若一个动作组合 $x^*=\{x_i^*\}_{i=1}^N$ 满足以下条件：

$$J_i(x_i^*,x_{-i}^*)\leqslant J_i(x_i,x_{-i}^*),\quad \forall x_i\in X_i,$$

则称 x^* 为非合作博弈(12.3.1-1)的一个纳什均衡。

从博弈论的角度而言，在纳什均衡状态下，任何参与者在给定其他参与者策略不变的前提下，均无法通过单方面改变自身策略而获得更优的收益。此时，所有智能体都陷入了“僵局”，即“别人不动我就不动”。类似地，如果一个动作组合 $x^*=\{x_i^*\}_{i=1}^N$ 满足

$$J_i(x_i^*,x_{-i}^*)\leqslant J_i(x_i,x_{-i}^*),\quad \forall x_i\in X_i(x_{-i}^*),$$

则称其为广义纳什均衡，其可被视为广义博弈(12.3.1-3)的解。

当所有参与者的成本函数满足一定的光滑条件时，纳什均衡问题可以转化为变分不等式问题[17,18]。因此，我们可以利用变分理论来研究纳什均衡的存在性和唯一性。下面给出了纳什均衡问题和变分问题等价的条件。

定理 12.3.1-1[18] 在博弈问题(12.3.1-1)中，假设对于每个智能体 $i\in\mathcal{V}$：

(1) 其动作集 X_i 是闭凸集；

(2) 对任意的 $x_{-i}\in X_{-i}$，目标函数 $J_i(x_i,x_{-i})$ 关于 $x_i\in X_i$ 凸且连续可微，则求解博弈问题(12.3.1-1)的纳什均衡等价于求解一个变分不等式问题，也即找到 $x^*\in X$，使得

$$(y-x^*)^{\mathrm{T}}F(x^*)\geqslant 0,\quad \forall y\in X. \tag{12.3.1-9}$$

通过欧几里得投影性质，变分不等式问题的解 x^* 即纳什均衡 x^* 等价于

$$x^*=P_X[x^*-\Lambda F(x^*)],$$

其中，P_X 表示在集合 X 上的投影；$\Lambda=\mathrm{diag}(\alpha_1,\alpha_2,\cdots,\alpha_N)$，$\alpha_i$ 为任意正常数。

如果定理 12.3.1-1 中的假设(1)和(2)成立并且进一步要求每个智能体的可行动作集是紧集，同时 $J_i(x_i,x_{-i})$ 关于整体变量 (x_i,x_{-i}) 连续可微，那么博弈问题(12.3.1-1)至少有一个纳什均衡且纳什均衡解集是凸的，如果再进一步要求伪梯度 $F(x)$ 是严格单调的，则纳什均衡存在且唯一。此外，当假设(1)和(2)成立且伪梯度 $F(x)$ 连续、强单调时，博弈问题(12.3.1-1)也存在唯一的纳什均衡。

此外，变分理论也可以用来研究广义纳什均衡的存在性。下面的定理给出了广义纳什均衡和拟变分不等式问题之间的等价性。

定理 12.3.1-2[19] 假设对于任意智能体 $i\in\mathcal{V}$ 和 x_{-i}：

(1) 决策集 $X_i(x_{-i})$ 是闭凸集；

(2) 目标函数 $J_i(x_i,x_{-i})$ 关于 $x_i\in X_i(x_{-i})$ 凸且连续可微，

则求解博弈问题(12.3.1-1)的广义纳什均衡等价于求解一个拟变分不等式问题，也即找到 $x^* \in X(x^*)$，使得

$$(y-x^*)^{\mathrm{T}}F(x^*) \geqslant 0, \quad \forall y \in X(x^*),$$

其中 $X(x) \triangleq \prod_i X_i(x_{-i})$。

如果定理 12.3.1-2 中的条件都满足且存在一个闭凸集 $X \subset \mathbb{R}^n$ 使得

$$X_i(x_{-i})=\{x_i \in \mathbb{R}^{n_i} \mid (x_i, x_{-i}) \in X\}, \quad \forall i \in \mathcal{V},$$

则变分不等式问题(12.3.1-9)的解是广义博弈问题(12.3.1-3)的广义纳什均衡，反之不成立。满足变分不等式问题(12.3.1-9)的广义纳什均衡称为变分均衡。进一步，Facchinei 等人[19]证明了当 X 是紧集时，变分均衡一定存在。

最后给出线性收敛的概念。线性收敛性是衡量算法收敛速度的重要理论指标。如果一个序列 $\{x^t\}$ 满足

$$\|x^t-x^*\| \leqslant C\lambda^t, \quad \text{其中 } C>0 \text{ 和 } \lambda \in (0,1) \text{ 皆为常数},$$

则称序列 $\{x^t\}$ 线性收敛到 x^*。如果序列 $\{x^t\}$ 收敛到 x^*，但是未达到线性收敛速率，可称其次线性收敛于 x^*。

12.3.1.3　研究现状

博弈论在生物学、经济学、计算机科学等多个学科领域都有广泛的应用。纳什均衡作为博弈论的核心理论概念，其计算算法研究始终是学术热点。传统集中式纳什均衡计算方法(如基于梯度的变分理论算法[18]、最佳响应方法[20]和虚拟博弈[21])需要知道博弈的全局信息，包括所有玩家的成本函数、历史决策信息和可行动作集。然而，在大规模网络中，要求每个智能体都能获取到网络中所有智能体的信息需要巨量的通信和存储开销，这几乎是不可能实现的。此外，出于对隐私保护的考虑，智能体往往不愿意共享其本地数据和信息。这些现实困境使得集中式纳什均衡搜索方法在大规模多智能体网络中的适用性显著降低。近年来，研究者从分布式协同控制与多智能体系统优化理论中汲取灵感，提出一系列分布式(广义)纳什均衡搜索算法。在该类算法中，智能体只知道自己的成本函数和决策可行集，并可以与邻居节点进行通信。与集中式纳什均衡搜索算法相比，分布式纳什均衡搜索算法在扩展性、鲁棒性、适应性以及隐私保护等方面都展现出显著优势。

如图 12.3.1-1 所示，分布式纳什均衡搜索算法可以分成连续时间算法和离散时间算法两大类，二者在算法设计、收敛性分析以及数值仿真结果等方面均呈现出显著的一致性特征。随着博弈和控制的交叉融合，连续时间分布式(广义)纳什均衡搜索算法受到诸多关注。此外，控制理论中的综合和分析技术，如 Lyapunov

稳定性理论、无源性、非光滑分析等，也为连续时间算法的设计和分析提供了坚实的理论支撑。相比之下，离散时间算法的优势在于可以直接在数字计算机上实现。

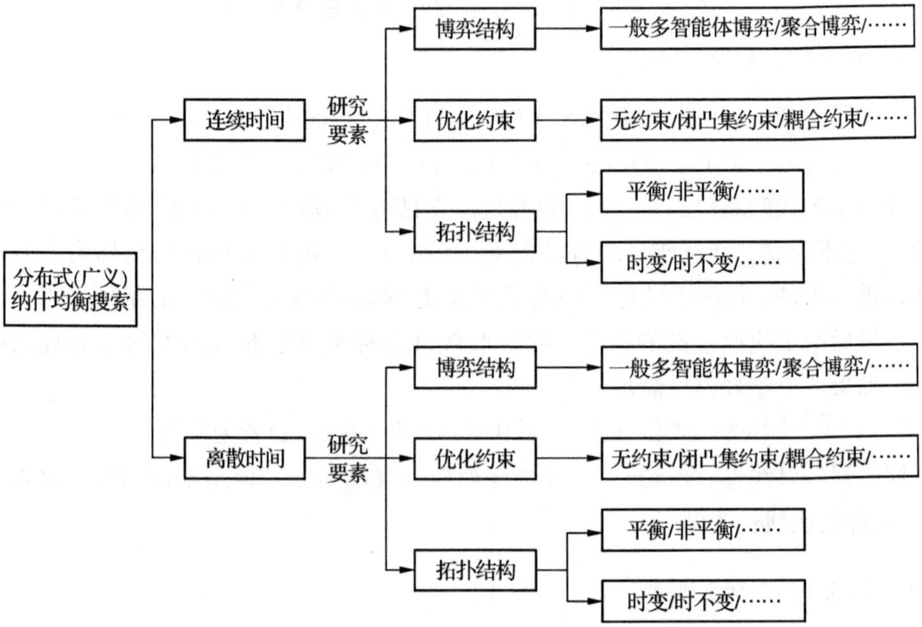

图 12.3.1-1　分布式(广义)纳什均衡算法的分类

纳什均衡搜索算法的设计依赖于博弈模型的结构，针对不同结构的博弈问题可以设计更有针对性的和更高效的算法。主要的博弈问题结构有一般多智能体博弈(12.3.1-1)、聚合博弈(12.3.1-7)、零和博弈、多群博弈等，而分布式(广义)纳什均衡搜索算法设计中关注较多的是一般多智能体博弈和聚合博弈。下面分别针对一般多智能体博弈和聚合博弈，系统介绍连续时间分布式算法与离散时间分布式算法的研究现状。

(1) 连续时间分布式一般多智能体博弈(广义)纳什均衡搜索算法

针对一般多智能体博弈问题(12.3.1-1)，Ye 和 Hu 基于 Leader-Following 一致性和奇异扰动设计出连续时间分布式纳什均衡搜索算法，分别证明了算法在严格和强单调下的收敛性[22]，此后进一步证明了该算法也适用于非平衡时变有向图[23]，但该算法并没有考虑任何约束。Gadjov 和 Pavel[24] 基于无源性设计了一种分布式梯度搜索算法，并进一步结合投影动力系统处理紧凸集约束。需要指出的是，上述两个算法在实现过程中均依赖于若干全局参数的设定。De Persis 和 Grammatico[25] 采用自适应积分权重代替固定的全局参数，使得算法能够不依赖于通信网络拓扑结构以及博弈的强单调常数这些全局信息，实现了完全分布式求解纳什均衡。Bianchi 和 Grammatico[26]把这一结果推广到带有耦合凸不等式约束的广义博弈问题,基于原始对偶理论设计出完全分布式算法,并进一步考虑异质的高阶积分器系统,可以允许不同智能体的动力系统具有不同的阶数。近几年,Lu 和 Zhu[27]研究了有向平衡拓扑下成本函数非光滑的广义博弈问题,考虑了局部凸不等式约束以及耦合线性等式约束。

(2) 连续时间分布式聚合博弈(广义)纳什均衡搜索算法

自著名的古诺模型提出以来,聚合博弈已经成为一种重要的博弈类型,并得到了广泛研究。需要指出的是,上述针对一般多智能体博弈的方法可以直接应用于聚合博弈的分布式(广义)纳什均衡搜索。然而,它们可能导致聚合博弈的计算冗余,因为对于一般多智能体博弈,需要对所有参与者的行为进行估计,而对于聚合博弈,只需要对聚合信息进行局部估计。受到上述观察的启发,Ye 和 Hu[28]采用平均一致性协议估计聚合信息,针对线性聚合博弈设计了连续时间分布式纳什均衡搜索算法。Liang 等人[29]针对具有闭凸集约束和耦合线性等式约束的非线性聚合博弈问题,提出一种连续时间分布式广义纳什均衡求解算法。Deng 等人[30,31]进一步考虑了非光滑聚合博弈,此外还允许通信拓扑为有向平衡图。以上研究工作均需要假设通信拓扑为平衡图(有向或无向),Zhu 等人[32]则提出了一种非平衡拓扑下的连续时间分布式聚合博弈纳什均衡搜索算法。

(3) 离散时间分布式一般多智能体博弈(广义)纳什均衡搜索算法

下面以收敛速度为核心指标,对面向一般多智能体博弈的离散时间分布式广义纳什均衡搜索算法进行一下梳理。Salehisadaghiani 和 Pavel[33]提出一种基于梯度的 Gossip 算法来搜索博弈问题(12.3.1-1)的纳什均衡,在一些技术假设下,该算法在衰减步长下几乎确定地收敛到纳什均衡点;在成本函数强凸的条件下,当步长 α 不变时,该算法收敛到纳什均衡的一个 $O(\alpha)$ 邻域。Salehisadaghiani 等人[34]在非精确 ADMM 的框架下提出一种允许固定步长的算法,并证明了在博弈映射的余强制条件下,该算法能以线性速率收敛到纳什均衡。Bianchi 等人[35]提出一类可以线性速率收敛到纳什均衡的临近点算法,但该算法每一轮迭代都要求解子优化问题。Tatarenko 等人[36]基于增广博弈映射提出一种具有线性收敛速率的分布式梯度博弈算法 GRANE,此算法具有显式的迭代格式,即给出了当前状态到下一时刻状态的显式的迭代公式,不需要每一步迭代都去求解子优化问题,并在此基础上给出了基于 Nesterov 的 acc-GRANE 加速算法。Nguyen 等人[37]结合分布式优化思想给出一种时变非平衡拓扑下的具有线性收敛速率的分布式梯度博弈算法,并结合 Heavy-Ball 动量对算法进行了加速[38]。

在离散时间分布式广义纳什均衡搜索算法的研究中，耦合线性不等式约束(12.3.1-5)是受到广泛关注的一类约束条件。Yi 等人[39]通过引入预处理前向-后向算子分裂方法设计了一类固定步长的分布式算法，在完全决策信息场景(Full-Decision Information Setting)下玩家需要知道所有对它有影响的其他玩家的决策。Pavel[40]通过设计双倍增广单调算子提出一种部分决策信息下的分布式广义纳什均衡搜索算法，在部分决策信息场景(Partial-Decision Information Setting)下玩家只和邻居进行通信，因此往往只能直接获取部分玩家的决策信息。Bianchi 等人[35]基于近似点算法(Proximal Point Algorithm, PPA)处理零点包含问题设计了一类算法，此算法从理论上给出了更大的固定步长上界，从而具有更快的收敛速度。

(4) 离散时间分布式聚合博弈(广义)纳什均衡搜索算法

博弈结构对分布式(广义)纳什均衡搜索算法的设计具有重要影响。聚合博弈(12.3.1-7)具有特殊的博弈结构，即每位玩家除了依赖自身的决策之外还依赖全局聚合信息，对此可以采用动态平均一致性协议设计更有针对性、更高效的分布式算法。Koshal 等人[41]结合动态平均一致性跟踪和投影梯度下降设计了一类算法，不仅证明了此算法可在衰减步长下收敛到纳什均衡，还进一步提出 Gossip 算法允许异步计算和时变通信拓扑。Huang 等人[42]采用多轮通信技术设计出具有线性收敛速率的算法，但其一次迭代需要若干次通信。

上述算法主要针对仅包含闭凸集约束的聚合博弈问题。进一步地，考虑耦合线性不等式约束(如式(12.3.1-5))的广义聚合博弈问题也受到了研究者的广泛关注。Belgioioso 和 Grammatico[43]基于单调算子理论提出一种适用于半分布式架构(Semi-Decentralized Setting)的广义纳什均衡搜索算法。在该通信架构下，玩家之间不直接进行信息交互，而是由一个中心节点负责收集、处理并广播全局聚合信息。Parise 等人[44]提出一种局部决策信息通信结构下的分布式算法，但该算法在一轮迭代中要进行多次通信，而且只能收敛到纳什均衡点的一个邻域内(ε-纳什均衡)。此外，Gadjov 和 Pavel[45]设计了一种在局部决策信息通信结构下只需单次通信即可精确收敛到纳什均衡的分布式算法。Belgioioso 等人[46]进一步考虑了时变通信拓扑下的广义聚合博弈问题，并结合 Krasnosel'skii-Mann(KM)迭代技术设计了分布式优化算法，但该算法只能允许衰减的步长。

12.3.2 连续时间分布式纳什均衡搜索算法

本小节介绍一些经典的连续时间分布式(广义)纳什均衡搜索算法，首先是针对一般多智能体博弈问题的算法，然后是针对聚合博弈问题的算法。

12.3.2.1　针对一般多智能体博弈问题的算法

这里我们以无约束到局部闭凸集约束再到耦合约束为主线，介绍一般的连续时间分布式一般多智能体博弈(广义)纳什均衡搜索算法。

1) 分布式无约束博弈纳什均衡搜索算法

首先考虑无约束的博弈问题，即在博弈问题(12.3.1-1)中令 $X_i=\mathbb{R}^{n_i}$。

下面介绍基于 Leader-Following 一致性的分布式纳什均衡搜索算法。此算法起源于文献[22]，其具体形式为

$$\dot{x}_i=-\tau_i\nabla_{x_i}J_i(z_i),\quad i\in\mathcal{V},$$
$$\dot{z}_{ij}=-\sum_{k=1}^{N}W_{ik}(z_{ij}-z_{kj})-W_{ij}(z_{ij}-x_j),$$

其中，$z_i=\mathrm{col}(z_{i1},z_{i2},\cdots,z_{iN})\in\mathbb{R}^n$ 表示智能体i对所有智能体动作的估计；z_{ij} 表示智能体 i 对智能体j 动作的估计；$\tau_i=\delta\bar{\tau}_i$，$\delta$ 是一个小的正常数，$\bar{\tau}_i>0$ 为控制增益参数。

该算法的核心思想是，每个智能体利用 Leader-Following 一致性协议对未知智能体的行为进行局部估计。更具体地说，智能体 $i\in\mathcal{V}$ 的估计向量 z_i 是由 Leader-Following一致性算法生成的，其中每个智能体提供自己的行为作为参考轨迹(领导者)，其他智能体(跟随者)去跟踪这个参考轨迹。基于局部生成的估计信息，采用类梯度算法(将每个智能体 $i\in\mathcal{V}$ 的梯度中的 x 替换为 z_i)更新智能体的行为。为了保证闭环系统的稳定性，在梯度部分加入了一个很小的正参数 τ_i，使得梯度优化部分比一致性估计部分慢，从而形成一个双时间尺度结构。这种方式使得基于 Leader-Following 一致性的算法可以从奇异摄动的角度进行解释。

当通信图连通时，对于所有的智能体$i\in\mathcal{V}$，Leader-Following一致性部分的拟稳态为 $z_i=x$。如果是这种情况，梯度优化部分就简化为标准的伪梯度搜索算法，通过这种算法可以在伪梯度严格 / 强单调的条件下收敛到博弈的纳什均衡。

基于 Leader-Following 一致性的算法具有结构简单、可扩展性强等优点。在这类算法中，通信相关问题只影响一致性模块，优化相关问题可以在优化模块中解决。这种“分离”特性为它们的可扩展性带来了巨大的好处，并且极大地简化了对它们的扩展形式的设计和分析。

2) 分布式(局部闭凸集约束) 纳什均衡搜索算法

接着考虑带有闭凸集约束的博弈问题(12.3.1-1)，并假设其伪梯度是

μ-强单调且 θ_0-Lipschitz 连续的。在此假设下，由引理 12.3.1-1 可知，存在 $\theta \in [\mu, \theta_0]$，使得 F_e 是 θ-Lipschitz 连续的。

对于这里的博弈问题，Bianchi 和 Grammatico[26] 给出了如下算法：

$$\dot{x}_i = P_{X_i}\left[x_i, -\nabla_{x_i} J_i(x_i, z_{i,-i}) - c\sum_{j=1}^{N} W_{ij}(x_i - z_{ji})\right],$$

$$\dot{z}_{i,-i} = -c\sum_{j=1}^{N} W_{ij}(z_{i,-i} - z_{j,-i}),$$

其中，$z_{i,-i} = \mathrm{col}(z_{i1}, z_{i2}, \cdots, z_{i(i-1)}, \cdots, z_{i(i+1)}, \cdots, z_{iN})$；$c \geqslant \dfrac{(\theta_0 + \theta)^2 + 4\mu\theta}{4\mu\lambda_2(L)}$ 为常数，而 $\lambda_2(L)$ 为 Laplacian 矩阵的第二小特征值。对于任意的 $z_{i,-i}(0) \in \mathbb{R}^{n-n_i}$ 和 $x_i(0) \in X_i$，该算法渐近收敛到纳什均衡，即 $\lim\limits_{t\to\infty} x_i(t) = x_i^*$。

该算法采用投影动力系统[47] 来处理闭凸集约束。对于闭凸集 $S \subset \mathbb{R}^n$，$P_S: \mathbb{R}^n \to S$ 是 S 上的欧几里得投影；$N_S: S \rightrightarrows \mathbb{R}^n: x \mapsto \{v \in \mathbb{R}^n \mid \mathrm{Sup}_{z\in S} v^{\mathrm{T}}(z-x) \leqslant 0\}$ 是 S 的法锥算子；$T_S: S \rightrightarrows \mathbb{R}^n: x \mapsto \mathrm{cl}\left(\bigcup_{\delta>0} \dfrac{1}{\delta}(S-x)\right)$ 是 S 的切锥算子，其中 $\mathrm{cl}(\cdot)$ 表示集合闭包。v 在 S 中 x 处的切锥投影为

$$P_S(x, v) := P_{T_S(x)}(v) = \lim_{\delta\to 0^+} \frac{P_S(x + \delta v) - x}{\delta}.$$

给定一个算子 $F: \mathbb{R}^n \to \mathbb{R}^n$ 和一个闭凸集 $S \subset \mathbb{R}^n$，投影动态系统表示为

$$\dot{x} = P_S(x, F(x)),\quad x(0) = x_0 \in S,$$

其中，投影算子可能在 S 的边界上不连续。如果 F 在 S 上 Lipschitz 连续，则投影动力系统具有唯一的全局 Carathéodory 解，即存在唯一的绝对连续函数 $x: \mathbb{R}_+ \to \mathbb{R}^n$，使得 $x(0) = x_0$，$x(t) = P_S(x, F(x))$ 对几乎所有的 t 成立。此外，$x(t) \in S$ 对于所有 $t \geqslant 0$，如同在 S 的边界上，投影算子限制了 F 的流，使得投影动力系统的解保持在 S 中(当 $x \in \mathrm{int}(S)$ 时，$P_S(x, F(x)) = F(x)$)。

3) 分布式广义(局部闭凸集约束和耦合凸不等式约束) 纳什均衡搜索算法

在博弈问题(12.3.1-1)的基础上进一步引入耦合凸不等式约束(12.3.1-6)，其中 $g_i(x_i)$ 是仅被智能体 i 获得的不等式约束函数。定义整体可行动作集为 $K \triangleq \left\{x \in X \,\middle|\, \sum\limits_{i=1}^{N} g_i(x_i) \leqslant 0\right\}$。假设 $g_i(x_i)$ 二阶连续可微，并且 K 满足 Slater 约束，即存在 X 的相对内点 x，使得 $\sum\limits_{i=1}^{N} g_i(x_i) < 0$。

文献[26] 给出了求解此问题广义纳什均衡的分布式算法，即

$$\dot{x}_i = P_{X_i}\left[x_i, -\nabla_{x_i} J_i(x_i, z_{i,-i}) - (\nabla_{x_i} g_i(x_i))^{\mathrm{T}} \lambda_i - c\sum_{j=1}^{N} W_{ij}(x_i - z_{ji})\right],$$

$$\dot{z}_{i,-i} = -c\sum_{j=1}^{N} W_{ij}(z_{i,-i} - z_{j,-i}),$$

$$\dot{y}_i = \sum_{j=1}^{N} W_{ij}(\lambda_i - \lambda_j),$$

$$\dot{\lambda}_i = P_{X_i}\left[\lambda_i, g_i(x_i) - y_i - \sum_{j=1}^{N} W_{ij}(\lambda_i - \lambda_j)\right],$$

其中，$\lambda_i \in \mathbb{R}^m$ 为 Lagrange 对偶乘子，常数 c 与上文 2) 中定义一致。

对于任意初始条件 $z_{i,-i}(0) \in \mathbb{R}^{n-n_i}$，$y_i(0) = \mathbf{0}_m$，$x_i(0) \in X_i$，$\lambda_i(0) \in \mathbb{R}_+^m$，上述算法渐近收敛到广义纳什均衡 $x^* \in K$。

12.3.2.2　针对聚合博弈问题的算法

上面考虑的一般多智能体博弈没有指定智能体 i 的局部成本函数 $J_i(x_i, x_{-i})$ 的结构，这表明智能体能以任意的方式与其他智能体进行互动。值得一提的是，在一些实际情况下，如古诺价格/数量博弈、工厂生产和公共商品博弈等，智能体通过它们的聚合行为相互作用，每个智能体 i 的成本函数可以写成

$$\widetilde{J}_i(x_i, l(x)) = J_i(x_i, x_{-i}),$$

其中 $l(x)$ 是 x 的一种聚合。需要指出的是，一般多智能体博弈的方法可以直接应用于聚合博弈的分布式纳什均衡搜索。但它们可能导致聚合博弈的计算冗余，这是因为一般的多智能体博弈需要对所有智能体的动作进行估计，而聚合博弈只需要对 $l(x)$ 进行局部估计。正因为此，聚合博弈中的分布式(广义)纳什均衡搜索在过去几年中引起了广泛关注。下面我们讨论针对聚合博弈问题的连续时间算法。

1) 分布式(局部闭凸集约束)纳什均衡搜索算法

令 $l(x) = \frac{1}{N}\sum_{i=1}^{N} \varphi_j(x_j)$，其中 $\varphi_j(x_j): \mathbb{R}^{n_j} \to \mathbb{R}^l$ 为一个(非线性)映射，即考虑聚合博弈(12.3.1-7)。此外，假设成本函数 $J_i(x_i, x_{-i})$ 关于 (x_i, x_{-i}) 二次连续可微，伪梯度严格单调，X_i 是紧凸集。在上述假设下，聚合博弈问题存在唯一的纳什均衡。

为分布式计算上述聚合博弈问题的纳什均衡，Liang 等人[29]设计了如下的连续时间分布式纳什均衡搜索算法：

$$\dot{x}_i = P_{X_i}(x_i - G_i(x_i, \eta_i)) - x_i,$$

$$\dot{\zeta}_i = \alpha\sum_{j\in\mathcal{N}_i} \mathrm{sign}(\eta_j - \eta_i),$$

$$\eta_i = \zeta_i + \varphi_i(x_i),$$

其中，sign(·)为符号函数，$P_{X_i}(\cdot)$表示在集合 X_i 上的投影，$\zeta_i(t) \in \mathbb{R}^l$，常数

$$\alpha > (N-1)\sup_{i\in\mathcal{V}}\left(\sup_{x_i\in X_i}\|\nabla\varphi_i(X_i)\|\sup_{y,z\in X}\|y-z\|\right),$$

映射 $G_i(x_i,\eta_i): \mathbb{R}^{n_i+l} \to \mathbb{R}^{n_i}$ 的定义见式(12.3.1-8)。

在上述算法中，$\eta_i \in \mathbb{R}^l$ 是智能体 i 对聚合信息 $l(x) \in \mathbb{R}^l$ 的估计值。不难发现，当 $\eta_i = l(x)$ 时，$G_i(x_i,\eta_i) = \nabla_{x_i} J_i(x)$。对于一般多智能体博弈，智能体 i 往往需要估计其他所有智能体的动作 $x_{-i} \in \mathbb{R}^{n-n_i}$，随着博弈中的智能体的数量越来越大，所需要估计的信息也越来越多，而针对聚合博弈的算法不存在这一问题。通过 Lyapunov 稳定性理论可以证明，对于任意的初始条件 $x_i(0) \in X_i$，$\zeta_i(0) = \mathbf{0}_l$，此算法渐近收敛到聚合博弈问题的纳什均衡 x^*。

2) 分布式广义（局部闭凸集约束和耦合线性等式约束）纳什均衡搜索算法

在聚合博弈(12.3.1-7)的基础上进一步考虑耦合线性等式约束(12.3.1-4)，整体可行集定义为 $K:=X\cap\Omega$，其中

$$\Omega:=\left\{x \in \mathbb{R}^n \,\middle|\, \sum_{i=1}^{N} A_i x_i = \sum_{i=1}^{N} b_i\right\},$$

假设 K 具有非空的相对内部。

为分布式计算上述聚合博弈问题的纳什均衡，Deng 等人[30] 设计的分布式算法如下：

$$\dot{x}_i = P_{X_i}\left(x_i - G_i(x_i,\eta_i) - \frac{\gamma}{N}A_i^{\mathrm{T}}\lambda_i\right) - x_i,$$

$$\dot{\lambda}_i = \beta\sum_{j\in\mathcal{N}_i}\mathrm{sign}(\lambda_j - \lambda_i) + \gamma(A_i x_i - b_i),$$

$$\dot{\zeta}_i = \alpha\sum_{j\in\mathcal{N}_i}\mathrm{sign}(\eta_j - \eta_i),$$

$$\eta_i = \zeta_i + \varphi_i(x_i),$$

其中，常数 $\gamma > 0$，常数 $\beta > \gamma(N-1)\sup_{i\in\mathcal{V}}\left(\sup_{x_i\in X_i}\|A_i x_i - b_i\|\right)$，$\lambda_i(t) \in \mathbb{R}^m$，映射 $G_i(x_i,y_i)$ 的定义同式(12.3.1-8)。

在上述算法中，$\eta_i \in \mathbb{R}^l$ 是智能体 i 对聚合信息 $l(x) \in \mathbb{R}^l$ 的估计值，引入 λ_i 是为了估计耦合约束的对偶变量。通过 Lyapunov 稳定性理论可以证明，对于任意的初始条件 $x_i(0) \in X_i$，$\lambda_i(0) = A_i x_i(0) - b_i$，$\zeta_i(0) = \mathbf{0}_m$，算法渐近收敛到聚合博弈的广义纳什均衡 $x^* \in K$。

12.3.3 离散时间分布式纳什均衡搜索算法

本小节介绍一些经典的离散时间分布式(广义)纳什均衡搜索算法，首先是针对一般多智能体博弈问题的算法，然后是针对聚合博弈问题的算法。在介绍具体算法之前，先给出离散时间系统中关于通信拓扑结构的一个基本假设：

假设 12.3.3-1　通信拓扑的加权邻接矩阵 W 是双随机矩阵，即 W 的每一行的行和为 1，每一列的列和也为 1。此外，存在正数 ω，使得 W 中所有非零元素都大于等于 ω。

后文若无特殊说明，通信拓扑均满足假设 12.3.3-1。

12.3.3.1　针对一般多智能体博弈问题的算法

下面以约束条件的递进关系为主线，依次介绍无约束、局部闭凸集约束以及耦合约束情形下，面向一般多智能体博弈的离散时间分布式纳什均衡求解算法。

1) 分布式无约束博弈纳什均衡搜索算法

考虑博弈问题(12.3.1-1)，取 $X_i=\mathbb{R}^{n_i}$。在博弈伪梯度满足 μ-强单调性的假设条件下，问题(12.3.1-1)存在唯一的纳什均衡。假设给定任意固定的 $x_{-i}\in\mathbb{R}^{n-n_i}$，$\nabla_{x_i}J_i(x_i,x_{-i})$ 在 $\mathbb{R}^{n_i}$ 上关于 x_i 是 L_i-Lipschitz 连续的(其中 $L_i>0$)，同时，给定任意固定的 $x_i\in\mathbb{R}^{n_i}$，$\nabla_{x_i}J_i(x_i,x_{-i})$ 在 $\mathbb{R}^{n-n_i}$ 上关于 x_{-i} 是 L_{-i}-Lipschitz 连续的(其中 $L_{-i}>0$)。

对于上述无约束的一般多智能体博弈问题，Tatarenko 和 Nedić[48] 提出如下的离散时间分布式纳什均衡搜索算法：

在 t 时刻，每一个智能体 i 维持一个列向量 $z_i^t-\mathrm{col}(z_{i1}^t,\cdots,z_{iN}^t)\in\mathbb{R}^n$，其中 z_{ij}^t 是智能体 i 对智能体 $j\,(j\neq i)$ 在 t 时刻的决策 x_j^t 的估计，$z_{ii}^t=x_i^t$。然后，各智能体根据以下更新规则对其决策变量进行迭代：

$$v_{ii}^{t+1}=\sum_{l=1}^{N}W_{il}z_{li}^t,$$

$$z_{i,-i}^{t+1}=\sum_{j=1}^{N}W_{ij}z_{j,-i}^t,$$

$$x_i^{t+1}=v_{ii}^{t+1}-\alpha_i\nabla_{x_i}J_i(v_{ii}^{t+1},z_{i,-i}^{t+1}),$$

其中 $z_{j,-i}^t=\mathrm{col}(z_{j1}^t,\cdots,z_{j(i-1)}^t,z_{j(i+1)}^t,\cdots,z_{jN}^t)$。

在此算法下，智能体 i 先通过加权平均一致性算法实现与其他智能体状态变量 z_j^t 的同步，然后采用梯度下降更新下一时刻的动作 x_i^{t+1}。当步长 α_i 充分小时，对于任意的初始条件 $z_i^0 \in \mathbb{R}^n$,算法线性收敛到纳什均衡 x^*。

2) 分布式(局部闭凸集约束) 纳什均衡搜索算法

上述算法可以很容易地扩展到包含闭凸集约束的情况。当步长 α_i 充分小时,可以证明对于任意的 $z_i^0 \in \mathbb{R}^n$,下列算法线性收敛到博弈问题的纳什均衡:

$$v_{ii}^{t+1} = \sum_{l=1}^{N} W_{il} z_{li}^t,$$

$$z_{i,-i}^{t+1} = \sum_{j=1}^{N} W_{ij} z_{j,-i}^t,$$

$$x_i^{t+1} = P_{X_i}[v_{ii}^{t+1} - \alpha_i \nabla_i J_i(v_{ii}^{t+1}, z_{i,-i}^{t+1})],$$

其中 $P_{X_i}[x]$ 表示 x 在闭凸集 X_i 上的投影。

显然,该算法是在无约束算法的基础上引入投影算子来处理闭凸集约束,并保持了线性收敛到纳什均衡 x^* 的特性。该算法的收敛性分析过程详见文献[37]。

3) 分布式广义(局部闭凸集约束和耦合线性不等式约束) 纳什均衡搜索算法

下面求解带有耦合约束的广义博弈问题(12.3.1-3),这里主要考虑耦合线性不等式约束(12.3.1-5),约束集为

$$K := X \cap \left\{ x \in \mathbb{R}^n \,\middle|\, \sum_{i=1}^{N} A_i x_i \leqslant \sum_{i=1}^{N} b_i \right\},$$

其中,$A_i \in \mathbb{R}^{m \times n_i}$;$b_i \in \mathbb{R}^m$ 是局部信息,仅被智能体 i 知道。假设 X_i 是紧凸集且 X 具有相对内点 x 使得

$$\sum_{i=1}^{N} A_i x_i \leqslant \sum_{i=1}^{N} b_i$$

成立。同时假设 $F(x)$ 是 μ-强单调且 θ_0-Lipschitz 连续的,则由引理 12.3.1-1 可知,扩展伪梯度 F_e 是 θ-Lipschitz 连续的,其中 $\theta \in [\mu, \theta_0]$。

针对此问题,Pavel[40] 采用算子分裂方法设计了一个带有固定步长的离散时间分布式广义纳什均衡搜索算法。相比无耦合约束的分布式纳什均衡搜索算法,求解广义纳什均衡的分布式算法需要计算和通信更多的量。在 t 时刻,智能体 i 除了需要维持一个列向量 $z_i^t = \mathrm{col}(z_{i1}^t, \cdots, z_{iN}^t) \in \mathbb{R}^n$,还需要维持一个对拉格朗日乘子的局部估计 $\lambda_i^t \in \mathbb{R}_+^m$ 和一个额外的辅助变量 $y_i^t \in \mathbb{R}^m$。算法迭代格式如下:

$$x_i^{t+1} = P_{X_i}\left[x_i^t - \tau_i\left(\nabla_i J_i(x_i^t, z_{i,-i}^t) + A_i^{\mathrm{T}} \lambda_i^t + c \sum_{j=1}^{N} W_{ij}(x_i^t - z_{ji}^t)\right)\right],$$

$$z_{i,-i}^{t+1} = z_{i,-i}^t - \tau_i c \sum_{j=1}^{N} W_{ij}(z_{i,-i}^t - z_{j,-i}^t),$$

$$y_i^{t+1} = y_i^t + v_i \sum_{j=1}^{N} W_{ij}(\lambda_i^t - \lambda_j^t),$$

$$\lambda_i^{t+1}=P_{\mathbb{R}_+^m}\Big[\lambda_i^t+\sigma_i\Big[A_i(2x_i^{t+1}-x_i^t)-\sum_{j=1}^N W_{ij}(2(y_i^{t+1}-y_j^{t+1})-(y_i^t-y_j^t))$$
$$-\sum_{j=1}^N W_{ij}(\lambda_i^t-\lambda_j^t)\Big]\Big],$$

其中 $\tau_i,v_i,\sigma_i>0$ 为步长。

该算法中,状态变量 x_i 的更新基于局部拉格朗日函数的投影梯度下降方法,同时引入与邻居估计值之间的一致性误差比例项,其中一致性误差项驱动 x_i 向邻居节点的平均值收敛,梯度项则为目标函数的优化提供下降方向;$z_{i,-i}^t$ 和 y_i^t 的更新可视为对一致性误差的离散时间积分;λ_i^t 的更新由局部拉格朗日函数的投影梯度上升项与一致误差的比例积分项组成。

基于单调算子理论可以证明,当 $c>\frac{1}{s_2(L)}\left(\frac{(\theta+\theta_0)^2}{4\mu}+\theta\right)$ 时,其中 $s_2(L)$ 是通信拓扑对应的加权 Laplacian 矩阵 L 的第二小特征值,如果步长 τ_i,v_i,σ_i 充分小,算法的状态解收敛到带有耦合线性不等式约束的广义博弈问题(12.3.1-3)的变分均衡 x^*。

12.3.3.2　针对聚合博弈问题的算法

与连续时间情形类似,上述离散时间算法同样适用于求解聚合博弈问题,但针对聚合博弈的特殊结构设计了高效的分布式(广义)纳什均衡求解算法,显著降低了算法的通信代价。下面依次介绍局部紧凸集约束和耦合线性不等式约束情形下,面向聚合博弈的离散时间分布式纳什均衡求解算法。

1) 分布式(局部紧凸集约束)纳什均衡搜索算法

考虑聚合博弈(12.3.1-7),并令其中所有智能体动作向量 x_i 的维度均相等,即 $X_i\subset\mathbb{R}^n$,$\forall i=1,\cdots,N$,智能体 i 的成本函数

$$J_i(x_i,x_{-i})=\tilde{J}_i(x_i,\bar{x}),\quad 其中\ \bar{x}=\sum_{j=1}^N x_j/N.$$

假设 X_i 是紧凸集,伪梯度 $F(x)$在 X 上严格单调。在此假设下,博弈问题的纳什均衡存在且唯一。此外,假设对任何给定的 $x_i\in X_i$,$G_i(x_i,y)$在 $\mathbb{R}^n$ 上关于变量 y 是 $\bar{L}_i$-Lipschitz 连续的,即存在 $\bar{L}_i>0$,$\forall y_1,y_2\in\mathbb{R}^n$,有

$$\|G_i(x_i,y_1)-G_i(x_i,y_2)\|\leqslant\bar{L}_i\|y_1-y_2\|.$$

这里我们考虑时变平衡拓扑。多智能体之间第 t 时刻的通信拓扑记为

$$\mathcal{G}^t=(\mathcal{V},\mathcal{E}^t,W^t),$$

其中 $\mathcal{V}=\{1,2,\cdots,N\}$,$\mathcal{E}^t$ 是由第 t 时刻多智能体之间的连边构成的集合。假设对

任意的时刻 $t\geqslant0$,图$\mathcal{G}^t$ 满足假设 12.3.3-1。此外,假设多智能体之间的通信拓扑是 Q-联合连通,即图$(\mathcal{V},\bigcup_{l=1}^{Q}\mathcal{E}^{t+l},\bigcup_{l=1}^{Q}W^{t+l})$是连通的,其中 $Q\geqslant1$ 且为整数,时刻 $t\geqslant0$。

对于这里时变拓扑下的聚合博弈问题,Koshal 等人[41]给出了如下经典的分布式纳什均衡搜索算法:

(1) $\forall i=1,2,\cdots,N$ 进行初始化:设置初始值 $x_i^0\in X_i,v_i^0=x_i^0$。

(2) 通信并分布式平均:

$$\hat{v}_i^t=\sum_{j=1}^{N}W_{ij}^t v_j^t.$$

(3) 局部决策更新:

$$x_i^{t+1}=P_{X_i}[x_i^t-\alpha^t G_i(x_i^t,\hat{v}_i^t)],$$

其中,$\alpha^t>0$ 为衰减步长且满足如下条件:

① $\alpha^{t+1}\leqslant\alpha^t,\forall t\geqslant0$;

② $\sum_{t=0}^{\infty}\alpha^t=\infty$;

③ $\sum_{t=0}^{\infty}(\alpha^t)^2<\infty$。

(4) 局部动态跟踪 $\bar{x}^{t+1}$:

$$v_i^{t+1}=\hat{v}_i^t+x_i^{t+1}-x_i^t.$$

该算法采用动态平均一致性协议去跟踪聚合信息 $\bar{x}^t$(其中 v_i^t 表示智能体 i 对聚合信息 $\bar{x}^t$ 的估计),然后采用投影梯度下降更新下一时刻的决策 x_i^{t+1}。对于任意的初始值 $x_i^0\in X_i,v_i^0=x_i^0$,由上述算法生成的序列$\{x^t\}$可以收敛到聚合博弈的纳什均衡 x^*。但是,受限于衰减步长,此算法只具有次线性的收敛速率。

2) 分布式广义(局部闭凸集约束和耦合线性不等式约束)纳什均衡搜索算法

在上述聚合博弈问题的基础上进一步考虑耦合线性不等式约束(12.3.1-5),则整体可行集为

$$K:=X\cap\left\{x\in\mathbb{R}^n\,\middle|\,\sum_{i=1}^{N}A_i x_i\leqslant\sum_{i=1}^{N}b_i\right\}.$$

假设 X 存在相对内点 x 使得 $\sum_{i=1}^{N}A_i x_i\leqslant\sum_{i=1}^{N}b_i$ 成立。此外,还需假设伪梯度 $F(x)$在 X 上是χ-余强制(χ-Cocoercive),即

$$(F(x)-F(y))^{\mathrm{T}}(x-y)\geqslant\chi\|F(x)-F(y)\|^2,\quad\forall x,y\in X.$$

对于这一广义聚合博弈问题,Belgioioso 等人[46]提出如下算法.

(1) $\forall i=1,2,\cdots,N$ 进行初始化：设置初始值 $x_i^{-1}, x_i^0, \tilde{x}_i^{-1} \in X_i, \lambda_i^0 \in \mathbb{R}_+^m$，$\sigma_i^0=x_i^0, z_i^0=\lambda_i^0, y_i^0=2A_i\tilde{x}_i^{-1}-A_ix_i^{-1}-b_i$。

(2) 通信并分布式平均：

$$\hat{\sigma}_i^t=\sum_{j=1}^N W_{ij}^t \sigma_j^t,$$

$$\hat{y}_i^t=\sum_{j=1}^N W_{ij}^t y_j^t,$$

$$\hat{z}_i^t=\sum_{j=1}^N W_{ij}^t z_j^t.$$

(3) 局部决策更新和动态跟踪耦合约束违反$\frac{1}{N}\sum_{i=1}^N(2A_ix_i^t-A_ix_i^{t-1}-b_i)$：

$$\tilde{x}_i^t=P_{X_i}(x_i^t-\alpha_i(G_i(x_i^t,\hat{\sigma}_i^t)+A_i^{\mathrm{T}}\hat{z}_i^t)),$$

$$y_i^{t+1}=\hat{y}_i^t+A_i(2\tilde{x}_i^t-x_i^t)-A_i(2\tilde{x}_i^{t-1}-x_i^{t-1}),$$

$$\tilde{\lambda}_i^t=P_{\mathbb{R}_+^m}(\lambda_i^t+\beta_i(y_i^{t+1}-\lambda_i^t+\hat{z}_i^t)),$$

其中 $\alpha_i,\beta_i>0$ 为步长。

(4) 局部 Krasnosel'skii-Mann (KM)处理，以减小用估计值代替精确值参与计算所引入的误差：

$$x_i^{t+1}=x_i^t+\gamma^t(\tilde{x}_i^t-x_i^t),$$

$$\lambda_i^{t+1}=\lambda_i^t+\gamma^t(\tilde{\lambda}_i^t-\lambda_i^t),$$

其中序列$\{\gamma^t\}$满足以下条件：

① $0\leqslant\gamma^{t+1}\leqslant\gamma^t\leqslant 1, \forall t\geqslant 0$；

② $\sum_{t=0}^{\infty}\gamma^t=\infty$；

③ $\sum_{t=0}^{\infty}(\gamma^t)^2<\infty$.

(5) 局部动态跟踪 $\bar{x}^{t+1},\bar{\lambda}^{t+1}$：

$$\sigma_i^{t+1}=\hat{\sigma}_i^t+x_i^{t+1}-x_i^t,$$

$$z_i^{t+1}=\hat{z}_i^t+\lambda_i^{t+1}-\lambda_i^t.$$

此算法用变量 $\hat{\sigma}_i^t$ 来估计聚合信息 $\bar{x}^t$，通过投影 P_{X_i} 来处理紧凸集约束，并引入对偶乘子 λ_i^t 来处理耦合约束。通过单调算子理论可以证明，当步长 α_i,β_i 充分小时，由算法生成的序列$\{x^t\}$收敛到此问题的广义纳什均衡 x^*。同样地，由于衰减序列$\{\gamma^t\}$，该算法只具有次线性收敛速率。

12.4 总结与展望

本章关注多智能体博弈问题，首先介绍了合作博弈的模型、核心概念及其在多智能体深度强化学习中的应用，之后深入探讨了非合作博弈模型、纳什均衡以及分布式纳什均衡搜索算法。在合作博弈中，智能体可以通过建立联盟来实现更高的收益。博弈的结果依赖于各方的协作意愿，通常以效用分配为核心。该理论框架在经济学、政治学、环境保护等多个学科领域具有广泛应用，包括国际气候协议谈判、企业战略联盟构建等。在非合作博弈框架下，智能体基于个体理性原则进行独立决策，以最大化自身利益为目标。该理论模型在市场竞争分析、拍卖机制设计、网络安全策略等研究领域得到广泛应用，为理解缺乏信任与合作情境下的决策行为模式提供了理论依据。未来，博弈论的研究将更加注重跨学科的结合，特别是在复杂系统、网络博弈等新兴领域。下面我们对合作博弈与非合作博弈未来的发展方向给出几点讨论：

(1) 诱导参与者报告真实信息的机制设计。为了解决部分决策信息环境下全局参与者策略不可直接获取的问题，现有工作的一个共同假设是参与者可以通过一个通信网络交换信息，即相邻玩家之间互通信息。然而，在博弈设定中玩家是自利的，如何确保玩家向他人报告真实信息而不是虚假或恶意信息是一个亟待解决的问题。此外，如果有恶意节点或节点被攻击者操纵，又该怎么办？这一问题也需要我们考虑。

(2) 玩家的隐私保护机制。在博弈中引入通信网络的另一个关键问题是玩家的信息泄露。例如，如果能源消费者的信息在一个能源市场博弈中被窃听，攻击者可能诱导消费者的行为，导致对消费者的安全威胁。

(3) 适应非连续/离散的动作空间。当前大多数分布式纳什均衡搜索算法均假设参与者的动作空间是连续的，而在一些实际应用场景中，决策变量可能被限制为一个非连续/离散的值(例如混合整数规划问题和开关控制问题)。能够适应非连续/离散行为的方法将在很大程度上拓宽分布式博弈的适用领域，因此这也是需要我们进一步解决的重要问题。

(4) 非单调博弈中的分布式纳什均衡搜索。现有的研究主要集中在具有强/严格单调或至少是单调伪梯度向量的博弈中，这对博弈模型提出了较强的要求，限制了现有工作的适用范围。如何在一般的非单调博弈中实现分布式纳什均衡搜索仍然是一个具有挑战性的问题。此外，如果博弈中存在多个纳什均衡，那么如何避免出现意外临界点或无效纳什均衡而获得期望的纳什均衡，也是一个值得深入研究的问题。

（5）通信约束下的分布式纳什均衡搜索。相邻参与者之间的通信是实现分布式纳什均衡搜索的关键。然而，实际的通信信道带宽有限，并且常常受到各种限制，如量化误差、有限的数据传输速率、数据包丢失、通信延迟、网络攻击等。此外，随着博弈规模的扩大，这些网络约束可能会被传播和加剧。因此，如何在这些通信约束下设计鲁棒的、可扩展的大规模博弈均衡搜索策略是值得进一步研究的重要问题。

参考文献

[1] Von Neumann J. Zur theorie der gesellschaftsspiele[J]. Mathematische Annalen, 1928, 100(1): 295 - 320.

[2] Von Neumann J, Morgenstern O. Theory of Games and Economic Behavior[M]. Princeton: Princeton University Press, 1944.

[3] Nash J. Equilibrium points in n-person games[J]. Proceedings of the National Academy of Sciences of the United States of America, 1950, 36(1): 48 - 49.

[4] Nash J. Non-cooperative games[J]. Annals of Mathematics, 1951, 54(2): 286 - 295.

[5] Shapley L S. A Value for N-Person Games[M]//Kuhn H W, Tucker A W. Contributions to the Theory of Games: Ⅱ. Princeton: Princeton University Press, 1953: 307 - 317.

[6] Berner C, Brockman G, Chan B, et al. Dota 2 with large scale deep reinforcement learning[C/OL]. arXiv: 1912.06680, 2019.

[7] Vinyals O, Babuschkin I, Czarnecki W M, et al. Grandmaster level in StarCraft II using multi-agent reinforcement learning[J]. Nature, 2019, 575(7782): 350 - 354.

[8] Ye D, Chen G, Zhang W, et al. Towards playing full MOBA games with deep reinforcement learning[J]. Advances in Neural Information Processing Systems, 2020, 33: 621 - 632.

[9] Yu C, Wang X, Xu X, et al. Distributed multiagent coordinated learning for autonomous driving in highways based on dynamic coordination graphs[J]. IEEE Transactions on Intelligent Transportation Systems, 2020, 21(2): 735 - 748.

[10] Han S, Wang H, Su S, et al. Stable and efficient shapley value-based reward reallocation for multi-agent reinforcement learning of autonomous vehicles [C]. The International Conference on Robotics and Automation (ICRA), 2022.

[11] Dinneweth J, Boubezoul A, Mandiau R, et al. Multi-agent reinforcement learning for autonomous vehicles: A survey[J]. Autonomous Intelligent Systems,

2022,2(1).

[12] Leibo J Z, Zambaldi V, Lanctot M, et al. Multi-agent reinforcement learning in sequential social dilemmas[C]. The 16th Conference on Autonomous Agents and MultiAgent Systems, 2017.

[13] Jaques N, Lazaridou A, Hughes E, et al. Social influence as intrinsic motivation for multi-agent deep reinforcement learning[C]. The International Conference on Machine Learning, 2019.

[14] Wang J, Zhang Y, Kim T, et al. Shapley q-value: A local reward approach to solve global reward games[C]. The AAAI Conference on Artificial Intelligence, 2020.

[15] Castro J, Gómez D, Tejada J. Polynomial calculation of the Shapley value based on sampling[J]. Computers & Operations Research, 2009, 36(5): 1726 - 1730.

[16] Bianchi M, Grammatico S. A continuous-time distributed generalized Nash equilibrium seeking algorithm over networks for double-integrator agents [C]. The European Control Conference (ECC), 2020.

[17] Scutari G, Palomar D P, Facchinei F, et al. Convex optimization, game theory, and variational inequality theory[J]. IEEE Signal Processing Magazine, 2010, 27(3): 35 - 49.

[18] Facchinei F, Pang J. Finite-Dimensional Variational Inequalities and Complementarity Problems[M]. New York: Springer, 2003.

[19] Facchinei F, Kanzow C. Generalized Nash equilibrium problems[J]. Annals of Operations Research, 2010, 175(1): 177 - 211.

[20] Scutari G, Pang J. Joint sensing and power allocation in nonconvex cognitive radio games: Nash equilibria and distributed algorithms[J]. IEEE Transactions on Information Theory, 2013, 59(7): 4626 - 4661.

[21] Shamma J, Arslan G. Dynamic fictitious play, dynamic gradient play, and distributed convergence to Nash equilibria[J]. IEEE Transactions on Automatic Control, 2005, 50(3): 312 - 327.

[22] Ye M, Hu G. Distributed Nash equilibrium seeking by a consensus based approach[J]. IEEE Transactions on Automatic Control, 2017, 62(9): 4811 - 4818.

[23] Ye M, Hu G. Distributed Nash equilibrium seeking in multiagent games under switching communication topologies[J]. IEEE Transactions on Cybernetics, 2018, 48(11): 3208 - 3217.

[24] Gadjov D, Pavel L. A passivity-based approach to Nash equilibrium seeking over networks[J]. IEEE Transactions on Automatic Control, 2019, 64(3): 1077 - 1092.

[25] De Persis C, Grammatico S. Distributed averaging integral Nash equilibrium seeking on networks[J]. Automatica, 2019, 110.

[26] Bianchi M, Grammatico S. Continuous-time fully distributed generalized Nash equilibrium seeking for multi-integrator agents[J]. Automatica, 2021, 129.

[27] Lu K, Zhu Q. Nonsmooth continuous-time distributed algorithms for seeking generalized Nash equilibria of noncooperative games via digraphs[J]. IEEE Transactions on Cybernetics, 2022, 52(7): 6196 - 6206.

[28] Ye M, Hu G. Game design and analysis for price-based demand response: An aggregate game approach[J]. IEEE Transactions on Cybernetics, 2017, 47(3): 720 - 730.

[29] Liang S, Yi P, Hong Y. Distributed Nash equilibrium seeking for aggregative games with coupled constraints[J]. Automatica, 2017, 85: 179 - 185.

[30] Deng Z, Nian X. Distributed generalized Nash equilibrium seeking algorithm design for aggregative games over weight-balanced digraphs[J]. IEEE Transactions on Neural Networks and Learning Systems, 2019, 30(3): 695 - 706.

[31] Deng Z. Distributed generalized Nash equilibrium seeking algorithm for nonsmooth aggregative games[J]. Automatica, 2021, 132.

[32] Zhu Y, Yu W, Wen G, et al. Distributed Nash equilibrium seeking in an aggregative game on a directed graph[J]. IEEE Transactions on Automatic Control, 2021, 66(6): 2746 - 2753.

[33] Salehisadaghiani F, Pavel L. Distributed Nash equilibrium seeking: A gossip-based algorithm[J]. Automatica, 2016, 72: 209 - 216.

[34] Salehisadaghiani F, Shi W, Pavel L. Distributed Nash equilibrium seeking under partial-decision information via the alternating direction method of multipliers[J]. Automatica, 2019, 103: 27 - 35.

[35] Bianchi M, Belgioioso G, Grammatico S. Fast generalized Nash equilibrium seeking under partial-decision information[J]. Automatica, 2022, 136.

[36] Tatarenko T, Shi W, Nedić A. Geometric convergence of gradient play algorithms for distributed Nash equilibrium seeking[J]. IEEE Transactions on Automatic Control, 2021, 66(11): 5342 - 5353.

[37] Nguyen D, Nedić A. Distributed Nash equilibrium seeking over time-varying directed communication networks[C/OL]. arXiv:2201.02323, 2022.

[38] Nguyen D, Nedić A. Geometric convergence of distributed heavy-ball Nash equilibrium algorithm over time-varying digraphs with unconstrained actions[J]. IEEE Control Systems Letters, 2023, 7: 1963－1968.

[39] Yi P, Pavel L. An operator splitting approach for distributed generalized Nash equilibria computation[J]. Automatica, 2019, 102: 111－121.

[40] Pavel L. Distributed GNE seeking under partial-decision information over networks via a doubly-augmented operator splitting approach[J]. IEEE Transactions on Automatic Control, 2020, 65(4): 1584－1597.

[41] Koshal J, Nedić A, Shanbhag U. Distributed algorithms for aggregative games on graphs[J]. Operations Research, 2016, 64(3): 680－704.

[42] Huang S, Lei J, Hong Y. A linearly convergent distributed Nash equilibrium seeking algorithm for aggregative games[J]. IEEE Transactions on Automatic Control, 2023, 68(3): 1753－1759.

[43] Belgioioso G, Grammatico S. Projected-gradient algorithms for generalized equilibrium seeking in aggregative games are preconditioned forward-backward methods[C]. The European Control Conference (ECC), 2018.

[44] Parise F, Gentile B, Lygeros J. A distributed algorithm for almost-Nash equilibria of average aggregative games with coupling constraints[J]. IEEE Transactions on Control of Network Systems, 2020, 7(2): 770－782.

[45] Gadjov D, Pavel L. Distributed GNE seeking over networks in aggregative games with coupled constraints via forward-backward operator splitting[C]. IEEE 58th Conference on Decision and Control (CDC), 2019.

[46] Belgioioso G, Nedić A, Grammatico S. Distributed generalized Nash equilibrium seeking in aggregative games on time-varying networks[J]. IEEE Transactions on Automatic Control, 2021, 66(5): 2061－2075.

[47] Cherukuri A, Mallada E, Cortés J. Asymptotic convergence of constrained primal-dual dynamics[J]. Systems & Control Letters, 2016, 87: 10－15.

[48] Tatarenko T, Nedić A. Geometric convergence of distributed gradient play in games with unconstrained action sets[J]. IFAC-PapersOnLine, 2020, 53(2): 3367－3372.